A conserver

S. 1190
7. B. a. 2

15983

TRAITÉ
SUR LA
CULTURE DE LA VIGNE.

TRAITÉ
THÉORIQUE ET PRATIQUE
SUR LA CULTURE DE LA VIGNE,
AVEC
L'ART DE FAIRE LE VIN,
LES EAUX-DE-VIE, ESPRIT-DE-VIN,
VINAIGRES SIMPLES ET COMPOSÉS;

Par le Cen. CHAPTAL, Ministre de l'Intérieur, Conseiller d'Etat, membre de l'Institut national de France; des Sociétés d'Agriculture des départemens de la Seine, de l'Hérault, du Morbihan, etc. M. l'Abbé ROZIER, membre de plusieurs Académies, auteur du *Cours Complet d'Agriculture*; les Cens. PARMENTIER, de l'Institut national; et DUSSIEUX, de la Société d'Agriculture de Paris.

OUVRAGE dans lequel se trouvent les meilleures méthodes de faire, gouverner et perfectionner les VINS et EAUX-DE-VIE; avec XXI Planches représentant les diverses espèces de Vignes; les Machines et Instrumens servant à la fabrication des Vins et Eaux-de-vie.

TOME SECOND.

A PARIS,
Chez DELALAIN, fils, libraire, quai des Augustins, n°. 29.

DE L'IMPRIMERIE DE MARCHANT.
AN IX. — 1801.

TABLE DES CHAPITRES
DU TOME SECOND.

Essai sur le Vin.

Vues générales.	Pag. 1
CHAPITRE PREMIER. Du vin considéré dans ses rapports avec le sol, le climat, l'exposition, les saisons, la culture.	9
Art. Ier. Du vin considéré dans ses rapports avec le climat.	10
Art. II. Du vin considéré dans ses rapports avec le sol.	16
Art. III. Du vin considéré par rapport à l'exposition.	21
Art. IV. Du vin considéré par rapport aux saisons.	25
Art. V. Du vin considéré par rapport à la culture.	29
CHAP. II. Du moment le plus favorable pour la vendange, et des moyens d'y procéder.	35
CHAP. II. Des moyens de disposer le raisin à la fermentation.	46
CHAP. IV. De la fermentation.	56
Art. Ier. Des causes qui influent sur la fermentation.	58
I°. Influence de la température de l'atmosphère sur la fermentation.	ibid.
II°. Influence de l'air dans la fermentation.	60

III°. *Influence du volume de la masse fermentante sur la fermentation.*	64
IV°. *Influence des principes constituans du moût sur la fermentation.*	66
ART. II. *Phénomènes et produit de la fermentation.*	72
I°. *Production de chaleur.*	74
II°. *Dégagement de gaz.*	76
III°. *Formation de l'alkool.*	80
IV°. *Coloration de la liqueur vineuse.*	83
ART. III. *Préceptes généraux sur l'art de gouverner la fermentation.*	84
ART. IV. *Ethiologie de la fermentation.*	98
Expériences sur la fermentation vineuse, par Poitevin.	105
Observations météorologiques, octobre 1772.	107
Expériences sur la fermentation vineuse, par D. Gentil.	110
CHAP. V. *Du tems et des moyens de décuver.*	117
CHAP. VI. *De la manière de gouverner les vins dans les tonneaux.*	129
Soufrage des vins.	133
Clarification des vins.	136
CHAP. VII. *Maladies du vin, et moyens de les prévenir ou de les corriger.*	149
CHAP. VIII. *Usages et vertus du vin.*	159
CHAP. IX. *Analyse du vin.*	165
DES INSTRUMENS, VAISSEAUX ET MACHINES RELATIFS AU VIN.	
SECTION Iere. *Des vaisseaux destinés à la vendange.*	196
Des hottes.	ibid.
Des paniers.	197
Des seilles.	198

Des bannes et banneaux.	199
Section II. Des vaisseaux et machines servant à la fabrication du vin.	203
Des égrappoirs.	ibid.
De la fouloire.	207
Des cuves.	208
De leurs formes.	ibid.
De leurs proportions.	211
Des cuves carrées.	212
Des cuves rondes avec des liens.	215
Des cuves en maçonnerie.	216
Du couvercle des cuves.	222
De la préparation des bois destinés à la fabrication des cuves.	226
Des pressoirs.	229
Description des pressoirs de différentes espèces.	231
Pressoirs à pierre, à tenons ou à cages.	ibid.
Pressoirs à étiquets.	233
Pressoirs à double coffre.	235
Détails des bois nécessaires pour la construction d'un pressoir à double coffre, capable de rendre douze pièces de vin rouge pour le moins ; ensemble les ferremens, coussinets de cuivre, et bouquets de pierre pour les porter.	238
De la façon de manœuvrer en se servant des pressoirs à coffre simple ou double.	249
Manœuvre du pressoir à double coffre.	256
De la manière d'élever et de conduire une pressée.	265
Section III. Des vaisseaux employés pour la conservation du vin, et des instrumens servant à le perfectionner.	284
Des tonneaux.	ibid.
§. Ier. De la forme des tonneaux.	287
§. II. Du bois des tonneaux.	291

§. III. *Observations sur leur construction.* 297
§. IV. *Des moyens d'affranchir les tonneaux neufs, et de la correction des tonneaux viciés.* 302
§. V. *Des cerceaux.* 315
§. VI. *Des bondons.* 316
§. VII. *Des foudres.* 318
— *En pierres de taille.* 320
— *En briques.* 321
— *En béton.* 323
Des outres. 327
Des bouteilles. 329
Des Brocs. 339
Des entonnoirs. 340
Des soufflets. 344
Des instrumens propres à perfectionner le vin. 345
De la pompe. 349
Des tuyaux. 352
De l'instrument propre à muter le vin. 353
SECTION. IV. *Des celliers et caves.* 355
Des celliers. ibid.
Des caves. 360

PRODUITS SECONDAIRES DU VIN.
De l'eau-de-vie. 381
SECTION Ière. *Des alambics et vaisseaux distillatoires.* ibid.
ART. Ier. *Des alambics ordinaires chauffés avec le bois.* 383
ART. II. *Description de l'alambic ordinaire, chauffé avec le charbon fossile.* 389
Description du fourneau au charbon de terre de M. Ricard. 390
ART. III. *De quelques alambics nouveaux pour leur forme, proposés par différens auteurs.* 394
ART. IV. *Des alambics et des fourneaux proposés par M. Baumé, et chauffés, soit avec du bois, soit avec du charbon.* 395

Art. V. *De l'alambic et des fourneaux proposés par M. Moline, prieur-chefecier de la commanderie de Saint-Antoine, ordre de Malte, à Paris.* 413

Art. VI. *Des alambics pour la distillation des esprits.* 426

Art. VII. *Des alambics pour la distillation des marcs de raisin et des lies.* 432

Art. VIII. *Des alambics pour la distillation des lies.* 436

Section II. *De la meilleure construction de la brûlerie.* 444

Section III. *Du choix des vins destinés à la distillation.* 457

Section IV. *Méthode-pratique de la distillation.* 469

Art. Ier. *De la distillation des eaux-de-vie du commerce.* ibid.

Art. II. *De la distillation de l'esprit-de-vin.* 479

Art. III. *De la distillation des marcs de raisin.* 482

Art. IV. *De la distillation des lies.* 487

Section V. *Des moyens de connoître la spirituosité de l'eau-de-vie par l'aréomètre.* 489

DE LA FABRICATION DES VINAIGRES SIMPLES ET COMPOSÉS.

De la fermentation acéteuse en général. 514

Art. Ier. *Théorie du vinaigre.* 517

Art. II. *Conditions pour faire de bon vinaigre.* 525

Art. III. *Des manipulations pour faire les différens vinaigres.* 531

Premier procédé. 532

Deuxième procédé. 535

Troisième procédé. ibid.

Art. IV. *Des moyens de conserver le vinaigre.* 436

Art. V. *Des signes auxquels on reconnoît que le vinaigre est bon, falsifié ou gâté.* 540
Art. VI. *Application du vinaigre à la conservation des viandes.* 544
Art. VII. *Application du vinaigre à la conservation des fruits et légumes.* 546
Art. VIII. *Des vinaigres aromatiques.* 550
Vinaigre d'estragon. 551
Vinaigre surare. 552
Vinaigre rosat. ibid.
Vinaigre composé pour la salade. 553
Vinaigre de lavande. ibid.
Vinaigre des Quatre-Voleurs. 554
Propriétés médicales et économiques du vinaigre. 555
Sirop de vinaigre. 557
Du râpé de grappes et de grains. 559
De la piquette. 563

ESSAI SUR LE VIN;

Par le Cᶜⁿ. CHAPTAL,

Ministre de l'Intérieur, Conseiller d'État, membre de l'Institut national de France; des Sociétés d'Agriculture des départemens de la Seine, de l'Hérault, du Morbihan, etc., etc.

ESSAI SUR LE VIN,

PAR LE C. CHAPTAL.

VUES GÉNÉRALES.

Il est peu de productions naturelles que l'homme se soit appropriées comme aliment, sans les altérer ou les modifier par des préparations qui les éloignent de leur état primitif: les farines, la viande, les fruits, tout reçoit, par ses soins, un commencement de fermentation avant de servir de nourriture; il n'est pas jusqu'aux objets de luxe, de caprice ou de fantaisie, tels que le tabac, les parfums, auxquels l'art ne donne des qualités particulières.

Mais c'est sur-tout dans la fabrication des boissons que l'homme a montré le plus de sagacité: à l'exception de l'eau et du lait, toutes sont son ouvrage. La nature ne forma jamais de liqueurs spiritueuses : elle pourrit le raisin sur le cep, tandis que l'art en convertit le suc en une liqueur agréable, tonique et nourrissante qu'on appelle VIN.

Il est difficile d'assigner l'époque précise où les hommes ont commencé à fabriquer le vin. Cette précieuse découverte paroît se perdre dans la nuit des tems ; et l'origine du vin a ses fables, comme celle de tous les objets qui sont devenus pour nous d'une utilité générale.

Athénée prétend qu'*Oreste*, fils de *Deucalion*, vint régner en Etna et y planta la vigne. Les historiens s'accordent à regarder *Noé* comme le premier qui a fait du vin dans l'Illyrie ; *Saturne*, dans la Crète ; *Bacchus*, dans l'Inde ; *Osiris*, dans l'Egypte ; et le roi *Gérion*, en Espagne. Le Poëte, qui assigne à tout une source divine, aime à croire qu'après le déluge, Dieu accorda le vin à l'homme pour le consoler dans sa misère, et s'exprime ainsi sur son origine :

> *Omnia vastatis ergo cùm cerneret arvis*
> *Desolata Deus, nobis felicia vini*
> *Dona dedit, tristes hominum quo munere fovit*
> *Relliquias ; mundi solatus vite ruinam.*
>
> PRÆD. RUST.

Il n'est pas jusqu'à l'étymologie du mot *vin* sur laquelle les auteurs n'aient produit des opinions différentes : mais, à travers cette longue suite de fables dont les poëtes, presque toujours mauvais historiens, ont obscurci l'origine du vin, il nous est permis de saisir quelques vérités précieuses ; et, dans ce nombre, nous pouvons placer, sans crainte, les faits suivans :

Non seulement les premiers écrivains attestent que l'art de fabriquer le vin leur étoit connu, mais ils avoient déjà des idées saines sur ses diverses qualités, ses vertus, ses préparations, etc. : les dieux de la fable sont abreuvés avec le *Nectar* et l'*Ambroisie*. *Dioscoride* parle du *Cæcubum dulce*, du *Surrentinum austerum*, etc. : *Pline* décrit deux qualités de vin d'*Albe*; l'un doux, et l'autre acerbe. Le fameux *Falerne* étoit aussi de deux sortes, au rapport d'*Athénée*. Il n'est pas jusqu'aux vins mousseux dont les anciens avoient connoissance : il suffit du passage suivant de *Virgile* pour s'en convaincre :

.... Ille impiger hausit
Spumantem pateram...............

En lisant ce que les historiens nous ont laissé sur l'origine des vins que possédoient les anciens Romains, il paroîtra douteux que leurs successeurs aient ajouté aux connoissances qu'ils avoient en ce genre. Ils tiroient leurs meilleurs vins de la Campanie (aujourd'hui *Terre de Labour*), dans le royaume de Naples. Le Falerne et le

Massique étoient le produit de vignobles plantés sur des collines tout autour de Mondragon, au pied duquel coule le Garigliano, anciennement nommé *Liris*. Les vins d'Ainiela et de Fondi se récoltoient près de Gaëte ; le raisin de Suessa croissoit près de la mer, etc. Mais, malgré la grande variété de vins que produisoit le sol d'Italie, le luxe porta bientôt les Romains à rechercher ceux d'Asie ; et les vins précieux de Chio, de Lesbos, d'Ephèse, de Cos et de Clazomène, ne tardèrent pas à surcharger leurs tables.

Les premiers historiens dans lesquels nous pouvons puiser quelques faits positifs sur la fabrication des vins ne nous permettent pas de douter que les Grecs n'eussent singulièrement avancé l'art de faire, de travailler et de conserver les vins : ils les distinguoient déjà en *Protopon* et *Deuterion*, suivant qu'ils provenoient du suc qui s'écoule du raisin avant qu'il ait été foulé, ou du suc qu'on extrait par le foulage lui-même. Les Romains ont ensuite désigné ces deux qualités sous les dénominations de *vinum primarium* et *vinum secundarium*.

Lorsqu'on lit avec attention tout ce qu'*Aristote* et *Galien* nous ont transmis de connoissances sur la préparation et les vertus des vins les plus renommés de leur tems, il est difficile de se défendre de l'idée que les anciens possédoient l'art d'épaissir et de dessécher certains vins pour les conserver très-long-tems : *Aristote* nous dit expressément que les vins d'Arcadie se desséchoient tellement dans les outres, qu'il falloit les racler et les délayer dans l'eau pour les disposer à servir de boisson : *ita exsiccatur in utribus ut derasum bibatur.* *Pline* parle de vins gardés pendant cent ans, qui s'étoient épaissis comme du miel, et qu'on ne pouvoit boire qu'en les délayant dans l'eau chaude et les coulant à travers un linge : c'est ce qu'on appeloit *saccatio vinorum*. *Martial* conseille de filtrer le Cécube :

Turbida sollicito transmittere Cœcuba sacco.

Galien parle de quelques vins d'Asie qui, mis dans de grandes bouteilles qu'on suspendoit au coin des cheminées, acquéroient par l'évaporation la dureté du sel. C'étoit là l'opération qu'on appeloit *fumarium*.

C'étoit sans doute des vins de cette nature que les anciens conservoient au plus haut des maisons et dans des expositions au Midi : ces lieux étoient désignés par les mots : *horreum vinarium, apotheca vinaria*.

Mais tous ces faits ne peuvent appartenir qu'à des vins doux, épais, peu fermentés, ou à des sucs non-altérés et rapprochés ; ce sont des extraits plutôt que des liqueurs ; et peut-être n'étoit-ce qu'un *résiné* très analogue à celui que nous formons aujourd'hui par l'épaississement et la concentration du suc du raisin.

Les anciens connoissoient encore des vins légers qu'ils buvoient de suite : *quale in Italiâ quod Gauranum vocant et Albanum, et quae in Sabinis et in Tuscis nascuntur.*

Ils regardoient le vin récent comme chaud au premier degré; le plus vieux passoit pour le plus chaud.

Chaque espèce de vin avoit une époque connue et déterminée, avant laquelle on ne l'employoit point pour la boisson : *Dioscoride* détermine la septième année comme un terme moyen pour boire le vin. Au rapport de *Galien* et d'*Athénée*, le Falerne ne se buvoit, en général, ni avant qu'il eût atteint l'âge de dix ans ni après celui de vingt. Les vins d'Albe exigeoient vingt ans d'ancienneté; le *Surrentinum*, vingt-cinq, etc. *Macrobe* rapporte que *Cicéron* étant à souper chez *Damasippe*, on lui servit du Falerne de quarante ans, dont le convive fit l'éloge en disant qu'il portoit bien son âge : *benè, inquit, aetatem fert*. *Pline* parle d'un vin servi sur la table de *Caligula* qui avoit plus de cent soixante ans. *Horace* a chanté un vin de cent feuilles, etc.

Depuis les historiens grecs et romains, on n'a pas cessé de publier des écrits sur les vins; et, si nous considérons que cette boisson est une des branches de commerce les plus considérables de l'Europe, en même tems qu'elle fait la principale source de la richesse de plusieurs nations situées sous divers climats, nous serons moins étonnés du grand nombre d'écrits publiés sur ce sujet, que de la foiblesse avec laquelle on a traité une matière si intéressante. J'avoue que j'ai été frappé moi-même de cet excès de médiocrité; et j'ai cru en trouver la cause dans la fureur qu'ont eue presque tous les auteurs de ne voir jamais qu'un pays, qu'un climat, qu'une culture; et de prétendre convertir en principe général ce qui n'est souvent qu'un procédé essentiellement dépendant d'une localité.

D'un autre côté, la science qui devoit perfectionner les arts, en les éclairant, n'existoit pas encore; la théorie de la fermentation, l'analyse des vins, l'influence des climats, n'étoient pas rigoureusement calculées; et c'est néanmoins à ces connoissances que nous devons les principes invariables qui doivent assurer les pas de l'agriculteur dans les procédés de la *vinification*; c'est à elles seules que nous devons cette langue scientifique à l'aide de laquelle tous les hommes, tous les pays, communiquent entr'eux.

Il me paroît que dans l'art de fabriquer le vin, comme dans tous ceux qui doivent être éclairés par les vérités fondamentales de la physique, on doit commencer par connoître parfaitement la nature de la matière même qui fait la base de l'opération, et calculer ensuite avec précision l'influence qu'exercent sur elle les divers agens qui sont successivement employés.

Alors on se fait des principes généraux qui dérivent de la nature bien approfondie du sujet; et l'action variée du sol, du climat, des saisons, de la culture, les variétés apportées dans les procédés des manipulations, l'influence marquée des températures, etc., tout vient s'établir sur ces bases. Ainsi je n'irai pas proposer aux agriculteurs du midi les procédés de culture et les méthodes de vinification pratiquées dans le nord ; mais je déduirai de la différence des climats la cause de la différence que présentent les raisins sur ces divers points; et la nature bien connue des raisins de chaque pays me fera sentir la nécessité d'en varier la fermentation.

CHAPITRE PREMIER.

Du Vin considéré dans ses rapports avec le sol, le climat, l'exposition, les saisons, la culture.

Ce n'est pas assez de savoir que la nature du vin varie sous les différens climats, et que la même espèce de vigne ne produit pas par-tout indistinctement la même qualité de raisin. Il faut encore connoître la cause de ces différences pour pouvoir se faire des principes, et savoir non seulement ce qui est, mais prévoir et annoncer ce qui doit être.

Ces causes sont toutes dans la différence des climats, dans la nature et l'exposition du sol, dans le caractère des saisons et les procédés de culture. Nous dirons successivement ce qui est dû à chacun de ces divers agens, et nous en déduirons des conséquences naturelles tant sur la nature de la terre que réclame la vigne, que sur le genre de culture qui paroît lui convenir le mieux.

Les principes généraux que nous allons établir, en parlant de chacune de ces causes en particulier, reçoivent beaucoup d'exceptions : on le sentira facilement si l'on réfléchit que l'action de l'une de ces causes peut être contrariée par la réunion de tous les autres agens qui masquent ou détruisent son effet naturel. Ainsi la bonté du sol, la convenance du climat, la qualité de la vigne, peuvent contre-balancer l'effet de l'exposition, et présenter du bon vin là où, d'après l'exposition considérée isolément, on le jugeroit devoir être de mauvaise qualité. Mais nos principes n'en sont pas moins rigoureux; et la seule conséquence qu'on peut tirer de ces contradictions apparentes, c'est que, pour avoir le vrai résultat, il faut tenir compte de l'action de toutes les causes influentes, et les considérer comme les élémens nécessaires du calcul.

ARTICLE PREMIER.

Du Vin considéré dans ses rapports avec le climat.

Tous les climats ne sont pas propres à la culture de la vigne. Si cette plante croît et paroît végéter avec force dans les climats du nord, il n'en est pas moins vrai que son fruit ne sauroit y parvenir à un degré de maturité suffisant; et il est une vérité constante, c'est qu'au-delà du 50e. degré de latitude, le suc du raisin ne peut pas éprouver une fermentation qui le convertisse en une boisson agréable.

Il en est de la vigne par rapport au climat, comme de toutes les autres productions végétales. Nous trouverons vers le nord une végétation vigoureuse, des plantes bien nourries et très-succulentes, tandis que le midi ne nous offre que des productions chargées d'arome, de résine et d'huile volatile. Ici tout se convertit en *esprit*; là tout est employé pour la *force*. Ces caractères très-marqués dans la végétation se répètent jusque dans les phénomènes de l'animalisation, où l'*esprit*, la *sensibilité*, paroissent être l'apanage des climats du midi, tandis que la *force* paroît être l'attribut de l'habitant du nord.

Les voyageurs anglais ont observé que quelques végétaux insipides du Groënland acquéroient du goût et de l'odeur dans les jardins de Londres. *Reynier* a vu que le mélilot, qui a une odeur pénétrante dans les pays chauds, n'en conservoit aucune en Hollande. Tout le monde sait que le venin très-exalté de certaines plantes et de plusieurs animaux s'éteint et s'émousse progressivement dans les individus qui se nourrissent dans des climats plus voisins du nord.

Le sucre lui-même paroît ne se développer d'une manière complète dans quelques végétaux, que dans les pays chauds; la canne à sucre, cultivée dans nos jardins, ne fournit presque plus de principe sucré ; et le raisin est lui-même aigre, âpre ou insipide, au-delà du 50e. degré de latitude.

L'arome ou le parfum du raisin, ainsi que le principe sucré, est donc le produit d'un soleil pur et constant. Le suc aigre ou acerbe qui se développe dans le raisin, dès les premiers momens de sa formation, ne sauroit être convenablement élaboré dans le nord : ce caractère primitif de verdeur existe encore lorsque le retour des frimas vient glacer les organes de la maturation.

Ainsi, dans le nord, le raisin, riche en principes de putréfaction, ne contient presque aucun élément de fermentation spiritueuse ; et le suc exprimé de ce fruit, venant à éprouver les phénomènes de la fermentation, produit une liqueur aigre dans laquelle il n'existe que la proportion rigoureusement nécessaire d'alkool pour interrompre les mouvemens d'une fermentation putride.

La vigne, ainsi que toutes les autres productions de la nature, a des climats qui lui sont affectés : c'est entre le 40 et 50e. degré de latitude qu'on peut se promettre une culture avantageuse de cette production végétale. C'est aussi entre ces deux termes que se trouvent les vignobles les plus renommés et les pays les plus riches en vins, tels que l'Espagne, le Portugal, la France, l'Italie, l'Autriche, la Stirie, la Carinthie, la Hongrie, la Transylvanie, et une partie de la Grèce.

Mais, de tous les pays, celui, sans doute, qui présente la situation la plus heureuse, c'est la France : nul autre n'offre une aussi grande étendue de vignobles, ni des expositions plus variées; nul ne présente une aussi étonnante variété de température. On diroit que la nature a voulu verser sur le même sol toutes les richesses territoriales, toutes les facultés, tous les caractères, tous les tempéramens, comme pour nous présenter dans le même tableau toutes ses productions. Depuis la rive du Rhin jusqu'au pied des Pyrénées, presque par-tout on cultive la vigne; et nous trouvons, sur cette vaste étendue, les vins les plus agréables comme les plus spiritueux de l'Europe. Nous les y trouvons avec une telle profusion, que la population de la France ne sauroit suffire à leur consommation; ce qui fournit des ressources infinies à notre commerce, et établit parmi nous un genre d'industrie très-précieux, la distillation et le commerce des eaux-de-vie.

D'un autre côté, l'énorme variété de vins que possède la France établit dans l'intérieur et au dehors une circulation d'autant plus active, qu'il est plus facile au luxe et à l'aisance d'en réunir toutes les qualités.

Mais, quoique le climat frappe ses productions d'un caractère général et indélébile, il est des circonstances qui modifient et brident son action; et ce n'est qu'en écartant avec soin ce qu'apporte chacune d'elles, qu'on peut parvenir à retrouver l'effet du climat dans toute sa pureté. C'est ainsi que, quelquefois, nous verrons, sous le même climat, se réunir les diverses qualités de vin, parce que le terrein, l'exposition, la culture, modifient et masquent l'action immédiate de ce grand agent.

D'un autre côté, il est des plants de vigne qui ne laissent pas le choix de les cultiver indistinctement sous telle ou telle latitude. Le sol, le climat, l'exposition, la culture, tout doit être approprié à leur nature inflexible; et la moindre interversion apportée dans ce caractère naturel en altère essentiellement le produit. C'est ainsi que les vignes de la Grèce, transportées en Italie, n'ont plus donné le même vin; et que les vignes de Falerne, cultivées au pied du Vésuve, ont changé de nature. L'expérience nous confirme, chaque jour, que les plants de Bourgogne, transportés dans le midi, n'y fournissent plus un vin aussi délicat et aussi agréable.

Il est donc prouvé que les qualités qui caractérisent certains vins ne peuvent pas se reproduire sur plusieurs points : il faudroit pour cela l'influence constante des mêmes causes ; et, comme il est impossible de les réunir toutes, il doit nécessairement s'ensuivre des changemens et des modifications.

Concluons de ce qui précède, que les climats chauds, en favorisant la formation du principe sucré, doivent produire des vins très-spiritueux, attendu que le sucre est nécessaire à sa formation. Mais il faut que la fermentation soit conduite de manière à décomposer tout le sucre du raisin ; sans cela, on n'auroit que des vins liquoreux et très-doux, ainsi qu'on l'observe dans quelques climats du midi, et dans tous les cas où le suc sucré du raisin se trouve trop rapproché pour éprouver une décomposition complète.

Les climats plus froids ne peuvent donner naissance qu'à des vins foibles, très-aqueux, quelquefois agréablement parfumés ; le raisin dans lequel il n'existe presque pas de principe sucré ne sauroit fournir à la formation de l'alkool qui fait toute la force des vins. Mais comme, d'un autre côté, la chaleur produite par la fermentation de ces raisins est très-modérée, le principe aromatique se conserve dans toute sa force, et contribue à rendre ces boissons très-agréables, quoique foibles.

ARTICLE II.

Du Vin considéré dans ses rapports avec le sol.

La vigne croît par-tout : et, si l'on pouvoit juger de la qualité du vin par la vigueur de la végétation, ce seroit aux terrains gras, humides et bien fumés qu'on en confieroit la culture. Mais l'expérience nous a appris que presque jamais la bonté du vin n'est en rapport avec la force de la vigne; l'on diroit que la nature, jalouse de répartir et d'affecter à chaque qualité de terre un genre particulier de production, a réservé les terrains secs et légers pour la vigne, et a confié la culture des grains aux terres grasses et bien nourries :

Hic segetes, illic veniunt feliciùs uvæ.

C'est par une suite de cette admirable distribution, que l'agriculture couvre de produits variés la surface de notre planète; et il ne s'agit que de ne pas interrompre l'ordre naturel, et d'appliquer à chaque lieu la culture qui lui convient, pour obtenir presque par-tout des récoltes fécondes et variées.

Nec verò terræ ferre omnes omnia possunt :
Nascuntur steriles saxosis montibus orni;
Littora myrtetis lætissima : denique apertos
Bacchus amat colles.......

Les

Les terres fortes et argileuses ne sont pas du tout propres à la culture de la vigne : non seulement les racines ne peuvent pas s'étendre et se ramifier convenablement dans ce sol gras et serré; mais la facilité avec laquelle ces couches se pénètrent d'eau, l'opiniâtreté avec laquelle elles la retiennent, nourrissent un état permanent d'humidité qui pourrit la racine, et donne à tous les individus de la vigne des symptômes de souffrance qui en assurent bientôt la destruction.

Il est des terres fortes qui ne partagent pas les qualités nuisibles qui appartiennent aux terreins argileux dont nous venons de parler. Ici la vigne croît et végète librement; mais cette force même de la végétation nuit encore essentiellement à la bonne qualité du raisin, qui parvient difficilement à la maturité, et fournit un vin qui n'a ni esprit ni parfum. Néanmoins ces sortes de terreins sont quelquefois consacrés à la vigne, parce que l'abondance supplée à la qualité, et que très-souvent il est plus avantageux à l'agriculteur de cultiver en vigne, que de semer des grains. D'ailleurs ces vins foibles, mais abondans, fournissent une boisson convenable aux travailleurs de toutes les classes, et présentent de l'avantage pour la distillation, attendu qu'ils exigent peu de culture, et que la quantité supplée essentiellement à la qualité.

Il est encore connu de tous les agriculteurs que les terreins humides ne sont pas propres à la culture de la vigne. Si le sol, sans cesse humecté, est de nature grasse, la plante y languit, se pourrit et meurt: si, au contraire, le terrein est ouvert, léger et calcaire, la végétation peut y être belle et vigoureuse; mais le vin qui en proviendra ne peut pas manquer d'être aqueux, foible et sans parfum.

Le terrein calcaire est, en général, propre à la vigne : aride, sec et léger, il présente un support convenable à la plante; l'eau, dont il s'imprègne par intervalles, circule et pénètre librement dans toute la couche; les nombreuses ramifications des racines la pompent par tous les pores; et, sous tous ces rapports, le sol calcaire est très-favorable à la vigne. En général, les vins récoltés sur le calcaire sont spiritueux; et la culture y est d'autant plus facile, que la terre est légère et peu liée; d'ailleurs, il est à observer que ces terreins arides paroissent exclusivement destinés pour la vigne; le manque d'eau, de terre végétale et d'engrais, repousse jusqu'à l'idée de toute autre culture.

Mais il est des terreins plus favorables encore à la vigne; ce sont ceux qui sont, à-la-fois, légers et caillouteux; la racine se glisse aisément dans un sol que le mélange d'une terre légère et d'un caillou arrondi rend très-perméable; la couche de galets qui couvre la surface de la terre la défend de l'ardeur desséchante du soleil; et, tandis que la tige et le raisin reçoivent la bénigne influence de cet astre, la racine convenablement abreuvée fournit les sucs nécessaires au travail de la végétation. Ce sont des terreins de cette nature qu'on appelle dans divers pays : *terreins caillouteux*, *pays de grès*, *vignobles pierreux*, *sablonneux*, etc.

Les terres volcanisées nourrissent encore des vins délicieux. J'ai eu occasion d'observer que, dans plusieurs points du midi de la France, les vignes les plus vigoureuses, les vins les plus capiteux, étoient le produit des débris de volcans. Ces terres vierges, long-tems travaillées dans le sein du globe par des feux souterrains, nous présentent un mélange intime de presque tous les principes terreux; leur tissu à demi vitrifié, décomposé par l'action combinée de l'air et de l'eau, fournit tous les élémens d'une bonne végétation ; et le feu, dont ces terres ont été imprégnées, paroît passer successivement dans toutes les plantes qui leur sont confiées. Les vins de *Tockai* et les meilleurs vins d'Italie se récoltent dans des terreins volcaniques. Le dernier évêque d'*Agde* a défriché et planté en vignes le vieux volcan de la montagne au pied de laquelle cette ville antique est située; ces plantations forment, en ce moment, un des plus riches vignobles du canton.

Il est des points sur la surface très-variée de notre globe où le granit ne présente plus cette dureté, cette inaltérabilité qui font en général le caractère de cette roche primitive; il est pulvérulent, et n'offre à l'œil qu'un sable sec, plus ou moins grossier. C'est dans ces débris que, sur plusieurs points de la France, on cultive la vigne; et lorsqu'une exposition favorable concourt à en aider l'accroissement, le vin y est de qualité supérieure. Le fameux vin de l'Hermitage se récolte dans de semblables débris. Il est aisé de juger, d'après les principes que nous avons posés, qu'un sol tel que celui qui nous occupe en ce moment ne peut qu'être favorable à la formation d'un bon vin : ici nous trouvons à-la-fois cette légèreté de terrein qui permet aux racines de s'étendre, à l'eau de s'infiltrer, à l'air de pénétrer; cette croûte caillouteuse qui modère et arrête les feux du soleil; ce mélange précieux d'élémens terreux dont la composition paroît si avantageuse à toute espèce de végétation.

Ainsi l'agriculteur, plus jaloux d'obtenir une bonne qualité qu'une grande abondance de vin, établira son vignoble dans des terreins légers et caillouteux; et il ne se déterminera pour un sol gras et fécond, que dans l'intention de sacrifier la bonté à la quantité (1).

---

(1) Quoique les principes que nous venons d'établir soient prouvés par presque toutes les observations connues, il ne faut pas cependant en conclure que les ré-

ARTICLE III.

Du Vin considéré par rapport à l'exposition.

Même climat, même culture, même nature de sol, fournissent souvent des vins de qualités très-différentes : nous voyons chaque jour le sommet d'une montagne dont la surface est toute recouverte de vignes, offrir, dans ses divers aspects, des variétés étonnantes dans le vin qui en est le produit. A juger des lieux par la comparaison de

sultats soient sans exception. *Creuzé-Latouche* a observé (Mémoire lu à la Société d'Agriculture de la Seine, le 26 germinal an 8), que les vignobles précieux d'Aï, Epernai et Hautvilliers sur la Marne, ont les mêmes expositions, le même sol que les terres à blé qui les environnent. Notre observateur pense bien qu'on a tenté de convertir en vigne les terres à blé; mais il est probable que les expériences n'ont pas été heureuses, et que par conséquent, il y a là des raisons de différence que l'inspection seule ne peut pas juger.

Au reste, comme l'observe le même agriculteur, la terre primitive dans les vignobles de premier rang en Champagne se trouve recouverte d'une couche artificielle qu'on forme avec un mélange de gazon et de fumier consommé, de terres communes prises au bas des coteaux, et quelquefois d'un sable noir et pourri. Ces terreaux se portent dans les vignes toute l'année, excepté le tems des vendanges.

la nature de leurs productions, on croiroit souvent que tous les climats, toutes les espèces de terre, ont concouru à fournir des produits qui, par le fait, ne sont que le fruit naturel de terrains contigus et différemment exposés.

Cette différence dans les produits provenant de la seule exposition se laisse appercevoir dans tous les effets qui dépendent de la végétation : les bois coupés dans la partie d'une forêt qui regarde le nord, sont infiniment moins combustibles que ceux de même espèce élevés sur les côtes du midi. Les plantes odorantes et savoureuses perdent leur parfum et leur saveur dès qu'elles sont nourries dans des terres grasses exposées au nord. *Pline* avoit déjà observé que les bois du midi de l'Apennin étoient de meilleure qualité que ceux des autres aspects; et personne n'ignore ce que peut l'exposition sur les légumes et sur les fruits.

Ces phénomènes sensibles pour tous les produits de la végétation, le sont sur-tout pour les raisins : une vigne tournée vers le midi produit des fruits très-différens de ceux que porte celle qui regarde le nord. La surface plus ou moins inclinée du sol d'une vigne, quoique dans la même exposition, présente encore des modifications infinies. Le sommet, le milieu, le pied d'une colline, donnent des produits très-différens : le sommet découvert reçoit à chaque instant l'impression de tous les changemens, de tous les mouvemens qui surviennent dans l'atmosphère ; les vents fatiguent la vigne dans tous les sens ; les brouillards y portent une impression plus constante et plus directe ; la température y est plus variable et plus froide : toutes ces causes réunies font que le raisin y est, en général, moins abondant, qu'il parvient plus péniblement et incomplètement à maturité, et que le vin qui en provient a des qualités inférieures à celui que fournit le flanc de la colline, dont la position écarte l'effet funeste de la plupart de ces causes. La base de la colline offre, à son tour de très-graves inconvéniens : sans doute la fraîcheur constante du sol y nourrit une vigne vigoureuse, mais le raisin n'est jamais ni aussi sucré, ni aussi agréablement parfumé que vers la région moyenne; l'air qui y est constamment chargé d'humidité, la terre sans cesse imbibée d'eau, grossissent le raisin et forcent la végétation au détriment de la qualité.

L'exposition la plus favorable à la vigne est entre le levant et le midi :

Opportunus ager tepidos qui vergit ad æstus.

Les collines situées au-dessus d'une plaine dans laquelle coule une rivière d'eau vive, donnent le meilleur vin ; mais il convient qu'elles ne soient pas trop resserrées :

.... *apertos*
Bacchus amat colles..............

L'exposition du nord a été regardée de tout tems comme la plus funeste : les vents froids et humides n'y favorisent point la maturation du raisin ; il reste constamment aigre, acerbe, point sucré, et le vin ne peut que participer de ces mauvaises qualités.

L'exposition du couchant est encore assez peu favorable ; la terre desséchée par la chaleur du jour, ne présente plus, vers le soir, aux rayons obliques du soleil devenus presque parallèles à l'horizon, qu'un sol aride et dépourvu de toute humidité : alors le soleil, qui par sa position pénètre sous la vigne et darde ses feux sur un raisin qui n'est plus défendu, le dessèche, l'échauffe, le mûrit prématurément, et arrête la végétation avant que le terme de l'accroissement et l'époque de la maturité soient survenus.

Rien n'est plus propre à faire juger de l'effet de l'exposition, que de voir par soi-même ce qui se passe dans une vigne dont le terrain inégal est semé çà et là de quelques arbres : ici toutes les expositions paroissent réunies sur un même point ; aussi tous les effets qui en dépendent s'y présentent-ils à l'observateur. Les ceps abrités par les arbres poussent des tiges longues et minces, qui portent peu de fruit, et le mènent à une maturité tardive et imparfaite. La portion la plus élevée de la vigne est, en général, plus dégarnie ; la végétation y est moins robuste, mais le raisin y est de meilleure qualité que dans les bas-fonds. C'est toujours sur la partie la plus exposée au midi qu'on rencontre le meilleur raisin (1).

Article IV.

Du Vin considéré par rapport aux saisons.

Il est de fait que la nature du vin varie selon le caractère que présente la saison ; et ses effets se déduisent déjà naturellement des principes que nous avons établis en parlant de l'influence du climat, du sol et de l'exposition, puisque nous avons appris à connoître ce que peuvent l'humidité, le froid et la chaleur sur la formation et les

---

(1) Les principes généraux que nous venons d'établir sur l'influence de l'exposition, reçoivent bien des exceptions : les fameux vignobles d'Epernai et de Versenai, dans la montagne de Reims, sont exposés au plein nord, dans une latitude tellement septentrionale pour les vins, que c'est dans ces lieux mêmes que se termine tout-à-coup le règne de la ville sous ce méridien.

Les vignobles de Nuits et de Beaune, ainsi que les meilleurs de Beaugenci et Blois, sont au levant ; ceux de la Loire et du Cher sont au nord et au midi indistinctement ; les bons coteaux de Saumur sont au nord ; et parmi les meilleurs vins d'Angers on en trouve à toutes les expositions. (Observations de *Creuzé-Latouche*, lues à la Société d'Agriculture de Paris).

qualités du raisin. En effet, une saison froide et pluvieuse, dans un pays naturellement chaud et sec, produira sur le raisin le même effet que le climat du nord; cette interversion dans la température, en rapprochant ces climats, en assimile et identifie toutes les productions.

La vigne aime la chaleur, et le raisin ne parvient à son degré de perfection que dans des terres sèches et frappées d'un soleil ardent : lorsqu'une année pluvieuse entretiendra le sol dans une humidité constante et maintiendra dans l'atmosphère une température humide et froide, le raisin n'acquerra ni sucre ni parfum, et le vin qui en proviendra sera nécessairement foible, insipide, abondant. Ces sortes de vins se conservent difficilement: la petite quantité d'alkool qu'ils contiennent ne peut pas les préserver de la décomposition; et la forte proportion d'extractif qui y existe, y détermine des mouvemens qui tendent sans cesse à les dénaturer. Ces vins tournent au *gras*, quelquefois à l'*aigre*; mais le peu d'alkool qu'ils renferment ne leur permet même pas de former de bons vinaigres : ils contiennent tous beaucoup d'acide malique, ainsi que nous le prouverons par la suite; c'est cet acide qui leur donne un goût particulier, une aigreur qui n'est point acéteuse, et qui fait un caractère plus dominant dans les vins, à mesure qu'ils sont moins spiritueux.

L'influence des saisons sur la vigne est tellement connue dans tous les pays de vignoble, que long-tems avant la vendange, on prédit quelle sera la nature du vin. En général, lorsque la saison est froide, le vin est rude et de mauvais goût; lorsqu'elle est pluvieuse, il est foible, peu spiritueux, abondant, et on le destine d'avance (au moins dans le midi) à la distillation, parce qu'il seroit à-la-fois difficile à conserver et désagréable à boire.

Les pluies qui surviennent à l'époque ou aux approches de la vendange, sont toujours les plus dangereuses; alors le raisin n'a plus assez de tems ni assez de force pour en élaborer les sucs; il se remplit et ne présente plus à la fermentation qu'un fluide très-liquide qui tient en dissolution une trop petite quantité de sucre pour que le produit de la décomposition soit fort et spiritueux.

Les pluies qui tombent dans les premiers momens de l'accroissement du raisin lui sont très-favorables : elles fournissent à l'organisation du végétal l'aliment principal de la nutrition; et si une chaleur soutenue vient ensuite en faciliter l'élaboration, la qualité du raisin ne peut qu'être parfaite.

Les vents sont constamment préjudiciables à la vigne; ils dessèchent les tiges, les raisins et le sol ; ils produisent, sur-tout dans les terres fortes, une couche dure et compacte qui s'oppose au passage libre de l'air et de l'eau, et entretiennent par ce moyen, autour de la racine, une humidité putride qui tend à la corrompre : aussi les agriculteurs évitent-ils avec soin de planter la vigne dans des terreins exposés aux vents ; ils préfèrent des lieux tranquilles, bien abrités, où la plante ne reçoive que l'influence bénigne de l'astre vers lequel on la tourne.

Les brouillards sont encore très-dangereux pour la vigne ; ils sont mortels pour la fleur, et nuisent essentiellement au raisin. Outre des miasmes putrides que les météores déposent trop souvent sur les productions des champs, ils ont toujours l'inconvénient d'humecter les surfaces, et d'y former une couche d'eau d'autant plus aisément évaporable, que l'intérieur de la plante et la terre ne sont pas humectés dans la même proportion ; de manière que les rayons du soleil tombant sur cette couche légère d'humidité, l'évaporent en un instant ; et au sentiment de fraîcheur déterminé par cet acte de l'évaporation, succède une chaleur d'autant plus nuisible que le passage a été brusque. Il arrive encore assez souvent que des nuages suspendus dans les airs, en concentrant les rayons du soleil, les dirigent vers des points de la vigne qui en sont brûlés. On voit encore, dans les climats brûlans du midi, que quelquefois la chaleur naturelle du soleil, fortifiée par l'effet de la réverbération de certaines roches ou terreins blanchâtres, dessèche les raisins qui y sont exposés.

Quoique la chaleur soit nécessaire pour mûrir, sucrer et parfumer le raisin, ce seroit une erreur de croire que, par sa seule action, elle peut produire tous les effets désirables. On ne peut la considérer que comme un mode nécessaire d'élaboration, ce qui suppose que la terre est suffisamment pourvue des sucs qui doivent fournir à son travail. Il faut de la chaleur, mais il ne faut pas que cette chaleur s'exerce sur une terre desséchée; car dans ce cas, elle brûle plutôt qu'elle ne vivifie. Le bon état d'une vigne, la bonne qualité du raisin, dépendent donc d'une juste proportion, d'un équilibre parfait entre l'eau qui doit fournir l'aliment à la plante, et la chaleur qui seule peut en faciliter l'élaboration.

ARTICLE V.

Du Vin considéré par rapport à la culture.

Dans la Floride, en Amérique, et dans presque toutes les parties du Pérou, la vigne croît naturellement. Dans le midi même de la France, les haies sont presque toutes garnies de vignes sauvages ; le raisin en est toujours plus petit ; et quoiqu'il parvienne à maturité, il n'a jamais le goût exquis que possède le raisin cultivé. La vigne est donc l'ouvrage de la nature, mais l'art en a dénaturé le produit en en perfectionnant la culture. La différence qui existe aujourd'hui entre la vigne cultivée et la vigne sauvage est la même que celle que l'art a établie entre les légumes de nos jardins et quelques uns de ces mêmes légumes croissant au hasard dans les champs.

Cependant la culture de la vigne a ses règles comme elle a ses bornes. Le terrein où elle croit demande beaucoup de soin; il veut être souvent remué, mais il refuse des engrais nécessaires à d'autres plantations. Il est à noter que toutes les causes qui concourent puissamment à activer la végétation de la vigne altèrent la qualité du raisin; et ici, comme dans d'autres cas assez rares, la culture doit être dirigée de telle manière que la plante reçoive une nourriture très-maigre si l'on désire un raisin de bonne qualité. Le célèbre *Olivier de Serres* nous a dit à ce sujet que, *par décret public, le fumier est défendu à Gaillac, de peur de ravaller la réputation de leurs vins blancs, desquels ils fournissent leurs voisins de Tolose, de Montauban, de Castres et autres; et par ce moyen, se priver de bons deniers qu'ils en tirent, où consiste le plus liquide de leur revenu.*

Il est cependant des particuliers qui, pour avoir une plus abondante récolte, fument leurs vignes:

ceux-ci sacrifient la qualité à la quantité. Tous ces calculs d'intérêt ou de spéculation appartiennent aux seuls propriétaires. Les élémens du calcul dérivent presque tous de circonstances, de conditions, de particularités, de positions inconnues à l'historien ; et par conséquent, il lui est impossible, il seroit au moins téméraire de juger ses résultats. Il nous a suffi de connoître le principe ; c'est à l'agriculteur à faire entrer ces données dans sa conduite.

Le fumier qui paroît le plus favorable à l'engrais de la vigne est celui de pigeon ou de volaille : on rejette avec soin les fumiers puants et trop pourris, attendu que l'observation a prouvé que le vin en contractoit souvent un goût fort désagréable.

Dans les îles d'Oléron et de Ré, on fume la vigne avec le *varec* : le vin en est de mauvaise qualité et conserve l'odeur particulière à cette plante. Le citoyen *Chassiron* a observé que cette même plante, décomposée en terreau, fume la vigne avec avantage et augmente la quantité du vin, sans nuire à la qualité. L'expérience lui a appris encore que la cendre du varec fait un excellent engrais pour la vigne. Cet habile agriculteur croit que les engrais végétaux ne présentent pas le même inconvénient que ceux des animaux ; mais il pense avec raison que ces premiers ne servent avantageusement, que lorsqu'on les emploie réduits à l'état de terreau.

La méthode de cultiver la vigne en échalas est moins une mode qu'un besoin commandé par le climat. L'échalas appartient aux pays froids, où la vigne a besoin de toute la chaleur d'un soleil naturellement foible. Ainsi, en l'élevant sur des bâtons perpendiculaires au terrein, la terre découverte reçoit toute l'activité des rayons; et la surface entière du cep en est complètement frappée. Un autre avantage que présente la culture en échalas, c'est de permettre que les ceps soient plus rapprochés, et de multiplier le produit sur la même surface de terrein. Mais, dans les climats plus chauds, la terre demande à être garantie de l'ardeur dévorante du soleil; le raisin a besoin lui-même d'être soustrait à ses feux; et pour atteindre ce but, on laisse ramper la vigne sur le sol : alors elle forme presque partout une couche assez touffue pour dérober la terre et une grande partie des raisins à l'action directe du soleil. Seulement, lorsque l'accroissement du raisin est à son terme, et qu'il n'est plus question que de le mûrir, on ramasse en faisceau les diverses branches du cep; on met à nu les grappes de raisin; et par ce moyen on en facilite la maturation. Dans ce cas, on produit véritablement l'effet que produisent les échalas; mais on n'a recours à cette méthode que lorsque la saison a été pluvieuse, lorsque les raisins sont trop abondans, ou bien lorsque la vigne existe dans un terrein gras et humide. Il est des pays où l'on effeuille la vigne, ce qui produit à peu-près-le même effet; il en est d'autres où l'on tord le péduncule du raisin pour en déterminer la maturité, en arrêtant la végétation. Les anciens, au rapport de *Pline*, préparoient ainsi leurs vins doux : *ut dulcia praetereà fierent, asservabant uvas diutiùs in vite, pediculo intorto.*

La manière de tailler la vigne influe encore essentiellement sur la nature du vin. Plus on laisse de tiges à un cep, plus les raisins sont abondans; mais aussi moindre en est la qualité du vin.

L'art de travailler la vigne, la manière de la planter, tout cela influe puissamment sur la qualité et la quantité du vin. Mais ce point de doctrine a été savamment discuté dans l'article *vigne* de cet ouvrage, par mon collaborateur le citoyen *Dussieux*, et je me fais un devoir d'y renvoyer le lecteur.

Pour bien sentir tout l'effet de la culture sur le vin, il me suffiroit d'observer ce qui se passe dans une vigne abandonnée à elle-même : on y verra que le sol, bientôt recouvert de plantes étrangères, acquiert de la fermeté et n'est plus que très-imparfaitement accessible à l'air et à l'eau. Le cep n'étant plus taillé pousse de foibles rejetons, et fournit des raisins qui diminuent en grosseur, d'année en année, et parviennent péniblement à maturité. Ce n'est plus cette plante vigoureuse dont la végétation annuelle couvroit le sol à une grande distance ; ce ne sont plus ces grappes de raisin bien nourries, qui nous présentoient un aliment sain et sucré. C'est un individu rabougri, dont les fruits, aussi foibles que mauvais, attestent l'état de langueur et de dépérissement où il se trouve. Qui a produit tous ces changemens ? Le manque de culture.

Nous pouvons donc regarder la bonne qualité du terrein comme l'ouvrage de la nature : tout l'art consiste à le remuer, à le tourner à plusieurs reprises et à des époques favorables. Par ce moyen, on le nettoie de toutes les plantes nuisibles, on le dispose à mieux recevoir l'eau et à la transmettre plus aisément à la plante ; on fait pénétrer l'air avec plus d'aisance ; et, sous tous ces rapports, on réunit toutes les conditions nécessaires pour une végétation convenable. Mais lorsque, par des spéculations particulières, on a intérêt à obtenir un vin abondant, et qu'à cette considération, on peut sacrifier la qualité, alors on peut fumer la vigne, donner au cep plus de rejetons, et réunir toutes les causes qui peuvent multiplier le raisin.

CHAPITRE II.

Du moment le plus favorable pour la vendange, et des moyens d'y procéder.

OLIVIER DE SERRES observe, avec beaucoup de raison, que *si la vigne, au cours de son maniement, requiert beaucoup de science et d'intelligence, c'est en ce point de la vendange, où ces choses sont nécessaires pour en perfection de bonté et d'abondance, tirer les fruits que Dieu par-là nous distribue.* Ce célèbre agronome ajoute que les récoltes de tous les autres fruits peuvent se faire par *procureur, où autre intérêt ne peut advenir qu'en la quantité, demeurant toujours la qualité semblable à elle-même*; mais que la récolte du vin demande l'œil et la présence du propriétaire. C'est à la nécessité bien sentie de diriger et de surveiller toutes les opérations de la vendange, qu'il rapporte l'habitude où l'on est d'abandonner les villes pour se porter dans les campagnes, à l'époque de la récolte des vins.

Les tems ne sont pas éloignés, où nous avons vu que, dans presque tous les pays de vignobles, l'époque des vendanges étoit annoncée par des fêtes publiques, célébrées avec solemnité. Les magistrats, accompagnés d'agriculteurs intelligens et expérimentés, se transportoient dans les divers cantons de vignobles pour juger de la maturité du raisin; et nul n'avoit le droit de le couper, que lorsque la permission en étoit solemnellement proclamée. Ces usages antiques étoient consacrés dans les pays renommés par leurs vins : leur réputation étoit regardée comme une propriété commune. Et malgré qu'un tel usage entraînât quelque inconvénient, c'est peut-être à sa religieuse observation que nous devons d'avoir conservé dans toute son intégrité la réputation des vins de Bordeaux, de Bourgogne et autres pays de la France. On appellera si l'on veut un tel réglement *servitude*; on invoquera, pour le proscrire, le droit sacré de *propriété*, de *liberté*, etc.; on fera reposer la garantie de l'intérêt général sur l'intérêt du propriétaire. Je n'entreprendrai pas de discuter en ce moment une question aussi sérieuse; mais j'observerai seulement que l'établissement de tels usages en paroît démontrer la nécessité, parce qu'il suppose des causes qui l'ont rendu nécessaire. J'ajouterai que leur abolition a mis la fortune publique à la merci de quelques particuliers; que l'individu qui coupe prématurément ses raisins, force ses voisins à l'alternative d'une vendange précoce ou d'une spoliation assurée; que l'étranger, n'ayant plus de garantie pour ses achats, retire ses ordres, parce qu'il ne sait plus où reposer sa confiance. L'individu ne voit jamais que le moment : il appartient à la société de prévoir l'avenir ; elle seule peut conserver et perpétuer cette confiance sans laquelle le commerce n'est qu'une lutte pénible entre le fabricant et le consommateur.

Tout le monde convient que le moment le plus favorable à la vendange est celui de la maturité du raisin ; mais cette maturité ne peut être connue que par la réunion des signes suivans :

1°. La queue verte de la grappe devient brune ;

2°. La grappe devient pendante ;

3°. Le grain de raisin a perdu sa dureté ; la pellicule en est devenue mince et *translucide*, comme l'observe *Olivier de Serres* ;

4°. La grappe et les grains de raisin se détachent aisément ;

5°. Le jus du raisin est doux, savoureux, épais et gluant ;

6°. Les pepins des grains sont vides de substance glutineuse, d'après l'observation d'*Olivier de Serres*.

La chûte des feuilles annonce plutôt le retour de l'hiver que la maturité du raisin : aussi regardons nous ce signe comme très-fautif, de même que la pourriture, que mille causes peuvent décider, sans qu'aucune nous permette d'en déduire une preuve de la maturité. Cependant, lorsque les gelées forcent les feuilles à tomber, il n'est plus permis de différer la vendange, parce que le raisin n'est plus susceptible de mûrir. Un plus long séjour sur le cep ne pourroit qu'en décider la putréfaction.

En 1769, les raisins encore verts, dit *Rozier*, ont été surpris par les gelées des 7, 8 et 9 octobre. Ils n'ont plus rien gagné à rester sur le cep jusqu'à la fin du mois, et le vin a été acide et mal coloré.

Il est des qualités de vin qu'on ne peut obtenir qu'en laissant dessécher sur le cep les raisins qui doivent le fournir. C'est ainsi qu'à Rivesaltes, dans les îles de Candie et de Chypre, on laisse faner le raisin avant de le couper. On dessèche le raisin qui fournit le Tockay. On procède de même pour quelques autres vins liquoreux d'Italie. Les vins d'Arbois et de Château-Châlons, en Franche-Comté, proviennent de raisins qu'on ne vendange que vers les premiers jours de nivôse. A Condrieu, où le vin blanc est renommé, on ne vendange que vers le milieu de brumaire. En Touraine, et ailleurs, on fait le *vin de paille*, en cueillant les raisins par un tems sec et un soleil ardent; on les étend sur des claies, sans qu'ils se touchent; on expose ces claies au soleil, et on les enferme lorsqu'il est passé; on enlève avec soin les grains qui pourrissent; et lorsque le raisin est bien fané, on le presse et on le fait fermenter.

Olivier de Serres nous dit expressément que l'expérience a prouvé que *le point de la lune pour vendanger est toujours le meilleur en sa descente qu'en sa montée, pour la garde du vin*. Néanmoins il convient qu'il vaut mieux consulter le tems que la lune, lorsque le raisin est mûr; et nous sommes parfaitement de son avis.

Mais il est des climats où le raisin ne parvient jamais à maturité, tels sont presque tous les pays du nord de la France; et alors on est forcé de vendanger un raisin vert pour ne pas l'exposer à pourrir sur le cep : l'automne humide et pluvieux ne pourroit qu'ajouter à la mauvaise qualité du suc. Tous les vignobles des environs de Paris sont dans ce cas; aussi les vendanges y sont-elles plus avancées que dans le midi, où le raisin ne discontinue pas de mûrir, quoique la chaleur du soleil aille toujours en décroissant.

Lorsqu'on a reconnu et constaté la nécessité de commencer la vendange, il y a encore bien des précautions à prendre avant d'y procéder. En général, il ne faut en risquer le travail que lorsque le sol et les raisins sont secs, et que, d'un autre côté, le tems paroît assez assuré pour que les travaux ne soient pas interrompus. *Olivier de*

Serres recommande de ne vendanger que lorsque le soleil a dissipé la rosée que la fraîcheur des nuits dépose sur le raisin : ce précepte, quoique généralement vrai, n'est pas d'une application générale; car en Champagne on vendange avant le lever du soleil, et on suspend les travaux vers les neuf heures du matin, à moins que le brouillard n'entretienne l'humidité toute la journée : ce n'est que par ces soins qu'on y obtient des vins blancs et mousseux. Il est connu en Champagne qu'on obtient vingt-cinq tonneaux de vin au lieu de vingt-quatre, lorsqu'on vendange avec la rosée, et vingt-six avec le brouillard. Ce procédé est généralement utile par-tout où l'on désire des vins très-blancs et bien mousseux.

A l'exception des cas ci-dessus, on ne doit couper le raisin que lorsque le soleil a dissipé toute l'humidité de dessus la surface.

Mais, s'il est des précautions à prendre pour s'assurer du moment le plus convenable à la vendange, il en est encore d'indispensables pour pouvoir y procéder. Un agriculteur intelligent ne livre point à des mercenaires peu exercés ou maladroits la coupe du raisin ; et comme cette partie du travail de la vendange n'est pas la moins importante, nous nous permettrons quelques réflexions à ce sujet.

1°. Il convient de prendre un nombre suffisant de vendangeurs pour terminer la cuvée dans le jour; c'est le seul moyen d'obtenir une fermentation bien égale.

2°. Il faut préférer les femmes de l'endroit même, et n'employer que celles qui ont déjà contracté l'habitude de ce travail. Les élèves qu'on fait en ce genre doivent être peu nombreux.

3°. Les travaux doivent être dirigés et surveillés par un homme sévère et intelligent.

4°. Il doit être défendu de manger dans la vigne, tant pour éviter que des débris de pain et autres alimens ne se mêlent à la vendange, que pour conserver à la cuve les raisins les plus mûrs et les plus sucrés.

5°. Il convient de couper très-court les queues des raisins, et c'est avec de bons ciseaux qu'il faut faire cette opération. Dans le pays de Vaud on détache la grappe avec l'ongle du pouce droit; en Champagne on se sert d'une serpette : mais ces deux derniers moyens ont l'inconvénient d'ébranler la souche.

6°. Il ne faut couper que les raisins sains et mûrs; tout ce qui est pourri doit être rejeté avec soin, et ceux qui sont encore verts doivent être abandonnés sur la souche.

On vendange en deux ou trois reprises dans tous les lieux où l'on est jaloux de soigner la qualité des vins. En général, la première cuvée est toujours la meilleure. Il est néanmoins des pays où l'on recueille presque tous les raisins indistinctement et en un seul tems; on exprime le tout sans trier, et l'on a des vins très-inférieurs à ce qu'ils pourroient être, si de plus grandes précautions étoient apportées dans l'opération de la vendange. Le Languedoc et la Provence nous offrent partout des exemples de cette négligence; et je ne vois d'autre cause de cette conduite que la trop grande quantité de vin, qui repousse des soins minutieux, lesquels deviendroient au reste inutiles pour la très-grande partie des vins qu'on destine à la distillation. On doit aux agriculteurs de ces climats, la justice de convenir que les vins destinés à la boisson sont traités avec bien plus de précautions. Il est même des cantons où l'on vendange en plusieurs reprises, sur-tout lorsqu'il est question de fabriquer des vins blancs. Cette méthode se pratique dans plusieurs vignobles des environs d'*Agde* et de *Béziers*. Ces réflexions nous confirment encore dans l'idée que chaque localité doit avoir des procédés propres, qu'il est toujours dangereux d'ériger en principes généraux.

Mourgues a consigné une observation dans les journaux de physique, qui établit la nécessité, dans plusieurs cas, de vendanger en deux tems. En 1773, les vins furent très-verts en Languedoc, parce qu'un vent d'est très-violent et très-humide, qui souffla les 12, 13 et 14 juin, fit couler la vigne qui étoit en fleur ; les brouillards qui survinrent les 16 et 17, et la chaleur qui leur succédoit, dès les sept heures du matin, finirent par dessécher et brûler la fleur fatiguée ou rompue. Les vents chauds qui régnèrent à la fin de juin, firent sortir une infinité de nouveaux raisins ; la vendange fut faite du 8 au 15 octobre ; la fermentation fut prompte et vive, mais de courte durée ; le vin fut vert et peu abondant. Le volume ne rendoit pas. On eût obvié à cette mauvaise récolte en triant le raisin, et vendangeant en deux reprises.

Lorsqu'il est question de trier les raisins mûrs, on peut généralement se conduire d'après les principes suivans : ne couper que les raisins les mieux exposés, ceux dont les grains sont également gros et colorés ; rejeter tout ce qui est abrité et près de la terre ; préférer les raisins mûris à la base des sarmens, etc.

Dans les vignobles qui fournissent les diverses qualités de vins de Bordeaux, on trie les raisins avec soin ; mais la manière de trier les raisins rouges diffère de celle qu'on suit pour trier les raisins blancs : dans le triage des rouges, on ne ramasse les grains ni pourris ni verts : dans celui des blancs, on ramasse le pourri et le plus mûr ; et le triage ne recommence que quand il y a beaucoup de grains pourris. Cette opération est tellement minutieuse dans certains cantons, tels que *Sainte-Croix*, *Loupiac*, etc., que les vendanges y durent jusqu'à deux mois. Dans le Médoc, on fait deux triages pour les vins rouges ; à Langon, on en fait trois ou quatre pour le raisin blanc ; à Sainte-Croix, cinq à six ; à Langoiran, deux à trois, et deux dans tous les Graves. C'est ce qui résulte des renseignemens qui m'ont été fournis par le citoyen *Labadie*.

Dans quelques pays on redoute une vendange composée de raisins parfaitement mûrs. On craint alors que le vin ne soit trop doux ; et on y remédie en y mêlant de gros raisins moins mûrs. En général, le vin n'est mousseux et piquant que lorsqu'on travaille des raisins qui n'ont pas acquis une maturité entière ; c'est ce qu'on pratique dans la Champagne et ailleurs.

Il est encore des pays où le raisin ne parvenant jamais à une maturité absolue, et ne pouvant par conséquent développer cette portion de principe sucré, nécessaire à la formation de l'alkool, on procède à la vendange avant même l'apparition des frimas, parce que le raisin jouit encore d'un principe acerbe qui donne une qualité toute particulière au vin. On a observé, dans tous ces endroits, qu'un degré de plus vers la maturité produit un vin de qualité très-inférieure.

7°. Lorsque le raisin est coupé, on doit le mettre dans des paniers, et avoir l'attention de ne pas les employer d'une trop grande capacité, pour éviter que les raisins ne se tassent, et que le suc ne coule à pure perte. Néanmoins, comme il est bien difficile que le raisin soit transporté de la vigne dans la cuve, sans l'altérer par la pression, et conséquemment sans l'exprimer plus ou moins, on ne doit se servir du panier que pour recevoir les raisins à mesure qu'on les coupe; et dès qu'il est plein, on doit le vider dans un baquet ou une hotte, pour en effectuer commodément le transport jusqu'à la cuve. Ce transport se fait sur charrette, à dos d'homme, ou à dos de mulet: les localités décident de l'emploi de l'un ou de l'autre de ces trois moyens. La charrette, plus économique, sans doute, a l'inconvénient de fouler les raisins par une suite nécessaire des secousses qu'elle éprouve; le mouvement du cheval est plus doux, plus régulier, et ne fatigue pas sensiblement la vendange, la hotte est employée dans tous les pays où le raisin est peu mûr, et ne risque pas de s'écraser.

CHAPITRE III.

Des moyens de disposer le raisin à la fermentation.

LE raisin mûr pourrit sur le cep; et nous pouvons regarder comme un pur effet de l'art, la faculté de convertir le suc doux et sucré de ce fruit en une liqueur spiritueuse : c'est par la fermentation de ce suc exprimé, que s'opère ce changement. La manière de disposer les raisins à la fermentation varie dans les divers pays : mais comme les différences apportées dans une opération aussi essentielle reposent sur des principes, j'ai cru convenable de les faire connoître.

Pline (*de biaeo vino apud Græcos clarissimo*) nous apprend qu'on cueilloit le raisin un peu avant la maturité; qu'on le séchoit à un soleil ardent pendant trois jours, en le retournant trois fois par jour, et que le quatrième on l'exprimoit.

En Espagne, sur-tout dans les environs de Saint-Lucar, on laisse les raisins exposés pendant deux jours à toute l'ardeur du soleil.

En Lorraine, dans une partie de l'Italie, dans la Calabre et l'île de Chypre, on sèche les raisins avant de les presser. C'est sur-tout lorsqu'on se propose de fabriquer des vins blancs liquoreux, qu'on dessèche le raisin pour en épaissir le suc, et modérer par-là la fermentation.

Il paroît que les anciens connoissoient non seulement l'art de dessécher les raisins au soleil, mais qu'ils n'ignoroient pas le procédé employé pour cuire et rapprocher le moût, ce qui leur avoit fait distinguer trois sortes de vins cuits, *passum*, *defrutum* et *sapa*. Le premier se faisoit avec des raisins desséchés au soleil ; le second s'obtenoit en réduisant le moût par moitié à l'aide du feu ; et le troisième provenoit d'un moût tellement rapproché, qu'il n'en restoit plus que le tiers ou le quart. On peut consulter dans *Pline* et *Dioscoride* des détails très-intéressans sur toutes ces opérations. Ces méthodes sont encore usitées de nos jours ; et nous verrons, en parlant de la fermentation, qu'on peut la diriger et la gouverner d'une manière avantageuse, en épaississant une portion du moût qu'on mélange ensuite avec le reste de la masse ; nous verrons encore que ce moyen est infaillible pour donner à tous les vins un degré de force que la plupart ne sauroient acquérir sans cela.

Une grande question a long-tems divisé les agriculteurs : savoir s'il est avantageux d'égrapper ou de ne pas égrapper les raisins. L'une et l'autre des deux méthodes ont des partisans ; et chacune des deux peut citer des écrivains de mérite en sa faveur. Je pense qu'ici, comme dans beaucoup d'autres cas, on a été peut-être trop exclusif; et, en ramenant la question à son véritable point de vue, il nous sera facile de terminer le différent.

Il est de fait que la grappe est âpre et austère; et l'on ne peut pas nier que les vins qui proviennent de raisins non égrappés ne participent de cette qualité : mais il est des vins foibles et presque insipides, tels que la plupart de ceux qu'on récolte dans les pays humides, où la saveur légèrement âpre de la grappe relève la fadeur naturelle de cette boisson. C'est ainsi que dans l'Orléanois, après avoir commencé à égrapper le raisin, on a été forcé d'abandonner cette méthode, parce qu'on a observé que les raisins qu'on faisoit égrapper fournissoient des vins qui tournoient plus aisément au gras. Il résulte encore des expériences de *Gentil*, que la fermentation marche avec plus de force et de régularité dans un moût mêlé avec la grappe, que dans celui qui en a été dépouillé; de manière que, sous ce rapport, la grappe peut être considérée comme un ferment avantageux dans tous les cas où l'on pourroit craindre que la fermentation ne fût lente et retardée.

Dans les environs de Bordeaux, on égrappe avec soin tous les raisins rouges lorsqu'on se propose d'avoir du bon vin; mais on modifie encore cette

cette opération d'après le degré de maturité du raisin : on égrappe beaucoup lorsque la vendange est peu mûre, ou lorsqu'elle a été gelée avant la cueillette ; mais lorsque le raisin est très-mûr on égrappe avec moins de soin. *Labadie* observe, dans les renseignemens qu'il m'a fournis, qu'il faut même laisser de la grappe pour faciliter la fermentation.

On n'égrappe point les raisins blancs ; et l'expérience a prouvé que les raisins égrappés fournissoient des vins moins spiritueux et plus faciles à graisser.

Sans doute la grappe n'ajoute ni au principe sucré, ni à l'arome ; et, sous ce double point de vue, elle ne sauroit contribuer par ses principes, ni à la spirituosité, ni au parfum du vin ; mais sa légère âpreté peut avantageusement corriger la foiblesse de quelques vins : en outre, en facilitant la fermentation, elle concourt à opérer une décomposition plus complète du moût, et à produire tout l'alkool dont il est susceptible.

Sans nous écarter du sujet qui nous occupe, nous pouvons encore considérer les vins sous deux points de vue, d'après leurs usages : ils sont tous employés ou à la boisson ou à la distillation. On exige dans les premiers des qualités qui seroient inutiles aux seconds. Le goût, qui fait presque tout le mérite des uns, n'ajoute nullement aux qualités des autres. Ainsi, lorsqu'on destine un vin à être brûlé, on ne doit s'occuper que des moyens d'y développer beaucoup d'alkool ; peu importe que la liqueur soit âpre ou non ; dans ce cas, ce seroit peine perdue que d'égrapper le raisin. Mais, si le vin est préparé pour la boisson, il faut tâcher de lui concilier une saveur agréable avec un parfum exquis; et, à cet effet, on évitera, on écartera avec soin tout ce qui pourroit altérer ces précieuses qualités. D'après cela, il est nécessaire de soustraire la grappe à la fermentation, de trier le raisin, de le nettoyer avec précaution.

C'est probablement d'après la connoissance de ces effets que l'expérience remet chaque jour sous les yeux de l'agriculteur, plutôt que par une suite du caprice ou de l'habitude, qu'on égrappe les raisins dans certains pays, et qu'on n'égrappe pas dans d'autres ; vouloir tout réduire à une seule méthode, c'est méconnoître à-la-fois l'effet de la grappe dans la fermentation, et la différence qui existe dans les diverses qualités de raisins. Dans le midi, où le vin est naturellement généreux, la grappe ne pourroit qu'ajouter une âpreté désagréable à une boisson déjà trop forte par sa nature; aussi tous les raisins destinés à former des vins pour la boisson sont-ils égrappés, tandis que ceux qui sont réservés pour la distillation fermentent avec leur grappe. Mais ce qui pourra paroître bien étonnant, c'est que dans le même canton, sur divers points de la France, nous voyons des agronomes qui égrappent et se louent de leur méthode, lorsque, à côté, des agriculteurs également habiles repoussent cet usage, et cherchent comme les autres à appuyer leurs procédés par le résultat de leurs expériences. L'un fait un vin plus délicat, l'autre l'obtient plus fort ; tous deux trouvent des partisans de leur boisson : c'est ici une affaire de goût qui ne contredit point les principes que nous avons posés.

En général, pour égrapper le raisin, on se sert d'une fourche à trois becs, que l'ouvrier tourne et agite circulairement dans la cuve où sont déposés les raisins : par ce mouvement rapide, il détache les grains de la grappe et ramène celle-ci à la surface, d'où il l'enlève avec la main.

On peut égrapper encore avec un crible ordinaire, formé de brins d'osier, séparés l'un de l'autre d'environ un centimètre et demi, et surmonté d'un bourrelet d'osier serré, haut environ d'un décimètre.

Mais qu'on égrappe ou qu'on n'égrappe pas, il est indispensable de fouler le raisin pour en faciliter la fermentation ; et on y procède généralement à mesure que la vendange arrive de la vigne. Le procédé est à-peu-près le même partout : cette opération s'exécute le plus communément dans une caisse quarrée, ouverte par le haut, et d'environ un mètre et demi de largeur. Tous les côtés sont formés de listeaux de bois qui laissent entre eux un assez petit intervalle pour que le grain de raisin ne puisse pas y passer. Cette caisse est placée sur la cuve, et elle est soutenue par deux poutres qui reposent sur le bord de la cuve elle-même. On verse la vendange dans la capacité de la caisse, à mesure qu'elle arrive ; et, de suite, un ouvrier la foule fortement et également par le moyen de gros sabots ou de forts souliers dont ses pieds sont armés. Il exécute cette opération en s'appuyant des deux mains sur les bords de la caisse, et piétinant avec rapidité sur la couche de la vendange. Le suc qu'il en exprime coule dans la cuve à travers les interstices que laissent entre eux les listeaux ; la seule pellicule du raisin reste dans la cage ; et du moment que l'ouvrier reconnoît que tous les grains sont exprimés, il soulève une planche qui forme une partie d'un des côtés de la caisse, et pousse le marc avec le pied dans la cuve. Cette porte glisse dans deux coulisses formées par deux listeaux appliqués perpendiculairement sur une des surfaces latérales. A peine l'ouvrier a-t-il nettoyé la caisse de ce premier produit, qu'il introduit de nouveaux raisins pour les fouler de la même manière ; et il opère de la sorte jusqu'à ce que la cuve soit pleine ou que la vendange soit terminée.

Il est des pays où l'on foule le raisin dans des baquets. Cette méthode est peut-être meilleure, quant à l'effet, que la première, mais elle est plus lente et ne paroît pas pouvoir être employée dans des pays de vignobles considérables.

Il est encore des pays où l'on verse la vendange dans la cuve, à mesure qu'elle arrive de la vigne ; et dès que la fermentation commence à s'y établir, on enlève avec soin le moût qui surnage, pour le porter dans des tonneaux où s'en opère la fermentation. Le résidu est ensuite exprimé sous le pressoir, pour former un vin généralement plus coloré et moins parfumé.

En général, quelque méthode qu'on adopte pour le foulage du raisin, nous pouvons réduire aux principes suivans ce qui concerne cette opération importante.

Le raisin ne sauroit éprouver la fermentation spiritueuse, si, par une pression convenable, on n'en extrait pas le suc pour le soumettre à l'action des causes qui déterminent le mouvement de fermentation.

Il suit de cette vérité fondamentale, que non seulement l'on doit employer les moyens convenables pour fouler les raisins, mais que l'opération ne sera parfaite qu'autant que tous les grains le seront également; sans cela, la fermentation ne sauroit marcher d'une manière uniforme : le suc exprimé termineroit sa période de décomposition, avant même que les grains qui ont échappé au foulage eussent commencé la leur ; ce qui, dès-lors, présenteroit un tout dont les élémens ne seroient plus en rapport. Cependant si on examine le produit du foulage déposé dans une cuve, on se convaincra facilement que la compression a été toujours inégale et imparfaite; et il suffit de réfléchir un instant sur les procédés grossiers employés pour fouler le raisin, pour ne plus s'étonner de l'imperfection des résultats.

Il paroît donc que pour donner à cette portion très-intéressante du travail de la vendange le degré de perfectionnement convenable, il faudroit soumettre à l'action du *pressoir* tous les raisins, à mesure qu'on les transporte de la vigne. Le suc en seroit reçu dans une cuve, et là, on l'abandonneroit à la fermentation spontanée. Par ce seul moyen, le mouvement de décomposition s'exerceroit sur toute la masse d'une manière égale ; la fermentation seroit uniforme et simultanée pour toutes les parties; et les signes qui l'annoncent, l'accompagnent ou la suivent, ne seroient plus troublés ni obscurcis par des mouvemens particuliers. Sans doute le moût, débarrassé de son marc et de la grappe, produiroit un vin moins coloré, plus délicat, et d'une conservation plus difficile ; mais si les inconvéniens surpassoient les avantages de cette méthode, il seroit aisé de les prévenir, en mêlant le marc exprimé avec le moût.

C'est par une suite des principes que nous venons de développer, que l'on doit avoir l'attention de remplir la cuve dans vingt heures. En Bourgogne, les vendanges se terminent dans quatre ou cinq jours. Un tems trop long entraîne le grave inconvénient d'une suite de fermentations successives, qui, par cela seul, sont toutes imparfaites : une portion de la masse a déjà fermenté, que la fermentation commence à peine dans une autre portion. Le vin qui en résulte est donc un vrai mélange de plusieurs vins plus ou moins fermentés. L'agriculteur intelligent, et jaloux de ses produits, doit donc déterminer le nombre des vendangeurs d'après la capacité connue de sa cuve ; et lorsqu'une pluie inattendue vient suspendre les travaux de sa récolte, il doit laisser fermenter séparément ce qui se trouve déjà ramassé et déposé dans la cuve, plutôt que de s'exposer quelques jours après à en troubler les mouvemens, et à en altérer la nature par l'addition d'un moût aqueux et frais.

CHAPITRE IV.

De la fermentation.

Le moût n'est pas encore dans la cuve, qu'il commence à fermenter; celui qui s'écoule du raisin par la pression ou les secousses qu'il reçoit dans le transport, travaille et *bout* avant qu'il soit parvenu dans la cuve : c'est un phénomène dont on peut aisément se rendre témoin en suivant les vendangeurs dans les climats chauds, et examinant avec attention le moût qui sort du raisin, et reste confondu avec lui dans le vase qui sert à le transporter.

Les anciens séparoient avec soin le premier suc qui ne peut provenir que des raisins les plus mûrs, et coule naturellement par l'effet de la plus légère pression exercée sur eux. Ils le faisoient fermenter séparément, et en obtenoient une boisson délicieuse, qu'ils appeloient *Protopon mustum spontè defluens, antequam calcentur uvae.* Baccius nous a décrit un procédé semblable pratiqué par les Italiens: *qui primus liquor, non calcatis uvis defluit, vinum efficit virgineum, non inquinatum fæcibus; lacrymam vocant Itali; citò potui ido-*

neum fit et valdè utile. Mais cette liqueur-vierge ne forme qu'une partie du suc que le raisin peut fournir, et il n'est permis de le traiter séparément que lorsqu'on veut obtenir un vin peu coloré et très-délicat. En général, on mêle cette première liqueur avec le reste du produit du foulage, et on livre le tout à la fermentation.

La fermentation vineuse s'exécute constamment dans des cuves de pierres ou de bois. Leur capacité est, en général, proportionnée à la quantité de raisins qu'on récolte dans un vignoble. Celles qui sont construites en maçonnerie sont, pour l'ordinaire, fabriquées avec de la bonne pierre de taille ; et les parois intérieures en sont souvent revêtues d'un contre-mur bâti en briques liées et assemblées par un ciment de pozzolane ou de terre d'eau forte. Les cuves en bois demandent plus d'entretien, reçoivent les variations de température avec plus de facilité, et exposent à plus d'accidens.

Avant de déposer la vendange dans une cuve, on doit avoir l'attention de la nettoyer avec le plus grand soin : ainsi on lave la cuve avec de l'eau tiède, on la frotte fortement, on en enduit les parois avec de la chaux, à deux ou trois couches. Cet enduit a l'avantage de saturer une partie de l'acide malique qui existe abondamment dans le moût, ainsi que nous le verrons par la suite.

Comme tout le travail de la vinification se fait dans la fermentation, puisque c'est par elle seule que le *moût* passe à l'état de *vin*, nous croyons devoir envisager cette question importante sous plusieurs points de vue. Nous nous occuperons d'abord des causes qui contribuent à produire la fermentation; nous examinerons ensuite ses effets ou son produit, et nous terminerons par déduire de nos connoissances actuelles quelques principes généraux qui pourront diriger l'agriculteur dans l'art de la gouverner.

ARTICLE PREMIER.

Des causes qui influent sur la fermentation.

Il est reconnu que, pour que la fermentation s'établisse et suive ses périodes d'une manière régulière, il faut des conditions que l'observation nous a appris à connoître. Un certain degré de chaleur, le contact de l'air, l'existence d'un principe doux et sucré dans le moût, telles sont à-peu-près les conditions jugées nécessaires. Nous tâcherons de faire connoître ce qui est dû à chacune d'elles.

1º. Influence de la température de l'atmosphère sur la fermentation.

On regarde assez généralement le dixième degré

du thermomètre de *Réaumur* comme celui qui indique la température la plus favorable à la fermentation spiritueuse : elle languit au-dessous de ce degré, et elle devient trop tumultueuse au-dessus. Elle n'a même pas lieu à une température trop froide ou trop chaude. *Plutarque* avoit observé que le froid pouvoit empêcher la fermentation, et que celle du moût étoit toujours proportionnée à la température de l'atmosphère. (*Quest. nat.* 27). Le chancelier *Bacon* conseille de plonger les vases contenant le vin dans la mer, pour en prévenir la décomposition; et *Boyle* rapporte (dans son traité du froid) qu'un Français, pour garder son vin à l'état de moût, et lui conserver cette douceur qui plaît à certaines personnes, le mettoit dans des tonneaux, au sortir du pressoir, fermoit hermétiquement le tonneau, et le plongeoit dans un puits ou une rivière. Dans tous ces cas, non seulement on tenoit la liqueur en fermentation, mais on la garantissoit du contact de l'air; ce qui éteint ou au moins modère et ralentit la fermentation.

Un phénomène extraordinaire, mais qui paroît constaté par un assez grand nombre d'observations pour mériter toute croyance, c'est que *la fermentation est d'autant plus lente que la température est plus froide, au moment où se font les vendanges*. Rozier a vu, en 1769, que du raisin cueilli les 7, 8 et 9 octobre, est resté dans la cuve jusqu'au 19, sans qu'il parût le moindre signe de fermentation; le thermomètre avoit été le matin à un degré et demi au-dessous de zéro, et s'étoit maintenu à + 2. La fermentation n'a été complète que le 25, tandis que de semblables raisins, récoltés le 16, à une température beaucoup moins froide, ont terminé leur fermentation le 21 ou 22. Le même fait a été observé en 1740.

C'est d'après tous ces principes qu'on conseille de placer les cuves dans des lieux couverts; de les éloigner des endroits humides et froids; de les recouvrir pour tempérer la fraîcheur de l'atmosphère; de réchauffer la masse en y introduisant du moût bouillant; de faire choix d'un jour chaud pour cueillir les raisins, ou de les exposer au soleil, etc.

II^d. *Influence de l'air dans la fermentation.*

Nous avons vu dans l'article précédent qu'on peut modérer et retarder la fermentation, en soustrayant le moût à l'action directe de l'air, et en le tenant exposé à une température froide. Quelques chimistes, d'après ces faits, ont regardé la fermentation comme ne pouvant avoir lieu que par l'action de l'air atmosphérique; mais un examen plus attentif de tous les phénomènes qu'elle présente dans ses divers états nous permettra d'accorder une juste valeur à toutes les opinions qui ont été émises à ce sujet.

Sans doute l'air est favorable à la fermentation ; cette vérité nous est acquise par la réunion et l'accord de tous les faits connus: car sans lui, sans son contact, le moût se conserve long-tems sans changement, sans altération. Mais il est également prouvé que, quoique le moût, enfermé dans des vases bien clos, y subisse très-lentement ses phénomènes de fermentation, elle ne se termine pas moins à la longue; et que le vin qui en est le produit n'en est que plus généreux. C'est là ce qui résulte des expériences de D. *Gentil.*

Si l'on délaye un peu de levûre de bière et de mélasse dans l'eau, qu'on introduise ce mélange dans un flacon à bec recourbé, et qu'on fasse ouvrir le bec du flacon sous une cloche pleine d'eau, et renversée sur la planchette de la cuve hydropneumatique, à la température de 12 à 15 degrés du thermomètre, j'ai constamment vu paroître les premiers phénomènes de la fermentation, quelques minutes après que l'appareil a été placé; le vide du flacon ne tarde pas à se remplir de bulles et d'écume; il passe beaucoup d'acide carbonique sous la cloche, et ce mouvement ne s'appaise que lorsque la liqueur est devenue spiritueuse. Dans aucun cas, je n'ai vu qu'il y eût absorption d'air atmosphérique.

Si, au lieu de donner une libre issue aux matières gazeuses qui s'échappent par le travail de la fermentation, on s'oppose à leur dégagement, en tenant la masse fermentante dans des vaisseaux clos, alors le mouvement se ralentit, et la fermentation ne se termine que péniblement et par un tems très-long.

Dans toutes les expériences que j'ai tentées sur la fermentation, je n'ai jamais vu que l'air fût absorbé. Il n'entre ni comme principe dans le produit, ni comme élément dans la décomposition ; il est chassé au-dehors des vaisseaux avec l'acide carbonique, qui est le premier résultat de la fermentation.

L'air atmosphérique n'est donc pas nécessaire à la fermentation ; et s'il paroît utile d'établir une libre communication entre le moût et l'atmosphère, c'est parce que les substances gazeuses qui se forment dans la fermentation peuvent alors s'échapper aisément en se mêlant ou se dissolvant dans l'air ambiant. Il suit encore de ce principe que, lorsque le moût sera disposé dans des vases fermés, l'acide carbonique trouvera des obstacles insurmontables à la volatilisation ; il sera contraint de rester interposé dans le liquide ; il s'y résoudra en partie ; et faisant effort continuellement contre le liquide et chacune des parties qui le composent, il ralentira et éteindra presque complètement l'acte de la fermentation.

Ainsi, pour que la fermentation s'établisse et parcoure ses périodes d'une manière prompte et régulière, il faut une libre communication entre la masse fermentante et l'air atmosphérique; alors les principes qui se dégagent par le travail de la fermentation se versent commodément dans l'atmosphère qui leur sert de véhicule; et la masse fermentante peut, dès ce moment, éprouver sans obstacles les mouvemens de dilatation et d'affaissement.

Si le vin fermenté dans des vases fermés est plus généreux et plus agréable au goût, la raison en est qu'il a retenu l'arome et l'alkool qui se perdent en partie dans une fermentation qui se fait à l'air libre; car, outre que la chaleur les dissipe, l'acide carbonique les entraîne dans un état de dissolution absolue, ainsi que nous le verrons par la suite.

Le libre contact de l'air atmosphérique précipite la fermentation, et occasionne une grande déperdition de principes en alkool et arome, tandis que, d'un autre côté, la soustraction à ce contact ralentit le mouvement, menace d'explosion et de rupture, et la fermentation n'est complète qu'à la longue. Il est donc des avantages et des inconvéniens de part et d'autre : peut-être seroit-il possible de combiner assez heureusement ces deux méthodes pour en écarter tout ce qu'elles ont de vicieux. Ce seroit là, sans contredit, le complément de l'art de la vinification. Nous verrons par la suite que quelques procédés pratiqués dans divers pays, soit pour fabriquer des vins mousseux, soit pour conserver à certains vins un parfum agréable, nous permettent d'espérer les plus heureux résultats des travaux qui pourroient être entrepris à ce sujet par des mains habiles.

III°. Influence du volume de la masse fermentante sur la fermentation.

Quoique le jus du raisin fermente en très-petite masse, puisque je lui ai fait parcourir toutes ses périodes de décomposition dans des verres placés sur des tables, il n'en est pas moins vrai que les phénomènes de la fermentation sont puissamment modifiés par la différence des volumes.

En général, la fermentation est d'autant plus rapide, plus prompte, plus tumultueuse, plus complète, que la masse est plus considérable. J'ai vu du moût, déposé dans un tonneau, ne terminer sa fermentation que le onzième jour, tandis qu'une cuve qui étoit remplie du même, et en contenoit douze fois ce volume, avoit fini le quatrième jour ; la
chaleur

chaleur ne s'éleva dans le tonneau qu'à 17 degrés, elle parvint au 25ᵉ. dans la cuve.

C'est un principe incontestable que l'activité de la fermentation est proportionnée à la masse : mais il ne faut pas en conclure qu'il soit constamment avantageux de faire fermenter en grand volume, ni que le vin provenant de la fermentation établie dans de plus grandes cuves ait des qualités supérieures ; il est un terme à tout, et des extrêmes également dangereux qu'il faut éviter. Pour avoir une fermentation complète, il faut craindre de l'obtenir trop précipitée. Il est impossible de déterminer quel est le volume le plus favorable à la fermentation : il paroît même qu'il doit varier selon la nature du vin et le but qu'on se propose. S'il est question de conserver l'arome, elle doit s'opérer en plus petite masse que s'il s'agit de développer toute la partie spiritueuse pour fabriquer des vins propres à la distillation. J'ai vu monter le thermomètre à 27 degrés dans une cuve qui contenoit trente muids de vendange (mesure du Languedoc). A la vérité, dans ce cas, tout le principe sucré est décomposé ; mais il y a déperdition d'une portion d'alkool par la chaleur et le mouvement rapide que produit la fermentation.

En général, on doit encore varier la capacité des cuves selon la nature du raisin : lorsqu'il est très-mûr, doux, sucré et presque desséché, le moût est épais, pâteux, etc., la fermentation s'y établit difficilement, et il faut une grande masse de liquide pour décomposer pleinement le suc sirupeux : sans cela, le vin reste liquoreux, douceâtre et nauséabond ; ce n'est qu'après un long séjour dans le tonneau, que cette liqueur arrive au degré de perfection qu'elle peut atteindre.

La température de l'air, l'état de l'atmosphère, le tems qui a régné pendant la vendange, toutes ces causes et leurs effets doivent toujours être présens à l'esprit de l'agriculteur, pour qu'il en déduise des règles de conduite capables de le guider.

VI°. *Influence des principes constituans du moût sur la fermentation.*

Le principe doux et sucré, l'eau et le tartre, sont les trois élémens du raisin qui paroissent influer le plus puissamment sur la fermentation : c'est non seulement à leur existence qu'est due la première cause de cette sublime opération, mais c'est encore aux proportions très-variables entre ces divers principes constituans, qu'il faut rapporter les principales différences que nous présente la fermentation.

1°. Il paroît prouvé, par la nature comparée de toutes les substances qui subissent la fermentation spiritueuse, qu'il n'y a que celles qui contiennent un principe doux et sucré qui en soient susceptibles, et il est hors de doute que c'est surtout aux dépens de ce principe que se forme l'alkool.

Par une conséquence qui découle naturellement de cette vérité fondamentale, les corps dans lesquels le principe sucré est le plus abondant doivent fournir la liqueur la plus spiritueuse : c'est au reste ce qui est encore confirmé par l'expérience. Mais on ne sauroit trop insister sur la nécessité de bien distinguer le *sucre* proprement dit, d'avec le *principe doux*. Sans doute le sucre existe dans le raisin, et c'est sur-tout à lui qu'est dû l'alkool qui résulte de sa décomposition par la fermentation ; mais ce sucre est constamment mêlé avec un corps doux, plus ou moins abondant et très-propre à la fermentation ; c'est un vrai levain qui accompagne le sucre presque par-tout, mais qui, par lui-même ne sauroit produire de l'alkool. De-là vient que lorsqu'on veut faire fermenter le sucre pour obtenir du *taffia*, on l'emploie à l'état de sirop dit de *vesou*, parce qu'alors il contient le principe doux qui en facilite la fermentation.

La distinction entre le principe doux et sucré et le sucre proprement dit a été très-bien établie par *Deyeux*, dans le *journal des pharmaciens*.

Ce principe doux est presque inséparable du principe sucré dans les produits de la végétation :

et ces deux principes sont si bien combinés dans quelques cas, qu'on ne peut les désunir *complètement* qu'avec peine ; c'est ce qui s'opposera, peut-être encore long-tems, à ce qu'on extraie pour le commerce le sucre de plusieurs végétaux qui en contiennent. La canne à sucre paroît être celui de tous les végétaux où cette séparation est la plus facile. Bien des faits nous portent à croire que ce principe doux est voisin, par sa nature, du principe sucré ; qu'il peut même avec des circonstances favorables se changer en sucre : mais ce n'est pas ici le moment de discuter ce point intéressant de doctrine.

Un raisin peut donc être très-doux, très-agréable à la bouche, et produire néanmoins un assez mauvais vin, parce que le sucre peut bien n'exister qu'en très-petite quantité dans un raisin en apparence très-sucré : c'est la raison pour laquelle les raisins les plus doux au goût ne fournissent pas toujours les vins les plus spiritueux. Au reste, il suffit d'un peu d'habitude pour distinguer la saveur vraiment sucrée d'avec le goût doux que présentent quelques raisins. C'est ainsi que la bouche habituée à savourer le raisin très-sucré du midi ne confondra pas avec lui le Chasselas, quoique très-doux, de Fontainebleau.

Nous devons donc considérer le sucre comme principe qui donne lieu à la formation de l'alkool par sa décomposition, et le corps doux et sucré comme le vrai levain de la fermentation spiritueuse. Il faut donc pour que le moût soit propre à subir une bonne fermentation, qu'il contienne ces deux principes dans de bonnes proportions : le sucre seul ne fermente point, ou du moins la fermentation en est-elle très-lente et incomplète. Le mucilage pur ne fournit point d'alkool : ce n'est qu'à la réunion de ces deux substances qu'on devra une bonne fermentation spiritueuse (1).

2°. Le moût très-aqueux éprouve de la difficulté à fermenter, comme le moût trop épais. Il faut donc un degré de fluidité convenable pour obtenir une bonne fermentation, et c'est celui que présente le suc exprimé du raisin parvenu à une maturité parfaite.

Lorsque le moût est très-aqueux, la fermentation est tardive, difficile, et le vin qui en provient est foible et très-susceptible de décomposition. Dans ce cas, les anciens connoissoient l'usage de cuire le moût : ils faisoient évaporer, par ce moyen, l'eau surabondante, et ramenoient

---

(1) Il est des corps muqueux qui subissent la fermentation spiritueuse, mais il est probable que ces corps muqueux contiennent du sucre qu'il est d'autant plus difficile d'en extraire que sa proportion y est moindre.

la liqueur au degré d'épaississement convenable. Ce procédé, constamment avantageux dans les pays du nord, et généralement par-tout où la saison a été pluvieuse, est encore pratiqué de nos jours. *Maupin* a même contribué à faire accorder plus de faveur à cette méthode, en prouvant par des expériences nombreuses, qu'on pouvoit s'en servir avec avantage dans presque tous les pays de vignobles. Néanmoins ce procédé paroît inutile dans les climats chauds; il n'y est tout au plus applicable que dans les cas où la saison pluvieuse n'a pas permis au raisin de parvenir à un degré de maturité convenable, ou bien lorsque la vendange se fait par un tems de brouillards ou de pluie.

Il est des pays où l'on mêle du plâtre cuit à la vendange pour absorber l'humidité excédante qu'elle peut contenir. L'usage établi dans d'autres endroits de dessécher le raisin avant de le faire fermenter, est fondé sur le même principe. Tous ces procédés tendent essentiellement à enlever l'humidité dont les raisins peuvent être imprégnés, et à présenter un suc plus épais à la fermentation.

3°. Le jus du raisin mûr contient du tartre qu'on peut y démontrer par le simple rapprochement de cette liqueur, ainsi que nous l'avons observé; mais le verjus en fournit encore une plus grande quantité, et il est généralement vrai que le raisin donne d'autant moins de tartre qu'il contient plus de sucre.

Le Marquis de *Bullion* a retiré d'un litre de moût environ un décagramme et demi (4 gros) de sucre et deux grammes de tartre (demi-gros). Il paroît, d'après les expériences de ce même chimiste, que le tartre concourt, ainsi que le sucre, à faciliter la formation de l'alkool. Il suffit d'augmenter la proportion du tartre et du sucre dans le moût pour parvenir à obtenir trois fois plus d'esprit ardent.

Ce même chimiste a encore éprouvé que le moût privé de son tartre ne fermente pas, mais qu'on peut lui redonner la propriété de fermenter en lui restituant ce principe.

Environ cent vingt litres d'eau (120 pintes), trois kilogrammes de sucre (100 onces), sept hectogrammes de crême de tartre (une livre et demie), ont resté trois mois sans fermenter; on y a ajouté environ huit kilogrammes (16 livres) de feuilles de vigne pilées, et le mélange a fermenté avec force pendant quinze jours. La même quantité d'eau et les feuilles de vigne mises à fermenter sans sucre et sans tartre, il n'en est résulté qu'une liqueur acidulée.

Sur cinq cents litres de moût (500 pintes), cinq kilogrammes de cassonade (10 livres), et deux kilogrammes de crême de tartre, la fermentation s'est bien établie, et a duré quarante-huit heures de plus que dans les cuvées qui ne contenoient que le moût simple; le vin provenant de la première fermentation a fourni une pièce et demie d'eau-de-vie, à 20 degrés, aréomètre de *Baumé*, sur sept pièces, sur lesquelles la distillation avoit été établie; tandis que le vin qui étoit fait sans addition de sucre ni de tartre n'a produit qu'un douzième d'eau-de-vie au même degré.

Les raisins sucrés demandent sur-tout qu'on y ajoute du tartre; il suffit, à cet effet, de le faire bouillir dans un chaudron avec le moût pour l'y dissoudre. Mais, lorsque les moûts contiennent du tartre en excès, on peut les disposer à fournir beaucoup d'esprit ardent, en y ajoutant du sucre.

Il paroît donc, d'après ces expériences, que le tartre facilite la fermentation et concourt à rendre la décomposition du sucre plus complète.

ARTICLE II.

Phénomènes et produit de la fermentation.

Avant de nous occuper avec détail des principaux phénomènes que nous offre la fermentation, nous croyons convenable de tracer d'une manière rapide la marche qu'elle suit dans ses périodes.

La fermentation s'annonce d'abord par de petites bulles qui paroissent sur la surface du moût;

peu-à-peu on en voit qui s'élèvent du centre même de la masse en fermentation, et viennent crever à la surface : leur passage à travers les couches de liquide en agite tous les principes, en déplace toutes les molécules ; et bientôt il en résulte un sifflement semblable à celui qui est produit par une douce ébullition.

On voit alors très-sensiblement s'élever, à plusieurs pouces au-dessus de la surface du liquide, de petites gouttes qui retombent de suite. Dans cet état, la liqueur est trouble, tout est mêlé, confondu, agité, etc. ; des filamens, des pellicules, des flocons, des grappes, des pepins, nagent isolément, sont poussés, chassés, précipités, élevés, jusqu'à ce qu'enfin ils se fixent à la surface, ou se déposent au fond de la cuve. C'est de cette manière, et par une suite de ce mouvement intestin, que se forme, à la surface de la liqueur une croûte plus ou moins épaisse, qu'on appelle le *chapeau de la vendange*.

Ce mouvement rapide et le dégagement continuel de ces bulles aériformes augmentent considérablement le volume de la masse. La liqueur s'élève dans la cuve au-dessus de son niveau primitif ; les bulles qui éprouvent quelque résistance à leur volatilisation, par l'épaisseur et la ténacité du chapeau, se font jour par des points déterminés, et produisent une écume abondante.

La chaleur augmentant en proportion de l'énergie de la fermentation, dégage une odeur d'esprit-de-vin qui se répand dans tout le voisinage de la cuve; la liqueur se fonce en couleur de plus en plus; et après plusieurs jours, quelquefois seulement après plusieurs heures d'une fermentation tumultueuse, les symptômes diminuent, la masse retombe à son premier volume, la liqueur s'éclaircit, et la fermentation est presque terminée.

Parmi les phénomènes les plus frappans et les effets les plus sensibles de la fermentation, il en est quatre pricipaux qui demandent une attention particulière : la production de la chaleur, le dégagement de gaz, la formation de l'alkool et la coloration de la liqueur.

Je dirai sur chacun de ces phénomènes ce que l'observation nous a présenté jusqu'ici de plus positif.

I°. *Production de chaleur.*

Il arrive quelquefois dans les pays froids, mais sur-tout lorsque la température est au-dessous du 10°. degré, que la vendange déposée dans la cuve n'éprouve aucune fermentation, si, par des moyens quelconques, on ne parvient à en réchauffer la masse; ce qui se pratique en y introduisant du moût chaud, en brassant fortement la liqueur, en échauffant l'atmosphère, en recouvrant la cuve avec des étoffes quelconques.

Mais du moment que la fermentation commence, la chaleur prend de l'intensité ; quelquefois il suffit de quelques heures de fermentation pour la porter au plus haut degré. En général, elle est en rapport avec le gonflement de la vendange, elle croît et décroît comme lui, comme on peut s'en convaincre par des expériences que je joindrai à cet article.

La chaleur n'est pas toujours égale dans toute la masse : souvent elle est plus intense vers le milieu, sur-tout dans les cas où la fermentation n'est pas assez tumultueuse pour confondre et mêler, par des mouvemens violens, toutes les parties de la masse ; alors on foule de nouveau la vendange, on l'agite de la circonférence au centre, et on établit sur tous les points une température égale.

Nous pouvons établir, comme vérités incontestables : 1°. qu'à température égale, plus la masse de la vendange sera grande, plus il y aura d'effervescence, de mouvement et de chaleur ; 2°. que l'effervescence, le mouvement, la chaleur sont plus grands dans la vendange où le suc du raisin est accompagné de pellicules, de pepins, de rafles, etc., que dans le suc du raisin ou dans le moût séparé de toutes ces matières ; 3°. que la fermentation peut produire depuis 12 jusqu'à 28 degrés de chaleur (du moins je l'ai vue en activité entre ces deux extrêmes).

II°. *Dégagement de gaz.*

Le gaz acide carbonique qui se dégage de la vendange, et ses effets nuisibles à la respiration, sont connus depuis que la fermentation est connue elle-même. Ce gaz s'échappe en bulles de tous les points de la vendange, s'élève dans la masse, et vient crever à la surface. Il déplace l'air atmosphérique qui repose sur la vendange, occupe partout le vide de la cuve, et déverse ensuite par les bords, en se précipitant dans les lieux les plus bas, à raison de sa pesanteur. C'est à la formation de ce gaz, qui enlève une portion d'oxygène et de carbone aux principes constituans du moût, que nous rapporterons par la suite les principaux changemens qui surviennent dans la fermentation.

Ce gaz, retenu dans la liqueur par tous les moyens qu'on peut opposer à son évaporation, contribue à lui conserver l'arome et une portion d'alkool qui s'exhale avec lui. Les anciens connoissoient ces moyens, et ils distinguoient avec soin le produit d'une fermentation *libre* ou *clause*, c'est-à-dire, faite dans des vaisseaux ouverts ou dans des vaisseaux fermés. Les vins mousseux ne doivent la propriété de mousser qu'à ce qu'ils ont été enfermés dans le verre avant qu'ils eussent complété leur fermentation. Alors ce gaz, lentement développé dans la liqueur, y reste comprimé jusqu'au moment où, l'effort de la compression venant à cesser par l'ouverture des vaisseaux, il peut s'échapper avec force.

Ce gaz acide donne à toutes les liqueurs qui en sont imprégnées une saveur aigrelette : les eaux minérales appelées *eaux gazeuses* lui doivent leur principale vertu. Mais ce seroit avoir une idée peu exacte de son véritable état dans le vin, que de comparer ses effets à ceux qu'il produit par sa libre dissolution dans l'eau.

L'acide carbonique qui se dégage des vins tient en dissolution une portion assez considérable d'alkool. Je crois avoir été le premier à faire connoître cette vérité, lorsque j'ai enseigné qu'en exposant de l'eau pure dans des vases placés immédiatement au-dessus du chapeau de la vendange, au bout de deux ou trois jours cette eau étoit imprégnée d'acide carbonique, et qu'il suffisoit de l'enfermer dans des bouteilles débouchées, et de l'abandonner à elle-même pendant un mois, pour obtenir un assez bon vinaigre. En même tems que le vinaigre se forme, il se précipite dans la liqueur des flocons abondans, qui sont d'une nature très-analogue à la fibre. Lorsqu'au lieu de se servir d'eau pure on emploie de l'eau qui contient des sulfates terreux, telle que l'eau de puits, on voit se développer, au moment de l'acétification, une odeur de gaz hydrogène sulfuré, qui provient de la décomposition de l'acide sulfurique lui-même. Cette expérience prouve suffisamment que le gaz acide carbonique entraîne avec lui de l'alkool et un peu de principe extractif; et que ces deux principes, nécessaires à la formation de l'acide acéteux, en se décomposant ensuite par le contact de l'air atmosphérique, produisent l'acide acéteux.

Mais l'alkool est-il dissous dans le gaz, ou se volatilise-t-il par le seul fait de la chaleur? On ne peut décider cette question que par des expériences directes. D. *Gentil* avoit observé, en 1779, que, si on renversoit une cloche de verre sur le chapeau de la vendange en fermentation, les parois intérieures se remplissoient de gouttes d'un liquide qui avoit l'odeur et les propriétés du premier phlegme qui passe lorsqu'on distille l'eau-de-vie. *Humboldt* a prouvé que, si l'on reçoit la mousse du Champagne sous des cloches, dans l'appareil des gaz, et qu'on les entoure de glace, il se précipite de l'alkool sur les parois, par la seule impression du froid. Il paroît donc que l'alkool est dissous dans le gaz acide carbonique; et c'est cette substance qui communique au gaz vineux une portion des propriétés qu'il a. Il n'est personne qui ne sente, par l'impression même que fait sur nos organes la mousse du vin de Champagne, combien cette matière gazeuse est modifiée, et diffère de l'acide carbonique pur.

Ce n'est pas le moût le plus sucré qui fournit le plus d'acide gazeux; et ce n'est pas lui non plus qu'on emploie pour fabriquer ordinairement des vins mousseux. Si l'on suffoquoit la fermentation de cette espèce de raisin, en l'enfermant dans des tonneaux ou bouteilles pour lui conserver le gaz qui se dégage, le principe sucré qui y abonde ne seroit pas décomposé, et le vin en seroit doux, liquoreux, pâteux, désagréable. Il est des vins dont presque tout l'alkool est dissous dans le principe gazeux : celui de Champagne nous en fournit une preuve.

Il est difficile d'obtenir du vin à-la-fois rouge et mousseux, attendu que, pour pouvoir le colorer, il faut le laisser fermenter sur le marc, et que, par cela même, le gaz acide se dissipe.

Il est des vins dont la fermentation lente se continue pendant plusieurs mois : ceux-ci, mis à propos dans des bouteilles, deviennent mousseux. Il n'est même, à la rigueur, que cette nature de vins qui puisse acquérir cette propriété : ceux dont la fermentation est naturellement tumultueuse terminent trop promptement leur travail, et briseroient les vases dans lesquels on essayeroit de les renfermer.

Ce gaz acide est dangereux à respirer : tous les animaux qui s'exposent imprudemment dans son atmosphère y sont suffoqués. Ces tristes événemens sont à craindre, lorsqu'on fait fermenter la vendange dans des lieux bas, et où l'air n'est pas renouvelé. Ce fluide gazeux déplace l'air atmosphérique, et finit par occuper tout l'intérieur du cellier. Il est d'autant plus dangereux qu'il est invisible comme l'air; et l'on ne sauroit trop se précautionner contre ses funestes effets. Pour s'assurer qu'on ne court aucun risque en pénétrant dans le lieu où fermente la vendange, il faut avoir l'attention de porter une bougie allumée en avant de sa personne : il n'y a pas de danger tant que la bougie brûle; mais, lorsqu'on la voit s'affoiblir ou s'éteindre, il faut s'éloigner avec prudence.

On peut prévenir ce danger, en saturant le gaz à mesure qu'il se précipite sur le sol de l'attelier, en disposant sur plusieurs points du lait de chaux ou de la chaux vive. On peut parvenir à désinfecter un lieu vicié par cette mortelle mofette, en projetant sur le sol et contre les murs de la chaux vive délayée et fusée dans l'eau. Une lessive alkaline caustique, telle que la lessive des savonniers l'ammoniaque, produiroient de semblables effets. Dans tous ces cas, l'acide gazeux se combine instantanément avec ces matières, et l'air extérieur se précipite pour en occuper la place.

III°. *Formation de l'alkool.*

Le principe sucré existe dans le moût, et en fait un des principaux caractères : il disparoît par la fermentation

fermentation, et est remplacé par l'alkool qui caractérise essentiellement le vin.

Nous dirons, par la suite, de quelle manière on peut concevoir ce phénomène, ou cette suite intéressante de décompositions et de productions. Il ne nous appartient, dans ce moment, que d'indiquer les principaux faits qui accompagnent la formation de l'alkool.

Comme le but et l'effet de la fermentation spiritueuse se réduisent à produire de l'alkool en décomposant le principe sucré, il s'ensuit que la formation de l'un est toujours en proportion de la destruction de l'autre, et que l'alkool sera d'autant plus abondant, que le principe sucré l'aura été lui-même; c'est pour cela qu'on augmente à volonté la quantité d'alkool, en ajoutant du sucre au moût qui paroît en manquer.

Il suit toujours de ces mêmes principes que la nature de la vendange en fermentation se modifie et change à chaque instant: l'odeur, le goût et tous les autres caractères varient d'un moment à l'autre. Mais, comme il y a dans le travail de la fermentation une marche très-constante, on peut suivre tous ces changemens, et les présenter comme des signes invariables des divers états par lesquels passe la vendange.

1°. Le moût a une odeur douceâtre qui lui est particulière; 2°. la saveur en est plus ou moins sucrée; 3°. il est épais, et sa consistance varie selon que le raisin est plus ou moins mûr, plus ou moins sucré. J'en ai éprouvé qui a marqué 75 degrés à l'aréomètre, et j'en ai vu d'autre qui ne donnoit que 40 à 42. Il est très-soluble dans l'eau.

A peine la fermentation es-telle décidée, que tous les caractères changent; l'odeur commence à devenir piquante par le dégagement de l'acide carbonique; la saveur encore très-douce est néanmoins déjà mêlée d'un peu de piquant; la consistance diminue; la liqueur qui, jusque là, n'avoit présenté qu'un tout uniforme, laisse paroître des flocons qui deviennent de plus en plus insolubles.

Peu-à-peu la saveur sucrée s'affoiblit et la vineuse se fortifie; la liqueur diminue sensiblement de consistance; les flocons détachés de la masse sont plus complètement isolés. L'odeur d'alkool se fait sentir même à une assez grande distance.

Enfin arrive un moment où le principe sucré n'est plus sensible; la saveur et l'odeur n'indiquent plus que de l'alkool : cependant tout le principe sucré n'est pas détruit; il en reste encore une portion dont l'existence n'est que masquée par celle de l'alkool qui prédomine, comme il conste par les expériences très-rigoureuses de D. *Gentil*.

La décomposition ultérieure de cette substance se fait à l'aide de la fermentation tranquille qui se continue dans les tonneaux.

Lorsque la fermentation a parcouru et terminé toutes ses périodes, il n'existe plus de sucre; la liqueur a acquis de la fluidité, et ne présente que de l'alkool mêlé avec un peu d'extrait et de principe colorant.

IV°. *Coloration de la liqueur vineuse.*

Le moût qui découle du raisin qu'on transporte de la vigne à la cuve, avant qu'on l'ait foulé, fermente seul, donne le *vin vierge*, le *protopon* des anciens, qui n'est pas coloré.

Les raisins rouges dont on exprime le suc par le simple foulage fournissent du vin blanc, toutes les fois qu'on ne fait pas fermenter sur le marc.

Le vin se colore d'autant plus que la vendange reste plus long-tems en fermentation.

Le vin est d'autant moins coloré que le foulage a été moins fort, et qu'on s'est abstenu avec plus de soin de faire fermenter sur le marc.

Le vin est d'autant plus coloré que le raisin est plus mûr et moins aqueux.

La liqueur que fournit le marc qu'on soumet au pressoir est plus colorée.

Les vins méridionaux, et en général ceux qu'on récolte dans les lieux bien exposés au midi, sont plus colorés que les vins du nord.

Tels sont les axiomes pratiques qu'une longue expérience a sanctionnés. Il en résulte deux vérités fondamentales : la première, c'est que le principe colorant du vin existe dans la pellicule du raisin ; la seconde, c'est que ce principe ne se détache et ne se dissout complètement dans la vendange, que lorsque l'alkool y est développé.

Nous nous occuperons, en tems et lieu, de la nature de ce principe colorant ; et nous ferons voir que, quoiqu'il se rapproche des résines par quelques propriétés, il en diffère néanmoins essentiellement.

Il n'est personne qui, d'après ce court exposé, ne puisse se rendre raison de tous les procédés usités pour obtenir des vins plus ou moins colorés, et qui ne sente déjà qu'il est au pouvoir de l'agriculteur de porter dans ses vins la teinte de couleur qu'il désire.

ARTICLE III.

Préceptes généraux sur l'art de gouverner la fermentation.

La fermentation n'a besoin ni de secours ni de remèdes, lorsque le raisin a obtenu son degré de maturité convenable, que l'atmosphère n'est pas trop froide, et que la masse de la vendange est du volume requis. Mais ces conditions, sans lesquelles on ne sauroit obtenir de bons résultats, ne se réunissent pas toujours; et c'est à l'art qu'il appartient de rapprocher toutes les circonstances favorables, et d'éloigner tout ce qui peut nuire pour obtenir une bonne fermentation.

Les vices de la fermentation se déduisent naturellement de la nature du raisin qui en est le sujet, et de la température de l'air qui peut être considéré comme un bien puissant auxiliaire.

Le raisin peut ne pas contenir assez de sucre pour donner lieu à une formation suffisante d'alkool : et ce vice peut provenir ou de ce que le raisin n'est pas parvenu à maturité, ou de ce que le sucre y est délayé dans une quantité trop considérable d'eau, ou bien encore de ce que, par la nature même du climat, le sucre ne peut pas suffisamment s'y développer. Dans tous ces cas, il est deux moyens de corriger le vice qui existe dans la nature même du raisin : le premier consiste à porter dans le moût le principe qui lui manque : une addition convenable de sucre présente à la fermentation les matériaux nécessaires à la formation de l'alkool ; et on supplée par l'art au défaut de la nature. Il paroît que les anciens connoissoient ce procédé, puisqu'ils mêloient du miel au moût qu'ils faisoient fermenter. Mais, de nos jours, on a fait des expériences très-directes à ce sujet, et je me bornerai à transcrire ici les résultats de celles qui ont été faites par *Macquer*.

« Au mois d'octobre 1776, je me suis procuré assez de raisins blancs, *Pineau* et *Mélier*, d'un jardin de Paris, pour faire vingt-cinq à trente pintes de vin. C'étoit du raisin de rebut; je l'avois choisi exprès dans un si mauvais état de maturité, qu'on ne pouvoit espérer d'en faire un vin potable; il y en avoit près de la moitié dont une partie des grains et des grappes entières étoient si vertes, qu'on n'en pouvoit supporter l'aigreur. Sans autre précaution que celle de faire séparer tout ce qu'il y avoit de pourri; j'ai fait écraser le reste avec les rafles, et exprimer le jus à la main; le moût qui en est sorti étoit très-trouble, d'une couleur verte, sale, d'une saveur aigre-douce, où l'acide dominoit tellement qu'il faisoit faire la grimace à ceux qui en goûtoient. J'ai fait dissoudre dans ce moût assez de sucre brut pour lui donner la saveur d'un vin doux assez bon; et, sans chaudière, sans entonnoir, sans fourneau, je l'ai mis dans un tonneau, dans une salle au fond d'un jardin, où il a été abandonné. La fermentation s'y est établie dans la troisième journée, et s'y est soutenue pendant huit jours, d'une manière assez sensible, mais pourtant fort modérée. Elle s'est appaisée d'elle-même après ce tems.

» Le vin qui en a résulté, étant tout nouvellement fait et encore trouble, avoit une odeur vineuse assez vive et assez piquante; la saveur avoit quelque chose d'un peu revêche, attendu que celle du sucre avoit disparu aussi complètement que s'il-n'y en avoit jamais eu. Je l'ai laissé passer l'hiver dans son tonneau; et l'ayant examiné au mois de mars, j'ai trouvé que, sans avoir été soutiré ni colé, il étoit devenu clair; sa saveur, quoique encore assez vive et assez piquante, étoit pourtant beaucoup plus agréable qu'immédiatement après la fermentation sensible; elle avoit quelque chose de plus doux et de plus moëlleux, et n'étoit mêlée néanmoins de rien qui approchât du sucre. J'ai fait mettre alors ce vin en bouteille; et l'ayant examiné au mois d'octobre 1777, j'ai trouvé qu'il étoit clair, fin, très-brillant, agréable au goût, généreux et chaud, et, en un mot, tel qu'un bon vin blanc de pur raisin, qui n'a rien de liquoreux, et provenant d'un bon vignoble, dans une bonne année. Plusieurs connoisseurs, auxquels j'en ai fait goûter, en ont porté le même jugement, et ne pouvoient croire qu'il provenoit de raisins verts dont on eût corrigé le goût avec du sucre.

» Ce succès, qui avoit passé mes espérances, m'a engagé à faire une nouvelle expérience du même genre, et encore plus décisive par l'extrême verdeur et la mauvaise qualité du raisin que j'ai employé.

» Le 6 novembre de l'année 1777, j'ai fait cueillir de dessus un berceau, dans un jardin de Paris, de l'espèce de gros raisins qui ne mûrit jamais bien dans ce climat-ci, et que nous ne connoissons que sous le nom de verjus, parce qu'on n'en fait guère d'autre usage que d'en exprimer le jus avant qu'il soit tourné, pour l'employer à la cuisine en qualité d'assaisonnement acide; celui dont il s'agit commençoit à peine à tourner, quoique la saison fût fort avancée, et il avoit été abandonné dans son berceau, comme sans espérance qu'il pût acquérir assez de maturité pour être mangeable. Il étoit encore si dur, que j'ai pris le parti de le faire crever sur le feu pour pouvoir en tirer plus de jus : il m'en a fourni huit à neuf pintes. Ce jus avoit une saveur très-acide, dans laquelle on distinguoit à peine une très-légère saveur sucrée. J'y ai fait dissoudre de la cassonade la plus commune, jusqu'à ce qu'il me parût bien sucré; il m'en a fallu beaucoup plus que pour le vin de l'expérience précédente, parce que l'acidité de ce dernier moût étoit beaucoup plus forte. Après la dissolution de ce sucre, la saveur de la liqueur quoique très-sucrée, n'avoit rien de flatteur, parce que le doux et l'aigre s'y faisoient sentir assez vivement et séparément, d'une manière désagréable.

» J'ai mis cette espèce de moût dans une cruche qui n'en étoit pas entièrement pleine, couverte d'un simple linge; et la saison étant déjà très-froide, je l'ai placée dans une salle où la chaleur étoit presque toujours de 12 à 13 degrés, par le moyen d'un poêle.

» Quatre jours après, la fermentation n'étoit pas encore bien sensible; la liqueur me paroissoit tout aussi sucrée et tout aussi acide; mais ces deux saveurs commençant à être mieux combinées, il en résultoit un tout plus agréable au goût.

» Le 14 novembre, la fermentation étoit dans sa force; une bougie allumée introduite dans le vide de la cruche s'y éteignoit aussitôt.

» Le 30, la fermentation sensible étoit entièrement cessée, la bougie ne s'éteignoit plus dans l'intérieur de la cruche; le vin qui en avoit résulté étoit néanmoins très-trouble et blanchâtre; sa saveur n'avoit presque plus rien de sucré; elle étoit vive, piquante, assez agréable, comme celle d'un vin généreux et chaud, mais un peu gazeux et un peu vert.

» J'ai bouché la cruche et l'ai mise dans un lieu frais pour que le vin achevât de s'y perfectionner par la fermentation insensible pendant tout l'hiver.

» Enfin, le 17 mars dernier 1778, ayant examiné ce vin, je l'ai trouvé presque totalement éclairci; son reste de saveur sucrée avoit disparu ainsi que son acide. C'étoit celle d'un vin de pur raisin assez fort, ne manquant point d'agrément, mais sans aucun parfum ni bouquet, parce que le raisin, que nous nommons verjus n'a point du tout de principe odorant ou d'esprit recteur; à cela près, ce vin qui est tout nouveau, et qui a encore à gagner par la fermentation que je nomme insensible, promet de devenir généreux, moëlleux et agréable ».

Ces expériences me paroissent prouver avec évidence que le meilleur moyen de remédier au défaut de maturité des raisins est de suivre ce que la nature nous indique, c'est-à-dire, d'introduire dans leur moût la quantité de principe sucré nécessaire qu'elle n'a pu leur donner. Ce moyen est d'autant plus praticable, que non seulement le sucre, mais encore le miel, la mélasse, et toute autre matière saccarine d'un moindre prix, peuvent produire le même effet, pourvu qu'ils n'ayent point de saveur accessoire désagréable qui ne puisse être détruite par une bonne fermentation.

Bullion faisoit fermenter le jus des treilles de son parc de Bellejames en y ajoutant quinze à vingt livres de sucre par muid; le vin qui en provenoit étoit de bonne qualité.

Rozier a proposé depuis long-tems de faciliter la fermentation du moût et d'améliorer les vins par l'addition du miel dans la proportion d'une livre sur deux cents de moût. Tous ces procédés reposent sur le même principe, savoir, qu'il ne se produit pas d'alkool là où il n'y a pas de sucre, et que la formation de l'alkool, et conséquemment la générosité du vin, est constamment proportionnée à la quantité de sucre existant dans le moût; d'après cela, il est évident qu'on peut porter son vin au degré de spirituosité qu'on désire, quelle que soit la qualité primitive du moût, en y ajoutant plus ou moins de sucre.

Rozier a prouvé (et l'on peut parvenir au même résultat en calculant les expériences de *Bullion*), que la valeur du produit de la fermentation est très-supérieure au prix des matières employées, de sorte qu'on peut présenter ces procédés comme objets d'économie et comme matière à spéculation.

Il est encore possible de corriger la qualité du raisin par d'autres moyens qui sont journellement pratiqués. On fait bouillir une portion du moût dans une chaudière, on le rapproche à moitié, et on le verse ensuite dans la cuve. Par ce procédé, la partie aqueuse se dissipe en partie, et la portion de sucre se trouvant alors moins délayée, la fermentation marche avec plus de régularité, et le produit en est plus généreux. Ce procédé, presque toujours utile dans le nord, ne peut être employé dans le midi que lorsque la saison a été très-pluvieuse ou que le raisin n'y est pas assez mûr.

On peut parvenir au même but en faisant dessécher le raisin au soleil, ou l'exposant, à cet effet, dans des étuves, ainsi que cela se pratique dans quelques pays de vignobles.

C'est peut-être encore par la même raison, toujours dans l'intention d'absorber l'humidité, qu'on met quelquefois du plâtre dans la cuve, ainsi que le pratiquoient les anciens.

Il arrive quelquefois que le moût est à-la-fois trop épais et trop sucré. Dans ce cas, la fermentation est toujours lente et imparfaite; les vins sont doux, liquoreux et pâteux, et ce n'est qu'après un long séjour dans les bouteilles que le vin s'éclaircit, perd le *pâteux* désagréable, et ne présente plus que de très-bonnes qualités. La plupart des vins blancs d'Espagne sont dans ce cas-là Cette qualité de vin a néanmoins ses partisans ;

et il est des pays où, à cet effet, l'on rapproche le moût par la cuisson ; il en est d'autres où l'on dessèche le raisin par le soleil ou dans des étuves, jusqu'à lui donner presque la consistance d'un extrait.

Il seroit aisé, dans tous les cas, de provoquer la fermentation, soit en délayant, à l'aide de l'eau, un moût trop épais, soit en agitant la vendange à mesure qu'elle fermente ; mais tout cela doit être subordonné au but qu'on se propose, et l'agriculteur intelligent variera ses procédés selon l'effet qu'il se proposera d'obtenir.

On ne doit jamais perdre de vue que la fermentation doit être gouvernée d'après la nature du raisin et conformément à la qualité de vin qu'on désire obtenir. Le raisin de *Bourgogne* ne peut pas être traité comme celui de *Languedoc*; le mérite de l'un est dans un bouquet qui se dissiperoit par une fermentation vive et prolongée; le mérite de l'autre est dans la grande quantité d'alkool qu'on peut y développer, et ici la fermentation dans la cuve doit être longue et complète. En *Champagne*, on cueille le raisin destiné pour le vin blanc mousseux, dès le matin, avant que le soleil en ait évaporé toute l'humidité ; et, dans le même pays, on ne coupe le raisin destiné à la fabrication du rouge, que lorsque le soleil l'a fortement frappé et bien séché. Ici, il faut de la chaleur artificielle pour provoquer la fermentation ; là, la nature du moût est telle que la fermentation demanderoit à être modérée. Les vins foibles doivent fermenter dans les tonneaux ; les vins forts doivent travailler dans la cuve. Chaque pays a donc des procédés qui lui sont prescrits par la nature même de ses raisins ; et il est extraordinairement ridicule de vouloir tout soumettre à la même règle. Il importe de connoître bien la nature de son raisin et les principes de la fermentation : à l'aide de ces connoissances, on se fera un systême de conduite qui ne peut qu'être très-avantageux, parce qu'il est fondé, non sur des hypothèses, mais sur la nature même des choses.

Dans les pays froids, où le raisin est peu sucré et très-aqueux, il fermente difficilement ; on provoque la fermentation par deux ou trois moyens principaux 1°. A l'aide d'un entonnoir en ferblanc, qui descend par un bec très-large à quatre pouces du fond de la cuve, on introduit du moût bouillant dans la cuve. On peut en verser deux seaux sur trois cents bouteilles de moût. Ce procédé, proposé par *Maupin*, a produit de bons effets.

2°. On remue et agite la vendange de tems en tems. Ce mouvement a l'avantage de rétablir la fermentation quand elle a cessé ou qu'elle s'est ralentie, et de la rendre égale sous tous les points.

3°. On recouvre la vendange avec des couvertures de même que la cuve.

4°. On échauffe l'atmosphère du lieu dans lequel la cuve a été placée.

Il arrive souvent que le mouvement de la vendange se ralentit ou que la chaleur est inégale dans les divers points : c'est pour obvier à ces inconvéniens, sur-tout dans les pays froids où ils sont plus fréquens, qu'on foule la vendange de tems en tems. D. *Gentil* a fait deux cuvées de dix-huit pièces chacune, avec des raisins provenant de la même vigne, et cueillis en même tems; le grain fut égrappé et écrasé ; égalité de suc de part et d'autre ; la vendange mise dans des cuves égales ; les jours, mais sur-tout les nuits et les matinées, étoient très-froids.

Au bout de quelques jours, la fermentation commença : on s'apperçut que le centre des cuves étoit très-chaud et les bords très-froids ; les cuves se touchoient, et toutes deux éprouvoient la même température. On en fit fouler une avec un rabot à long manche ; on poussa vers le centre, qui étoit le foyer de la chaleur, la vendange des bords qui étoit froide ; on foula à plusieurs reprises, et on entretint par ce moyen la même chaleur dans toute la masse. La fermentation fût terminée dans la cuve foulée douze à quinze heures plutôt que dans l'autre. Le vin en fut incomparablement meilleur ; il étoit plus délicat, avoit une saveur plus fine, étoit plus coloré, plus franc. On n'eût point dit qu'il provenoit de raisins de même nature.

Les anciens mêloient des aromates à la vendange en fermentation pour donner à leurs vins des qualités particulières. *Pline* raconte qu'en Italie il étoit reçu de répandre de la poix et de la résine dans la vendange, *ut odor vino contingeret et saporis acumen*. Nous trouvons, dans tous les écrits de ce tems-là, des recettes nombreuses pour parfumer les vins. Ces divers procédés ne sont plus usités. J'ai cependant de la peine à croire qu'on n'en tirât pas un grand avantage. Cette partie très-intéressante de l'œnologie mérite une attention particulière de la part de l'agriculteur. Nous pouvons même en présager d'heureux effets, d'après l'usage pratiqué dans quelques pays de parfumer les vins avec la framboise, la fleur sèche de la vigne, etc.

Darcet m'a communiqué les faits suivans, que je m'empresse de publier ici, comme pouvant donner lieu à des expériences propres à avancer l'art de la vinification :

« J'ai pris, dit-il, un demi-tonneau qu'on
» nomme un demi-muid, je l'ai d'abord rempli de
suc

» suc de raisin non foulé et tel qu'il a coulé de
» lui-même du raisin porté de la vigne dans le
» pressoir ; aussi n'a-t-il que très-peu de couleur.

» Ce tonneau contenoit environ cent cinquante
» pintes ; j'en ai pris environ trente pintes, qu'on a
» évaporées et concentrées à-peu-près à un huitième
» du volume de la liqueur ; on y a ajouté quatre
» livres de sucre commun et une livre de raisins
» de carême, qu'on a eu la précaution de déchi-
» rer ; ensuite on a reversé le tout, encore un peu
» chaud, dans le tonneau, qu'on a achevé de rem-
» plir avec du même moût, qu'on avoit gardé à
» part. On a ajouté dans le tonneau un bouquet
» d'une demi-once de petite absinthe sèche et
» bien conservée ; on a légèrement couvert le ton-
» neau de sa bonde renversée : la fermentation
» n'a pas tardé à s'y établir, et s'est faite d'une
» manière franche et vive.

» Outre cette pièce de moût, j'ai aussi fait fer-
» menter une dame-jeanne du même, d'environ
» vingt-cinq à trente pintes, avec environ demi-
» once de sucre par pinte : ce vin a très-bien fer-
» menté dans cette cruche, et il m'a servi pour
» remplir pendant la fermentation et après le pre-
» mier soutirage qui a été fait dans le tems ordi-
» naire, et répété un an après ; ensuite il a été
» mis en bouteilles, après l'année révolue, ou
» dans l'hiver suivant.

TOME II.   G

» Ce vin a été fait en septembre 1788, par un
» beau tems et une assez bonne année.

» Ce vin s'est très-bien conservé ; même en vi-
» dange dans une bouteille, il ne s'est ni aigri ni
» troublé au bout de plusieurs jours. J'en ai en-
» core deux ou trois bouteilles ; il commence à
» passer ».

Article IV.

Ethiologie de la fermentation.

Les phénomènes et les résultats de la fermentation sont d'un intérêt si puissant aux yeux du
chimiste et de l'agriculteur, qu'après les avoir en-
visagés sous le point de vue de la pure pratique,
il ne nous est pas permis de ne pas les considérer
sous le rapport de la science.

Les deux phénomènes qui paroissent mériter le
plus d'attention de la part du chimiste, sont la
disparition du principe sucré et la formation de
l'alkool.

Comme dans la fermentation il n'y a pas absorption d'air, ni addition d'aucune matière étrangère, il est évident que tous les changemens qui
se font dans cette opération ne peuvent être rapportés qu'à la soustraction des substances qui se
volatilisent ou qui se précipitent.

Ainsi, en étudiant la nature de ces substances, et connoissant leurs principes constituans, il nous sera aisé de juger des changemens qui ont dû être apportés dans la nature des premiers matériaux de la fermentation.

Les matériaux de la fermentation sont le principe doux et sucré délayé dans l'eau. Ce principe est formé de sucre et d'extractif.

Les substances qui se volatilisent sont le gaz acide carbonique ; et celles qui se précipitent, sont une matière analogue à la fibre ligneuse mêlée de potasse.

Le principal produit de la fermentation, est l'alkool.

Il est évident que le passage du principe sucré à l'alkool ne pourra être conçu qu'en calculant la différence que doit apporter dans le principe sucré, la soustraction des principes qui forment le gaz acide carbonique qui se volatilise et le dépôt qui se précipite.

Ces principes sont sur-tout le carbone et l'oxygène : voilà donc déjà du carbone et de l'oxygène enlevés au principe sucré par les progrès de la fermentation ; mais à mesure que le principe sucré perd de son oxygène et de son carbone, l'hydrogène qui en forme le troisième principe constituant, restant le même, les caractères de cet élément doivent prédominer, et la masse fermentante doit parvenir au point où elle ne présentera plus qu'un fluide inflammable.

A mesure que l'alkool se développe, le liquide change de nature ; il n'a plus les mêmes affinités ni conséquemment la même vertu dissolvante. Le peu de principe extractif qui reste, après avoir échappé à la décomposition, se précipite avec le carbonate de potasse ; la liqueur s'éclaircit, et le vin est fait.

La fermentation vinaire n'est donc d'abord qu'une soustraction continue de charbon et d'oxygène, ce qui produit d'un côté l'acide carbonique, et de l'autre l'alkool. Le célèbre *Lavoisier* a soumis au calcul tous les phénomènes et résultats de la fermentation vineuse, en comparant les produits de la décomposition avec ses élémens. Il a pris pour base de ses calculs les données que lui a fournies l'analyse, tant sur la nature que sur les proportions des principes constituans avant et après l'opération : nous transcrirons ici les résultats qu'a obtenus ce grand homme.

SUR LE VIN.

MATÉRIAUX
de la fermentation pour un quintal de sucre.

	Liv.	onces	gros	grains
Eau.	400	»	»	»
Sucre.	100	»	»	»
Levûre de bière en pâte, { Eau.	7	3	6	44
composée de ...... { Levûre sèche.	2	12	1	28
TOTAL	510	»	»	»

Détail des principes constituans des matériaux de la fermentation.

Liv.	onces	gros	grains		Liv.	onces	gros	grains
407	3	6	44 d'eau composée de :					
			hydrogène.....		61	1	2	71,40
			oxygène......		346	2	3	44,60
100	»	»	» Sucre composé de :					
			hydrogène....		8	»	»	»
			oxygène.....		64	»	»	»
			carbone......		28	»	»	»
2	12	1	28 Levûre sèche,					
			composée de :					
			carbone......		»	12	4	59,00
			azot.........		»	»	5	2,94
			hydrogène....		»	4	5	9,30
			oxygène.....		1	10	2	28,76
			TOTAL......		510	»	»	

ESSAI

RÉCAPITULATION

Des principes constituans des matériaux de la fermentation.

		liv.	onces	gros	grains.	liv.	onces	gros	grains.
Oxygène...	de l'eau..	340	"	"	"	411	12	6	1,36
	de l'eau de la levûre.	6	2	3	44,60				
	du sucre..	64	"	"	"				
	de la levûre sèche...	1	10	2	28,76				
Hydrogène.	de l'eau..	60	"	"	"	69	6	"	8,70
	de l'eau de la levûre.	1	1	2	71,40				
	du sucre..	8	"	"	"				
	de la levûre.	"	4	5	9,30				
Carbone....	du sucre..28	"	"	"		28	12	4	59,00
	de la levûre.	"	12	4	59,10				
Azot......	de la levûre.	"	"	"	"	"	"	5	2,94
TOTAL.........						510	"	"	"

TABLEAU

Des résultats obtenus par la fermentation.

liv.	onces	gros	grains.		liv.	onc.	gros	grains.
35	5	4	19 d'acide carbonique, composé.....	{ d'oxygène.........	25	7	1	34
				de carbone......	9	14	2	57
408	15	5	14 d'eau composée..	{ d'oxygène......	347	10	"	59
				d'hydrogène.....	61	5	4	27
57	11	1	58 d'alkool sec, composé.	{ d'oxygène combiné avec l'hydrogène.	31	6	1	64
				l'hydrogène combiné avec l'oxygène...	5	8	5	3
				l'hydrogène combiné avec le carbone..	4	"	5	"
				de carbone.......	16	11	5	63
2	8	"	" d'acide acéteux, sec, composé...	{ d'hydrogène.....	"	2	4	"
				d'oxygène.......	1	11	4	"
				de carbone......	"	10	"	"
4	1	4	3 de résidu sucré, composé.....	{ d'hydrogène.....	"	5	1	67
				d'oxygène.......	2	9	7	27
				de carbone......	1	2	2	53
1	6	"	50 de levûre sèche, composée.....	{ d'hydrogène.....	"	2	2	41
				d'oxygène.......	"	13	1	14
				de carbone......	"	6	2	30
				d'azote.........	"	"	2	37
510	"	"	"		510	"	"	"

RÉCAPITULATION

Des résultats obtenus par la fermentation.

		liv.	onces	gros	grains.
liv. onc. gros grains.	de l'eau........	347	10	»	59
409 10 » 54	de l'acide carbonique.	25	7	1	34
d'oxygène.....	de l'alkool......	31	6	1	64
	de l'acide acéteux...	1	11	4	»
	du résidu sucré...	2	9	7	27
	de la levûre......		13	1	14
28 12 5 59	de l'acide carbonique.	9	14	2	57
de carbone....	de l'alkool......	16	11	5	65
	de l'acide acéteux...	»	10	»	»
	du résidu sucré....	1	2	3	53
	de la levûre......	»	6	2	30
	de l'eau........	61	5	4	27
	de l'eau de l'alkool.	5	8	5	3
71 8 6 66	combiné avec le car-				
d'hydrogène...	bone, dans l'alkool.	4	»	5	»
	de l'acide acéteux...	»	2	4	»
	du résidu sucré....	»	5	1	67
	de la levûre......	»	2	2	41
» » 2 37					
d'azot......	....	»	»	2	37
510 » » »		510	»	»	»

En réfléchissant sur les résultats que présentent les tableaux ci-dessus, il est aisé de voir clairement ce qui se passe dans la fermentation vineuse. On remarque d'abord que sur les cent livres de sucre qu'on a employées, il y en a 4 livres 1 once 4 gros 3 grains qui sont restés dans l'état de sucre non décomposé; en sorte qu'on n'a réellement opéré que sur les 95 livres 14 onces 3 gros 69 grains de sucre, c'est-à-dire, sur 61 livres 6 onces 45 grains d'oxygène, sur 7 livres 10 onces 6 gros 6 grains d'hydrogène, et sur 26 livres 13 onces 5 gros 19 grains de carbone. Or, en comparant les quantités, on verra qu'elles sont suffisantes pour former tout l'esprit-de-vin, tout l'acide carbonique, et tout l'acide acéteux qui ont été produits par la fermentation.

Les effets de la fermentation vineuse se réduisent donc à séparer en deux portions le sucre qui est un oxyde; à oxygéner l'une aux dépens de l'autre pour en former de l'acide carbonique; à désoxygéner l'autre en faveur de la première, pour en former une substance combustible qui est l'alkool. En sorte que s'il étoit possible de combiner ces deux substances, l'alkool et l'acide carbonique, on reformeroit du sucre. Il est à remarquer, au surplus, que l'hydrogène et le carbone ne sont pas à l'état d'huile dans l'alkool; ils sont combinés avec une portion d'oxygène qui les rend miscibles à l'eau. Les trois principes, l'oxygène, l'hydrogène et le carbone sont donc encore ici dans une espèce d'état d'équilibre ; et, en effet, en les faisant passer à travers un tube de verre ou de porcelaine rougi au feu, on les recombine deux à deux ; et on retrouve de l'eau, de l'hydrogène, de l'acide carbonique, et du carbone.

Nous croyons devoir présenter ici, pour terminer l'article *fermentation*, le résultat de quelques expériences faites avec soin, en Languedoc, par *Poitevin*, et en Bourgogne, par D. *Gentil*. Elles m'ont paru précieuses, en ce qu'elles offrent à l'œil, non seulement tous les résultats de la fermentation, mais même le résultat de l'influence de la température, de la masse, de la nature du raisin sur la fermentation elle-même.

EXPÉRIENCES

sur la fermentation vineuse, par POITEVIN.

C'est en 1772, et aux environs de Montpellier, que ces expériences ont été faites. Deux cuves ont servi à ces opérations, la première contenant environ six kilolitres, et la seconde environ vingt kilolitres.

La première, cotée A, fut remplie avec des raisins provenant de vignes de différens âges, la plupart situées sur des coteaux exposés au midi. Les vignes qui ont fourni à la seconde B, étoient situées dans la plaine.

Les cuves étoient bâties en pierre de taille, et leur enduit étoit formé de chaux et de pozzolane; elles étoient exposées au Midi; le cellier étoit ouvert en plusieurs endroits et bien aéré. Les raisins ont été égrappés avec beaucoup de soin.

L'été avoit été très-chaud et très-sec, ce qui a avancé la maturité du raisin; des pluies considérables survenues en septembre, et qui ont duré par intervalles, jusqu'au 5 octobre; des brouillards fréquens, des tems couverts, des vents presque toujours au sud ou sud-est, toutes ces causes réunies ont détruit une partie des raisins. Les espèces qui ont la peau la plus fine ont subi une fermentation putride; on a rejetté les raisins qui étoient pourris.

OBSERVATIONS MÉTÉOROLOGIQUES,
Octobre 1772.

Jours du Mois.	VENTS.		THERMOMÈTRE EXPOSÉ AU NORD.			ÉTAT du CIEL.
	Matin.	Soir.	à 8 heures du matin.	à midi.	à 8 heures du soir.	
10	E. foible.	S.	12 1/2	17 1/4	13 1/2	Nuages.
11	E. foible.	S.	14	18	13	Beau tems.
12	N.O.	N.O.	13	17	13	Beau avec nuages.
13	N.O.	N.O.	12	16	13	Nuages.
14	N.O.	N.O.	13	17	12 1/2	Nuages et vent frais.
15	N.O.	S.	12	16 1/2	12 1/2	Beau tem. vent frais.
16	N.	S.	15	16 1/2	12 1/2	Beau tems.
17	S.O.	N.	13	17	13	Idem.
18	S.O.	N.	12 1/2	16 1/2	12 1/2	Couvert le matin, beau le soir.
19	N.	S.O.	13	17 1/2	13	Idem.
20	N.	S.O.	12 1/3	17	13	Beau tems.
21	N.	S.O.	13	17 1/2	13 1/2	Nuages le matin, beau le soir.
22	S.E.	S.E.	13	17 1/2	13 1/2	Pluie le matin, orage, avec tonnerre le soir ; nuages le soir.
23	S.E.	S.E.	12 1/2	15 1/2	14	Pluie et quelques tonnerre.
24	S.E.	S.E.	14 1/2	16	14	Pluie et tonnerre le matin ; couvert et vent fort le soir.
25	S.E.	S.E.	13 1/2	15	15	Couvert, vent et un peu de pluie.
26	N.	S.E.	12 1/2	16 1/2	13	Beau tems.
27	N.	S.E.	12	14 1/2	12 1/2	Beau avec nuages, couvert, grand vent, pluie pendant la nuit.
28	N.O.	N.O.	12	15	12 1/2	Beau tems.

ESSAI

OBSERVATIONS SUR LA CUVE A.

OCTOBRE 1772.

On a cessé de porter dans cette cuve le 6, l'effervescence étoit déjà faite ce jour-là : l'observation n'a pu être commencée que le 11.

Jours du Mois.	HEURES de l'observation.	TEMPS que le thermomètre a resté dans la cuve.	Chaleur de la cuve.	Température du cellier.	REMARQUES
11	9 du mat.	25 minutes.	26 1/4	14	Très-forte effervescence
11	midi.	25 minutes.	26 3/4	14	
11	soir.	5 heures.	26 1/4	14	
12	matin.	fixe depuis la veille.	25 1/4	31 1/2	Moindre.
12	soir.	fixe.	24	13 1/2	
13	soir.	fixe.	24	13 1/2	L'effervescence paroît détruite, le marc est affaissé, le vin est assez coloré.
14	soir.	fixe.	25 1/4	14	
15	soir.	2 heures.	22	12 1/2	

Cette cuve a été vidée le 16 au matin ; le thermomètre a marqué 21 et demi dans un tonneau qu'on venoit de remplir, et 14 dans le cellier. L'effervescence étoit très-sensible dans le tonneau.

SUR LE VIN.

OBSERVATIONS SUR LA CUVE B.

OCTOBRE 1772.

Jours du Mois.	HEURES de L'OBSERVATION.	TEMPS que le thermomètre reste dans la cuve.	CHALEUR de LA CUVE.	TEMPÉRATURE du CELLIER.
15	matin.	2 heures.	28 3/4	12 1/2
15	midi.	30 minutes.	28 1/2	14
15	soir.	50 minutes.	28 1/2	12 1/2
16	matin.	2 heures.	28 1/2	14
16	midi.	30 minutes.	28 1/2	14 1/2
16	soir.	50 minutes.	28 1/2	14
17	midi.	fixe.	28	15
17	7 heures et demie du soir.	fixe.	27 1/2	14
18	matin.	Id.	27 1/4	14
19	matin.	Id.	27 1/4	14
19	soir.	Id.	27	14
20	matin.	Id.	26 1/4	14
21	Id.	Id.	25 1/2	13 1/2
22	Id.	Id.	24 1/2	13
23	Id.	Id.	23 3/4	12 1/2
24	Id.	Id.	22 1/2	13 1/2
25	Id.	Id.	22 1/2	12 1/2
26	Id.	Id.	25 1/4	12 1/2

Le 27 au soir la cuve a été vidée; la température du vin dans un tonneau qu'on venoit de remplir étoit de 21 degrés et demi; celle du cellier étoit de 13. Le thermomètre ne marquoit plus que 20 degrés, le lendemain matin. L'effervescence étoit sensible dans les tonneaux.

ESSAI

EXPÉRIENCES

SUR LA FERMENTATION VINEUSE,

Par D. GENTIL.

EXPÉRIENCE I.re Trois muids remplis du moût tiré d'une cuve dont les raisins noirs et blancs avoient été écrasés. Ce moût étoit destiné à faire du vin paillet.

(*Nota.* Le thermomètre a toujours été celui de Réaumur.)

OCTOBRE 1779.

Jours du Mois.	Heures	TEMPÉRATURE		RÉFLEXIONS ET CONSÉQUENCES.
		du lieu.	de la liqueur.	
2	6	10	11	Le *maximum* de la chaleur a été de 13 degrés; elle a diminué dès le troisième jour de la fermentation, puisqu'à 9 heures du soir, elle n'étoit qu'à douze degrés.
	11	10	13	
	4	12	13	
3	7	10	13	
	10	9	13	
	9	9	12	Le 6, l'effervescence n'a plus été sensible, la liqueur étoit encore sucrée.
4	12	9	11	
	7	9	10 1/2	
5	9	9	10 1/2	Ce vin a été tiré au clair en janvier, et au mois de mai, le thermomètre étant à 10 degrés, l'aréomètre y marquoit 11.
	7	10	10 1/2	
6	12	10	10	
	10	10	10	

SUR LE VIN.

EXPÉRIENCE II.e 11 muids de moût provenant d'environ deux tiers de raisins noirs et un tiers de raisins blancs, très-égrappés et foulés avant d'être mis dans la cuve, de manière qu'au moins les deux tiers étoient écrasés. Cette cuve contenoit 11 muids de moût, et le marc de 14 muids.

Nota. La jauge étoit graduée d'un pouce et demi pouce. Le degré étoit d'un pouce.

OCTOBRE 1779.

Jours du Mois.	Heures.	TÉMPÉRATURE du lieu.	de la liqueur.	Jauge.	OBSERVATIONS ET CONSÉQUENCES.
2	11	10	10	5	Le marc s'est élevé depuis le n°. 5 de la jauge jusqu'à 10, où il s'est maintenu pendant 87 heures, malgré que la chaleur ait diminué. La saveur sucrée n'a disparu que 2 heures avant le tirage, c'est-à-dire, que cette saveur a resté depuis le *maximum* de la fermentation, pendant 85 heures. Le marc a donné sous le pressoir une liqueur sensiblement douce et sucrée. Le vin étoit très-foncé en couleur. Les bords de la cuve étoient plus froids que le centre. Si on eût foulé, l'opération eût été plus prompte et plus exacte.
	4	12	15	6	
	10	9	16	6	
3	7	10	17	6	
	10	9	19	7	
4	6	9	21	8	
	8	9	21	9	
4	9 soir.	9	22	10	
5	5	9 1/2	22	10	
	8	9 1/2	22	10	
	9	10	21	10	
	6	6	21	10	
	9 3/4	9 3/4	20	10	
6	12	10	18	10	
	3	9 1/2	19	10	
	7	9 1/2	19	10	
7	9 soir.	11	19	10	
8	7	10	17	10	
	12	10	17	10	

EXPÉRIENCE IIIe. Une cuve renfermant trois muids raisins égrappés, dont trois quarts noirs et mûrs, le reste blanc, mais mûr; les deux tiers foulés et écrasés; la vendange sortant de la vigne, et faite en tems couvert.

OCTOBRE 1779.

Jours du Mois.	Heures.	TEMPÉRATURE du lieu.	TEMPÉRATURE de la liqueur.	PHÉNOMÈNES.
9	5 soir.	11 1/2	10	
9	10	9	9	
11	10	8 1/2	1	
12	10 1/2	9	15	—La vendange a été foulée.
	4 1/2	9	15	—La vendange froide près des bords a été foulée.
13	5 soir.	11	16 1/2	—La lumière s'éteint.
14	6	8 1/2	14	—Saveur douce, sucrée; odeur vineuse.
	6 1/2	11	15	—Douce, sucrée; odeur vineuse lumière à peine trouble.
15	9	8	14	—Lumière éteinte; peu sucré, vineux; on a foulé.
15	7	11	14 1/2	—Idem.
16	9 1/2	10	13 1/2	—Vineux, lumière ne s'éteint pas.
	11 1/2	10	13	—Sans sucre, un peu dur, odeur d'alkool.
	7	11	13	—Sans sucre, dur, odeur d'alkool, lumière ne s'éteint pas.
17	10	11	12	—Idem.
18	7	3 3/4	12	—Idem.
	9	8 1/2	11	—Plus dur, grossier, la lumière point éteinte.
	6 1/2	12	10 1/2	—Idem.
19	8 1/2	12	10 1/2	—Idem, mais acerbe.
	7	12	12	—Idem.
20	8	11	11 1/4	—Idem.
	7	12	11 1/4	—Idem.
21	11	12	11	—Toujours plus acerbe.
	7	12	11	—Idem.
22	9	11 1/2	11	—Dur, acerbe, sans force, ou plat.
	6	13	11 1/4	—Idem.
23	11	10	10 3/4	
	7	11	10 1/2	—Plus désagréable et grossier; le vin été tiré de la cuve, transvasé et mis à la cave.

EXPÉRIENCE

SUR LE VIN.

EXPÉRIENCE IVe. Un muid rempli aux trois quarts de grains de raisins entiers, avec leurs grappes; un quart a été égrappé; moitié de cette vendange sortoit de la vigne et l'autre de la cuve, où elle étoit restée 36 heures, sans avoir éprouvé de fermentation sensible.

OCTOBRE 1779.

Jours du Mois.	Heures.	TÉMPÉRATURE		PHÉNOMÈNES.
		du lieu.	de la liqueur.	
9	4 soir	11 1/2	10	
10	10	9	12 1/2	
	4	11	13 1/2	
11	10	8 1/2	14	— Sifflement, bouillonnement, lumière trouble.
	5	7	15	—Lumière trouble.
12	10		16 1/2	—Idem foulé ensuite, froid entre la vendange et les bords du muid.
	5	9	16	—Idem et foulé ensuite.
13	9	9	16	— Id. Enlevé le quart du marc qui formoit la croûte, pour y placer des instrumens de physique.
	5	11	15	—Bords froids, odeur vineuse, lumière trouble.
	6	8 1/2	13	—Sucré, mais effervescent, odeur vineuse, lumière trouble.
	6	11	13	—Plus de sucre, effervescent, odeur vineuse.
	10	10	13	—Sans sucre, saveur dure, odeur vineuse.
15	9	8	12 1/2	—Idem.
	7	11	12	—Apre et dur.
17	10	11	11	—Idem.
18	7	9 1/4	11 1/4	—Idem.
	9	8 1/2	11	—Dur, austère.
19	6	12	10	—Plus dur, plus grossier.
	8	10	10 1/4	—Idem.
20	7	12	12	—Idem.
	8	11	11	—Idem.
21	7	12	11	—Idem.
	11	12	11 1/2	—Idem.
22	7	12	11 1/2	—Idem.
	9	11 1/2	11	—Idem.
	6	13	11 1/2	—Idem.
23	11	10	11	—Très-dur, très-acerbe, plat.
	7	11	10 1/2	—Le vin a été tiré du muid transvasé et mis en cave.

TOME II.

EXPÉRIENCE V.e Cette expérience a été faite sur un muid, rempli de moût, tiré d'une cuve dont la vendange n'avoit pas été foulée exprès, et qui n'avoit pas éprouvé la plus légère fermentation. Ce moût, sorti naturellement du raisin, provenoit de deux tiers noirs, bien mûrs, et un tiers blanc moins mûrs. C'étoit donc la première goutte du raisin, ou *mère-goutte*.

OCTOBRE 1779.

Jours du Mois.	Heures.	TEMPÉRATURE		PHÉNOMÈNES.
		du lieu.	de la queur.	
9	6	11 1/2	10	
10	10	9	11	
	4	11	11 1/2	—Surface couverte de petites bulles et d'écume.
11	10	8 1/2	11	—Bulles et écume.
	5	9	11	—Bulles plus grosses, écume augmentée.
12	10	7	9	—*Idem*, mais encore plus sucré.
	5	9	9	—Plus sucré dans le bas, effervescence peu sensible, lumière trouble.
13	9	9	9	
14	6	8 1/2	9	—Sucré dans le haut, effervescence, odeur vineuse.
	6	11	10	—*Idem*.
15	9	8	10	—*Idem*.
	7	11	10 1/2	—*Idem*.
16	9	10	11	—*Idem*.
	7	10	11	—*Idem*. Sucré dans le haut.
17	10	11	11	—*Idem*.
	7	9 3/4	11	—*Idem*.
18	9	8 1/2	10	—*Idem*.
	6	12	10	—Sucré dans le haut, un peu dans le milieu, peu dans le fond.
19	8	10	10 1/4	—*Idem*.
	7	12	12	—Sucré dans le haut, peu dans le milieu ; point dans le fond.
	8	11	11 1/2	—*Idem*.
	7	12	12	—Point de sucre dans le milieu ni dans le fond.
21	11	12	12	—*Idem*.
	7	12	12	—Un peu de sucre dans le haut, plus d'effervescence, très-vineux.
22	9	11 1/2	11 1/2	—*Idem*.
	6	13	11 1/2	
23	11	10	10	—*Idem*.
	7	11	10 1/2	—Le vin a été tiré, transvasé, mis en cave.

EXPÉRIENCE VI.e Expérience faite à Morveaux, sur un muid de raisins blancs, nommés *Albane* et *Fromenteau*, espèces dont le vin est considéré dans le pays. Les raisins étoient très-murs et cueillis par un tems sec et chaud. Les trois quarts et demi furent égrappés, et moitié de la totalité fut écrasée.

OCTOBRE 1779.

Jours du mois.	Heures.	TÉMPÉRATURE		PHÉNOMENES.
		du lieu.	de la cuve.	
24	4 soir.			
	4			
	4 soir.	14		—La liqueur ne fermentoit pas; on l'a portée à la cuisine, près du feu, elle a été remuée et agitée pour la troisième fois.
	10			
26	4	12		—La vendange a été foulée pour la quatrième fois.
	7	13		—Effervescence sensible : élévation des grains.
	10			—Effervescence plus forte, croute élevée de 4 pouces.
	11	14 1/2	14	—Croute élevée de 5 pouces, sifflement, bouillonnement, épanchement de la liqueur par le haut.
	12 1/2	15	14	—Lumière trouble.
	2 3/4	15	14 1/4	—Idem, mais la vendange foulée, la lumière n'a pas souffert.
6	3 1/4	15 1/4	15	—Lumière souffrante.
	5	15	15	—Lumière souffrante, foulée, lumière souffrante encore.
	11	15	15	—Idem.
27	4	15	15 1/4	—Idem.
	7	14	16	—Idem.
	9	14	18	—Bougie éteinte entre les bords et la vendange, non au centre; après avoir foulé, la bougie ne s'est éteinte nulle part.
	11 1/4	14	18 1/2	—Idem.

ESSAI

Suite de la sixième Expérience.

Jours du Mois.	Heures.	TEMPÉRATURE		PHÉNOMÈNES.
		du lieu.	de la cuve.	
	1	15	18 1/2	— Bougie éteinte par-tout, foulé, bougie éteinte, ajouté un seau de vendange qu'on en avoit tiré par le haut lorsqu'elle reversoit.
	37 min.	15	18 1/2	— La bougie s'est éteinte sur toute la surface. Les vapeurs rassemblées en petites gouttes dans une cloche de verre renversée sur la vendange depuis une heure jusqu'à 3 heures 7 minutes, s'élevoient à 5 pouces contre les parois. Le haut de la cloche étoit sec. gouttelettes rassemblées étoient diaphanes, claires comme l'eau, douces et sucrées, après quoi on a foulé.
	5 1/2	14 3/4	19	— La bougie s'est éteinte sur toute la surface, à la distance de deux pouces de hauteur; la surface étoit unie, les gouttelettes ont paru à près de 6 pouces de hauteur dans l'intérieur de la cloche; elles étoient douces et mielées; on a foulé la vendange qui ensuite a éteint pourtant la chandelle à plus de 2 pouces et demi de hauteur; la liqueur du bas du muid étoit sucrée, vineuse.
	8 1/3	15	20	— Idem.
	8	15	21	— On a foulé, après quoi la bougie s'est éteinte.

CHAPITRE V.

Du tems et des moyens de décuver.

DE tout tems les agriculteurs ont mis un très-grand intérêt à pouvoir reconnoître, à des signes certains, le moment le plus favorable pour *décuver*. Mais ici, comme ailleurs, on est tombé dans le très-grand inconvénient des méthodes générales. Ce moment doit varier selon le climat, la saison, la qualité des raisins, la nature du vin qu'on se propose d'obtenir, et autres circonstances qu'il ne faut jamais perdre de vue.

Il nous convient donc de poser des principes, plutôt que d'assigner des méthodes : c'est, je crois, le seul moyen de maîtriser les opérations, et de mener de front cet ensemble de phénomènes dont la connoissance et la comparaison deviennent nécessaires pour motiver une décision.

Il est des agriculteurs qui ont osé déterminer une durée fixe à la fermentation, comme si le terme ne devoit pas varier selon la température de l'air, la nature du raisin, la qualité du vin, etc.

Il en est d'autres qui ont pris pour signe de décuvage l'affaissement de la vendange, ignorant sans doute que la presque-totalité des vins du nord auroit perdu ses propriétés les plus précieuses, si l'on tardoit à décuver jusqu'à l'apparition de ce signe.

Nous voyons des pays où l'on juge que la fermentation est faite, lorsqu'après avoir reçu le vin dans un verre, on n'apperçoit plus ni mousse à la surface, ni bulles sur les parois du vase. Ailleurs, on se contente d'agiter le vin dans une bouteille, ou de le transvaser à plusieurs reprises dans des verres, pour s'assurer s'il existe encore de la mousse. Mais outre qu'il n'y a pas de vins nouveaux qui ne donnent plus ou moins d'écume, il en est beaucoup dans lesquels on doit conserver ce reste d'effervescence, pour ne pas perdre une de leurs principales propriétés.

Il est des pays où l'on enfonce un bâton dans la cuve; on le retire promptement, et on laisse couler le vin dans un verre, où l'on examine s'il fait un cercle d'écume, s'il *fait la roue*.

D'autres enfoncent la main dans le marc, la portent au nez, et jugent, à l'odeur, de l'état de la cuve : si l'odeur est douce, on laisse fermenter; si elle est forte, on décuve.

Nous trouvons encore des agriculteurs qui ne consultent que la couleur pour se régler sur le moment du décuvage; ils laissent fermenter jusqu'à ce que la couleur soit suffisamment foncée. Mais la coloration dépend de la nature du raisin; et le moût, sous le même climat et dans le même sol, ne présente pas toujours la même disposition à se colorer; ce qui rend ce signe peu constant et très-insuffisant.

Il s'ensuit que tous ces signes, pris isolément, ne sauroient offrir des résultats invariables, et qu'il faut en revenir aux principes, si l'on veut s'appuyer sur des bases fixes.

Le but de la fermentation est de décomposer le principe sucré; il faut donc qu'elle soit d'autant plus vive, ou d'autant plus longue, que ce principe est plus abondant.

Un des effets inséparables de la fermentation, c'est de produire de la chaleur et du gaz acide carbonique. Le premier de ces résultats tend à volatiliser et à faire dissiper le parfum ou bouquet qui fait un des principaux caractères de certains vins. Le second entraîne au-dehors, et fait perdre dans les airs un fluide qui, retenu dans la boisson, peut la rendre plus agréable et plus piquante. Il suit de ces principes, que les vins foibles, mais agréablement parfumés, exigent peu de fermentation, et que les vins blancs, dont la principale propriété est d'être mousseux, ne doivent presque pas séjourner dans la cuve.

Le produit le plus immédiat de la fermentation, c'est la formation de l'alkool; il résulte immédiatement de la décomposition du sucre : ainsi, lorsqu'on opère sur des raisins très-sucrés, tels que ceux du midi, la fermentation doit être vive et prolongée, parce que ces vins, destinés pour la distillation, doivent produire de suite tout l'alkool qui peut résulter de la décomposition de tout le principe sucré. Si la fermentation est lente et foible, les vins restent liquoreux, et ne deviennent secs et agréables qu'après le long travail des tonneaux.

En général, les raisins riches en principe sucré doivent fermenter long-tems. Dans le Bordelais, on laisse se terminer la fermentation : on ne décuve que lorsque la chaleur est tombée.

D'après ces principes et autres qui découlent de la théorie précédemment établie, nous pouvons tirer les conséquences suivantes :

1°. Le moût doit cuver d'autant moins de tems, qu'il est moins sucré. Les vins légers, appelés *vins de primeur*, en Bourgogne, ne peuvent supporter la cuve que 6 à 12 heures.

2°. Le moût doit cuver d'autant moins de tems, qu'on se propose de retenir le gaz acide, et de former des vins mousseux : dans ce cas, on se contente de fouler le raisin, et d'en déposer le suc dans des tonneaux, après l'avoir laissé dans la cuve quelquefois 24 heures, et souvent sans l'y laisser séjourner. Alors, d'un côté, la fermentation est moins tumultueuse ; et, de l'autre, il y a moins de facilité pour la volatilisation du gaz ; ce qui contribue à retenir cette substance très-volatile, et à en faire un des principes de la boisson.

3°. Le moût doit d'autant moins cuver, qu'on se propose d'obtenir un vin moins coloré. Cette condition est sur-tout d'une grande considération pour les vins blancs, dont une des qualités les plus précieuses est la blancheur.

4°. Le moût doit cuver d'autant moins de tems, que la température est plus chaude, et la masse plus volumineuse, etc. : dans ce cas, la vivacité de la fermentation supplée à sa longueur.

5°. Le moût doit cuver d'autant moins de tems, qu'on se propose d'obtenir un vin plus agréablement parfumé.

6°. La fermentation sera, au contraire, d'autant plus longue, que le principe sucré sera plus abondant et le moût plus épais.

7°. Elle sera d'autant plus longue, qu'ayant pour but de fabriquer des vins pour la distillation, on doit tout sacrifier à la formation de l'alkool.

8°. La fermentation sera d'autant plus longue, que la température a été plus froide lorsqu'on a cueilli le raisin.

9°. La fermentation sera d'autant plus longue, qu'on désire un vin plus coloré.

C'est en partant de tous ces principes qu'on pourra concevoir pourquoi, dans un pays, la fermentation dans la cuve se termine en 24 heures, tandis que, dans d'autres, elle se continue douze ou quinze jours; pourquoi une méthode ne peut pas recevoir une application générale; pourquoi les procédés particuliers exposent à des erreurs, etc.

D. *Gentil* admet, comme signe invariable de la nécessité de décuver, la disparition au goût du principe doux et sucré. Cette disparition, ainsi qu'il l'observe, n'est qu'apparente; et le peu qui reste, dont la saveur est masquée par celle de l'alkool qui prédomine, termine sa décomposition dans les tonneaux. Il est encore évident que ce signe qui n'est pas du tout applicable au vin blanc, ne peut pas servir non plus pour les vins qui doivent rester liquoreux.

Les signes déduits de l'affaissement du chapeau, de la décoloration des vins, nous offrent de semblables inconvéniens; et il faut en revenir aux principes de doctrine que nous avons établis ci-dessus. Il n'est que ce moyen de ne pas errer.

Presque toujours un agriculteur prévoyant prépare ses tonneaux aux approches de la vendange, de manière qu'ils soient toujours disposés à recevoir le vin sortant de la cuve. Les préparations qu'on leur donne se réduisent aux suivantes :

Si les tonneaux sont neufs, le bois qui les compose conserve une astriction et une amertume qui peuvent se transmettre au vin ; et l'on corrige ces défauts en y passant de l'eau chaude et de l'eau-sel à plusieurs reprises : on y agite ces liqueurs avec soin, et on les y laisse séjourner assez long-tems pour qu'elles en pénètrent le tissu, et en extraient le principe nuisible. Si le tonneau est vieux et qu'il ait servi, on le défonce ; on enlève avec un instrument tranchant la couche de tartre qui en tapisse les parois, et on y passe de l'eau chaude ou du vin.

En général, les méthodes les plus usitées pour préparer les tonneaux se bornent à ce qui suit :

1°. Lavez le tonneau avec de l'eau froide ; puis mettez-y une pinte d'eau salée et bouillante ; bouchez-le, et agitez-le en tout sens ; videz-le, et laissez bien couler l'eau ; dès que l'eau aura coulé, ayez une ou deux pintes du moût qui fermente, faites-le bouillir ; écumez-le, et jetez ce liquide bouillant dans le tonneau ; bouchez, agitez et faites couler.

2°. On peut substituer du vin chaud aux préparations ci-dessus.

3°. On peut encore employer une infusion de fleurs et feuilles de pêcher, etc. etc.

Lorsque les tonneaux ont contracté quelque mauvaise qualité, telle que moisissure, goût de punaise......, il faut les brûler : il est possible de masquer ces vices, mais il seroit à craindre qu'ils ne reparussent.

Les anciens mettoient du plâtre, de la myrrhe et différens aromates dans les tonneaux où ils déposoient leurs vins en les tirant de la cuve. C'étoit ce qu'ils appeloient *conditura vinorum*. Les Grecs y ajoutoient un peu de myrrhe pilée ou de l'argile. Ces diverses substances avoient le double avantage de parfumer le vin, et de le clarifier promptement.

Les tonneaux, convenablement préparés, sont assujettis sur la banquette qui doit les supporter : on a l'attention de les élever de quelques centimètres au-dessus du sol, tant pour prévenir l'action d'une humidité putride, que pour faciliter l'extraction du vin qu'ils doivent contenir. On les dispose par rangs parallèles dans le même cellier, ayant soin de laisser un intervalle suffisant pour pouvoir commodément circuler et s'assurer qu'aucun d'eux ne perd et ne *transpire*.

C'est dans les tonneaux ainsi préparés qu'on dépose la vendange, dès qu'on juge qu'elle a suffisamment cuvé : à cet effet, on ouvre la canelle de la cuve qui est placée à quelques pouces au-dessus du sol, et on fait couler le vin dans un réservoir pratiqué ordinairement par dessous, ou dans un vaisseau qu'on y adapte à dessein de le recevoir ; le vin est de suite puisé dans le premier réservoir et porté dans le tonneau, où on l'introduit à l'aide d'un entonnoir.

La liqueur qui surnage le dépôt de la cuve se nomme *surmoût* en Bourgogne. On soutire le surmoût avec soin, on le met dans des tonneaux de cent vingt pots, ou dans des demi-tonneaux de soixante. Ce surmoût donne le vin le plus léger, le plus délicat, et le moins coloré.

Lorsqu'on a fait écouler tout le vin que peut fournir la cuve, il n'y reste que le chapeau qui s'est affaissé presque sur le dépôt. Ce marc est encore imprégné de vin, et en retient une quantité assez considérable, qu'on en extrait en le soumettant au pressoir. Mais, comme le chapeau qui a été en contact avec l'air atmosphérique a assez constamment contracté un peu d'acidité, sur-tout lorsque la vendange a cuvé long-tems, on a grand soin d'enlever et de séparer le chapeau pour l'exprimer séparément, ce qui donne un vinaigre de très-bonne qualité.

On se borne donc à porter le dépôt de la cuve sous le pressoir, et on met le vin qui en découle avec celui qui est déjà dans les tonneaux; après quoi on ouvre le pressoir, et, avec une pelle tranchante, on coupe le marc à trois ou quatre doigts d'épaisseur tout-autour ; on jette au milieu ce qui est coupé, et on presse de rechef; on coupe encore, et on pressure pour la troisième fois.

Le vin qui provient de la première *taille* ou *coupe* est le plus fort; celui qui provient de la troisième est le plus dur, le plus âpre, le plus vert, le plus coloré.

Quelquefois on se borne à une première taille, sur-tout lorsqu'on veut employer le marc à la fermentation acéteuse; souvent on mêle le produit de ces diverses coupes dans des tonneaux séparés, pour avoir un vin coloré et assez durable; ailleurs on le mêle avec le vin non pressuré, lorsqu'on désire de donner à celui-ci de la couleur, de la force, et une légère astriction.

En Champagne, on mêle le vin de l'*abaissement*, qui est celui du premier pressurage, avec ceux qui proviennent des tailles suivantes.

Le vin de presse est d'autant moins coloré qu'on a pressé plus foiblement, plus promptement. On nomme ces vins-là en Champagne, *Vins gris*. On appelle *Œil de perdrix* le vin qui provient de la première et de la seconde taille; et on donne le nom de *Vin de taille* au produit de la troisième et quatrième: celui-ci est plus coloré, mais il ne laisse pas d'être agréable.

Le marc, fortement exprimé, prend quelquefois la dureté de la pierre. Ce marc a divers usages dans le commerce.

1°. Dans certains pays, on le distille pour en extraire une eau-de-vie qui porte le nom d'*eau-de-vie de marc*. Elle est connue, en Champagne, sous le nom d'*eau-de-vie d'Aisne* ; elle a mauvais goût. Cette distillation est avantageuse, surtout dans les pays où le vin est très-généreux, et où les pressoirs serrent peu.

2°. Aux environs de Montpellier, on met le marc dans des tonneaux où on le foule avec soin, et on le conserve pour la fabrication du verd-de-gris (voyez mon mémoire à ce sujet, Annales de chimie et Mém. de l'Institut).

3°. Ailleurs, on le fait aigrir, en l'aérant avec soin, et on extrait ensuite le vinaigre par une pression vigoureuse. On peut même en faciliter l'expression en l'humectant avec de l'eau.

4°. Dans plusieurs cantons, on nourrit les bestiaux avec le marc : à mesure qu'on le tire du pressoir, on le passe entre les mains pour diviser les pelotons, on le jette dans des tonneaux défoncés, et on l'humecte avec de l'eau pour le détremper; on recouvre le tout avec de la terre forte mêlée de paille; on donne à cette couche d'enduit environ deux décimètres d'épaisseur. Lorsque la mauvaise saison ne permet pas aux bestiaux d'aller aux champs, on détrempe environ trois kilogrammes de ce marc dans de l'eau tiède, avec du son, de la paille, des navets, des pommes de terre, des feuilles de chêne ou de vigne qu'on a conservées exprès dans l'eau : on peut ajouter un peu de sel à ce mélange, dont les animaux mangent deux fois par jour ; on leur en fait le matin et le soir dans un baquet. Les chevaux et les vaches aiment cette nourriture ; mais il faut en donner modérément à ces dernières, parce que le lait tourneroit. Le marc des raisins blancs est préféré parce qu'il n'a pas fermenté.

5°. Les pepins contenus dans le raisin servent encore à nourrir la volaille ; on peut aussi en extraire de l'huile.

6°. Le marc peut être brûlé pour en obtenir l'alkali : quatre milliers de marc fournissent cinq cents livres de cendres qui donnent cent dix livres alkali sec.

CHAPITRE

CHAPITRE VI.

De la manière de gouverner les vins dans les tonneaux.

LE vin déposé dans le tonneau n'a pas atteint son dernier degré d'élaboration. Il est trouble, et fermente encore : mais, comme le mouvement en est moins tumultueux, on a appelé cette période de fermentation, *fermentation insensible*.

Dans les premiers momens que le vin a été mis dans les tonneaux, on entend un léger sifflement qui provient du dégagement continu des bulles de gaz acide carbonique qui s'échappent de tous les points de la liqueur ; il se forme une écume à la surface qui déverse par le bondon, et on a l'attention de tenir le tonneau toujours plein pour que l'écume sorte et que le vin se dégorge. Il suffit dans les premiers instans d'assujettir une feuille sur le bondon, ou d'y mette une tuile.

A mesure que la fermentation diminue, la masse du liquide s'affaisse ; et on surveille cet affaissement avec soin pour verser du nouveau vin et tenir le tonneau toujours plein ; c'est cette opération qu'on appelle *ouiller*. Il est des pays où l'on *ouille* tous les jours, endant le premier mois; tous les quatre jours, pendant le deuxième; et tous les huit, jusqu'au soutirage. C'est ainsi qu'on le pratique pour les vins délicieux de l'Hermitage.

En Champagne, on laisse fermenter les *vins gris* dans les tonneaux, dix à douze jours; et, dès qu'ils ont cessé de bouillir, on ferme les tonneaux par le bondon, en y laissant un soupirail à côté, qu'on appelle *broqueleur*. On le ferme huit ou dix jours après, avec une cheville de bois qu'on peut ôter à volonté; dès qu'on les a bondonnés, on doit *ouiller*, tous les huit jours par le soupirail, pendant vingt-cinq jours; après cela, de quinze jours en quinze jours, pendant un ou deux mois; ensuite tous les deux mois, aussi long-tems que le vin reste dans la cave. Lorsque les vins n'ont pas assez de corps, et sont trop verts, ce qui arrive dans les années humides et froides, ou lorsqu'ils ont trop de liqueur, ce qui arrive dans les années trop chaudes et sèches, 25 jours après qu'ils ont été faits, on roule les tonneaux cinq ou six tours pour bien mêler la lie; on répète cette manœuvre tous les huit jours pendant un mois; le vin s'améliore par ce moyen.

La fermentation des vins de Champagne qu'on destine à être mousseux est très-longue; on croit qu'ils peuvent mousser constamment, pourvu qu'on les mette en bouteilles, depuis la vendange jusqu'en mai (prairial), et que, plus on est près de la vendange, mieux ils moussent. On assure encore qu'ils moussent toujours si on les met en bouteilles depuis le 10 jusqu'au 14 mars. Le vin ne commence à mousser que six semaines après qu'il a été mis en bouteilles. Le vin de la montagne mousse mieux que celui de la rivière. Lorsqu'on met le vin en flacons, en juin et juillet (messidor et thermidor), il mousse peu; et pas du tout, si c'est en octobre et novembre (brumaire et frimaire), après la récolte.

En Bourgogne, dès que la fermentation s'est ralentie dans le tonneau, on le bouche, et on perce un petit trou, près du bondon, qu'on ferme avec une cheville de bois qu'on appelle *fausset*. On le débouche de tems en tems pour laisser évaporer le reste du gaz.

Dans les environs de Bordeaux, on commence à ouiller, huit à dix jours après avoir déposé les vins dans les tonneaux. Un mois après, on les bonde et on ouille tous les huit jours; dans le principe, on bonde sans effort, et peu-à-peu on assujettit la bonde, sans courir aucun risque.

On y tire les vins blancs à la fin de frimaire, et on les soufre; ils demandent plus de soin que les rouges, parce que, contenant plus de lie, ils sont plus disposés à graisser.

On ne tire au clair les vins rouges qu'à la fin de ventôse ou de germinal. Ceux-ci tournent plus aisément à l'aigre que les blancs ; ce qui force de les conserver dans des celliers plus frais pendant les chaleurs.

Il est des particuliers qui, après le second tirage, font tourner les bariques, la bonde de côté, et conservent ainsi le vin hermétiquement fermé, sans avoir besoin de l'ouiller, attendu qu'il n'y a pas déperdition. Ils ne tirent alors le vin au clair que tous les ans, à la même époque, jusqu'à ce qu'ils trouvent avantageux de le boire. Par-tout les procédés usités sont à-peu-près les mêmes ; et nous nous garderons bien de multiplier des détails qui ne seroient que des répétitions.

Lorsque la fermentation s'est appaisée, et que la masse du liquide jouit d'un repos absolu, le vin est fait. Mais il acquiert de nouvelles qualités par la clarification : on le préserve par cette opération du danger de *tourner*.

Cette clarification s'opère d'elle-même par le tems et le repos : il se forme peu-à-peu un dépôt dans le fond du tonneau et sur les parois, qui dépouille le vin de tout ce qui n'y est pas dans une dissolution absolue, ou de ce qui y est en excès. C'est ce dépôt qu'on appelle *lie*, *fèce*, mélange confus de tartre, de principes très-analogues à la fibre, et de matière colorante.

Mais ces matières, quoique déposées dans le tonneau et précipitées du vin, sont susceptibles de s'y mêler encore par l'agitation, le changement de température, etc. : et alors, outre qu'elles nuisent à la qualité du vin qu'elles rendent trouble, elles peuvent lui imprimer un mouvement de fermentation qui le fait dégénérer en vinaigre.

C'est pour obvier à cet inconvénient qu'on transvase le vin à diverses époques ; qu'on en sépare avec soin toute la lie qui s'est précipitée, et qu'on dégage même de son sein, par des procédés simples que nous allons décrire, tout ce qui peut y être dans un état de dissolution incomplète. A l'aide de ces opérations on le purge, on le purifie, on le prive de toutes les matières qui pourroient déterminer l'acétification.

Nous pouvons réduire au *soufrage* et à la *clarification* tout ce qui tient à l'art de conserver les vins.

SOUFRAGE DES VINS.

1°. *Soufrer* ou *muter* les vins, c'est les imprégner d'une vapeur sulfureuse qu'on obtient par la combustion des mèches soufrées.

La manière de composer les mèches soufrées varie sensiblement dans les divers atteliers : les uns mêlent avec le soufre des aromates, tels que les poudres de girofle, de canelle, de gingembre, d'iris de Florence, de fleurs de thym, de lavande de marjolaine, etc. et fondent ce mélange dans une terrine sur un feu modéré. C'est dans ce mélange fondu qu'on plonge des bandes de toile et de coton, pour les brûler dans le tonneau. D'autres n'emploient que le soufre, qu'ils fondent au feu et dont ils imprègnent des lanières semblables.

La manière de soufrer les tonneaux nous offre les mêmes variétés : on se borne quelquefois à suspendre une mèche soufrée au bout d'un fil-de-fer; on l'enflamme, et on la plonge dans le tonneau qu'on veut remplir; on bouche et on laisse brûler : l'air intérieur se dilate et est chassé avec sifflement par le gaz sulfureux ; on en brûle deux, trois, plus ou moins, selon l'idée ou le besoin. Lorsque la combustion est terminée, les parois du tonneau sont à peine acides; alors on y verse du vin. Dans d'autres pays on prend un bon tonneau, on y verse deux à trois seaux de vin, on y brûle une mèche soufrée, on bouche le tonneau après la combustion, et l'on agite en tout sens. On laisse reposer une ou deux heures : on débouche, on ajoute du vin, on *mute*, et on réitère l'opération jusqu'à ce que le tonneau soit plein ; ce procédé est usité à Bordeaux.

On fait à Marseillan, près la commune de Cette en Languedoc, avec du raisin blanc, un vin qu'on appelle *Muet*, et qui sert à soufrer les autres.

On presse et foule la vendange, et on la coule de suite sans lui donner le tems de fermenter ; on la met dans des tonneaux qu'on remplit au quart; on brûle plusieurs mèches dessus, on ferme le bouchon, et on agite fortement le tonneau jusqu'à ce qu'il ne s'échappe plus de gaz par le bondon lorsqu'on l'ouvre. On met alors une nouvelle quantité de vin, on y brûle dessus, et on agite avec les mêmes précautions ; on y réitère cette manœuvre jusqu'à ce que le tonneau soit plein. Ce vin ne fermente jamais, et c'est par cette raison qu'on l'appelle *vin muet*. Il a une saveur douceâtre, une forte odeur de soufre, et il est employé à être mêlé avec l'autre vin blanc : on en met deux ou trois bouteilles par tonneau : ce mélange équivaut au soufrage.

Le soufrage rend d'abord le vin trouble et sa couleur vilaine ; mais la couleur se rétablit en peu de tems, et le vin s'éclaircit. Cette opération décolore un peu le vin rouge. Le soufrage a le très-précieux avantage de prévenir la dégénération acéteuse. Quoique l'explication de cet effet soit difficile, il me paroît qu'on ne peut le concevoir qu'en le considérant sous deux points de vue.

1°. A l'aide du gaz sulfureux on déplace l'air atmosphérique, qui sans cela se mêleroit avec le vin et en détermineroit la fermentation acide.

2°. On produit quelques atomes d'un acide violent qui suffoque, maîtrise et s'oppose au développement d'un acide plus foible.

Les anciens composoient un mastic avec de la poix, un cinquantième de cire, un peu de sel, et de l'encens, qu'ils brûloient dans les tonneaux. Cette opération étoit désignée par les mots, *picare dolia*. Et les vins ainsi préparés étoient connus sous les noms de *Vina picata*. *Plutarque* et *Hippocrate* parlent de ces vins.

C'est peut-être d'après cet usage que les anciens avoient consacré le sapin à *Bacchus*. On donne encore aujourd'hui au vin rouge affoibli un parfum agréable en le faisant séjourner sur une couche de copeaux de bois de sapin. *Baccius* prétend qu'il faut résiner les tonneaux, *picare vasa*, au moment de la canicule.

Clarification des vins.

2°. Outre l'opération du soufrage des vins, il en est une tout aussi essentielle qu'on appelle *clarification*. Elle consiste d'abord à tirer le vin de dessus la lie, ce qui demande des précautions dont nous nous occuperons dans le moment, et à le dégager ensuite de tous les principes suspendus ou foiblement dissous, pour ne lui conserver que les seuls principes spiritueux et incorruptibles. Ces opérations s'exécutent même avant le soufrage qui, n'en est qu'une suite.

La première de ces opérations s'appelle *soutirer*, *transvaser*, *déféquer* le vin. *Aristote* conseille de répéter souvent cette manipulation, *quoniam superveniente œstatis calore solent fœces subverti, ac ità vina acescere.*

Dans les divers pays de vignobles on a des tems marqués dans l'année pour soutirer les vins ; ces usages sont sans doute établis sur l'observation constante et respectable des siècles. A l'Hermitage on soutire en mars et septembre (fructidor et ventôse); en Champagne, le 13 octobre (24 vendémiaire), vers le 15 février (27 pluviôse), et vers la fin de mars (10 germinal).

On choisit toujours un tems sec et froid pour exécuter cette opération. Il est de fait que ce n'est qu'alors que le vin est bien disposé. Les tems humides, les vents du sud le rendent trouble, et il faut se garder de soutirer quand ils règnent.

Baccius nous a laissé d'excellens préceptes sur les tems les plus favorables pour transvaser les vins. Il conseille de soutirer les vins foibles, c'est-à-dire ceux qui proviennent de terrains gras et couverts, au solstice d'hiver ; les vins médiocres, au printems; et les plus généreux, pendant l'été. Il donne comme précepte général, de ne jamais transvaser que lorsque le vent du nord souffle ; il ajoute que le vin soutiré en pleine lune se convertit en vinaigre.

La manière de soutirer les vins ne pourra paroître indifférente qu'à ceux qui ne savent pas quel est l'effet de l'air atmosphérique sur ce liquide : en ouvrant la canelle, ou plaçant un robinet à quatre doigts du fond du tonneau, le vin qui s'écoule s'aère, et détermine des mouvemens dans la lie; de sorte que, sous ce double rapport, le vin acquiert de la disposition à s'aigrir. On a obvié à une partie de ces inconvéniens en soutirant le vin à l'aide d'un siphon ; le mouvement en est plus doux, et on pénètre par ce moyen à la profondeur qu'on veut, sans jamais agiter la lie. Mais toutes ces méthodes présentent des vices auxquels on a parfaitement remédié à l'aide d'une pompe dont l'usage s'est établi en Champagne et dans d'autres pays de vignobles.

On a un tuyau de cuir en forme de boyau long d'un à deux mètres (quatre à six pieds), d'environ deux pouces de diamètre. On adapte aux extrémités des tuyaux de bois longs d'environ trois décimètres (neuf à dix pouces), qui vont en diminuant de diamètre vers la pointe; on les assujettit fortement au cuir à l'aide de gros fil ; on ôte le tampon de la futaille qu'on veut remplir, et l'on y enchâsse solidement une des extrémités du tuyau; on place un bon robinet à deux ou trois pouces (un décimètre) du fond de la futaille qu'on veut vider, et on y adapte l'autre extrémité du tuyau.

Par ce seul mécanisme la moitié du tonneau se vide dans l'autre ; il suffit pour cela d'ouvrir le robinet : et on y fait passer le restant par un procédé simple. On a des soufflets d'environ deux pieds de long (deux tiers de mètre), compris le manche, et dix pouces de largeur (trois décimètres). Le soufflet pousse l'air par un trou placé à la partie antérieure du petit bout; une petite soupape de cuir s'applique contre le petit trou et s'y adapte fortement pour empêcher que l'air n'y reflue lorsqu'on ouvre le soufflet ; c'est encore à cette extrémité du soufflet qu'on adapte un tuyau de bois perpendiculaire pour conduire l'air en bas ; on adapte ce tuyau au bondon, de manière que, lorsqu'on souffle et pousse l'air, on exerce une pression sur le vin qui l'oblige à sortir d'un tonneau pour monter dans l'autre. Lorsqu'on entend un sifflement à la canelle, on la ferme promptement: c'est une preuve que tout le vin a passé.

On emploie aussi des entonnoirs de fer-blanc dont le bec a au moins un pied et demi de long (demi-mètre), pour qu'il plonge dans le liquide et n'y cause aucune agitation.

Le soutirage du vin sépare bien une partie des impuretés, et éloigne par conséquent quelques unes des causes qui peuvent en altérer la qualité ; mais il en reste encore de suspendues dans ce fluide, dont on ne peut s'emparer que par les opérations suivantes, qu'on appelle *collage* des vins ou *clarification*. C'est presque toujours la colle de poisson qui sert à cet usage, et on l'emploie comme il suit : on la déroule avec soin, on la coupe par petits morceaux, on la fait tremper dans un peu de vin ; elle se gonfle, se ramollit, forme une masse gluante qu'on verse sur le vin. On se contente alors de l'agiter fortement, après quoi on laisse reposer. Il est des personnes qui fouettent le vin dans lequel on a dissous la colle, avec quelques brins de tiges de balai, et forment une écume considérable qu'on enlève avec soin. Dans tous les cas, une portion de la colle se précipite avec les principes qu'elle a enveloppés, et on soutire la liqueur dès que ce dépôt est formé.

Dans les climats chauds, on craint l'usage de la colle, et pendant l'été on y supplée par des blancs d'œufs : dix à douze suffisent pour un demi-muid. On commence par les fouetter avec un peu de vin, on les mêle ensuite avec la liqueur qu'on veut clarifier, et on fouette avec le même soin. Il est possible de substituer la gomme arabique à la colle. Deux onces (six à sept décagrammes) suffisent pour quatre cents pots de vin. On la verse sur le liquide en poudre fine, et on agite.

Il faut ne transvaser les vins que lorsqu'ils sont bien faits. Si le vin est vert et dur, il faut lui laisser passer sur la lie la seconde fermentation, et ne le soutirer que vers le milieu de mai (25 floréal). On pourra même le laisser jusque vers la fin de juin (10 messidor), s'il continue à être vert. Il arrive même quelquefois qu'on est forcé de repasser des vins sur la lie et de les mêler fortement avec elle pour leur redonner un mouvement de fermentation qui doit les perfectionner.

Lorsque les vins d'Espagne sont troublés par la lie, *Miller* nous apprend qu'on les clarifie par le procédé suivant :

On prend des blancs d'œufs, du sel gris et de l'eau salée ; on met tout cela dans un vase commode ; on enlève l'écume qui se forme à la surface, et l'on verse cette composition dans un tonneau de vin dont on a tiré une partie. Au bout de deux à trois jours, la liqueur s'éclaircit, et devient agréable au goût ; on laisse reposer pendant huit jours, et on soutire.

Pour remettre un vin clairet, gâté par une lie violente, on prend deux livres (un kilogramme) de cailloux calcinés et broyés, dix à douze blancs d'œufs, une bonne poignée de sel ; on bat le tout avec huit pintes de vin (environ sept litres), qu'on verse ensuite dans le tonneau : deux ou trois jours après on soutire.

Ces compositions varient à l'infini : quelquefois on y fait entrer l'amidon, le riz, le lait, et autres substances plus ou moins capables d'envelopper les principes qui troublent le vin.

On clarifie encore les vins et on corrige souvent un mauvais goût, en les faisant digérer sur des copeaux de hêtre, précédemment écorcés, bouillis dans l'eau, et séchés au soleil ou dans un four. Un quart de boisseau de ces copeaux suffit pour un muid de vin. Ils produisent dans la liqueur un léger mouvement de fermentation qui l'éclaircit dans les vingt-quatre heures.

L'art de couper les vins, de les corriger l'un par l'autre, de donner du corps à ceux qui sont foibles, de la couleur à ceux qui en manquent, un parfum agréable à ceux qui n'en ont aucun ou qui en ont un mauvais, ne sauroit être décrit. C'est toujours le goût, l'œil et l'odorat qu'il faut consulter. C'est la nature très-variable des substances qu'on doit employer, qu'il faut étudier; et il nous suffira d'observer que dans toute cette partie de la science de manipuler les vins, tout se réduit, 1°. à adoucir et sucrer les vins par l'addition du moût cuit et rapproché, du miel, du sucre, ou d'un autre vin très-liquoreux; 2°. à colorer le vin par l'infusion des pains de tournesol, le suc des baies de sureau, le bois de Campêche, le mélange d'un vin noir et généralement grossier; 3°. à parfumer le vin par le sirop de framboise, l'infusion des fleurs de la vigne qu'on suspend dans le tonneau enfermées dans un nouet, ainsi que cela se pratique en Egypte, d'après le rapport d'*Asselquist*.

On fabrique encore dans l'Orléanois et ailleurs, des vins qu'on appelle *vins râpés*, et qu'on fait ou avec des raisins égrappés qu'on foule avec du vin, ou en chargeant le pressoir d'un lit de sarmens et d'un lit de raisins alternativement, ou en faisant infuser des sarmens dans le vin. On les laisse fortement bouillir, et on se sert de ces vins pour donner de la force et de la couleur aux petits vins décolorés des pays froids et humides.

Quoique les vins puissent travailler en tout tems, il est néanmoins des époques dans l'année auxquelles la fermentation paroît se renouveler d'une manière spéciale; et c'est sur-tout lorsque la vigne commence à pousser, lorsqu'elle est en fleur, et lorsque le raisin se colore. C'est dans ces momens critiques qu'il faut surveiller les vins d'une manière particulière; et l'on pourra prévenir tout mouvement de fermentation en les soutirant et les soufrant, ainsi que nous l'avons indiqué.

Lorsque les vins sont complètement clarifiés, on les conserve dans des tonneaux ou dans du verre. Les vases les plus amples et les mieux fermés sont les meilleurs. Tout le monde a entendu parler de l'énorme capacité du foudre d'*Heidelberg*, dans lequel le vin se conserve des siècles entiers sans cesser de s'améliorer; et il est reconnu que le vin se fait mieux dans les futailles très-volumineuses que dans les petites.

Le choix du local dans lequel les vases contenant les vins doivent être déposés n'est pas indifférent : nous trouvons à ce sujet, chez les anciens, des usages et des préceptes qui s'écartent pour la plupart de nos méthodes ordinaires, mais dont quelques uns méritent notre attention. Les Romains soutiroient le vin des tonneaux pour l'enfermer dans de grands vases de terre vernissés en dedans, c'est ce qu'ils appeloient *diffusio vinorum*. Il paroît qu'ils avoient deux sortes de vaisseaux pour contenir les vins, qu'ils appeloient *amphore* et *cade*. L'*amphore*, de forme quarrée ou cubique, avoit deux anses, et contenoit quatre-vingts pintes de liqueur. Ce vaisseau se terminoit par un col étroit qu'on bouchoit avec de la poix et du plâtre pour empêcher le vin de s'éventer. C'est ce que *Petrone* nous apprend par ces mots : *Amphoræ vitreæ diligenter gypsatæ allatæ sunt, quarum in cervicibus pittacia erant affixa cum hoc titulo* : FALERNUM OPIMIANUM ANNORUM CENTUM.

Le *cade* avoit la figure d'une pomme de pin ; il contenoit moitié plus que l'amphore.

On exposoit les vins les plus généreux en plein air dans ces vases bien bouchés ; les plus foibles étoient sagement mis à couvert *Fortius : vinum sub*

sub dio locandum, tenuia verò sub tecto reponenda, cavendaque a commotione ac strepitu viarum (BACCIUS). Galien nous observe que tout le vin étoit mis en bouteilles; qu'après cela on l'exposoit à une forte chaleur dans des chambres closes, et qu'on le mettoit au soleil pendant l'été sur les toits des maisons, pour le mûrir plutôt et le disposer à la boisson : *Omne vinum in lagenas transfundi, posteà in clausa cubicula multâ subjectâ flammâ reponi, et in tecta œdium œstate insolari, unde citiùs maturescant ac potui idonea evadant.*

Pour qu'un vin se conserve et s'améliore, il faut le déposer dans des vases et dans des lieux dont le choix n'est pas indifférent à déterminer. Les vases de verre sont les plus favorables, parce qu'outre qu'ils ne présentent aucun principe soluble dans le vin, ils le mettent à l'abri du contact de l'air, de l'humidité et des principales variations de l'atmosphère. Il faut avoir l'attention de boucher exactement ces vases avec du liège fin, et de coucher les bouteilles pour que le bouchon ne puisse pas se dessécher et faciliter l'accès de l'air. On peut, pour plus de sûreté, couler de la cire sur le bouchon, l'y appliquer avec un pinceau, ou tremper le goulot dans un mélange fondu de cire, de résine et de poix. Il est des particuliers qui recouvrent le vin d'une couche d'huile : ce procédé est recommandé par *Baccius*. On recouvre ensuite le goulot avec des verres renversés, des creusets, des vases de fer-blanc, ou toute autre matière capable d'empêcher que les insectes ou les souris ne se précipitent dans le vin.

Les tonneaux sont les vases les plus employés; ils sont, pour l'ordinaire, construits avec du bois de chêne. Leur capacité varie beaucoup, et ils reçoivent le nom de *bariques*, *tonneaux* ou *foudres*, selon qu'elle est plus ou moins forte. Le grand inconvénient des tonneaux, c'est non seulement de présenter au vin des substances qui y sont solubles, mais encore de se tourmenter par les variations de l'atmosphère, et de prêter des issues faciles tant à l'air qui veut s'échapper, qu'à celui qui veut pénétrer.

Les vases de terre vernissés auroient l'avantage de conserver une température plus égale ; mais ils sont plus ou moins poreux, et à la longue le vin doit s'y dessécher. On a trouvé dans les ruines d'*Herculanum* des vaisseaux dans lesquels le vin étoit desséché. *Rozier* parle d'une urne semblable découverte dans une vigne du territoire de Vienne, en Dauphiné, sur le lieu même où étoit bâti le palais de *Pompée*. Les Romains remédioient à la porosité des vases de terre en passant de la cire au-dedans et de la poix au-dehors; ils en recouvroient toute la surface avec des linges cirés qu'ils y appliquoient avec soin.

Pline condamne l'usage de la cire, parce que, selon lui, elle faisoit aigrir les vins: *Nam ceram accipientibus vasis, compertum est vina acescere.*

Quelle que soit la nature des vaisseaux destinés à contenir le vin, il faut faire choix d'une cave qui soit à l'abri de tous les accidens qui peuvent la rendre peu propre à cet usage.

1°. L'exposition d'une cave doit être au nord: sa température est alors moins variable que lorsque les ouvertures sont tournées vers le midi.

2°. Elle doit être assez profonde pour que la température y soit constamment la même. *In cellis quæ non satis profundæ sunt diurni caloris participes fiunt; vina non diu subsistunt integra.* HOFFMANN.

3°. L'humidité doit y être constante sans y être trop forte; l'excès détermine la moisissure des papiers, bouchons, tonneaux, etc. La sécheresse dessèche les futailles, les tourmente, et fait transsuder le vin.

4°. La lumière doit y être très-modérée: une lumière vive dessèche; une obscurité presque absolue pourrit.

5°. La cave doit être à l'abri de secousses. Les brusques agitations, ou ces légers trémoussemens déterminés par le passage rapide d'une voiture sur un pavé, remuent la lie, la mêlent avec le vin, l'y retiennent en suspension, et provoquent l'acétification. Le tonnerre et tous les mouvemens produits par des secousses déterminent le même effet.

6°. Il faut éloigner d'une cave les bois verts, les vinaigres et toutes les matières qui sont susceptibles de fermentation.

7°. Il faut encore éviter la réverbération du soleil, qui, variant nécessairement la température d'une cave, doit en altérer les propriétés.

D'après cela, une cave doit être creusée à quelques toises sous terre; ses ouvertures doivent être dirigées vers le nord; elle sera éloignée des rues, chemins, ateliers, égouts, courans, latrines, bûchers, etc.; elle sera recouverte par une voûte.

CHAPITRE VII.

Maladies du vin, et moyens de les prévenir ou de les corriger.

Il est des vins qui s'améliorent en vieillissant, et qu'on ne peut regarder comme parfaits que long-tems après qu'on les a fabriqués. Les vins liquoreux sont dans ce cas-là, ainsi que tous les vins très-spiritueux; mais les vins délicats tournent à l'*aigre* ou au *gras* avec une telle facilité, que ce n'est qu'avec les plus grandes précautions qu'on peut les conserver plusieurs années.

Le premier vin de primeur connu en Bourgogne, est celui de Volney, à six kilomètres de Beaune. Ce vin si fin, si délicat, si agréable, ne peut soutenir la cuve que douze, seize ou dix-huit heures, et va à peine d'une vendange à l'autre.

Pomard fournit la deuxième qualité de vin de primeur en Bourgogne : il se soutient mieux que le premier; mais si on le garde plus d'une année, il devient *gras*, se gâte, et prend la couleur *pelure d'oignon*.

Il n'est pas de canton dont le vin n'ait une durée fixe et connue; et l'on sait par-tout que ce terme doit être rapproché ou éloigné selon la saison qui a régné, et les soins qu'on a apportés dans les travaux de la vinification. On n'ignore point que les vins cueillis avec la pluie, ou provenant de terreins gras, ne sont pas de garde.

Les anciens, ainsi que nous l'apprennent *Galien* et *Athénée*, avoient déterminé l'époque de vétusté ou l'âge rigoureux auquel leurs divers vins devoient être bus. *FALERNUM ab annis decem ut potui idoneum, et a quindecim usque ad viginti annos; après ce terme, grave est capiti et nervos offendit. ALBANI verò cùm duæ sint species, hoc dulce, illud acerbum, ambo a decimo quinto anno vigent. SURRENTINUM vigesimo quinto anno incipit esse utile, quia est pingue et vix digeritur, ac veterascens solùm fit potui idoneum. TIBURTINUM leve est, facilè vaporat, viget ab annis decem. LUBICANUM pingue et inter Albanum et Falernum putatur usui ab annis decem idoneum. GAURANUM rarum invenitur, at optimum est et robustum. SIGNIMUM, ab annis sex potui utile.*

Les soins qu'on apporte à transvaser et à *muter* les vins contribuent puissamment à leur conservation. Il en est peu qui passassent les mers sans cette précaution. Il importe donc, pour prévenir toutes leurs altérations, de répéter et multiplier ces opérations; et c'est à cet usage précieux que l'on doit de pouvoir transporter les vins dans tous les climats, et de leur faire éprouver toutes les températures sans crainte de décomposition.

Parmi les maladies auxquelles les vins sont le plus sujets, la *graisse* et l'*acidité* sont à-la-fois les plus fréquentes et les plus dangereuses.

La *graisse* est une altération que contractent souvent les vins : ils perdent leur fluidité naturelle, et filent comme de l'huile. On appelle encore cette dégénération, tourner au *gras*, *graisser*, *filer*, etc.

Les vins les moins spiritueux tournent au *gras*.

Les vins foibles, qui ont très-peu fermenté, sont les plus disposés à cette maladie.

Les vins foibles, faits avec les raisins égrappés, y sont aussi sujets.

Le vin tourne au gras dans les bouteilles les mieux fermées. On n'en est que trop convaincu dans la Champagne, où toute la récolte mise dans le verre contracte quelquefois cette altération.

Les vins gras ne fournissent à la distillation qu'un peu d'eau-de-vie *grasse, colorée, huileuse*.

On corrige ce vice par plusieurs moyens :

1°. En exposant les bouteilles à l'air, et sur-tout dans un grenier bien aéré ;

2°. En agitant la bouteille pendant un quart d'heure, et la débouchant ensuite pour laisser s'échapper le gaz et l'écume ;

3°. En collant les vins avec la colle de poisson et les blancs d'œufs mêlés ensemble;

4°. En introduisant dans chaque bouteille une ou deux gouttes de jus de citron ou de tout autre acide.

Il est évident, d'après la nature des causes qui déterminent la *graisse* des vins, d'après les phénomènes que présente cette maladie, et les moyens qu'on emploie pour la guérir, que cette altération provient du principe extractif qui n'a pas été convenablement décomposé.

Nous voyons un effet semblable dans la bière, dans la décoction de la noix de galle, et dans plusieurs autres cas, où le principe extractif très-abondant se précipite de la liqueur qui le tenoit en dissolution, et acquiert les caractères de la fibre, à moins qu'une fermentation ne le brûle, ou qu'un acide ne le précipite.

L'acescence du vin est néanmoins la maladie la plus commune, on peut même dire la plus naturelle, car elle est presque une suite de la fermentation spiritueuse; mais, connoissant les causes qui la produisent et les phénomènes qui l'accompagnent ou l'annoncent, on peut parvenir à la prévenir.

Les anciens admettoient trois causes principales de l'acidité des vins; 1°. l'humidité du vin;

2°. l'inconstance ou les variations de l'air; 3°. les commotions.

Pour connoître exactement cette maladie, il faut rappeler quelques principes qui seuls peuvent nous fournir des lumières à ce sujet.

1°. Les vins ne tournent jamais à l'aigre tant que la fermentation spiritueuse n'est pas terminée, ou, en d'autres termes, tant que le principe sucré n'est pas pleinement décomposé. De-là l'avantage de mettre le vin en tonneaux avant que tout le principe sucré ait disparu, parce qu'alors la fermentation spiritueuse se continue et se prolonge long-tems, et écarte tout ce qui pourroit préparer la décomposition acéteuse. De-là l'usage d'ajouter un peu de sucre dans la bouteille pour conserver le vin sans altération. De-là enfin la méthode très-générale de faire cuire une partie du moût à une chaleur lente et modérée, et d'en mêler dans les tonneaux qu'on veut embarquer. Dans quelques endroits d'Italie et d'Espagne, on fait cuire tout le moût; et *Bellon* dit que les vins de Crète ne passeroient pas la mer si on n'avoit pas la précaution de les faire bouillir.

2°. Les vins les moins spiritueux sont ceux qui aigrissent le plus vîte. Nous savons par expérience que, lorsque la saison est pluvieuse, le raisin peu sucré, et l'alkool conséquemment plus abondant, les vins tournent très-aisément. Les petits vins du nord aigrissent avec une extrême facilité, tandis que les gros vins généreux, spiritueux, résistent avec opiniâtreté.

Il n'en est pas moins vrai pour cela que les vins les plus spiritueux fournissent le vinaigre le plus fort, quoique leur acétification soit plus difficile, parce que l'alkool est nécessaire à la formation du vinaigre.

3°. Un vin parfaitement dépouillé de tout principe extractif, ou par le dépôt qui se fait naturellement avec le tems, ou par la clarification, n'est plus susceptible de tourner à l'aigre. J'ai exposé des vins vieux, dans des bouteilles débouchées, à l'ardeur du soleil des mois de juillet et août (thermidor et fructidor), pendant plus de quarante jours, sans que le vin ait perdu de sa qualité; seulement le principe colorant s'est constamment précipité sous la forme d'une membrane qui tapissoit le fond de la bouteille. Ce même vin, dans lequel j'ai fait infuser des feuilles de vigne, a aigri en quelques jours. On sait que les vins vieux, bien dépouillés, tournent plus à l'aigre.

4°. Le vin ne s'acidifie ou ne s'aigrit que lorsqu'il a le contact de l'air : l'air atmosphérique mêlé dans le vin est un vrai levain acide. Lorsque le vin *pousse*, il laisse échapper ou exhaler le gaz qu'il renferme, et alors l'air extérieur se précipite pour prendre sa place. *Rozier* a proposé d'adapter une vessie à un tuyau qui aboutisse dans la capacité du tonneau, pour juger de l'absorption de l'air et du dégagement du gaz. Lorsqu'elle s'emplit, le vin tend à la *pousse*; si elle se vide, il tourne à l'*aigre*.

Lorsque le vin pousse, le tonneau laisse renverser le vin sur les parois; et lorsqu'on fait un trou avec une vrille, le vin s'échappe avec sifflement et écume : lorsqu'au contraire le vin tourne à l'aigre, les parois du tonneau, le bouchon et les luts sont secs, et l'air s'y précipite avec effort dès qu'on débouche.

On peut conclure de ce principe que le vin enfermé dans des vases bien clos n'est pas susceptible d'aigrir.

5º. Il est des tems dans l'année où le vin tourne à l'aigre plus aisément : ces époques sont le moment de la séve de la vigne, l'époque de sa floraison, et le tems où le raisin prend une teinte rouge. C'est sur-tout dans ces momens qu'il faut le surveiller pour parer à la dégénération acide.

6º. Le changement dans la température provoque encore l'acescence du vin, sur-tout lorsque la chaleur s'élève à 20 ou 25 degrés : alors la dégénération est rapide et presque inévitable.

Il est aisé de prévenir l'acidité du vin en écartant toutes les causes que nous venons d'assigner à cette altération; et, lorsqu'elle a commencé, on y remédie encore par des moyens plus ou moins exacts que nous allons assigner.

On dissout du moût cuit, du miel ou de la réglisse, dans le vin où l'acidité se manifeste : par ce moyen on corrige le goût aigre en le masquant par la saveur douceâtre de ces ingrédiens.

On s'empare du peu d'acide qui a pu se former, à l'aide des cendres, des alkalis, de la craie, de la chaux, et même de la litharge. Cette dernière substance, qui forme un sel très-doux avec l'acide acéteux, est d'un emploi très-dangereux. On peut aisément reconnoître cette sophistication criminelle, en vidant de l'hydro-sulfure de potasse (foie de soufre) dans le vin; il s'y forme de suite un précipité abondant et noir. On peut encore faire passer du gaz hydrogène sulfuré à travers cette liqueur altérée; il s'y produira pareillement un précipité noirâtre qui n'est qu'un sulfure de plomb.

Les écrits des œnologues fourmillent de recettes plus ou moins bonnes pour corriger l'acidité des vins.

Bidet prétend qu'un cinquantième de lait écrémé ajouté à du vin aigri le rétablit, et qu'on peut le transvaser en cinq jours.

D'autres prennent quatre onces (six à sept décagrammes) de blé de la meilleure qualité, le font bouillir dans l'eau jusqu'à ce qu'il crève; et lorsqu'il est refroidi, on le met dans un petit sac qu'on plonge dans le tonneau, et l'on remue bien avec un bâton.

On conseille encore les semences de poireau, celles de fenouil, etc.

Pour sentir la futilité de la plupart de ces remèdes, il suffit d'observer qu'il est impossible de faire rétrograder la fermentation, qu'on peut tout au plus la suspendre, et alors se saisir de tout l'acide déjà formé, ou en masquer l'existence par des principes doux et sucrés.

Indépendamment de ces altérations, il en est encore d'autres qui, quoique moins communes et moins dangereuses, méritent de nous occuper. Le vin contracte quelquefois ce qu'on appelle généralement *goût de fût*. Cette maladie peut provenir de deux causes: la première a lieu lorsque le vin est enfermé dans un tonneau dont le bois étoit vicié, vermoulu, pourri. La deuxième survient toutes les fois qu'on laisse sécher de la lie dans des futailles et qu'on y verse ensuite du vin, quoique l'on ait alors la précaution de l'enlever. *Willermoz* a proposé l'eau de chaux, l'acide carbonique, et le gaz acide-muriatique oxygéné, pour corriger le goût de fût qui appartient au tonneau. D'autres conseillent de coller et de soutirer le vin avec soin, et d'y faire infuser du froment grillé, pendant deux ou trois jours.

Un phénomène qui a autant frappé qu'embarrassé les nombreux écrivains qui ont parlé des maladies du vin, c'est ce qu'on appelle les *fleurs du vin*. Elles se forment dans les tonneaux, mais sur-tout dans les bouteilles dont elles occupent le goulot; elles annoncent et précèdent constamment la dégénération acide du vin. Elles se manifestent dans presque toutes les liqueurs fermentées, et toujours plus ou moins abondamment, selon la quantité d'extractif qui existe dans la liqueur. Je les ai vues se former en si grande abondance dans un mélange fermenté de mélasse et de levûre de bière, qu'elles se précipitoient par pellicules ou couches nombreuses et successives dans la liqueur. J'en ai obtenu, de cette manière, une vingtaine de couches.

Ces fleurs, que j'avois prises d'abord pour un précipité de tartre, ne sont plus à mes yeux qu'une végétation, un vrai *byssus*, qui appartient à cette substance fermentée. Il se réduit à presque rien par l'exsiccation, et n'offre à l'analyse qu'un peu d'hydrogène et beaucoup de carbone.

Tous ces rudimens ou ébauches de végétation, qui se développent dans tous les cas où une matière organique se dépose, ne me paroissent pas devoir être assimilés à des plantes parfaites; ils ne sont pas susceptibles de reproduction, et ce n'est qu'une excroissance ou un arrangement symétrique des molécules de la matière, qui paroît plutôt dirigée par les simples lois des affinités que par celles de la vie. De semblables phénomènes s'observent dans toutes les décompositions des êtres organiques.

On a vu, en 1791 et 1792, tout le produit d'une vendange altéré dans les premiers tems par une odeur âcre, nauséabonde, qui disparut à la suite d'une fermentation très-prolongée. Cet effet étoit dû à une énorme quantité de punaises de bois qui s'étoient jetées sur les raisins, et qu'on avoit écrasées dans le foulage.

CHAPITRE VIII.

Usages et vertus du vin.

LE vin est devenu la boisson la plus ordinaire de l'homme, et elle en est en même tems la plus variée. Sous tous les climats, l'on connoît le vin; et l'attrait pour cette liqueur est si puissant, qu'on voit enfreindre chaque jour la loi de prohibition que Mahomet en a faite à ses sectateurs.

Outre que cette liqueur est tonique, fortifiante, elle est encore plus ou moins nutritive : sous tous ces rapports, elle ne peut qu'être salutaire. Les anciens lui attribuoient la faculté de fortifier l'entendement. *Platon*, *Eschyle* et *Salomon* s'accordent à lui reconnoître cette vertu. Mais nul écrivain n'a mieux fait connoître les justes propriétés du vin, que le célèbre *Galien*, qui a assigné à chaque sorte les usages qui lui sont propres, et la différence qu'y apportent l'âge, le climat, etc.....

Les excès du vin ont excité de tout tems la censure des législateurs. L'usage, chez les Grecs, étoit de prévenir l'ivresse en se frottant les tempes et le front avec des onguens précieux et toniques. Tout le monde connoît le trait fameux de ce législateur qui, pour réprimer l'intempérance du peuple, l'autorisa par une loi expresse; et l'on sait que *Lycurgue* offroit l'ivresse en spectacle à la jeunesse de Lacédémone, pour lui en inspirer l'horreur. Une loi de Carthage prohiboit l'usage du vin pendant la guerre. *Platon* l'interdit aux jeunes gens au-dessous de vingt-deux ans; *Aristote*, aux enfans et aux nourrices; et *Palmarius* nous apprend que les lois de Rome ne permettoient aux prêtres ou sacrificateurs que trois petits verres de vin par repas.

Malgré la sagesse des lois, et sur-tout malgré le tableau hideux de l'intempérance et ses suites toujours funestes, l'attrait pour le vin devient si puissant chez quelques hommes, qu'il dégénère en passion et en besoin. Nous voyons, chaque jour,
des

des hommes, d'ailleurs très-sages, contracter peu-à-peu l'habitude immodérée de cette boisson, et éteindre dans le vin leurs facultés morales et leurs forces physiques.

Narratur et prisci Catonis
Sæpè mero incaluisse virtus.

L'histoire nous a conservé le trait de *Vencèslas*, roi de Bohême et des Romains, qui, étant venu en France pour y négocier un traité avec *Charles VI*, se rendit à Reims, au mois de mai 1397; il s'enivroit chaque jour avec le vin de ce pays; et préféra consentir à tout, plutôt que de ne pas se livrer à ces excès. (*Observations sur l'agriculture*, tom. II, pag. 191.)

La vertu du vin diffère par rapport à l'âge ou vétusté. Le vin récent est flatueux, indigeste et purgatif : *Mustum flatuosum et concoctu difficile. Unum in se bonum continet, quòd alvum emolliat. Vinum rarum infrigidat. — Mustum crassi succi est et frigidi.*

Les anciens confondoient ces mots, *mustum* et *novum vinum*. *Ovide* nous dit : *qui nova musta bibant. Undè virgo musta dicta est pro intacta et novella.*

Il n'y a que les vins légers qu'on puisse boire avant qu'ils aient vieilli. Nous en avons donné la raison dans les chapitres précédens. Les Romains, ainsi que nous l'avons observé, pratiquoient cet usage, et ils buvoient de suite *vinum Gauranum et Albanum, et quæ in Sabinis et in Tuscis nascuntur, et Amineum quod circa Neapolim vicinis collibus gignitur.*

Les vins nouveaux sont très-peu nourrissans, sur-tout ceux qui sont aqueux et point sucrés : *corpori alimentum subgerunt paucissimum*, a dit GALIEN.

Ces mêmes vins déterminent aisément l'ivresse, ce qui tient à la quantité d'acide carbonique dont ils sont chargés. Cet acide, en se dégageant de cette boisson par la température de l'estomac, éteint l'irritabilité des organes, et jette dans la stupeur.

Les vins vieux sont en général toniques et très-sains ; ils conviennent aux estomacs débiles, aux vieillards, et dans tous les cas où il faut donner de la force. Ils nourrissent peu, parce qu'ils sont dépouillés de leurs principes vraiment nutritifs, et ne contiennent presque pas d'autres principes que de l'alkool.

C'est de ce vin que parle le poëte, lorsqu'il dit :

> .... *Generosum et lene requiro,*
> *Quod curas abigat, quod cum spe divite manet*
> *In venas animumque meum, quod verba ministret,*
> *Quod me, Lucane, juvenem commendet amicæ.*

Les vins gras et épais sont les plus nutritifs : *Pinguia sanguinem augent et nutriunt.* GALIEN.

Le même auteur recommande les vins de Thérée et de Scibellie, comme très-nourrissans: *quòd crassum utrumque, nigrum, et dulce.*

Les vins diffèrent encore essentiellement par rapport à la couleur : le rouge est en général plus spiritueux, plus léger, plus digestif: le blanc fournit moins d'alkool ; il est plus diurétique et plus foible ; comme il a moins cuvé, il est presque toujours plus gras, plus nutritif, plus gazeux que le rouge.

Pline admet quatre nuances dans la couleur des vins, *album, fulvum, sanguineum, nigrum*; mais il seroit aussi minutieux qu'inutile de multiplier les nuances, qui pourroient devenir infinies en les étendant depuis le noir jusqu'au blanc.

Le climat, la culture, la variété dans les procédés de fermentation, apportent encore des différences infinies dans les qualités et vertus du vin. Nous renverrons à ce que nous en avons déjà dit dans le premier chapitre de cet ouvrage, pour éviter des répétitions fatigantes.

L'art de tempérer le vin par l'addition d'une partie d'eau étoit pratiqué chez les anciens: c'est ce qu'ils appeloient *vinum delutum*. *Pline*, d'après *Homère*, parle d'un vin qui supportoit vingt parties d'eau. Le même historien nous apprend que, de son tems, on connoissoit des vins tellement spiritueux, qu'on ne pouvoit pas les boire, *nisi pervincerentur aquâ, et attenuarentur aquâ calidâ.*

Les anciens, qui avoient sur la fabrication et la conservation des vins des idées saines et exactes, paroissent avoir ignoré l'art d'en extraire l'eau-de-vie ; et c'est à *Arnauld de Villeneuve*, professeur de médecine à Montpellier, qu'on rapporte les premières notions exactes qu'on a eues de la distillation des vins.

La distillation des vins a donné une nouvelle valeur à cette production territoriale. Non seulement elle a fourni une nouvelle boisson plus forte et incorruptible ; mais elle a fait connoître aux arts le véritable dissolvant des résines et des principes aromatiques, en même tems qu'un moyen aussi simple que sûr de conserver et de préserver de toute décomposition putride les substances animales et végétales. C'est sur ces propriétés remarquables que se sont établis successivement l'art du *vernisseur*, celui du *parfumeur*, celui du *liquoriste*, et autres fondés sur les mêmes bases.

CHAPITRE IX.

Analyse du vin.

Nous avons déjà suivi l'analyse du vin dans les tonneaux, puisque nous avons vu qu'il s'en précipitoit successivement du tartre, de la lie et du principe colorant; de manière qu'il n'y reste presque plus que de l'alkool et un peu d'extractif dissous dans une portion d'eau plus ou moins abondante. Mais cette analyse exacte, qui nous montre séparément les principes du vin, nous éclaire peu sur leur nature; et nous allons tâcher de suppléer par une méthode plus rigoureuse à ce qu'elle a d'imparfait.

Nous distinguerons dans tous les vins un acide, de l'alkool, du tartre, de l'extractif, de l'arome, et un principe colorant; le tout délayé ou dissous dans une portion d'eau plus ou moins abondante.

1°. L'ACIDE. L'acide existe dans tous les vins; je n'en ai trouvé aucun qui ne m'en ait présenté quelque indice. Les vins les plus doux, les plus liquoreux, rougissent le papier bleu qu'on y laisse séjourner quelque tems; mais tous ne sont pas acides au même degré. Il est des vins dont le caractère principal est une acidité naturelle : ceux qui proviennent de raisins peu mûris, où qui naissent dans des climats humides, sont de ce genre; tandis que ceux qui sont produits de la fermentation de raisins bien mûrs et sucrés offrent très-peu d'acide. L'acide paroît donc être en raison inverse du principe sucré, et conséquemment de l'alkool, qui est le résultat de la décomposition du sucre.

Cet acide existe abondamment dans le verjus, et se trouve dans le moût, quoiqu'en plus petite quantité. Toutes les liqueurs fermentées, telles que le cidre, le poiré, la bière, ainsi que les farines fermentées, contiennent également cet acide, et je l'ai rencontré jusque dans la mélasse : c'est même pour le saturer complètement qu'on emploie la chaux, les cendres, ou d'autres bases terreuses ou alkalines, dans la purification du sucre. Sans cela, l'existence de cet acide s'oppose à la cristallisation de ce sel.

Si l'on rapproche le vin par la distillation, l'extrait qui en résulte est en général d'une saveur aigre et piquante. Il suffit de passer de l'eau sur cet extrait, ou même de l'alkool, pour dissoudre et enlever l'acide. Cet acide a une saveur piquante, une odeur légèrement empyreumatique, un arrière-goût acerbe, etc.

Cet acide bien filtré, abandonné dans un flacon, laisse précipiter une quantité considérable d'extractif. Il se recouvre ensuite de moisissure, et paroît se rapprocher alors de l'acide acéteux. On le purifie, par la distillation, d'une grande quantité d'extractif, et il est pour lors moins sujet à se décomposer par la putréfaction.

Cet acide précipite l'acide carbonique de ses combinaisons. Il dissout avec facilité la plupart des oxydes métalliques, forme des sels insolubles avec le plomb, l'argent, le mercure, et enlève les métaux à toutes leurs dissolutions par des acides.

Cet acide forme pareillement un sel insoluble avec la chaux. Il suffit de mêler abondamment l'eau de chaux au vin, pour en précipiter l'acide qui entraîne avec lui tout le principe colorant.

Cet acide est donc de la nature de l'acide malique. Il est toujours mêlé d'un peu d'acide citrique, car quand on le fait digérer sur l'oxyde de plomb, outre le précipité insoluble qui se forme, il se produit un citrate qu'on peut y démontrer par les moyens connus.

Cet acide malique disparoît par l'acétification du vin : il n'existe plus dans le vinaigre bien fait que de l'acide acéteux. Cette transformation de l'acide malique en acide acéteux explique naturellement pourquoi le vin qui commence à aigrir ne peut pas servir à la fabrication de l'acétite de plomb : il se fait dans ce cas un précipité insoluble dont la formation m'a singulièrement embarrassé jusqu'au moment où j'en ai connu la raison. Pendant long-tems le citoyen *Berard* mon ami, et associé dans ma fabrique de produits chimiques, a ajouté de l'acide nitrique au vin aigri, pour lui donner la propriété de former avec le plomb un sel soluble; je pensois alors qu'on oxygénoit par ce moyen l'acide du vin, tandis que l'on ne faisoit que hâter la décomposition et la transformation de l'acide malique en vinaigre.

L'existence, à diverses proportions, de l'acide malique dans le vin nous sert encore à concevoir un phénomène de la plus haute importance, relatif à la distillation des vins et à la nature des eaux-de-vie qui en proviennent. Tout le monde sait que non seulement tous les vins ne donnent pas la même quantité d'eau-de-vie, mais que les eaux-de-vie qui en proviennent ne sont pas, à beaucoup près de la même qualité. Personne n'ignore encore que la bière, le cidre, le poiré, les farines fermentées, donnent peu d'eau-de-vie, et toujours de mauvaise qualité. Les distillations soignées et répétées peuvent, à la vérité, corriger ces vices jusqu'à un certain point, mais jamais les détruire complètement. Ces résultats constans d'une longue expérience ont été rapportés à la plus grande quantité d'extractif contenu dans ces foibles liqueurs spiritueuses: la combustion d'une partie de ce principe par la distillation a paru devoir en être un effet immédiat ; et le goût âcre et empyreumatique, une suite très-naturelle. Mais lorsque j'ai examiné de plus près ce phénomène, j'ai senti, qu'outre les causes dépendantes de l'abondance de ce principe extractif, il falloit en reconnoître une autre, la présence de l'acide malique dans presque tous ces cas. En effet, ayant distillé avec beaucoup de soin ces diverses liqueurs spiritueuses, j'ai constamment obtenu des eaux-de-vie acidules dont le goût étoit altéré par celui qui appartient essentiellement à l'acide malique : ce n'est qu'en se bornant à retirer la liqueur la plus volatile qu'on parvient à séparer un peu d'alkool libre de toute altération ; encore conserve-t-il une odeur désagréable qui n'appartient point à l'eau-de-vie pure.

Les vins qui contiennent le plus d'acide malique fournissent les plus mauvaises qualités d'eau-de-vie. Il paroît même que la quantité d'alkool est d'autant moindre que celle de l'acide est plus considérable. Si, par le moyen de l'eau de chaux, de la chaux, de la craie, ou d'un alkali fixe, on s'empare de cet acide, on ne pourra retirer que très-peu d'alkool par la distillation ; et, dans tous ces cas, l'eau-de-vie prend un goût de feu désagréable, ce qui ne contribue pas à en améliorer la qualité.

La différence des eaux-de-vie provenant de la distillation des divers vins dépend donc principalement de la différente proportion dans laquelle l'acide malique est contenu dans ces vins ; et l'on n'a pas encore un moyen sûr de détruire le mauvais effet que produit cet acide par son mélange avec les eaux-de-vie.

Cet acide que nous trouvons dans le raisin à tous les périodes de son accroissement, et qui ne disparoît dans le vin que du moment qu'il a dégénéré complètement en vinaigre, mériteroit de préférence la dénomination d'*acide vineux* ; néanmoins, pour ne pas innover, nous lui conserverons celle d'*acide malique*.

2°. L'ALKOOL. L'alkool fait le vrai caractère du vin. Il est le produit de la décomposition du sucre ; et sa quantité est toujours en proportion de celle du sucre qui a été décomposé (1).

---

(1) Je n'agiterai pas la question de savoir si l'alkool est tout formé dans le vin, ou s'il est le produit de la distillation, ou, en d'autres termes, s'il est le résultat de la fermentation ou celui de la distillation. *Fabroni* a adopté ce dernier sentiment, et s'est fondé sur ce que, ayant mêlé un centième d'alkool à du vin nouveau, il n'y a pu séparer, à l'aide de la potasse, que cette même quantité d'alkool. Mais cette expérience me paroîtroit prouver, tout au plus, que l'alkool étranger qu'on ajoute au vin, n'entre pas dans une combinaison aussi exacte que celui qui y existe naturellement ; il y reste dans un simple état de mélange. Nous observons un phénomène

L'alkool est donc plus ou moins abondant dans les vins. Ceux des climats chauds en fournissent

analogue lorsque nous délayons l'alkool très-concentré par l'addition d'une quantité plus ou moins considérable d'eau; car il est connu dans le commerce que cet alkool affoibli n'a pas le même goût que l'alkool naturel qui marque néanmoins le même degré de spirituosité. Je considère donc l'alkool dans le vin, non point comme y existant isolément et dégagé de toute combinaison, mais comme combiné avec le principe colorant, le carbone, l'alkali, l'extractif, et tous autres principes constituans du vin; de manière que le vin est un tout surcomposé dont tous les élémens peuvent être extraits par des moyens chimiques; et lorsque, par l'application de la chaleur, on tend à séparer ces mêmes principes, les plus volatils s'élèvent les premiers, et l'on voit passer d'abord un composé très-léger formant l'*alkool*, ensuite l'eau, etc.

La distillation, en extrayant successivement tous les principes du vin, d'après les lois invariables de leur pesanteur et de leurs affinités, rompt et détruit la combinaison primitive qui constitue le vin et présente des produits qui, réunis, ne sauroient reproduire le corps primitif, parce que la chaleur a tout désuni, et séparé le composé en des principes qui peuvent exister isolément, et qui n'ont presque plus d'affinité entre eux.

Au reste, peu importe à l'art que l'alkool existe ou n'existe pas dans le vin: le distillateur n'en a pas moins des principes invariables, tant sur la qualité que sur la quantité d'alkool que peut fournir chaque vin. Ainsi, que le feu combine les principes de l'alkool ou qu'il les extraie simplement d'une masse où ils sont combinés, la beaucoup; ceux des climats froids n'en donnent presque pas. Les raisins mûrs et sucrés le produisent en abondance, tandis que les vins provenant de raisins verts, aqueux et peu sucrés, en présentent très-peu.

Il est des vins dans le midi qui fournissent un tiers d'eau-de-vie; il en est plusieurs dans le nord qui n'en contiennent pas un quinzième.

---

manière d'opérer et les résultats de l'opération ne sauroient en recevoir aucune modification. Nous voyons la répétition des phénomènes que nous présente la distillation des vins dans celle de toutes les matières végétales et de leurs produits.

La distillation par le feu n'est pas le seul moyen d'extraire l'alkool du vin. 1°. Le gaz acide carbonique qui se dégage par la fermentation entraîne avec lui et dans un état de dissolution, une quantité assez considérable d'alkool, ainsi que je l'ai déjà prouvé. 2°. Le gaz qui s'échappe du Champagne enlève presque tout l'alkool contenu dans ce vin. 3°. Les vins très-spiritueux, agités dans les bouteilles, laissent échapper des bouffées d'alkool très-sensibles. 4°. Les vins qui fournissent le plus d'esprit sont jugés les plus spiritueux au goût. Tous ces faits ne sauroient se concilier dans l'hypothèse de la formation de l'alkool par la distillation, et paroissent prouver qu'il existe tout formé dans le vin.

On peut encore consulter, dans les *Annales de Chimie*, l'opinion qu'a publiée *Fourcroy* sur cette importante matière.

C'est la proportion d'alkool qui rend les vins plus ou moins généreux ; c'est elle qui les dispose à la dégénération acide, ou qui les en préserve Un vin tourne avec d'autant plus de facilité, qu'il renferme moins d'alkool, la proportion du principe extractif étant supposée la même de part et d'autre.

Plus un vin est riche en esprit, moins il contient d'acide malique; et c'est la raison pour laquelle les meilleurs vins fournissent en général les meilleures eaux-de-vie, parce qu'alors elles sont exemptes de la présence de cet acide qui leur donne un goût très-désagréable.

C'est par la distillation des vins qu'on en extrait tout l'alkool qu'ils contiennent.

La distillation des vins est connue depuis plusieurs siècles ; mais cette opération s'est successivement perfectionnée; et, de nos jours, elle a reçu des degrés d'amélioration qui doivent profiter au commerce des eaux-de-vie, et s'appliquer avec avantage à tous les genres de distillation. Les alambics dans lesquels on a distillé pendant long-tems étoient des chaudières surmontées d'un long col cylindrique, étroit et coiffé d'une demi-sphère creuse d'où partoit un tuyau peu large pour porter la liqueur dans le serpentin. *Arnauld de Villeneuve* paroît être le premier qui nous ait donné des idées précises sur la distillation des vins; et c'est à lui que nous devons la première description de cette forme d'alambic à très-long col, dont nous retrouvons encore des modèles dans les ateliers de nos parfumeurs.

L'idée où l'on étoit que le produit de la distillation étoit d'autant plus délié, d'autant plus subtil, d'autant plus pur, qu'on l'élevoit plus haut, en le faisant passer à travers des tuyaux plus minces, a dirigé la construction de ces vaisseaux distillatoires. Mais on n'a pas tardé à se convaincre que c'étoient moins les obstacles opposés à l'ascension des vapeurs, que l'art de graduer le feu avec intelligence, qui rendoient le produit d'une distillation plus ou moins pur. On a vu que, dans le premier cas, la force du feu dénature les principes spiritueux en leur communiquant le goût d'empyreume, tandis que, dans le second, ils s'élèvent *vierges* et passent dans le serpentin sans altération. D'un autre côté, l'économie, ce puissant mobile des arts, a fait adopter tous les changemens qu'on a faits au procédé des anciens.

Ainsi, successivement la colonne perpendiculaire à la chaudière a été baissée ; le chapiteau, aggrandi ; la chaudière, évasée ; et l'on est parvenu par degrés à l'adoption générale des formes suivantes :

Les alambics sont aujourd'hui des espèces de chaudrons à cul plat, dont les côtés sont élevés perpendiculairement au fond jusqu'à la hauteur d'environ six décimètres (22 pouces). A cette hauteur on pratique un étranglement qui en réduit l'ouverture à trois ou quatre décimètres (11 à 12 pouces). Cette ouverture est terminée par un col de quelques pouces de long, dans lequel s'adapte un petit couvercle appelé *chapeau, chapiteau*, lequel va en élargissant vers sa partie supérieure, et a la forme d'un cône renversé et tronqué. C'est de l'angle de la base de ce chapeau que part un petit tuyau destiné à recevoir les vapeurs d'eau-de-vie, et à les transmettre dans le serpentin auquel il est adapté. Ce serpentin présente six à sept circonvolutions, et est placé dans un tonneau qu'on a soin de tenir plein d'eau, pour faciliter la condensation des vapeurs : ces vapeurs condensées coulent à filet dans un baquet qui est destiné à les recevoir.

Les chaudières sont, pour l'ordinaire, enchâssées dans la maçonnerie jusqu'à leur étranglement : le cul seul est exposé à l'action immédiate du feu. La cheminée est placée vis-à-vis la porte du foyer; et le cendrier, peu large, et séparé du foyer par une grille de fer.

On charge les chaudières de vingt-cinq à trente myriagrammes de vin (5 à six quintaux); la distillation s'en fait dans huit ou neuf heures, et on brûle à chaque chauffe, ou opération, environ trois myriagrammes de charbon de terre (60 livres).

Tel est le procédé usité en Languedoc depuis bien long-tems : mais, quoiqu'ancien et généralement adopté, il présente des imperfections qui ne peuvent que frapper un homme instruit dans les principes de la distillation.

1°. La forme de la chaudière établit une colonne de liquide très-haute et peu large, qui, n'étant frappée par le feu qu'à sa base, est brûlée en cette partie avant que le dessus soit chaud : alors il s'élève des bulles du fond, qui, obligées de traverser une masse de liquide plus froide, se condensent et se dissolvent de nouveau dans la liqueur. Ce n'est que lorsque toute la masse a été échauffée de proche en proche, que la distillation s'établit.

2°. L'étranglement placé à la partie supérieure de la chaudière, et le bombement qu'elle présente dans cet endroit, nuisent encore à la distillation : en effet, cette calotte, n'étant pas revêtue de maçonnerie, est continuellement frappée par l'air qui y entretient une température plus fraîche que sur les autres points ; de manière que les vapeurs qui s'élèvent se condensent en partie contre la surface intérieure, et retombent en gouttes ou coulent en stries dans le bain, ce qui est en pure perte pour la distillation. Il arrive, dans ce cas, ce que nous voyons survenir journellement dans les distillations au bain de sable : les vapeurs qui
s'élèvent

s'élèvent, venant à frapper contre la surface découverte et toujours plus froide de la cornue, s'y condensent et retombent en stries dans le fond, de manière que la même portion de matière s'élève, retombe et distille plusieurs fois ; ce qui entraîne perte de tems, dépense de combustible, et nuit à la qualité du produit, qui s'altère et se décompose dans quelques cas. On peut rendre ces phénomènes très-sensibles en rafraîchissant la partie supérieure d'une cornue au bain de sable, au moment où la distillation est en pleine activité: les vapeurs deviennent de suite visibles dans l'intérieur, et il se condense des gouttes contre les parois, qui ne tardent pas à couler et à se rendre dans la liqueur contenue dans la cornue.

En outre, l'étranglement pratiqué à la partie supérieure de la chaudière, forme une espèce d'éolipyle où les vapeurs ne peuvent passer qu'avec effort; ce qui nécessite l'emploi d'une force d'ascension plus considérable. Ce fait a été convenablement développé par *Baumé*.

3°. Le chapiteau n'est pas construit d'une manière plus avantageuse : la calotte se met presque à la température des vapeurs qui, fortement dilatées, pressent sur le liquide et en gênent l'ascension.

4°. La manière d'administrer le feu n'est pas moins vicieuse que la forme de l'appareil : par-tout on a un cendrier trop étroit, un foyer très-large, une porte mal fermée, etc.; de manière que le courant d'air s'établit par la porte et se précipite dans la cheminée, en passant par-dessus les charbons. Il faut par conséquent un feu violent pour chauffer médiocrement une chaudière. On engorge la grille d'une couche épaisse et tassée de combustibles, de façon qu'elle devient à-peu-près inutile par le manque absolu d'aspiration.

A présent que nous connoissons les vices de construction dans l'appareil, voyons d'appliquer, pour la perfectionner, les connoissances que nous avons acquises sur la distillation et sur l'art de conduire le feu.

Il me paroît que tout l'art de la distillation se réduit aux trois principes suivans :

1°. Chauffer à-la-fois et également tous les points de la masse du liquide.

2°. Ecarter tous les obstacles qui peuvent gêner l'ascension des vapeurs.

3°. En opérer la condensation la plus prompte.

Pour remplir la première de ces conditions, il faut d'abord que la masse liquide soit peu profonde; ce qui exige déjà que le cul de la chaudière présente une très-grande surface, pour que le feu s'applique à beaucoup de parties.

Le fond de la chaudière doit être légèrement bombé en dedans. Cette forme présente deux avantages; le premier, c'est que, par ce moyen, le combustible se trouve à une égale distance de tous les points, et que la chaleur est égale partout; le second, c'est que, par cette construction, le fond de la chaudière présente plus de force, et que les matières qui peuvent se déposer dans le fond de la liqueur sont rejetées sur les angles qui reposent sur la maçonnerie, et où, par conséquent, le dépôt est moins dangereux. Lorsque ces dépôts se forment dans les parties soumises immédiatement à l'action directe du feu, ils établissent une croûte qui empêche le liquide de mouiller le point de la chaudière qui en est recouvert, et alors le feu brûle le métal. Cet inconvénient n'est plus à craindre du moment que, par la forme bombée du fond de la chaudière, ce dépôt est rejeté sur les angles, qui, reposant sur la maçonnerie, sont soustraits à l'action directe du feu.

Il faut faire circuler le feu autour de la chaudière au moyen d'une cheminée tournante; alors toute la chaleur est mise à profit; tout le liquide est enveloppé et également chauffé.

Pour que la colonne de vapeurs qui s'élève n'éprouve aucun obstacle dans son ascension, il faut que les parois de la chaudière montent perpendiculairement, et que les vapeurs soient maintenues dans le même degré d'expansion, jusqu'à ce qu'elles soient parvenues au réfrigérant. Mais les vapeurs, librement élevées et condensées par leur contact contre les parois froides du chapiteau, retomberoient dans la chaudière de l'alambic, si ces parois ne présentoient pas une inclinaison suffisante pour que les gouttes de liquide qui s'y appliquent, coulent sur les parois pour se rendre dans la rigole qui les conduit dans le serpentin. J'ai calculé que cette inclinaison devoit être au moins de 75 degrés par rapport à l'horizon. Il est encore nécessaire que l'eau du réfrigérant soit souvent renouvelée, sans quoi elle prend bientôt la température de la vapeur et ne peut plus servir à la condenser.

Quoique ces principes sur la distillation soient incontestables, il faut néanmoins y apporter quelques modifications pour faciliter le service: en effet, en donnant à l'orifice de la chaudière tout le diamètre de la base, le chapiteau présente un évasement très-considérable ; il est par conséquent indispensable de lui donner une grande hauteur, pour conserver aux surfaces l'inclinaison de 75 degrés. Cette construction entraîne deux inconvéniens majeurs : le premier, de rendre le chapiteau pesant, lourd et coûteux ; le second, de présenter de la difficulté, pour donner aux bords supérieurs de la chaudière la force convenable pour résister à l'effort du chapiteau. Ce sont ces premières considérations qui m'ont forcé à porter quelque changement dans la construction ci-dessus, quelque conforme qu'elle parût aux principes. Ces changemens sont tous dans la forme de la chaudière : j'en évase légèrement les côtés en les élevant, et je les rapproche vers le haut, de manière que le diamètre de l'ouverture réponde à celui du fond. Cette forme remédie aux deux défauts que nous avons notés ci-dessus, et elle a l'avantage de présenter un rebord à la partie supérieure contre lequel les bouillons provenant d'une ébullition trop forte viennent se briser pour être rejetés contre le centre de la chaudière.

Indépendamment de ce changement de forme dans la chaudière, j'ai cru qu'on devoit supprimer le réfrigérant dont on revêtoit le chapiteau. Ce réfrigérant a l'inconvénient de rafraîchir les vapeurs, et d'établir dans l'intérieur un nuage qui contrarie leur ascension ultérieure.

On peut observer que, lorsqu'on distille à la cornue et au bain de sable, il suffit d'appliquer un corps froid sur la cornue pour produire cet effet : on voit de suite se former des stries sur les parois, et la liqueur retomber dans le fond de la cornue elle-même.

Si, dans le tems, j'ai proposé moi-même de conserver le réfrigérant, c'est que je lui attribuois une portion des effets qui appartenoient à une construction de fourneau bien entendue, et qui en dérivoient. Je me suis assuré, par la suite, qu'on obtenoit un plus grand effet encore en supprimant le réfrigérant. Il y a d'ailleurs plus d'économie et moins d'embarras dans le service.

D'après cela, j'ai pensé que le grand art de condenser les vapeurs se bornoit à agrandir le bec du chapiteau, et à rafraîchir avec soin l'eau du serpentin. Par ce moyen, les vapeurs s'échappent de l'alambic avec d'autant plus de facilité, qu'elles sont appelées dans le serpentin par la prompte condensation de celles qui les ont précédées.

Ces divers degrés de perfection ont commencé à être introduits dans le Languedoc, il y a douze à quinze ans. Les frères *Argand* ont puissamment contribué à les faire adopter; les premiers, ils ont formé des établissemens d'après ces principes; et on a obtenu une telle économie dans le tems et le combustible, qu'on l'évalue aux quatre cinquièmes, d'après les résultats des expériences comparées qui ont été faites.

J'ai dirigé moi-même plusieurs établissemens du même genre, et d'après ces mêmes principes. Je crois qu'il est difficile de porter plus loin la perfection, et il est à désirer que ces méthodes de distillation deviennent générales.

Mais c'est encore moins à la forme de l'appareil qu'à la construction du foyer et à la sage conduite du feu, qu'on doit ces effets extraordinaires. Le bord postérieur de la grille doit répondre au milieu du fond de la chaudière, pour que la flamme qui fuit, frappe et chauffe également tout le cul. La distance de la chaudière à la grille doit être d'environ seize à dix-huit pouces, lorsqu'on chauffe avec le charbon de terre, et la cheminée doit être tournante.

Indépendamment de l'économie dans le tems, le combustible, la main-d'œuvre, etc., cette forme d'appareil influe sur la qualité des eaux-de-vie. Elles sont infiniment plus douces que les autres; elles n'ont point le goût d'empyreume, qui est presque un vice inséparable des eaux-de-vie du commerce. Cette dernière qualité, qui les rend si supérieures aux autres, a failli devenir pour elles un motif d'exclusion, parce que les habitans du nord, qui en font leur principale boisson, les trouvoient trop douces : il a donc fallu les mêler avec de l'eau-de-vie *brûlée*, pour les accréditer. On peut aisément leur donner ce goût de feu, en soutenant et prolongeant la distillation au-delà du terme. La liqueur qui passe vers la fin sent très-décidément le brûlé.

Il est nécessaire, dans les arts, de se plier au goût, même au caprice du consommateur; et ce qui, chez nous, est rejeté comme de mauvais goût, peut paroître exquis et friand à l'habitant du nord. Dans le midi, une sensibilité extrême repousse des boissons brûlantes qui, dans des climats très-froids, pourront être foibles : *Il faut écorcher un Moscovite pour lui donner de la sensibilité*, a dit très-ingénieusement Montesquieu.

D'après des expériences comparatives que j'ai été dans le cas de faire, je me suis convaincu qu'on obtenoit encore un peu plus d'eau-de-vie par ce procédé que par l'ancien ; ce qui provient de ce que l'eau-de-vie sort fraîche de l'appareil, et qu'elle n'éprouve aucune perte par l'évaporation. Aussi les ateliers dans lesquels ces appareils perfectionnés sont établis n'ont-ils pas ensiblement l'odeur de l'eau-de-vie.

Lorsqu'on distille des vins, on conduit la distillation jusqu'au moment où la liqueur qui passe n'est plus inflammable.

Les vins fournissent plus ou moins d'eau-de-vie, selon le degré de spirituosité. Un vin très-généreux fournit jusqu'au tiers de son poids. Le terme moyen du produit de nos vins, dans le midi, est d'un quart de la totalité : il en est qui fournissent jusqu'à un tiers.

Les vins vieux donnent une meilleure eau-de-vie que les nouveaux ; mais ils en fournissent moins, sur-tout lorsque la décomposition du corps sucré a été terminée avant la distillation.

Ce qui reste dans la chaudière, après qu'on en a extrait l'eau-de-vie, est appelé *vinasse* : c'est le mélange confus du tartre, du principe colorant, de la lie, etc. On rejette ce résidu comme inutile; néanmoins, en le faisant dessécher à l'air ou dans des étuves, on peut en extraire par la combustion un alkali assez pur.

Il y a des ateliers où l'on fait aigrir la *vinasse* pour la distiller, et en extraire le peu de vinaigre qui s'y est formé.

L'eau-de-vie est d'autant plus spiritueuse, qu'elle est mélangée avec une moins grande quantité d'eau; et, comme il importe au commerce de pouvoir en connoître aisément les degrés de spirituosité, on s'est long-tems occupé des moyens de les constater.

Le *bouilleur* ou *distillateur* juge de la spirituosité de l'eau-de-vie par le nombre, la grosseur et la permanence des bulles qui se forment en agitant la liqueur : à cet effet, on la verse d'un vase dans un autre; on la laisse tomber d'une certaine hauteur; ou bien, ce qui est plus généralement usité, on l'enferme dans un flacon allongé, qu'on en remplit aux deux tiers, et on l'agite fortement, en en tenant l'orifice bouché avec le pouce; ce dernier appareil est appelé *la sonde*.

L'épreuve par la combustion, de quelque manière qu'on la pratique, est très-vicieuse. Le règlement de 1729 prescrit de mettre de la poudre dans une cuiller, de la couvrir de liqueur, et d'y mettre le feu. L'eau-de-vie est réputée de première qualité, si elle enflamme la poudre; elle est mauvaise, dans le cas contraire. Mais la même qualité de liqueur enflamme ou n'enflamme pas, suivant la proportion dans laquelle on l'emploie; une petite quantité enflamme toujours; une grande n'enflamme jamais, parce que l'eau que laisse la liqueur suffit alors pour humecter la poudre, et la garantir de l'inflammation.

On a encore recours au sel de tartre (*carbonate de potasse*), pour éprouver l'eau-de-vie. Cet alkali se dissout dans l'eau, et nullement dans l'alkool; de manière que celui-ci surnage la dissolution qui s'en fait.

Ces premiers procédés, plus ou moins défectueux, ont fait recourir à des moyens capables de déterminer la spirituosité, par l'évaluation de la gravité spécifique.

Une goutte d'huile versée sur l'alkool se fixe à la surface ou se précipite au fond, selon le degré de spirituosité de la liqueur. Ce procédé a été proposé et adopté par le gouvernement espagnol, en 1770; il a fait l'objet d'un règlement; mais il est sujet à erreur, puisque l'effet dépend de la hauteur de la chûte, de la pesanteur de l'huile, du volume de la goutte, de la température de l'atmosphère, des dimensions des vases, etc.

En 1772, cet objet important fut repris par deux physiciens habiles, *Borie* et *Poujet de Cette*; ils ont fait connoître et adopter, par le commerce de Languedoc, un pèse-liqueur auquel ils ont adapté un thermomètre dont les divers degrés indiquent, à chaque instant, les corrections que doit apporter, dans la graduation du pèse-liqueur, la température très-variable de l'atmosphère.

A l'aide de ce pèse-liqueur, non seulement on juge du degré de spirituosité, mais on ramène l'eau-de-vie à tel degré qu'on peut désirer. A cet effet, on a des poids de diverse pesanteur : le plus pesant est marqué *preuve de Hollande*; le plus léger, *trois-sept* : ainsi, si l'on visse à l'extrémité inférieure de la tige de l'aréomètre le poids *preuve de Hollande*, et qu'on plonge l'instrument dans une liqueur *trois-sept*, il s'enfonce beaucoup trop; mais on le ramènera au niveau *preuve de Hollande*, en y ajoutant quatre septièmes d'eau.

Si on visse, au contraire, le poids *trois-sept*, et qu'on plonge l'aréomètre dans une liqueur *preuve de Hollande*, il s'élèvera dans la liqueur au-dessus de ce dernier terme, et on le ramènera aisément à ce degré, en y ajoutant de l'alkool plus spiritueux.

Lorsqu'on distille des eaux-de-vie pour en extraire l'alkool, on emploie communément le *bain-marie* : alors la chaleur est plus douce, plus égale ; le produit de la distillation, de meilleure qualité ; c'est ce produit qu'on appelle *esprit-de-vin* dans le commerce.

3°. Le TARTRE. Le tartre existe dans le verjus ; il est encore dans le moût ; il concourt à faciliter la formation de l'alkool, ainsi que nous l'avons déjà observé, d'après les expériences de *Bullion*. Il se dépose sur les parois des tonneaux, par le repos, et y forme une croûte plus ou moins épaisse, hérissée de cristaux assez mal prononcés. Quelque tems avant les vendanges, lorsqu'on dispose les futailles à recevoir le vin, on défonce les tonneaux, et on détache le tartre pour l'employer dans le commerce à ses divers usages.

Le tartre n'est pas fourni par tous les vins dans la même proportion ; les rouges en donnent plus que les blancs ; les plus colorés, les plus grossiers, en fournissent généralement le plus.

La couleur varie aussi beaucoup ; et on l'appelle *tartre rouge* ou *tartre blanc*, selon qu'il provient de l'un ou de l'autre de ces vins.

Ce sel est peu soluble dans l'eau froide ; il l'est beaucoup plus dans l'eau bouillante. Il ne se dissout presque pas dans la bouche, et résiste à la pression de la dent.

On le débarrasse de son principe colorant par un procédé simple, et il porte alors le nom de *crême de tartre*. A cet effet, on le dissout dans l'eau bouillante; et dès qu'elle en est saturée, on porte la dissolution dans des terrines pour la laisser refroidir : il se précipite, par le refroidissement, une couche de cristaux, qui sont déjà presque décolorés. On dissout de nouveau ces cristaux dans l'eau bouillante; on mêle, on délaye dans la dissolution quatre ou cinq pour cent d'une terre argileuse et sablonneuse, de Murviel, près de Montpellier, et on évapore ensuite jusqu'à pellicule; par le refroidissement, il se précipite des cristaux blancs qui, exposés en plein air sur des toiles, pendant quelques jours, acquièrent cette blancheur qui appartient à la crême de tartre; les eaux-mères sont réservées pour servir à de nouvelles dissolutions. Telle est à-peu-près la méthode qu'on pratique à Montpellier et dans les environs, où sont établies presque toutes les fabriques connues de crême de tartre.

Le tartre est encore employé comme fondant: il a le double avantage de fournir le carbone nécessaire à la désoxygénation des métaux, et l'alkali, qui est un des meilleurs fondans connus.

On purifie encore le tartre par la calcination. On décompose et détruit son acide par ce premier moyen, et il ne reste plus que l'alkali et le charbon : on dissout l'alkali dans l'eau, on filtre, on rapproche la dissolution, et on obtient ce sel très-connu dans les pharmacies sous le nom de *sel de tartre, carbonate de potasse.*

Le tartre ne fournit guère en alkali que le quart de son poids.

4°. L'EXTRACTIF. Le principe extractif abonde dans le moût ; il y paroît dissous à l'aide du sucre ; mais lorsque la fermentation dénature le principe sucré, l'extractif diminue sensiblement. Alors une portion presque ramenée à l'état de fibre se précipite ; le dépôt en est d'autant plus sensible, que la fermentation s'est plus ralentie et que l'alkool est plus abondant ; c'est sur-tout ce qui constitue la lie. Cette lie est toujours mêlée d'une quantité assez considérable de tartre qu'elle enveloppe.

Il existe toujours dans le vin une portion d'extractif qui y est dans une dissolution exacte ; on peut l'en retirer par l'évaporation. Il est plus abondant dans les vins nouveaux que dans les vieux. Ils en paroissent d'autant plus complètement débarrassé squ'ils ont plus vieilli.

Cette lie desséchée au soleil ou dans des étuves, après avoir été fortement exprimée, est ensuite brûlée pour en extraire cette sorte d'alkali appelé dans le commerce *cendres gravelées*. La combustion s'opère dans un fourneau dont on élève les parois à mesure qu'elle se fait; le résidu est une masse poreuse, d'un gris verdâtre, qui forme environ la trentième partie de la quantité de lie brûlée.

C'est cette lie dont on débarrasse les vins par le soutirage, lorsqu'on veut les préserver de la dégénération acide.

5°. L'AROME. Tous les vins naturels ont une odeur plus ou moins agréable. Il en est même qui doivent une grande partie de leur réputation au parfum ou bouquet qu'ils exhalent. Le vin de Bourgogne est dans ce cas-là. Ce parfum se perd par une fermentation trop tumultueuse; il se renforce par la vétusté. Il n'existe que rarement dans les vins très-généreux, ou parce que l'odeur forte de l'alkool le masque, ou parce que la forte fermentation qui a été nécessaire pour développer l'esprit l'a éteint, ou fait dissiper.

Cet arome ne paroît pas susceptible d'être extrait pour être porté à volonté sur d'autres substances. Le feu même paroît le détruire; car, à l'exception du premier liquide qui passe à la distillation, et qui conserve un peu de l'odeur particulière au vin, l'eau-de-vie qui vient ensuite n'a plus que les caractères qui lui appartiennent essentiellement.

6°. LE PRINCIPE COLORANT. Le principe colorant du vin existe dans la pellicule du raisin : lorsqu'on fait fermenter le moût sans le marc, le vin en est blanc. Ce principe colorant ne se dissout dans la vendange que lorsque l'alkool y est développé; ce n'est qu'alors que le vin se colore; et la couleur en est d'autant moins nourrie que la fermentation a été plus tumultueuse, ou qu'on a laissé cuver plus long-tems. Cependant la seule expression du raisin par un foulage fait avec soin peut mêler au moût une quantité suffisante de principe colorant pour faire prendre à la masse une couleur assez intense ; et lorsqu'on a pour but d'obtenir du vin assez décoloré, on cueille le raisin à la rosée, et on foule le moins possible.

Le principe colorant se précipite en partie dans les tonneaux avec le tartre et la lie; et lorsque le vin est vieux, il n'est pas rare de le voir se décolorer complètement; alors la couleur se dépose en pellicules sur les parois des vases ou dans le fond : on voit comme des membranes nager dans le liquide et troubler la transparence de la liqueur.

Si l'on expose des bouteilles remplies de vin au soleil, quelques jours suffisent pour précipiter le principe colorant en larges pellicules. Le vin ne perd ni son parfum ni ses qualités. J'ai fait
souvent

souvent cette expérience sur des vins vieux très-colorés du midi.

Il suffit de verser de l'eau de chaux en abondance sur le vin pour en précipiter le principe de la couleur. Dans ce cas, la chaux se combine avec l'acide malique, et forme un sel qui paroît en flocons légers dans la liqueur. Ces flocons se déposent peu-à-peu et entraînent tout le principe colorant. Le dépôt est noir ou blanc, selon la couleur du vin sur lequel on opère. Il arrive souvent que le vin est encore susceptible de précipiter, quoiqu'il ait été complètement décoloré par un premier dépôt; ce qui prouve que le principe de la couleur a une très-forte affinité avec le malate de chaux. Le précipité coloré est insoluble dans l'eau froide et dans l'eau chaude. Ce liquide ne produit même aucun changement sur la couleur. L'alkool n'a presque aucun effet sur lui, seulement il y prend une légère teinte brune. L'acide nitrique dissout le principe colorant de ce précipité.

Lorsqu'on a réduit le vin à l'état d'extrait, l'alkool qu'on y passe dessus se colore fortement de même que l'eau, quoique moins. Mais, outre le principe colorant qui se dissout alors, il y a encore un principe extractif sucré qui facilite la dissolution.

Le principe colorant ne paroît donc pas de la nature des résines ; il présente tous les caractères qui appartiennent à une classe très-nombreuse de produits végétaux qui se rapprochent des fécules sans en avoir toutes les propriétés. Le plus grand nombre de principes colorans sont de ce genre : ils sont solubles à l'aide de l'extractif; et lorsqu'on les dégage de cet intermède, ils se fixent d'une manière solide.

DES INSTRUMENS,

VAISSEAUX ET MACHINES

RELATIFS AU VIN.

S'IL est nécessaire au cultivateur de s'instruire des principes de l'art de faire le vin pour apprécier les méthodes pratiques qu'il emploie, le propriétaire de vignes, qui voit tout par lui-même, qui entre dans les plus légers détails de l'économie rurale, trouvera également utile de connoître la meilleure manière de construire les vaisseaux destinés à récolter la vendange, faire le vin, et le conserver après la fermentation; il désirera savoir quels soins exige leur entretien annuel, pour éviter les pertes occasionnées par les mauvais goûts que les vins peuvent contracter. Il sait que la plus légère inattention à cet égard peut faire gâter le vin d'un tonneau, ou même une cuvée entière. Les risques qu'il court lui feront supporter l'énumération des précautions de détail, fastidieuses pour tout autre sans doute, mais indispensables pour prévenir tous les accidens auxquels peut exposer la mauvaise construction des vaisseaux, instrumens ou machines employés dans la fabrication des vins. Ce travail est divisé en quatre sections : la première traite *des vaisseaux destinés à la vendange* ; la seconde, *des vaisseaux et machines qui servent à la fabrication du vin* ; la troisième, *des vaisseaux à contenir le vin* ; et la quatrième, *des caves et selliers*.

SECTION PREMIÈRE.

Des vaisseaux destinés à la vendange.

On comprend sous cette dénomination les hottes et paniers, et les petits vaisseaux nommés vulgairement *seilles*, dont on se sert pour cueillir le raisin ; enfin les bannes et banneaux pour transporter la vendange. Plusieurs de ces vaisseaux ont différens noms suivant les provinces, et il n'est pas possible d'en donner ici l'énumération.

DES HOTTES.

La hotte, vulgairement nommée *danderlin*, en Champagne, est un vaisseau fait avec de l'osier ou de tel autre bois pliant, auquel deux courroies sont attachées, dans lesquelles le porteur passe les bras. On s'en sert communément dans toutes les provinces septentrionales de France, à commencer depuis la Bourgogne, pour transporter les raisins hors de la vigne, où on les verse dans les bannes qui servent à les porter à la cuve.

Des Paniers.

Le panier est un vaisseau également formé avec des bois pliants, et surmonté d'une anse, il sert à recevoir les raisins au moment où ils sont séparés des sarmens. Ces vaisseaux ne doivent être employés que dans les pays où le raisin n'acquiert pas une maturité parfaite, et où l'on ne craint pas que son grain meurtri laisse échapper le suc qu'il contient, d'où il résulte une perte réelle, très-capable d'effrayer, si l'on calculoit combien chaque panier plein de raisin perd de moût, lorsqu'on vendange pendant la grosse chaleur, parce qu'alors la pellicule du raisin est plus tendre et plus facilement brisée.

Les hottes et les paniers doivent être lavés avec soin dans plusieurs eaux, quelques jours avant la récolte, et être mis à sécher au soleil, afin qu'ils conservent, pendant le moindre tems possible, l'humidité qui les pourrit, et leur donne souvent un goût de moisi, si la dessication a été lente, et si ces vaisseaux ont été tenus dans des endroits trop frais.

Des Seilles.

Ces vaisseaux sont en bois ; ils sont aussi employés à recevoir le raisin au moment où il est coupé. Elles sont composées de petites douves de bois blanc, comme de saule, de peuplier, de tilleul, etc. Elles sont retenues par quatre cerceaux également en bois : une de ces douves s'élève par-dessus les autres de trois ou quatre pouces ; elle est percée dans son milieu d'un large trou dans lequel le vendangeur passe la main pour en faciliter le transport. Les seilles un peu volumineuses ont deux douves semblables ; leur forme est ronde, leur hauteur de six pouces, et leur diamètre d'un pied ; c'est la grandeur ordinaire. Ces vaisseaux doivent être tenus, pendant l'année, dans un lieu sec, mais à l'abri du grand air et du soleil, parce que les douves se déjoindroient : il en coûteroit alors presque autant pour les faire remonter, que pour en acheter de neuves. Si on les tient dans un endroit humide, leur bois, extrêmement poreux, pourrit aisément, et contracte un mauvais goût, qu'il est très-difficile d'enlever. De tous les goûts que le vin est susceptible de prendre, il n'en est aucun qu'il s'approprie plus facilement que celui de moisi : objet que tout cultivateur attentif ne doit jamais perdre de vue ; parce que le mauvais goût contracté par le vin, quoiqu'insensible dans le commencement, augmente sans cesse, et finit par rendre cette liqueur détestable. Aussi on ne peut pas trop recommander la plus grande propreté.

On visitera soigneusement chaque seille, au moins un mois avant les vendanges, pour examiner si les douves et les cerceaux sont en bon état ; et quelques jours avant la récolte, on les lavera, ou les remplira d'eau, afin qu'elles soient en état de contenir le raisin, et de ne pas laisser écouler le moût. On trouve dans les provinces méridionales, au fond de chaque seille, en vidant le raisin, environ la valeur d'un verre de moût, qui auroit été perdu si l'on se fût servi de paniers.

Des Bannes et Banneaux.

Ce que j'ai dit des seilles doit s'appliquer également à ces vaisseaux destinés à transporter la vendange de la vigne à la cuve (*voyez pl.* I. *fig.* 7.); ils exigent les mêmes soins et la même propreté. Si vous attendez à la veille de la récolte pour les faire mettre en état, soyez assuré qu'ils seront mal réparés. Tout ce que l'on fait à la hâte est toujours mal fait ; l'ouvrier trop occupé, et surchargé en ce moment, charpente l'ouvrage ; et si vous vous plaignez, il répond que vous êtes bien heureux qu'il ne l'ait pas laissé pour finir celui des autres. Le besoin qu'on a de lui le rend insolent, et votre négligence est son excuse. Examinez donc, dès le commencement du mois d'août, si les fonds des bannes et banneaux ne sont pas pourris; si les cerceaux ne sont point vermoulus; si les douves sont en bon état; et, ce qui est encore très-essentiel, s'ils n'ont contracté aucun mauvais goût, soit à cause de la mal-propreté, soit par un trop long séjour dans un endroit humide. Faites-les laver pendant huit jours, avant le tems fixé pour les vendanges, afin de faire enfler le bois, et qu'il soit en état de contenir le suc des raisins.

Quelques vignerons négligens laissent toujours la même eau; elle contracte un mauvais goût dans ces vaisseaux, et cette eau développe davantage celui du bois, qui se communique ensuite aux raisins. Il faut que l'eau soit vidée, changée et renouvelée chaque jour. Enfin faites-les frotter et laver de nouveau, la veille de la récolte, afin qu'on puisse s'en servir avec confiance dans le moment. Il convient encore de les tenir abouchés, mais un peu relevés d'un côté.

Ces précautions paroîtront minutieuses au propriétaire qui s'en rapporte au vigneron, et qui ne sait pas voir par lui-même : le cultivateur ne les regardera pas ainsi. Il faut connoître l'ouvrage si vous voulez qu'il soit bien fait, et que vos ordres soient exécutés. Combien de vendange perdue le jour de la récolte, pour n'être pas entré dans ces détails! J'ai vu les abus, et les abus multipliés; je cherche à les détruire.

Il y auroit plusieurs réformes à faire sur ces vaisseaux destinés à voiturer la vendange. Je n'en ai encore trouvé dans aucun cellier qui fussent de la même contenance ; tous sont, ou plus grands, ou plus petits ; et dans le tems où l'on percevoit la dîme, celui qui en étoit chargé n'oublioit jamais de choisir le plus petit, ce qui étoit une perte pour le propriétaire.

Ces vaisseaux sont faits ordinairement avec des douves de bois de chêne, et ils durent très-long-tems. Malgré cela, je les préfèrerois en bois de saule, ou de peuplier, parce qu'ils pèseroient moins ; l'homme destiné à porter le banneau de vendange, de la vigne à la cuve, seroit moins fatigué ; et si l'on veut que la charge soit égale, alors on pourroit lui donner plus de contenance : on diminuera ainsi les frais, et la levée de la récolte sera plus prompte et plus expéditive. Ce que je dis des banneaux doit s'appliquer également aux vaisseaux dont on charge les mulets, les ânes, et les voitures. On trouvera une grande différence, sur-tout pour la charge des voitures.

Si on objecte la durée des vaisseaux fabriqués en bois de chêne, comparée avec la durée de ceux en bois de saule et de peuplier, je conviendrai que cet objet mérite quelques considérations; mais si le bois de saule est commun dans le pays, l'un sera compensé par l'autre, parce que le bois de chêne travaillé est toujours très-cher. Des bannes et banneaux de peuplier, ménagés comme je l'ai indiqué, dureront plus de trente ans; et ces vaisseaux, une fois avinés, sont rarement piqués par les insectes. C'est un fait.

Il faut avoir attention, soit que les bannes et banneaux soient construits en bois de chêne, ou de peuplier, ou de saule, d'examiner si leurs douves ont été prises dans le cœur de l'arbre, ou bien si elles sont fabriquées avec son aubier, ou si une douve est moitié aubier et moitié cœur de bois; dans ces deux cas n'achetez pas le vaisseau, ou contraignez le marchand à substituer une bonne douve à la mauvaise. Nous en dirons les raisons en parlant des douves et des tonneaux.

L'ouvrier construit tout à la hâte, et il est content pourvu qu'il vende sa marchandise. Aussi on voit souvent que les *cornes* ou manettes de ces vaisseaux ne correspondent pas directement l'une à l'autre dans leurs parties opposées; l'une est plus à droite, l'autre est plus à gauche, et quelquefois il s'en manque d'un pouce qu'elles ne soient placées dans le milieu. Il arrive de cette défectuosité, que lorsqu'on soulève ces vaisseaux, ils doivent nécessairement incliner d'un côté, et répandre une partie considérable de vin. J'en appelle à l'expérience, pour juger de la quantité.

SECTION II.

Des Vaisseaux et Machines servant à la fabrication du Vin.

DES EGRAPPOIRS.

Les *égrenoirs, égrappoirs* ou *dégrappoirs* varient suivant les provinces. Ici, ces instrumens ne sont qu'un filet à mailles larges, formé avec de petites cordes d'une forte ligne de diamètre, tendues et assujéties sur un cadre de bois placé sur la superficie de la cuve ; là, c'est une large mai ou table, en plan incliné, dont la base correspond à la cuve. Sur cette table et à la hauteur de trois pouces, est placé un treillis en bois, les ais formés par des tasseaux de la longueur de la mai, et placés les uns à côté des autres, en laissant entr'eux un vide de demi-pouce. Dans le premier cas, la vendange, telle qu'on l'apporte de la vigne, est jetée sur le filet, et des hommes armés de râteaux en passent et repassent le dos sur les raisins, jusqu'à ce que les grains soient séparés de la grappe ; ensuite, retournant le râteau du côté de ses dents, ils retirent la grappe égrenée. Par cette méthode, le grain, il est vrai, est séparé de la grappe ; mais il n'est pas assez écrasé, et tombe presque entier dans la cuve. On remédie autant qu'on le peut à cet inconvénient, en piétinant ces grains dans la cuve, et malgré cela ils ne sont jamais bien foulés. Dans le second, des hommes marchent sans cesse sur les tasseaux, foulent les grains ; et lorsqu'ils le sont assez, ils enlèvent la grappe restante. On perd beaucoup de vin par ce procédé. Le mucilage, le suc du raisin se logent entre les pédicules de la grappe, et y restent. Cette grappe, ainsi pénétrée, est jetée dans un vaisseau à part contenant de l'eau, et y fait du petit vin qui sent beaucoup plus la grappe que celui fait avec la grappe même, après qu'elle a subi la fermentation vineuse avec le reste de la vendange, parce que cette vendange s'est approprié sa dureté, son astriction, etc. Je réponds de ce fait d'après l'expérience. L'espace entre les barreaux de cet égrappoir est souvent rempli par les grappes foulées aux pieds des ouvriers, et quelquefois à un tel point que la liqueur s'écoule avec beaucoup de peine, et souvent point du tout. Alors on soulève le grillage, on le nettoie et on le remet sur la mai, ce qui entraîne la perte du tems, dérange ou ralentit l'opération.

Il en faut bien moins pour distraire ou dégoûter les ouvriers. L'avantage de cet égrappoir est de servir en même tems de fouloire, assez imparfaite à la vérité. Il est des cantons où l'on foule la vendange simplement sur la mai, et on rassemble la grappe dans un des coins après qu'elle est bien foulée, afin qu'elle laisse couler une partie du suc qu'elle contient; et ensuite on l'enlève pour en placer de nouvelle dans le même endroit. Quelques uns enfin, si la mai est assez grande, laissent toute la grappe jusqu'à ce que l'opération soit finie. Communément l'extrémité de ces grandes mais correspondantes à la cuve est garnie d'une espèce de petit râtelier ou grillage assez serré, afin que la liqueur seule coule dans la cuve, et que les grains non foulés soient retenus sur la mai. Je préférerois cet égrappoir au premier, malgré la quantité de mucilage et de vin qui reste dans la grappe, parce que, par la même opération, on égrappe et on foule. Je dirois encore que par ce piétinement la grappe est plus froissée, plus meurtrie, et par conséquent elle communique plus son acerbe et son âpreté au moût. Mais la méthode adoptée et suivie dans le Bas-Languedoc me paroît infiniment préférable.

 Pour avoir une idée de cette opération, il est nécessaire de consulter les figures de la *planche I*. La *figure* 7 représente ce qu'on appelle dans ce pays une *Comporte*, nommée dans d'autres

Banne, *Benne*, *Banneau*, etc. La *figure* 8 représente l'égrappoir proprement dit : c'est un morceau de bois d'un pouce environ de grosseur, long de dix-huit à vingt-quatre pouces, divisé à peu près dans son milieu en trois parties, et qui forme une fourche triangulaire; la femme, *fig.* 9, destinée à égrapper, prend la banne, la soulève d'un côté, et la maintient dans cet état entre ses deux genoux, au quart, ou au tiers, pleine de raisins non foulés. D'une main, elle tient le manche de la fourche, et de l'autre, une de ses cornes, et avec les deux autres cornes, elle foule le raisin, en sépare la grappe et la jette. De cette banne elle passe à une autre, fait la même opération, et les suit toutes les unes après les autres. Si la banne est trop remplie, l'ouvrière a beaucoup plus de peine, l'opération est mal faite; si elle est remplie dans la proportion convenable, c'est un jeu pour elle. Des hommes viennent ensuite; rassemblent ce qui a été égrappé, en remplissent des bannes, et les chargent sur les charrettes : les bannes sont placées sur les lisières de la vigne, et une égrappeuse suffit à dix ou douze vendangeuses. On paye sa journée plus que celle des autres femmes.

La Fouloire.

La vendange, quoique séparée de la grappe, n'est pas en état d'être jetée dans la cuve. Il faut auparavant que le grain soit bien écrasé, afin que la pulpe nage dans un grand véhicule, et que l'écorce intérieure, qui contient *seule* la partie colorante, présente le plus de surface possible à l'esprit ardent, à mesure qu'il se forme, afin qu'il en dissolve une plus grande quantité.

Les bannes arrivées au cellier sont jetées les unes après les autres dans la fouloire. C'est un vaisseau ressemblant par la forme à une pétrière à pain, et ses bords relevés de dix-huit à vingt-quatre pouces. Si elle est placée sur la cuve, ce qui vaut infiniment mieux que de la placer à côté, un simple grillage, formé de tasseaux de bois bien lisses, suffit pour son fond; et chaque barreau ne doit être espacé que de six lignes, afin qu'aucun grain ne puisse passer à travers sans être écrasé.

Si on la place à côté de la cuve, elle exige nécessairement, 1°. un fond solide, percé sur le devant, afin que la liqueur coule dans un vaisseau destiné à la recevoir; 2°. à six pouces au-dessus du fond fixe, est placé un fond mobile et en grillage, soutenu par des tasseaux et par des traverses; du fond mobile la liqueur coule sur le fond solide, etc. Lorsque les grains sont bien piétinés, bien écrasés dans l'une ou l'autre de ces fouloires, lorsque la liqueur est suffisamment écoulée, les hommes qui ont fait l'opération, armés de pelles, jettent dans la cuve la pulpe restée dans la fouloire; alors on remet de nouvelle vendange, et ainsi de suite, jusqu'à ce qu'il n'en reste plus. Moins on met de vendange à-la-fois dans la fouloire, et mieux le grain est écrasé, et l'opération va plus vîte; car un homme piétineroit presque pendant une journée entière une fouloire trop remplie, qu'elle le seroit mal.

Je regarde la division du grain comme un point des plus essentiels à la bonne fermentation, et indispensable pour assurer la couleur parfaite du vin.

DES CUVES.

La cuve est un grand vaisseau garni d'un seul fond destiné à recevoir la vendange (*pl. I. fig.* 2). La forme de ce vaisseau varie suivant les pays; ici, elle est ronde; là, carrée; dans quelques endroits, cerclée en fer; dans d'autres, avec de forts cerceaux faits avec le bois de châtaignier, ou avec celui du bouleau, ou avec celui du frêne. La même variété a lieu relativement aux douves, qui sont ou de chêne, ou de châtaignier, ou de mûrier.

I. *De la forme des cuves.* Dans toute la France elle est plus large par le bas que par le haut; ordinairement

dinairement aussi haute que large, et souvent plus haute que large. Dans les environs de Sens, au contraire, la cuve est environ deux fois plus large que haute, et plus large ou au moins aussi large dans le haut que dans le bas. S'il en existe ailleurs de semblables, je l'ignore; ce sont plutôt de vastes cuviers pareils à ceux destinés pour les lessives de ménage, que des cuves.

On a raison de tenir le haut plus étroit; et le degré de resserrement dépend de la main de l'ouvrier, qui diminue plus la largeur de la douve par le haut que par le bas; par ce moyen les douves joignent beaucoup mieux, et les cerceaux quelconques ont une action plus immédiate sur les douves. Si on manioit une cuve comme un tonneau, comme une barique, il seroit *à la rigueur* moins nécessaire d'élargir le bas et de diminuer le haut; mais une cuve une fois placée ne se dérange plus : il faut donc que, lorsque chaque année on rebat les cerceaux avant la vendange, le cerceau ne puisse pas glisser du haut en bas; ce qui arriveroit nécessairement si la colonne formée par la cuve étoit droite, à cause de la retraite prise par le bois, et que la chaleur de l'été rend indispensable. Ainsi, que la cuve soit ronde ou carrée, il est essentiel que le bas soit plus large que le haut.

Les grands propriétaires de vignobles doivent préférer les formes carrées, puisqu'en supposant la même hauteur et le même diamètre à une cuve ronde, elle tiendra moins qu'une cuve carrée, parce que celle-ci gagne par ses angles. La carrée mérite encore la préférence sur la ronde, en ce qu'elle est moins dispendieuse pour l'entretien ; quatre *bandes* sur chaque face d'une cuve de six pieds de hauteur, suffisent et il faudra au moins deux douzaines de cerceaux pour une cuve ronde de la même hauteur. Les cerceaux sont plus communément faits d'une petite partie de cœur de bois et d'aubier, que de vrai bois ; il n'est donc pas surprenant s'ils sont plutôt vermoulus, et si, pour en placer un qui éclate, il faut enlever tous ceux du dessus ; au lieu que la *bande* est toujours de bons bois, comme il sera dit ci-après, et qu'on peut l'enlever et la remettre sans le plus léger inconvénient.

En général les cuves n'ont point assez de hauteur en raison de leur largeur ; ce défaut vient souvent du peu de hauteur du plancher du cellier, ou de ce que l'on recherche trop la facilité de jeter la vendange dans la cuve. Si le plancher du cellier est élevé, rien n'empêche de former avec de longues et fortes planches une montée doucement inclinée, qui prendroit de la porte du cellier, et se continueroit vers la cuve. Je préfèrerois la cuve placée ainsi que je le dirai en parlant des celliers dans la quatrième section de ce travail.

Les cuves rondes sont trop connues pour les décrire ; les carrées le sont moins. Si elles étoient parfaitement carrées, aucune bande, même la mieux serrée, ne feroit joindre parfaitement les douves : il faut donc que l'ouvrier, en les préparant, donne quelques lignes de plus à la surface extérieure qu'à la surface intérieure ; il en est de même pour les cuves rondes, mais la diminution sur la partie intérieure de celles-ci doit être plus forte. Un renflement d'un pouce à un pouce et demi sur chaque face, et égal sur toutes, suffit pour une cuve carrée de cinq à six pieds de diamètre : la bande doit décrire la même courbe, et l'on peut, si l'on veut, le prendre sur son épaisseur ; mais il vaut mieux lui faire acquérir cette courbe, ou par le moyen du feu, ou en mouillant le bois et le chargeant de pierres sur les deux bouts, lorsqu'il est assis sur un terrein affermi auquel on a donné à-peu-près la forme de la courbe, et non pas autant que celle que doit par la suite décrire la bande à force d'être serrée par les clefs.

II. *De la proportion des cuves.* Elle est arbitraire, et dépend de la fantaisie de l'ouvrier. Je crois cependant que la bonne règle seroit au moins de dix à douze lignes de resserrement par pied sur la hauteur ; alors les bandes ou les cercles joindroient fortement, lorsqu'on enfonceroit les clefs des premières, et lorsque l'on chasseroit les seconds de haut en bas avec le coin sur lequel doit frapper le maillet. Un autre motif, au moins aussi intéressant que le premier, rend précieuse cette inclinaison sur la partie intérieure, et je suis surpris que personne n'y ait encore fait attention : si les parois de la cuve étoient perpendiculaires, la masse fermentante se soulèveroit sans contrainte vers sa surface ; le *chapeau* de la vendange, si avantageux à la fermentation, n'auroit presque point de consistance, et bomberoit peu dans le milieu ; au lieu que ses bords, pressés par le plan incliné donné aux douves, sont repoussés vers le milieu ; et peu-à-peu les grains de raisins, les pellicules, semblables à autant de coins qui pressent vers le centre, augmentent le volume du chapeau, et le font bomber en raison de l'inclinaison des douves. Que l'on considère le chapeau d'une cuve évasée également par le haut comme par le bas, ou d'une cuve beaucoup plus étroite dans sa partie supérieure, et l'on verra une différence bien sensible dans la courbure.

III. *Des cuves carrées.* Le premier soin du propriétaire est de visiter, avant qu'on assemble les pièces, séparément chaque douve du fond et des côtés, et de rejeter sans miséricorde celle qui aura encore quelque portion d'aubier, sur-tout dans les angles ; 2°. d'examiner si le bois est parfaitement sec, et a fait son *effet*; 3°. s'il n'est point traversé de part en part par des nœuds qui soient gercés, crevassés ; 4°. si chaque pièce a été partout bien dressée sur le banc ou colombe, afin qu'il ne reste point de vide lorsqu'on la présentera à la douve voisine; en un mot, si chaque pièce est exactement saine d'un bout à l'autre, et si elles sont toutes de la même épaisseur. On paiera bien cher dans la suite ces manques d'attention, ou cette confiance aveugle dans l'ouvrier.

Un des points importans est que le jable, ou rainure ménagée dans la partie inférieure de la douve, soit large, profond, proportion gardée avec l'épaisseur du bois, et que le clin de la douve le remplisse exactement.

Toutes les pièces qui forment le fond doivent être goujonnées, c'est-à-dire, garnies de chevilles qui les réunissent les unes aux autres par le plan de leur épaisseur. Ce que j'ai dit des douves de la circonférence s'applique encore plus essentiellement à celles du fond, parce qu'une fois en place, on n'a plus la facilité de les examiner et d'y remédier comme à celles des côtés.

Chaque douve des encoignures doit être taillée en équerre et d'une seule pièce, afin de recevoir les deux douves ses voisines. Si les coins étoient formés par la réunion des deux douves, il seroit bien difficile que la liqueur ne coulât pas ;

les coins seroient toujours mal serrés par les bandes.

Toutes les douves d'une cuve carrée sont maintenues par quatre rangs de liens ou bandes. La plus inférieure appuie contre les douves du fond; et entre cette extrémité il reste au moins un espace de quatre à cinq pouces. Cet espace est garni par des traverses de même épaisseur qui soutiennent le fond; et ces traverses, et le bas des douves, et le bas du lien, portent sur des pièces de bois sur lesquelles la cuve est montée : on peut suppléer ces pièces de bois par des piliers en maçonnerie ou par des murs. Le grand point est que sous la cuve il règne un grand courant d'air et point d'humidité, si on veut garantir le fond de la moisissure qui entraîne bientôt la pourriture. La seconde bande est placée à-peu-près à un pied au-dessus de la première ; la troisième et la quatrième, à la même distance.

On appelle *bande* ou *lien*, une planche de chêne ou de châtaignier de trois à quatre pouces d'épaisseur, sur une longueur proportionnée au diamètre de la cuve, et de six pouces de hauteur, mais qui doit excéder ses bords au moins de huit pouces de chaque côté.

Ce lien (*fig.* 1, *pl. I*), est percé en A d'une mortaise, et garni, à son extrémité B, d'un tenon percé dans son milieu d'un trou pour recevoir la clef C. A présent, en supposant ces quatre liens taillés ainsi, on voit qu'une partie est emboîtée, et que l'autre emboîte celle qui s'en rapproche. Ainsi, dans la mortaise A, entre le tenon B du lien voisin, et ainsi successivement; de manière que, lorsque les clefs C sont placées, les quatre liens sont assujettis les uns contre les autres; ils touchent alors par tous les points les douves des quatre faces : comme les clefs sont faites en coin, plus on les enfonce, et plus les quatre liens serrent les douves. Le tenon B doit être garni d'un petit cerceau de fer à son extrémité, afin que la clef, chassée fortement par le marteau, ne le fasse pas éclater. Si la mortaise A occupe la droite dans le lien supérieur et sur la face de devant, elle occupera la gauche sur la même face dans le second lien; la droite sert pour le troisième, et la gauche pour le quatrième : il en est de même pour tous les liens de chaque face. Dans quelques endroits le lien de devant et de derrière est garni d'une mortaise à chacune de ses extrémités, et les extrémités des deux autres sont garnies par des tenons. Je crois que les douves sont plus serrées par la première méthode.

IV. *Des cuves rondes avec des liens.* Dans les provinces méridionales, où les grands cerceaux sont prodigieusement coûteux, on a imaginé des liens moins dispendieux; et la nécessité a fait naître l'industrie. La *figure* 2 représente une de ces cuves vue en perspective, et ces liens marqués A; la *figure* 3 fait voir le fond de la cuve garnie de ses liens A, pour soutenir les douves perpendiculaires dont la place est marquée en B, et dans le jable desquels s'enfonce le clin du fond C; la *figure* 4 offre le profil d'une partie des courbes qui forment le lien, et fait voir leur assemblage. Chaque pièce de bois a communément trois pieds de longueur, quatre pouces de largeur, et trois pouces de hauteur. Chaque extrémité est échancrée, ainsi qu'on le voit *figure* 4, et les pièces A sont réunies par des chevilles B qui les traversent de part en part. Pour trouver la courbe nécessaire, on entaille le bois; il vaudroit mieux, si la chose étoit possible, trouver des morceaux de bois qui eussent la courbure nécessaire, parce que le bois seroit à droit fil et par conséquent plus solide.

V. *Des cuves en maçonnerie.* Je préfère celles-ci à toutes les autres: une fois construites avec soin, elles n'exigent plus aucune réparation, et on peut les appeler *cuves éternelles*. Je crois même que celles en bois sont plus coûteuses. Cet objet mérite une attention particulière de la part des grands propriétaires de vignobles.

La forme carrée est la plus avantageuse, et en même tems la plus économique, parce que, si on construit trois cuves à côté les unes des autres, on économise et la matière et la main-d'œuvre de deux murs. Il y a deux manières de les construire, ou en *béton*, ou en *pouzzolane*. Le béton n'est autre chose que le mélange de la chaux, du sable et du gravier. Il faut bien se garder de le confondre avec le mortier de M. *Loriot*, et celui de M. de *Lafaye*. En voici le procédé. On prend de la chaux récemment tirée du four; on l'éteint dans un bassin proportionné à sa quantité : et ce bassin n'est autre chose que du gros gravier mêlé de sable, disposé circulairement pour contenir l'eau et la chaux. Dès que la chaux est éteinte, et encore toute chaude, et très-chaude, c'est-à-dire, au moment où elle est bien infusée, un ou plusieurs hommes, armés de broyons, broient ensemble cette chaux, ce sable et ce gravier ; et lorsque le mélange est bien fait, c'est le moment d'employer ce mortier. Il est bon que la proportion de la chaux soit d'un cinquième plus forte que dans le mortier ordinaire, à moins que la chaux ne soit d'une qualité supérieure. Quant au sable, plus il est pur et dépouillé de parties terreuses, mieux il vaut pour la construction des cuves ; pour lui donner cette perfection il faut le laver à grande eau, afin qu'elle entraîne les molécules terreuses.

On ne peut, pour les cuves, employer le béton, comme pour les caves et les fondations des édifices : il faut ici construire des encaissemens avec des planches bien jointes ensemble, et soutenues par derrière avec des piquets.

Nous supposons qu'un propriétaire veuille construire trois cuves sur un même alignement, et qui se toucheront ; nous supposons encore que chacune de ces cuves aura huit pieds de diamètre, sur neuf à dix de hauteur : voici leurs proportions. Si on adosse ces cuves contre un des angles des murs du cellier, l'épaisseur de douze à quinze pouces suffit ; celle des murs de séparation, de quinze pouces ; celle des murs de face, de deux pieds quatre pouces par le bas, réduits à dix-huit pouces d'épaisseur dans la partie supérieure. L'expérience a justifié la solidité de ces proportions. Dans les cuves ainsi construites, toute la partie intérieure de la maçonnerie est montée perpendiculairement, et la réduction de vingt-huit pouces à dix-huit est prise sur la partie extérieure des murs de face.

Avant de songer à élever ces murs, il faut auparavant avoir fait un massif de maçonnerie ordinaire de 30 pouces de hauteur au-dessus du sol, et par-dessus étendre un lit de béton d'un pied d'épaisseur. Cette élévation facilite le service de la cuve lorsqu'on tire le vin ; et dans le cas qu'on fasse fermenter des vins blancs, après les avoir mis sur le pressoir, comme on le pratique dans quelques endroits de la France, on approche la barique sous la canelle; elle se remplit, on ferme le robinet; on remplit une nouvelle barique, et ainsi successivement.

Ce lit sera incliné vers la partie antérieure de la cuve, afin que le vin puisse s'écouler entièrement par la canelle implantée à la base du mur de face. C'est sur ce lit que doivent prendre naissance tous les murs du pourtour et de séparation.

Un ouvrier adroit et intelligent peut donner même inclinaison sur la partie intérieure que dans les cuves en bois; le tout dépend de la manière dont il formera les côtés intérieurs de son encaissement ou plutôt de son moule.

Il est bien plus essentiel que la cristallisation des murs d'une cuve soit égale par-tout, que pour ceux d'une *cave*. (*Voy*. cet article.) Il est donc nécessaire de prendre des précautions en les élevant : à cet effet, on formera des couches de béton de trois pouces d'épaisseur. Des ouvriers, armés de battoirs semelés de fer, massiveront cette couche, en formeront une nouvelle qu'ils massiveront encore ainsi successivement. Pendant les heures des repas des ouvriers, on couvrira ces couches avec de la paille mouillée, si la chaleur du jour est forte; on aura la même attention lorsqu'ils quitteront le travail à l'approche de la nuit. Le lendemain matin, ils enlèveront ce lit de paille, et passeront sur toute la superficie de l'ouvrage une légère couche d'un lit de chaux, et cette couche facilitera l'union intime du travail du jour et du travail de la veille : c'est ainsi qu'on achèvera les trois cuves, et plus si on le désire. Toute l'opération finie, il ne reste plus qu'à tenir les fenêtres du cellier fermées, afin d'y conserver la fraîcheur. La saison la plus convenable à cette espèce de construction est le commencement du printems : dans les grandes chaleurs, le béton cristallise mal, l'évaporation de l'eau surabondante est trop rapide.

Les cuves montées en *pouzzolane* se construisent à l'instar des maçonneries ordinaires. La seule différence consiste à mettre moitié chaux, un quart de sable, et un quart de pouzzolane, et, lorsque les murs sont faits, de passer sur la partie intérieure une forte couche de ce mortier à plusieurs reprises différentes, afin que les gerçures formées dans la première épaisseur soient bouchées par le mortier du second lit, et enfin par le troisième. Un ouvrier sera pendant un jour ou deux occupé à passer et repasser sa truelle sur les parois de la couche, à l'appuyer fortement ; ce qui est une espèce de massivage.

Ceux qui n'auront pas de pouzzolane peuvent bâtir à la manière de Lille et de Tournai. Je ne conseille point les mortiers préparés avec la brique réduite en poudre, qu'on substitue à la pouzzolane. J'ai vu une cuve construite avec ce dernier mortier donner un mauvais goût au vin. Comme je ne l'ai vue qu'en passant, sans avoir le tems de l'examiner, je n'insisterai pas davantage.

Je voudrois que les cuves en maçonnerie quelconque servissent à deux usages; et pour la vendange, comme cuves; et pour le vin, comme *foudres*. A cet effet, il faudroit élever sur le carré des murs de face, de seconds murs qui formeroient un cube, et au point de leur réunion il ne resteroit que dix-huit pouces de largeur. Dans ce cas, les murs de face auroient, sur toute leur hauteur, deux pieds quatre pouces d'épaisseur, et ceux du cube, seulement l'épaisseur de quinze pouces dans le haut, et diminueroient insensiblement d'épaisseur en approchant de la partie supérieure des murs de face. On conçoit, 1°. que, si on pratique ce cube, les murs de séparation d'une cuve à l'autre doivent nécessairement avoir l'épaisseur de deux pieds quatre pouces; 2°. que, pour maçonner et massiver ces murs aussi solidement que ceux de la base, il est nécessaire de leur donner un fort encaissement, que l'on élèvera à mesure, au moins extérieurement; 3°. que la forme cubique est préférable à toute autre, à cause de la facile construction de l'encaissement, et de la manière aisée de placer les supports de cet encaissement ; 4°. que la hauteur de ce cube dépend de celle du plancher, et des facilités qu'on peut se procurer afin de remplir ces cuves, et des moyens pour en retirer la vendange avec le secours d'une poulie, des seaux, etc.

On ménagera dans la partie supérieure du cube une recoupe de quelques pouces, destinée à recevoir un cadre de bon bois de chêne, garni de sa trappe percée d'un trou dans son milieu, qui, au besoin, fera l'office du trou de bondon des tonneaux. Dans le tems de la vendange et pendant celui de la fermentation, ce cadre sera enlevé ; et lorsque cette cuve ou foudre sera remplie de vin après avoir pressuré la vendange, la même trappe sera remise en place, et les intervalles qui resteront entre le bois et les parois du mur seront fortement mastiqués avec un mélange de sang de bœuf et de chaux réduite en poudre. Cette mixtion doit former une pâte molle, qui, peu-à-peu, prendra la consistance la plus solide.

VI. *Du couvercle des cuves.* Quelques particuliers se sont apperçus que la vaste surface d'une cuve laissoit échapper inutilement une très-grande quantité des principes du vin, qui assurent sa durée ; ils ont proposé en conséquence de placer sur la cuve un couvercle formé, soit avec de la paille, soit avec des couvertures d'étoffes, soit avec des planches; mais personne ne s'étoit encore avisé de proposer un couvercle double, semblable à celui de la *figure* 5.

« On aura soin de placer, dit l'auteur de cette
» invention, dans l'intérieur de la cuve, à la dis-
» tance d'un pied et demi environ du bord supé-
» rieur, un listeau fixe, circulaire et saillant, sur
» lequel on puisse faire reposer un cercle de bois
» semblable au fond de la cuve, et sur lequel les
» hommes puissent fouler les grains de raisins,
» si on n'aime mieux les faire écraser avant de
» les jeter dans la cuve. Ce cercle ou fond de
» bois doit être percé de plusieurs trous ronds,
» assez grands pour que les pellicules des raisins
» écrasés puissent y passer; et ces trous doivent
» être évasés par en-bas, afin que rien ne s'y
» arrête. Si ces trous sont plus étroits, alors ce
» fond intermédiaire sera composé de deux ou
» de plusieurs pièces, qu'on lèvera ensuite pour
» laisser passer les raisins pressés, et qui seront
» fixés par la traverse K, *fig.* 5. Ce fond, étant
» appuyé sur le listeau circulaire, qui est un vrai
» anneau, sera très-solide; il sera formé comme
» le fond des tonneaux, comme celui des cuves,
» et ne différera du fond de la base, que parce
» que celui-là aura un diamètre plus petit que
» celui de la double épaisseur des pièces latérales
» de la cuve.

» Cette cuve aura un couvercle ou fond su-
» périeur mobile, *fig.* 6, mais plus large que
» celui qui fait la base, afin qu'en le mettant sur
» l'ouverture de la cuve il puisse la couvrir sans
» s'enfoncer, quoiqu'une forte pression soit exer-
» cée sur lui. Par une raison semblable, la même
» solidité est requise pour le fond intermé-
» diaire qui est percé. Ces pressions seront pro-
» duites par deux pièces de bois, dont l'une CD,
» *fig.* 5, sera placée perpendiculairement entre
» le fond intermédiaire et le fond supérieur, et
» l'autre EF, *fig.* 6, entre le fond supérieur
» de la cuve et le plancher du cellier.

» Leur effet est d'empêcher que, lorsque le vin
» fermentera dans la cuve et s'élèvera, le fond
» intermédiaire et le fond supérieur ne soient
» déplacés et chassés par l'action de la liqueur
» qui se dilate. Mais l'effet des deux fonds est
» différent, et voici les raisons pour lesquelles on
» les place ainsi. Le fond intermédiaire, qui est
» percé de plusieurs trous, sert à empêcher que
» les pellicules du raisin ne montent au haut de
» la cuve, parce que ces corps réunis formant
» une *croûte légère*, surnageroient bientôt la
» liqueur, *s'aigriroient* en se desséchant par le
» contact de l'air, et communiqueroient ensuite
» aux vins la mauvaise qualité qu'ils ont con-
» tractée, comme le *levain* aigrit toute la masse.

» Ce

» Ce fond intermédiaire, étant percé, permet à
» la liqueur fermentante de s'élever dans la cuve,
» en passant par les trous qui ont été ménagés
» dans toute la surface de ce fond. Le couvercle
» ou fond supérieur est destiné à arrêter la trop
» grande évaporation des esprits du vin en fer-
» mentation, et de ce gaz qui se recombine en
» partie avec la liqueur. On ne doit pas craindre
» que le gaz, ainsi concentré, brise la cuve,
» parce qu'une partie sensible s'échappe par les
» joints des planches du fond supérieur, et sur-
» tout par les vides qui se trouvent entre cette
» espèce de couvercle et les bords de la cuve. »

J'ai cru indispensable de faire connoître la description de ce nouveau couvercle de cuve, consignée dans un mémoire couronné par une académie, afin de prévenir la partie du public qui ne réfléchit point, et qui croit sur parole, 1°. que l'exécution de ce double couvercle est impraticable; 2°. que, quand même elle le seroit, elle ne produiroit point l'effet que l'auteur annonce; 3°. que la croûte, ou chapeau, formée par les pellicules des grains du raisin égrené et bien foulés, est *très-épaisse*, et non une croûte légère; 4°. que cette croûte ne s'*aigrit* point; que, mêlée au vin, elle n'agit point comme le levain sur la pâte; 5°. que, même en supposant qu'au moyen de ces couvercles il ne s'élevât sur la surface du vin aucune grappe, aucune pellicule, l'écume qui se formeroit sur cette surface auroit autant le goût et l'odeur que l'auteur appelle *aigre*, sans la connoître, que la croûte légère dont il parle ; 6°. que l'auteur a fabriqué son couvercle d'après son imagination, sans en avoir fait aucune expérience ; et que ce qui vient d'être copié d'après son mémoire imprimé prouve qu'il n'a jamais suivi les effets de la fermentation d'une cuve.

VII. *De la préparation des bois destinés à la fabrication des cuves, des grands vaisseaux vinaires, etc.* Les bois de chêne blanc, et sur-tout de chêne vert et de châtaignier, contiennent un principe d'astriction et d'amertume désagréable, qui se communique au vin lors des premières fermentations dans la cuve, ou lorsqu'on met du vin dans les tonneaux pour la première fois. Ce principe est dû aux parties extractives contenues dans ces bois, et à leurs parties colorantes dont la liqueur s'imprègne. La prudence exige que le propriétaire achète les bois qui doivent servir à la construction, une ou deux années d'avance, et qu'à cette époque ils soient déjà secs. Ces bois, débités en douves grossières, seront, pendant les mois du printems et de l'été, plongés et maintenus dans une eau courante, ou dans des fosses dont l'eau puisse se renouveler au besoin. Dans ce second cas, on verra bientôt cette eau changer de couleur, devenir brune, contracter une odeur désagréable. Lorsqu'on renouvellera l'eau pour la seconde, la troisième fois, etc., sa couleur sera moins foncée : enfin, lorsque les douves ne coloreront plus l'eau, il sera tems de les tirer de la fosse, de les mettre sécher à l'ombre dans un lieu exposé à un grand courant d'air. On les range lit par lit, en sens contraire, et entre chaque lit on place des tasseaux, afin que les douves ne se touchent point. Lorsqu'elles sont bien sèches, c'est le cas de doler, de les passer sur la colombe, enfin, de monter les vaisseaux. Elles ne sauroient être trop sèches pendant cette opération, parce qu'elles prendront moins de retraite par la suite, et les cerceaux ou les liens joindront beaucoup mieux. Avant de se servir des cuves pour la vendange, il est nécessaire, douze à quinze jours par avance, de les remplir d'eau ; 1°. afin de s'assurer si elles ne répandent par aucun endroit ; 2°. afin d'achever d'enlever la partie colorante et extractive qu'elles pourroient avoir retenue ; 3°. lorsqu'on aura bien égoutté toute l'eau, les sécher avec des linges, des éponges, etc.; 4°. y jeter aussitôt après plusieurs chaudronnées de moût bouillant, et on en imbibera toutes les parois ; 5°. placer des couvertures d'étoffes, et à plusieurs doubles, sur l'orifice de la cuve, afin d'y conserver, le plus longtems possible, la chaleur que le moût a communiquée aux douves. On peut même répéter cette opération jusqu'à trois fois, en faisant écouler le moût qui a servi précédemment. Si on goûte le premier moût, on lui trouvera de l'astriction, moins au second, et point au troisième.

Quant aux cuves déjà employées à des vendanges précédentes, il est indispensable, huit à dix jours avant d'y mettre de nouveau des raisins, 1°. de faire resserrer les cerceaux par un tonnelier, ou serrer les clefs des liens; 2°. d'y jeter de l'eau (la chaude vaudroit mieux), afin de faire renfler le bois; 3°. de renouveler cette eau chaque jour, de bien imbiber toutes les douves, et de les frotter avec des balais; 4°. enfin, à la veille de la récolte, de faire écouler toute l'eau, de sécher la cuve, d'y jeter une ou deux chaudronnées de moût bouillant, qui en humectera toutes les parois. On peut, si l'on veut, laisser ce moût dans la cuve.

Plusieurs propriétaires, après que la vendange est tirée de la cuve, la font laver à grande eau: c'est une opération inutile; il vaut mieux que les douves soient imprégnées de vin que d'eau. Le seul soin qu'elles exigent est de les balayer avec soin, et de n'y laisser ni grappes ni pellicules, qui, attirant l'humidité, moisissent et communiquent l'odeur au bois. Il est encore à propos d'enlever le bouchon du fond de la cuve et de la canelle placée dans sa partie antérieure : ces deux ouvertures établissent un courant d'air qui empêche toute moisissure. Le propriétaire vigilant ne permettra pas que les poules aillent se jucher sur le haut de la cuve; que ses gens la prennent pour entrepôt quelconque; que, sous le dessous et entre les chantiers qui la supportent, il reste la moindre ordure, ni la plus légère mal-propreté. Toutes ces observations sont essentielles et de la plus grande conséquence : il est inutile d'en détailler les raisons, on les sent assez.

Je préviens le propriétaire, que, s'il a des réparations à faire à ses cuves, à ses pressoirs, etc., il n'attende pas le moment de la vendange, ni même le mois qui la précède. A ces époques, les ouvriers sont trop occupés, ils ne savent où donner de la tête; le travail est mal fait, la main-d'œuvre est plus chère, et la réparation est à renouveler. S'il choisit la saison de l'hiver ou du printems, il économisera beaucoup, et l'ouvrier donnera le tems nécessaire à son travail.

Des Pressoirs.

Le pressoir est une machine qui sert à exprimer le suc du raisin. Généralement parlant, et prenant la partie pour le tout, on appelle aussi *pressoir* le lieu où sont renfermés les cuves et les pressoirs, en un mot, tout ce qui est nécessaire à la fermentation tumultueuse du vin, à son pressurage, et à son transport. Son étendue et sa largeur demandent donc à être proportionnées à la quantité de cuves et de pressoirs qu'il doit contenir. Ce n'est pas assez ; il faut encore qu'il ait en outre assez d'espace de vide, pour que les ouvriers travaillent avec aisance et sans confusion quelconque. En un mot, il est nécessaire que chaque pièce soit rangée à la place qui lui est destinée, et ne gêne en rien le service pour la pièce voisine.

L'exposition la plus avantageuse pour ce local est le levant et le midi, même dans nos provinces méridionales. La chaleur du soleil concourt singulièrement à accélérer la fermentation de la liqueur dans la cuve ; et plus la fermentation est active, meilleur est le vin. Il doit être bien éclairé, bien ouvert, de crainte que la vapeur et l'odeur de la vendange ne fatiguent, et même ne suffoquent les pressureurs ; les murs doivent être bien enduits ; le plancher de dessus bien plafonné, en sorte qu'il n'en tombe aucune saleté ; le marchepied bien pavé, uni et lavé, de façon que les pressureurs ne portent sur les maïs aucune ordure qui puisse salir le vin.

Chaque sorte de pressoir a son mérite, qui souvent procède plus du goût et de l'habitude de s'en servir de celui à qui il appartient, que de l'effet qu'il produit. Je vais extraire de l'ouvrage de M. *Bidet* ce qui concerne leur mécanisme.

Description des pressoirs de différentes espèces.

PRESSOIR A PIERRE OU A TESSON OU A CAGE. (*Pl. II. Fig.* 1.) Pressoir à cage. HK, arbre. PQ, jumelles... XY, fausses jumelles... Z, chapeau des fausses jumelles.... RS, faux chantier... T, le souillard sur lequel les fausses jumelles sont assemblées..... *ff*, contrevent des fausses jumelles..... *d*, autre contrevent des fausses jumelles..... V, patins des contrevents.... *mm*, chantiers.... *ghik*, la mai.... *p*, béron.... 3, clefs des fausses jumelles... 4, mortaise de la jumelle... LM, moises supérieures des jumelles... *ab*, contrevent des jumelles et des fausses jumelles... E, la roue... EF, la vis... G, l'écrou... CD, moises de la cage... AB, fosse de la cage... W, barlong qui reçoit le vin au sortir du pressoir.

Ces pressoirs à pierre ou à tesson rendent, dit-on, plus de vin qu'un pressoir à étiquet : cela est vrai, si on a égard à la grandeur du bassin de l'étiquet, qui est toujours beaucoup moindre que celle de ces premiers pressoirs; mais, malgré la forte compression de ces premiers par rapport à l'étendue de leurs bras de levier, il faut convenir qu'ils sont beaucoup plus lents, et qu'il faut employer pour l'ordinaire dix ou douze hommes, au lieu de quatre pour l'étiquet, si on lui donne une roue verticale au lieu d'une roue horizontale, ce qui est plus facile qu'aux pressoirs à tesson ; je ne dis pas impossible, car on peut augmenter la force de la roue horizontale de ces pressoirs, par une roue verticale à côté de l'horizontale. Pour lors on range autour de la roue horizontale une corde suffisamment grosse ; cette corde y est arrêtée par un bout, et son autre bout va tourner sur l'arbre de la roue verticale. D'ailleurs ces pressoirs cassent très-souvent ; et quoiqu'il soit très-aisé d'en connoître la cause, on ne la cherche pas. Ne voit-on pas que ces grands arbres, que je nomme *bras de levier*, et qui ont leur point d'appui au milieu des quatre jumelles vers la ligne perpendiculaire, soit qu'on les élève, soit qu'on les abaisse, forment un cercle à leur extrémité, ce qui fatigue la force de la vis qui est très-élevée, et qui devroit tourner perpendiculairement dans son écrou ; et souvent la fait plier et casser, ce qui sera toujours très-difficile à corriger : cependant, au lieu d'arrêter l'écrou par deux clefs qui percent les dents des arbres, il faut le laisser libre de changer de place, en appliquant aux deux côtés de ces deux arbres un chassis de bois ou de fer, dans lequel on pratiquera une coulisse. L'écrou aura à ses deux extrémités un fort boulon de fer arrondi, qui, glissant le long de la coulisse, fera avancer et reculer l'écrou d'autant d'espace que le cintre que formeront les arbres en fera en-deçà ou en-delà de la ligne perpendiculaire de la vis. Par ce moyen, on empêchera la vis de plier, et l'on diminuera considérablement les frottemens. Pour diminuer ceux que l'écrou souffriroit eu changeant de place, on l'arrondira par-dessus, et l'on y posera des roulettes.

Il faut, pour ces sortes de pressoirs, un bien plus grand emplacement, par rapport à leur longueur, que pour les autres; ce qui, joint à leur prix considérable, ne permet pas à tout le monde d'en avoir.

PRESSOIR A ÉTIQUET. (*Pl. II. Fig.* 2.)

AB, vis... 2, 3, 4, la roue... CD, écrou.... 5, 5, 6, 6, 7, 7, clefs qui assemblent les moises ou chapeaux.... 8, 8, liens.... GHEF, jumelles.... KL, mouton.... *gk*, la mai... QM, RN, OP, chantiers... *kl*, faux chantiers... W, barlong.... S, marc... TT, planche... *ii ab*, garniture qui sert à la pression... VX, arbre ou tour... Y, roue... Z, la corde.

L'*étiquet* est aujourd'hui plus employé que les pressoirs à grands leviers, parce qu'on le place aisément par-tout; sa dépense est bien moindre, tant pour la construction que pour le nombre d'hommes dont on a besoin pour le faire tourner. Si, au lieu de la roue horizontale Y, placée en face du pressoir, et à laquelle on donne près de huit pieds de diamètre (1), on substitue une roue

---

(1) On l'a supprimée presque par-tout, parce qu'elle occupe perpétuellement un grand espace, et on lui a

verticale B, *fig.* 3, de douze pieds et même de quinze si la place le permet, et sur laquelle puissent monter trois ou quatre hommes pour la serrer, on aura beaucoup plus de force (2).

---

substitué deux barres qui traversent l'arbre en manière de croix l'une sur l'autre. Ces barres plus ou moins longues, suivant le local, entrent et sortent comme si on les faisoit glisser dans les coulisses. On les retire dès que la serre est finie, et la place reste vide; mais comme ces coulisses, ces ouvertures, diminuent la force de l'arbre, toutes les parties qui les environnent en dessus et en dessous sont garnies par des cercles de fer. On enlève également l'arbre sur lequel la corde se dévide, en perçant en haut la poutre qui le reçoit, ou seulement en la creusant assez pour qu'en soulevant un peu cet arbre, son pivot en fer puisse entrer dans la crapaudine.

(2) Si la roue a quinze pieds de diamètre, un seul homme pressera; et s'il vouloit employer toute sa force, je doute si le pressoir n'éclateroit pas : j'ai la preuve la plus décisive de ce que j'avance. Mais il y a une correction à ajouter à cette espèce de pressoir. Sur l'arbre droit, la corde en se roulant, et la roue 3 et 4 de la *figure* 2 en s'abaissant, se trouvent à la même hauteur; dès-lors la maîtresse vis A ne souffre pas. Mais dans la roue verticale, *figure* 3, l'arbre qui la supporte reste horizontal, et la corde ne se roule sur lui horizontalement que lorsque tous les deux se trouvent au même niveau; mais lorsque la roue du pressoir est plus haute ou plus basse, la vis fatigue beaucoup plus. Pour parer à cet inconvénient, il suffit d'ajouter à la jumelle, du côté que la corde se dévide, un arbre en fer bien arrondi, bien poli, *figure* 4, fixé par deux supports à doubles branches; les supports

RELATIFS AU VIN.

PRESSOIR A DOUBLE COFFRE. *Planche III.*
Fig. 1.

PP, chantier... LL, faux chantier... 8, 8, 9, 9, 13, 13, etc. jumelles... *kkk*, contrevents... *m m*, chapeaux des jumelles... 10, 10, etc. autres chapeaux, ou chapeaux de beffroi... 12, 12, traverses... *ts*, chaînes... *q*, mulet... 14, 14, etc. flasques... *yyyy*, pièces de mai... *z*, coins... *ppp*, pièce de bois, appui du dossier... *xxxxx*, chevrons... *uu*, écrous... AB, grande roue... E, roue moyenne... G, petite roue... DE, pignon de la moyenne roue... FG, pignon de la

---

fortement adaptés contre la jumelle, et écartés suffisamment afin que, dans l'espace qui restera entre la jumelle et l'arbre en fer, puisse rouler une poulie de cuivre qui sera traversée par cet arbre, et qui pourra monter ou descendre, suivant que la corde accompagnera la roue 3 et 4 du pressoir. Par ce moyen la vis n'est point fatiguée, tout l'effort se fait contre la poulie, contre son axe, et contre la jumelle qui est ordinairement faite d'une pièce de bois très-forte. Afin de diminuer le frottement de la poulie, on a grand soin de la bien graisser.

Je ne sais pourquoi M. *Bidet* méprise le pressoir à étiquet; je ne connois rien de meilleur ni de plus commode. Il a sans doute comparé les effets de celui dont il va parler, et qu'il appelle *pressoir à coffre*. Comme je ne l'ai jamais vu, je ne puis juger par comparaison. J'avouerai cependant qu'il me paroît préférable pour les personnes capables d'en faire la dépense. *Note de l'Éditeur.*

petite roue.... HK, pignon de la manivelle....
MM, bouquets ou piédestaux de pierre.... X,
masse de fer.... T, grappin.... II, pelle.... III,
pioche.... IV et V, battes.... RQ, barlongs...
V, soufflet.... ST, tuyau de fer-blanc.... T,
entonnoir.... VY, grand barlong.... YZ, tuyau
de fer-blanc.... *abcd*, 1, 2, 3, 4, 5, 6, tonneaux.... *ggff*, chantier... *ee*, chevalets qui
soutiennent le tuyau de fer-blanc.

Tel est le pressoir à coffre simple ou double;
on doit les perfections dont il jouit à M. *Legros*,
curé de Marsaux. Cet habile homme a su, d'un
pressoir lent dans ses opérations, et de la plus
foible compression, en faire un qui, par la mul-
tiplication de trois roues, dont la plus grande,
n'ayant que huit pieds de diamètre, abrège l'ouvrage beaucoup plus que les plus forts pressoirs,
et dont la compression donnée par un seul homme
l'emporte sur celle des pressoirs à cages et à tes-
sons serrés par dix hommes qui font tourner la
roue horizontale, et sur celle des étiquets serrés
par quatre hommes montant sur une roue verticale de douze pieds de diamètre. Mais il lui restoit encore un défaut, qui étoit de ne presser que
cinq parties de son cube, de façon que le vin remontoit vers la partie supérieure de son cube, et
rentroit dans le marc chaque fois qu'on desserroit
le pressoir, ce qui donnoit un goût de sécheresse
au vin, et obligeoit de donner beaucoup plus de

serres qu'à présent pour le bien dessécher, beaucoup plus même que pour toute autre espèce de pressoir, sans pouvoir y parvenir parfaitement.

La pression de ce pressoir se faisant verticalement, il étoit difficile de remédier à cet inconvénient; c'est cependant à quoi j'ai obvié d'une façon bien simple, en employant plusieurs planches faites et taillées en forme de lames de couteaux, qui se glissant les unes sur les autres à mesure que la vis serre, contenues par de petites pièces de bois faites à coulisses, arrêtées par d'autres qui les traversent, font la pression de la partie supérieure, sixième et dernière du cube. Par le moyen de la seule première serre, on tire tout le vin qui doit composer la cuvée; et en donnant encore trois ou quatre serres au plus, on vient tellement à bout de dessécher le marc, qu'on ne peut le tirer du pressoir qu'avec le secours d'un pic et de fortes griffes de fer.

On peut faire sur ce pressoir dix à douze pièces de vin rouge ou paillet, jauge de Reims, et six à sept pièces de vin blanc. Trois pièces de cette jauge font deux muids de Paris. Je vais donner ici le détail de toutes les pièces qui composent ce pressoir, le calcul de sa force, et la façon d'y manœuvrer, pour mettre les personnes curieuses en état de le faire construire correctement, de s'en servir avec avantage, et de lui donner une force convenable à la grandeur qu'elles voudront lui prescrire : on pourra, au moyen de ce calcul, en construire de plus petits, qui ne rendront que six ou huit pièces de vin rouge, qui, par conséquent, pourront aisément se transporter d'une place à une autre, sans démonter autre chose que les roues, et se placer dans une chambre ou cabinet; ou de plus grands qui rendront depuis 18 jusqu'à 20 pièces de vin, et pour la manœuvre desquels on ne sera pas obligé d'employer plus d'hommes que pour les petits. Deux hommes seuls suffisent; l'un pour serrer le pressoir, même un enfant de 12 ans; et l'autre pour travailler le marc, et placer les bois qui servent à la pression.

On suppose les deux coffres remplis chacun de leur marc : le premier étant serré, pendant que le vin coule (on sait qu'il faut donner entre chaque serre un certain tems au vin pour s'écouler), le second se trouvant desserré, on rétablit son marc; ensuite de quoi l'on resserre, et le premier se desserre; on en rétablit encore le marc et l'on resserre, et ainsi alternativement.

Détails des bois nécessaires pour la construction d'un pressoir à double coffre, capable de rendre 12 pièces de vin rouge pour le moins; ensemble les ferremens, coussinets de cuivre, et bouquets de pierre pour les porter.

Je donne à ces bois la longueur dont ils ont besoin pour les mettre en œuvre.

Six *chantiers* PPP, (*planche III* , *fig.* 1 , 2), chacun de onze pieds de longueur, sur 14 pouces d'une face, et 9 de l'autre, en bois de brin.

Quatre *faux chantiers* L, chacun de neuf pieds de longueur, sur le même équarrissage que les précédens.

Huit *jumelles*, 13, dont quatre de six pieds et six pouces, et les quatre autres, 13, 8, de douze pieds, toutes de sept pouces sur chaque face, en bois de sciage.

Huit *contrevents k* , chacun de trois pieds six pouces de longueur, et de sept pouces de chaque face, en bois de sciage.

Deux *chapeaux mm*, chacun de cinq pieds huit pouces de longueur, et de sept pouces sur chaque face, en bois de sciage.

Deux autres *chapeaux* 10, 10, de sept pieds de longueur, pour relier ensemble, deux à deux, les longues jumelles qui composent le befroi, et les fixer aux poutres de la charpente du comble du lieu où le pressoir est placé.

Quatre *chaînes t s* , de neuf pieds sept pouces chacune de longueur, sur cinq pouces d'une face, et quatre de l'autre, en bois de brin très-fort.

Je distingue le bois de brin d'avec le bois de sciage. J'entends par bois de *brin* le corps d'un arbre bien droit de fil, et sans nœuds autant qu'il est possible, équarri à la hache (on le choisit de la grosseur qu'on veut qu'il ait après l'équarrissage); et par bois de *sciage*, un arbre le plus gros que l'on peut trouver, et que par économie on équarrit à la scie pour en tirer des pièces utiles au même ouvrage, ou pour d'autres, et qui n'ont pas besoin d'être de droit fil.

Six *brebis rr*, *figures* 2 et 3, chacune de cinq pieds de longueur, sur six pouces à toutes faces, en bois de brin.

Le *dossier y*, *figures* 2 et 3, composé de quatre dosses, chacune de trois pieds de longueur, sur neuf pouces six lignes de largeur, et trois pouces d'épaisseur, en bois de sciage.

Le *mulet q*, composé de trois pièces de bois jointes à la languette, faisant ensemble trois pieds deux pouces de largeur, sur six pouces d'épaisseur.

Quatre *flasques*, 14, chacune de dix pieds de longueur, sur deux pieds huit pouces de largeur, et cinq pouces d'épaisseur, en bois de sciage, mais le plus de fil qu'il sera possible.

Chaque flasque est composée de deux pièces sur sa largeur, si on n'en peut pas trouver d'assez larges en un seul morceau; mais il faut pour lors prendre garde de donner plus de largeur à celle d'en haut qu'à celle d'en bas, parce que la rainure qu'on est obligé de faire en dedans de ces flasques se trouve directement au milieu dans toute sa longueur. Cette rainure sert pour diriger la marche du mulet, et le tenir toujours à la même hauteur.

Neuf pièces de la *mai*, $yyyy$, chacune de neuf pieds de longueur, sur dix pouces huit lignes de largeur et huit pouces d'épaisseur, en bois de sciage. Elles seront entaillées de trois pouces et demi et même de quatre pouces, pour former le bassin et donner lieu au vin de s'écouler aisément sans passer par-dessus les bords. Le milieu du bassin aura un pouce moins de profondeur que le bord ; c'est pourquoi l'on pourra lever avec la scie à refendre, sur chacune de ces mais, une dosse de deux pouces neuf lignes d'épaisseur, le trait de scie déduit, et de sept pieds environ de longueur. L'entaille du bassin aura tout autour, environ un pied ou quinze pouces de talut sur les quatre pouces de profondeur.

Six *coins* Z, de deux pieds chacun de longueur, sur six pouces d'épaisseur d'une face, et deux pouces de l'autre, pour serrer les mais dans les entailles des chantiers.

Le *mouton* D, *fig.* 2 *et* 3, de deux pieds quatre pouces de hauteur, sur huit pouces d'épaisseur, et deux pieds de largeur, en bois de noyer ou d'orme très-dur. On y pratiquera un fond de calotte d'un pouce de profondeur, à l'endroit contre lequel la vis presse. S'il peut y avoir quelques

TOME II. Q

nœuds en cet endroit, ce ne sera que mieux, sinon on appliquera un fond de calotte de fer, qu'on arrêtera avec des vis à bois, mises aux quatre extrémités. J'entends par vis à bois de petites vis en fer qu'on fait entrer dans le bois avec des tournevis ; ces vis auront deux pouces de longueur.

Onze *coins* EE , *fig.* 2 *et* 3 , autrement dits *pousse-culs*, de deux pieds quatre pouces de hauteur, sur dix-huit pouces de largeur, faisant ensemble cinq pieds d'épaisseur, dont neuf de six pouces d'épaisseur, un de quatre pouces, et un autre de deux pouces ; afin que l'un ne s'écarte pas de l'autre, on les fera à rainure et à languette.

Six *pièces de bois* ppp , servant d'appui au dossier, de cinq pieds de longueur, et de six pouces d'épaisseur sur chaque face, et en bois de brin.

Quatre *mouleaux* , 10 , *fig.* 3 , servant à la pression supérieure du marc, chacun de trois pieds quatre pouces de longueur, sur six pouces d'une face, et quatre pouces six lignes des autres, en bois de sciage, et à rainure et à languette.

Quatre autres *mouleaux*, chacun de deux pieds trois pouces de longueur ; du reste, de même que les précédens, et pour le même usage.

Quatre autres *mouleaux* de dix-huit pouces de longueur ; du reste, de même que les précédens.

Quatre autres *mouleaux*, chacun de neuf pouces de longueur ; d'ailleurs, de même que les précédens. On pourra en avoir de plus courts si on juge en avoir besoin, tels que les suivans.

Quatre autres *mouleaux*, chacun de six pouces de longueur ; du reste, de même que les précédens; et autant pour l'autre coffre.

Douze planches à *couteaux GG*, *fig.* 3, de trois pieds deux pouces de longueur, sur deux pouces d'épaisseur d'un côté et six lignes de l'autre, et environ de huit pouces de largeur, à l'exception de deux ou trois auxquelles on ne donnera que quatre à cinq pouces.

Cinq *chevrons xxx*, *fig.* 1 *et* 3, et chacun de deux pieds trois pouces de longueur sur chaque face, pour le plancher.

Deux *écrous uu* dans toutes les figures, de bois de noyer ou d'orme, de cinq pieds de longueur, sur vingt pouces de hauteur, et quinze d'épaisseur.

Deux *vis* de bois de cornier CD, d'une seule pièce, de dix pieds de longueur, de neuf pouces de diamètre sur le pas, de onze pouces de diamètre pour ce qui entre dans le carré des embrasures, et de quatorze pouces pour le repos.

La grande *roue* AB, de huit pieds de diamètre, composée de quatre embrasures de huit pieds de longueur chacune, de quatre fausses embrasures de deux pieds quatre pouces chacune de longueur ;

de quatre liens de deux pieds de longueur chacun. La circonférence au dehors de la roue, non compris les dents, sera de vingt-cinq pieds six pouces six lignes; elle doit être partagée en huit courbes, à chacune desquelles il faut donner trois pieds un pouce huit lignes de longueur, et quatre pouces pour le tenon de chacune. Les embrasures et les courbes doivent avoir six pouces d'épaisseur en tout sens.

Une autre *roue* E, de cinq pieds cinq pouces de diamètre, composée de quatre embrasures, chacune de cinq pieds quatre pouces de longueur. La circonférence sera de dix-sept pieds un pouce; elle doit être partagée en quatre courbes, à chacune desquelles il faut donner quatre pieds trois pouces trois lignes de longueur, et quatre pouces pour le tenon de chacune; les embrasures et les courbes doivent avoir quatre pouces six lignes d'épaisseur en tout sens.

Une autre *roue* G, de trois pieds neuf pouces de diamètre, composée de quatre embrasures, chacune de trois pieds huit pouces quatre lignes de longueur. La circonférence sera de onze pieds dix pouces; elle doit être partagée en quatre courbes, à chacune desquelles il faut donner onze pouces une ligne de longueur en dehors, et trois pouces pour le tenon de chacune; les embrasures et les courbes doivent avoir trois pouces six lignes d'épaisseur en tout sens.

Le *pignon* D E de la moyenne roue, de cinq pieds de longueur, de quinze pouces six lignes de diamètre sur le carré des embrasures, et de cinq pouces de diamètre pour chaque boulon; celui du côté des roues, de quatre pouces; le repos vers la roue, de neuf pouces six lignes de longueur; les fuseaux, de dix pouces de longueur, et de deux pouces six lignes de grosseur : le bout qui porte la crête de fer, de deux pouces six lignes de diamètre. Le même pignon aura huit fuseaux.

Le *pignon* F G de la petite roue, de trois pieds de longueur, de quatorze pouces de diamètre sur les fuseaux, de neuf pouces sur le carré des embrasures, de quatre pouces de diamètre pour chaque boulon; le repos vers la roue, de huit pouces; les fuseaux, de six pouces six lignes de longueur, et de deux pouces six lignes de grosseur; le bout qui porte la crête, d'un pouce six lignes de diamètre. Le même pignon aura sept fuseaux.

Le *pignon* H K de la manivelle, d'un pied onze pouces de longueur, de treize pouces six lignes de diamètre sur ses fuseaux; le boulon du côté du coffre, de quatre pouces de longueur, et celui de la manivelle, de huit pouces; les fuseaux, de cinq pouces de longueur et de deux pouces six lignes de grosseur. Le même pignon aura six fuseaux.

La grande *roue* doit avoir soixante-quatre dents ; les dents doivent avoir deux pouces et demi de diamètre, trois pouces six lignes de longueur en dehors des courbes, deux pouces de diamètre, et six pouces de longueur pour ce qui est enchâssé dans les courbes.

La moyenne *roue* doit avoir quarante-deux dents ; les dents doivent avoir deux pouces et demi de diamètre, et trois pouces six lignes de longueur en dehors des courbes ; deux pouces de diamètre et quatre pouces de longueur pour ce qui est enchâssé dans les courbes.

La petite *roue* doit avoir trente-deux dents ; les dents doivent avoir deux pouces et demi de diamètre, et trois pouces six lignes de longueur en dehors des courbes ; un pouce neuf lignes de diamètre, et trois pouces six lignes pour ce qui est enchâssé dans les courbes.

Le *beffroi* qui porte les roues et les pignons est formé par les quatre longues jumelles de quinze pieds de longueur sur sept pouces d'épaisseur pour chaque face ; de deux chapeaux 10, 10, de sept pieds de longueur sur la même épaisseur.

La *manivelle* de bois ou de fer.

Huit *bouquets* ou piédestaux M de pierre dure, non gelée, de 15 pouces d'épaisseur de toutes faces, pour porter les quatre faux chantiers du pressoir.

Deux autres bouquets de même pierre, de

deux pieds de longueur sur un pied de largeur, et un pied trois pouces d'épaisseur.

Si l'on craint que les *boulons de bois* des pignons ne s'usent trop vîte par rapport à leurs frottemens, on peut y en appliquer de fer, d'un pouce et demi de diamètre, qu'on incrustera carrément dans les extrémités de ces pignons, de six ou même de huit pouces de longueur. On leur donnera au dehors un pouce et demi de diamètre, et la longueur telle qu'on l'a donnée ci-devant aux boulons de bois.

Dans le cas que l'on se serve de boulons de fer au lieu de ceux de bois, il faudra aussi y employer des coussinets de cuivre ou de fonte, pour chaque boulon; ces coussinets pourront peser environ trois livres chacun.

Il n'y a point de différence dans la composition des deux coffres : ainsi, le détail qu'on vient de donner pour la composition de l'un peut servir pour l'autre.

La *vis*, comme nous l'avons dit, aura dix pieds de longueur; ces deux coffres ou pressoirs auront quatre pieds et demi de distance entre les longues jumelles, pour l'aisance du mouvement.

La grande *roue* AB tiendra sa place ordinaire; la moyenne roue E sera placée sur le devant, au-dessus de la grande; et la petite G, sur le derrière, un peu plus élevée que la moyenne. Celui qui tourne la manivelle sera placé sur une espèce de balcon G, qui sera dressé au-dessus de l'écrou du côté gauche.

La pignon ED de la moyenne *roue* aura 6 pieds, y compris les boulons; du reste, du même diamètre sur la circonférence des fuseaux, sur le carré des embrasures pour chaque boulon; les deux boulons auront chacun une égale longueur d'un pied.

Le *pignon* FG de la petite roue aura cinq pieds quatre pouces de longueur, y compris les boulons; du reste, du même diamètre sur la circonférence des fuseaux, sur le carré des embrasures, et pour chaque boulon : les deux boulons auront chacun une égale longueur de huit pouces.

Le *pignon* HK de la manivelle aura cinq pieds huit pouces de longueur, y compris les boulons; du reste, du même diamètre sur la circonférence des fuseaux, sur le carré des embrasures, et pour chaque boulon. Le boulon de la manivelle aura un pied de longueur; et celui de l'autre bout, huit pouces.

Les *fuseaux* du pignon de la moyenne roue, au nombre de huit, auront deux pieds dix pouces de longueur, et deux pouces six lignes de grosseur.

Ceux du pignon de la petite roue, au nombre de sept, auront huit pouces de longueur, et deux pouces six lignes de grosseur.

Ceux du pignon de la manivelle, au nombre de six, auront cinq pouces de longueur, et deux pouces six lignes de grosseur.

Les quatre montans 8, 13, qui portent tout le mouvement, ont chacun quinze pieds de hauteur non compris les tenons, et sept pouces de largeur. Ces quatre montans seront maintenus par le haut à deux poutres 12, 12, qui forment le plancher.

On couvrira de planches, si on le juge à propos, l'espèce de beffroi que forment ces quatre montans, ou on les arrêtera aux solives du plancher.

De la façon de manœuvrer en se servant des pressoirs à coffre simple ou double.

J'ai déjà dit qu'il ne falloit que deux hommes seuls pour les opérations du pressurage, soit que la vendange soit renfermée dans une cuve, soit dans des tonneaux. On doit l'en tirer aussitôt qu'elle a suffisamment fermenté, pour la verser dans le coffre du pressoir. Pour cet effet, le pressureur sortira la vis du coffre, de façon que son extrémité effleure l'écrou du côté du coffre; il placera le mouton D contre l'extrémité de cette vis, et le mulet *q*, *fig.* 2, 3, contre le mouton. Le coffre, restant vide depuis le mulet jusqu'au dossier, sera rempli de la vendange, et du vin même de la cuve et des tonneaux. Le pressureur aura soin, à mesure qu'il versera la vendange, de la fouler avec une pile carrée, pour en faire tenir le plus qu'il sera possible; s'il n'a pas assez de vendange pour remplir ce coffre, c'est à lui de juger de la quantité qu'il en aura. Si cette quantité est petite, il avancera le mulet vers le dossier, autant qu'il le croira nécessaire, et placera entre le mouton et la vis autant de coins E qu'il en sera besoin. Le coffre rempli de la vendange jusqu'au haut des flasques, il rangera sur le marc des planches à couteaux GG, autant qu'il en faudra, les extrémités vers les flasques les couvrant environ de deux à trois pouces l'une sur l'autre ; ensuite il placera sur les planches, en travers, les mouleaux, et suivant la longueur du marc, et d'une longueur convenable. Enfin, il posera en travers de ces mouleaux une, deux ou trois pièces de bois *rr* qu'on nomme *brebis*, sous les chaînes qui se trouvent au-dessus des flasques, et emmanchées dans les jumelles, de façon qu'on puisse les retirer quand il est nécessaire pour donner plus d'aisance à verser la vendange dans ce coffre.

Toutes ces différentes pièces dont je viens de parler doivent se trouver à la main du pressureur, de façon qu'il ne soit pas obligé de les chercher ; ce qui lui feroit perdre du tems. C'est pourquoi il aura toujours soin, en les retirant du pressoir, de les placer à sa portée sur un petit échafaud placé à côté de ce pressoir.

Cette manœuvre faite, il dégagera la grande roue de l'axe de la moyenne : son compagnon et lui tourneront d'abord cette roue à la main, et ensuite au pied en montant dessus, jusqu'à ce qu'elle résiste à leur effort. Pour lors ils descendront l'axe de la moyenne roue, pour la faire engrener avec la grande roue, et remettront les boulons à leur place pour empêcher cet axe de s'élever par les efforts de cette grande roue ; et l'un d'eux fera marcher la manivelle qui donnera le mouvement aux trois roues et à la vis, qui poussera le mouton, les coins et le mulet contre le marc.

Le maître pressureur aura soin de ne point trop laisser sortir la vis de son écrou, de peur qu'elle ne torde. C'est une précaution qu'il faut avoir pour toutes sortes de pressoirs; quand il verra que la grande roue approchera de l'extrémité des flasques de quelques pouces, il détournera cette roue, après l'avoir dégagée de l'axe de la moyenne roue, de la façon que nous l'avons déjà dit. Il remettra encore quelques coins ; et ayant remis l'axe à sa place ordinaire, il tournera la roue et ensuite la manivelle. De cette seule serre, il tirera du marc tout le vin qui doit composer la cuvée, qu'il renfermera à part dans une cuve ou grand barlong.

Cette serre finie, il desserrera le pressoir, ôtera un coin, reculera le mulet de l'épaisseur de ce coin, et fera par ce moyen un vide entre le mulet et le marc, ce qui s'appelle faire *la chambrée* ; il retirera les brebis, les mouleaux et les planches à couteaux ; après quoi il lèvera avec une griffe de fer à trois dents la superficie du marc, à quelques pouces d'épaisseur, qu'il rejettera dans la chambrée, et qu'il entassera avec une pilette de quatre pouces d'épaisseur sur autant de largeur, et sur huit pouces de longueur. Il emplira cette chambrée au niveau du marc, après quoi il le recouvrira, comme ci-devant, des planches à couteaux, des mouleaux et des brebis, et donnera la seconde serre comme la première. Trois ou quatre serres données ainsi, suffisent pour dessécher le marc entièrement.

Le marc ainsi pressé dans les six parties de son cube, le vin s'écoule par les trous 14, 14, des flasques et du plancher, se répandant sur les mais, et ensuite par la goulette, sous laquelle on aura placé un petit barlong Q pour le recevoir.

Pour empêcher le vin qui passe par les trous des flasques de rejaillir plus loin que le bassin, et le pressureur de salir, avec la boue qu'il peut avoir à ses pieds, le vin qui coule sur le bassin, on pourra se servir d'un tablier fait de voliges de bois blanc, comme le plus léger et le plus facile à manier, qu'on mettra contre les flasques devant et derrière le coffre, et qui couvrira le bassin.

Les deux ou trois dernières serres donneront ce qu'on appelle vin de *taille* et de *pressoir*, ou de *dernière goutte*. Il faut mettre à part ces deux ou trois espèces de vin, pour être chacune entonnée séparément dans des poinçons.

Je préviens le maître pressureur que, quand il aura desserré son pressoir, il aura de la peine à faire sortir les brebis de leur place, à cause de la forte pression. C'est pourquoi je lui conseille de se servir d'une forte masse de fer pour les chasser et retirer. Le marc étant entièrement desséché et découvert, on le retirera du coffre, et on se servira, pour l'arracher, d'un pic de fer, de la graisse dont j'ai déjà parlé, et de la pelle ferrée.

Supposé qu'on se serve de ce pressoir à coffre, on peut égrapper les raisins dans les tonneaux, ce qu'on ne peut faire en se servant des autres pressoirs (1), sur lesquels une partie des grappes est nécessaire pour lier le marc, qui, sans ce secours, s'échapperoit de toutes parts à la moindre compression.

En égrappant ces raisins dans le tonneau ou dans la cuve, on pourroit les laisser cuver plus long-tems; on n'auroit plus lieu de craindre que la chaleur de la cuve ou des tonneaux, emportant

---

(1) L'expérience de tous les jours prouve le contraire, ainsi qu'on le verra dans la description de la manière de monter une presse sur les pressoirs à étiquet, à tesson, etc.
Note de l'Éditeur.

la liqueur acide et amère de la queue de la grappe, la communique au vin, ce qui en rendroit le goût insupportable.

Toute espèce de vin, sur-tout le gris, demande d'être fait avec beaucoup de promptitude et de propreté, ce qui ne se peut facilement faire sur tous les pressoirs, les pressureurs amenant avec le pied beaucoup de saletés et de boue qui se répand dans le vin; ce qui y cause un dommage beaucoup plus considérable qu'on ne pense, sur-tout pour les marchands qui l'achètent sur la lie, comme les vins blancs de la rivière de Marne, où ce défaut a plus souvent lieu que par-tout ailleurs.

Les forains ou vignerons de la rivière de Marne diront, tant qu'il leur plaira, que le vin, trois ou quatre jours après qu'il est entonné, jettera en bouillant ce qu'il renferme d'impur; ils ne persuaderont pas les personnes expérimentées dans l'art de faire le vin, qu'il puisse rejeter cette boue, la partie la plus pesante et la plus dangereuse de son impureté, cela n'est pas possible. Peut-être ceux d'entre eux qui se flattent et se vantent de mieux composer et façonner leur vin, répliqueront-ils qu'ils mettent à part la première goutte qui coule depuis le moment qu'ils ont fait mettre le vin sur le pressoir, jusqu'à l'instant auquel on donne la première serre, et qu'ils ne souffrent pas que cette première goutte entre dans la cuvée. On veut bien les croire; mais combien y a-t-il de gens qui prennent cette sage et prudente précaution? On évite ce danger, cet embarras, cette perte presque totale de la première goutte de ce vin, qui ne doit dans ce cas trouver place que dans les vins de détours, en se servant du pressoir à coffre. Il est encore d'une très-grande utilité pour les vins blancs (1). Quoi de plus commode en effet? on apporte les raisins dans le coffre avec les paniers ou barillets, on n'en foule aucun au pied, on les range avec la main; on pose des planches de volige devant et derrière le coffre et dessus les mais, ce qui forme ce que nous appelons *tablier*; de façon que les pressureurs marchent sur ces planches, et que le vin s'écoule dessous elles sans qu'aucune saleté puisse s'y mêler, et que celui qui sort des trous des flasques puisse incommoder, ni rejaillir sur les ouvriers.

A l'égard des autres pressoirs, on est obligé de tailler le marc à chaque serre avec une bêche bien tranchante (2); la grappe de ce raisin étant donc coupée, elle communique au vin la liqueur acide et amère qu'elle renferme, ce qui le rend âcre, sur-tout dans les années froides et humides.

---

(1) Les vins blancs, dont il est question, sont faits en Champagne avec le raisin rouge seul. Il faut se hâter de le presser, de peur qu'il ne fermente; car la fermentation combineroit la partie colorante et rouge avec le vin, ce qui altéreroit sa couleur.

(2) La doloire des tonneliers vaut beaucoup mieux.

Dans l'usage du pressoir à coffre on ne taille pas le marc, on ne tire par conséquent que le jus du raisin, et on ne doit pas douter que la qualité du vin qu'on y fait ne l'emporte de beaucoup sur toute autre, joint à ce que le vin ne rentre pas dans le marc, et qu'il est fait plus diligemment.

Manœuvre du pressoir à double coffre.

Les opérations sont les mêmes que celles du seul coffre, avec la différence qu'elles se font alternativement sur les deux coffres; c'est-à-dire qu'en serrant l'un on desserre l'autre, et que, tandis que celui qui est serré s'écoule, ce qui demande un bon quart-d'heure, on travaille le marc de l'autre coffre, de la façon déjà indiquée..... Ce double pressoir ne demande point une double force; c'est pourquoi il ne faut pas davantage de pressureurs que pour le seul coffre, et cependant il donne le double de vin. Ces opérations demandent une grande diligence. Moins le vin restera dans le marc, meilleur il sera. Il ne faut pas plus de deux ou trois heures pour le double marc, au lieu que dans les pressoirs à étiquet, et dans les autres, il faut dix-huit à vingt heures pour leur donner une pression suffisante. (1)

---

(1) Je suis persuadé que l'auteur fixe au juste le tems nécessaire, lorsqu'on se sert de son pressoir; mais il se trompe sur les autres. J'ai fait communément, dans douze

Pour

Pour donner cette pression aux autres pressoirs, il faut quelquefois dix à douze hommes; s'ils ont une roue verticale, quatre hommes; au lieu que pour celui-ci deux suffisent.

Sur les gros pressoirs, un marc auquel, en le commençant, on donne ordinairement deux pieds ou deux pieds et demi d'épaisseur, se réduit, à la fin de la pression, à moitié ou au tiers au plus de son épaisseur, c'est-à-dire, à douze ou quinze pouces au plus; et, sur les pressoirs à coffre la force extraordinaire qu'on emploie dans la pression réduit le marc de sept pieds de longueur à quinze ou dix-huit pouces de longueur. Je parle ici de longueur au lieu d'épaisseur, parce que la vis pressant horizontalement dans le coffre, au contraire des autres pressoirs qui pressent verticalement, je dois mesurer la pression par la longueur, qui simule l'épaisseur dans tous les autres pressoirs.

Il est certain que les personnes qui en feront usage éprouveront que, sur un marc de 12 à 15 pièces de vin, il y aura, en se servant de celui-ci, par la forte pression, une pièce ou au moins une demi-pièce de vin à gagner. Cela indemnise des frais de pressurage et au-delà.

---

ou quinze heures, sur un grand pressoir à étiquet, le pressurage pour remplir 30 bariques de 220 bouteilles chacune. On ne gagne rien à avoir de petits pressoirs.

Il y a encore beaucoup à gagner pour la qualité du vin, qui ne croupit pas dans son marc, et n'y repasse pas. Cela mérite attention, joint à ce que, avec deux hommes, on peut faire par jour, sur ce double pressoir, six marcs qui rendront chacun quinze poinçons de vin par chaque coffre, ce qui fera en tout cent quatre-vingts poinçons, au lieu que sur les autres pressoirs on ne peut en faire que quinze ou vingt par jour, si l'on veut que le marc soit bien égoutté. Il suffira de faire travailler les pressureurs depuis quatre ou cinq heures du matin jusqu'à dix heures du soir; ils auront un tems suffisant pour manger et se reposer entre chaque marc. Ainsi, celui qui se sert des pressoirs à étiquets, etc. ne peut faire ces 180 poinçons, à vingt par jour, qu'en neuf jours.

Il faut convenir que le pressoir inventé par M. *Legros* est plus expéditif que les autres, et que, d'une masse donnée de vendange, il retire plus de vin qu'on n'en obtiendroit avec les autres pressoirs. L'auteur décrie un peu trop ces derniers; cependant l'on est forcé de convenir que le sien vaut beaucoup mieux, sur-tout dans les provinces où le prix du vin est toujours très-haut, et où une barique de plus ou de moins est comptée pour beaucoup; mais les pressoirs ambulans, et même les pressoirs des particuliers, sont bien éloignés de la perfection même des simples pressoirs à lessons ; et de la même masse de vendange, et avec le pressoir de M. *Legros*, on en retirera deux bariques de plus. Lorsque l'on vend une mesure contenant 775 bouteilles de vin, de 15 à 50 liv., qui sont les deux extrêmes de leur prix, on n'est pas tenté d'y regarder de si près. Si ces vins acquéroient un jour la valeur de ceux de Champagne, de Bourgogne, et même des mauvais vins des environs de Paris, la révolution auroit bientôt lieu. L'intérêt du propriétaire en fixera l'époque.

Il faut cependant dire qu'on est, en général, parvenu dans ces provinces à construire des pressoirs avec la plus grande économie de bois possible. Qu'on se figure deux pierres de taille, d'un pied de hauteur au-dessus de terre, sur lesquelles repose une poutre en bois d'orme, ou encore mieux en bois de chêne, équarrie sur toutes ses faces ; et de 20 à 24 pouces de diamètre ; sa longueur est proportionnée à la largeur que l'on veut donner à la mai, ordinairement de 6, 7 à 8 pieds au plus dans tous les sens de sa superficie : cette poutre excède de deux pieds les deux côtés de la mai. Si on ne peut pas se procurer une pièce de bois capable de recevoir cet équarrissage, on en réunit deux ensemble par de forts boulons de fer, retenus par des écrous. Dans la partie qui excède la mai, et près d'elle, on pratique une ouverture ronde dans la partie supérieure, et cette ouverture ne descend qu'au tiers de l'épaisseur ; quelquefois elle traverse d'outre en outre. Cette ouverture est destinée à recevoir la pièce de bois qui, dans les pressoirs à étiquet, à tesson, etc. sert de jumelles. Cette pièce de bois forme une vis depuis son sommet jusqu'à un pied au-dessus de la mai. Sa partie inférieure est également arrondie, mais non pas taraudée en vis. Cette partie inférieure entre dans l'ouverture dont on a parlé ; mais auparavant on a eu soin d'y faire en travers, et sur toute la rondeur, deux rainures ou goussets de deux à trois pouces d'épaisseur, qui reçoivent des coulisses. Ces coulisses traversent de part en part l'arbre gisant : c'est par leur moyen que la vis est fixée sur ses côtés, et peut tourner intérieurement et perpendiculairement sur la partie du gros arbre qui la supporte....... Cette vis, dans la partie d'un pied qui excède la mai, et qui n'est pas taraudée, reste carrée ; c'est à travers cette portion cerclée en fer, qu'on ménage deux ouvertures l'une sur l'autre et en croix, par lesquelles on passe deux barres de bois qui servent de leviers pour tourner cette roue.

Au sommet de la vis qui excède la mai de 6 à 8 pieds, on fait entrer une forte pièce de bois qui est traversée par cette vis et par la vis correspondante de l'autre côté : mais cette pièce de bois n'est point taraudée ; son ouverture est simple et lisse ; son usage est de maintenir les deux vis, afin qu'elles ne s'écartent ni à droite ni à gauche.

Par-dessus cette poutre de traverse, qui est ordinairement en bois blanc, moins cher et plus facile à trouver que le chêne ou l'orme, on place le véritable écrou : c'est un morceau de bois de chêne ou d'orme, taraudé sur le pas de la vis. Sa largeur est égale à celle de la poutre de dessous, et sa longueur de deux à trois pieds. Mais comme la poutre de dessous n'est point taraudée, et par conséquent ne peut s'élever ou s'abaisser à volonté, le bois de l'écrou est, sur la face de devant et celle de derrière, armé de deux fortes crosses en fer, auxquelles on attache une chaîne de fer que l'on assujettit sur la poutre de dessous, au moyen de semblables crosses. De cette manière, chaque écrou et la pièce de bois sont maintenus ensemble par quatre morceaux de chaînes et autant de crosses.

La mai ne seroit pas assez assurée si elle ne portoit que sur la pièce de bois dormante ; on fixe à ses quatre coins des tronçons de colonnes en pierre ou en bois pour la soutenir. Quand les pressées sont finies, on soulève de quelques pouces seulement cette mai, afin qu'elle ne touche pas l'arbre dormant, et que l'humidité contractée par tous les deux pendant les pressées ne contribue pas à leur pourriture ; quelques cales en pierre suffisent.

Tout ce pressoir n'est donc composé que de l'arbre gisant ou dormant, des deux vis, de leurs écrous, de l'arbre mouvant, et de la mai.

Par-tout ailleurs, l'arbre sur lequel se dévide la corde, et que l'on fait tourner au moyen d'une roue ou des barres, tourne sur son axe, ainsi que les ouvriers ; ici les ouvriers ne peuvent faire qu'un demi-tour, ou décrire la moitié du cercle, parce que l'autre partie de ce cercle est occupée par la vendange en pression, d'où il résulte que, si les barres ou les vis sont courtes, on n'agit que foiblement.

Dans plusieurs endroits du Languedoc, on appelle ces pressoirs, *pressoirs à la cuisse*, parce qu'effectivement c'est avec la cuisse que l'on presse. Je ne pus m'empêcher de frémir lorsque je vis, pour la première fois, opérer ainsi ; et même, malgré l'habitude, je ne m'y suis jamais accoutumé. Les deux barres de chaque vis ne la traversent que de 4 à 6 pouces du côté de la vendange, et seulement assez pour y être maintenues par ce bout. Le grand bras du levier est du côté des pressureurs. Un homme tient de chaque main une de ces barres, et la fixe de toute sa force. Vis-à-vis, en dedans de l'angle que les deux barres forment ensemble, se place un pressureur devant chaque barre; il faut que ces trois hommes, ainsi que les trois de l'autre côté, agissent ensemble, et ils ne se meuvent que lorsque le chef donne le signal convenu; ce signal est un son de voix approchant de celui du charpentier, qu'ils appellent le *Hem de S. Joseph* : alors tous quatre partent ensemble, et se jettent avec force contre la barre, la frappant avec la partie supérieure de la cuisse qui répond au défaut du ventre. Ces gens sont accoutumés à cette manœuvre, et elle ne leur donne aucune peine.

Je conviens que ce pressoir est très-défectueux; mais dans les pays où l'on ne trouve pas de bons ouvrages, ou lorsque les facultés des propriétaires sont très-circonscrites, il vaut mieux avoir un pressoir médiocre que rien du tout : il est en tout point préférable à la méthode de Corse, où l'indigence a forcé de recourir à un moyen encore plus simple. Que l'on se figure un espace quelconque, creusé sur le penchant d'une colline, et environné de quatre murs; le fond du sol uni et plat, enfin bien pavé. Le mur du fond est du double et quelquefois des deux tiers plus élevé que celui de face ou de devant, et la partie supérieure des deux murs de côté suit la direction de pente entre la hauteur du mur du fond et celle de devant; à travers le bas du mur de devant, on ménage une rigole par laquelle le vin coule en dehors, et est reçu ou dans des bariques ou dans tels autres vaisseaux quelconques.

On a eu soin de placer à-peu-près au tiers de la hauteur du mur du fond, et dans son épaisseur, une grosse pierre de taille à laquelle on attache et soude le tenon d'une grosse boucle ; et encore, pour plus grande économie, on se contente d'y creuser avec le ciseau une forte entaille, proportionnée à l'épaisseur que doit avoir le levier, et capable de recevoir son gros bout. Ce levier est une longue pièce de bois droite, forte et sèche, que l'on assujettit à la boucle en la traversant, ou qui est retenue dans l'entaille de la pierre. Le coffre en maçonnerie est rempli de vendange telle qu'on l'apporte de la vigne jusqu'à la hauteur de la boucle. Alors on la couvre de plateaux en bois, taillés de grandeur et faits pour entrer dans le coffre ; on abaisse le levier qui excède en longueur du double de celle de la maçonnerie, et on appuie à son extrémité, autant que les forces le permettent. Lorsque ce levier commence à toucher le haut du mur de devant, on le relève, et on charge la pressée avec de nouveaux plateaux semblables aux premiers, et ainsi de suite, autant que le besoin l'exige. Les forces des hommes ont alors peu d'activité, et, pour y suppléer, on charge l'extrémité du levier avec de grosses pierres que l'on y maintient par des cordes. Ce levier fait l'effet du fléau que l'on nomme *Romaine*. Si on compare ce pressoir avec celui de M. *Legros*, ou avec celui à étiquet, on trouvera une grande différence dans les résultats de la pression; mais on n'admirera pas moins l'industrie de ces pauvres et intéressans insulaires.

De la manière d'élever et de conduire une pressée.

La plus grande propreté doit régner dans le local vulgairement nommé *Pressoir*; elle n'est pas moins essentielle pour tous les objets qu'il renferme. Quelques jours avant la vendange on jette de l'eau dans les cuves, sur les pressoirs, et dans tous les autres vases dont on est à la veille de se servir. Cette eau, que l'on change *au moins chaque jour*, produit un double effet, celui de faire renfler le bois des vaisseaux, et par conséquent de les mettre dans le cas de ne pas laisser couler le fluide qu'on leur confiera, et celui de détremper toutes les ordures, et de les faire céder aux frottemens qui doivent les entraîner avec l'eau que l'on rejette. Cette grande propreté est de rigueur, parce que tout corps étranger est nuisible au vin, et lui communique une odeur ou une saveur désagréable, et dont on chercheroit vainement la cause ailleurs. Les vignerons, les valets regardent ces prévoyances comme déplacées ou comme inutiles; dès-lors le propriétaire est forcé de tout voir, et de faire tout approprier sous ses yeux.

Il faut cinq hommes pour monter une pressée ordinaire, et le double, si elle est considérable. Deux sont placés dans la cuve; leur fonction consiste à remplir les *bannes*, *bennes*, *benots* ou *comportes*, etc. avec le marc ; à recevoir la banne vide que leur présente le porteur; à soulever sur le bord de la cuve la banne pleine de marc, et à l'y maintenir jusqu'à ce que le porteur l'ait enlevée. On établit communément, et cela accélère le travail, un chantier qui porte sur le bord de la mai du pressoir, et correspond solidement à la cuve. Ce chantier est plus ou moins élevé ou abaissé, suivant la grandeur du porteur. La fonction de cet ouvrier est de porter le marc de la cuve au pressoir, de rapporter sa banne vide, qu'il remet aux ouvriers de la cuve pour la remplir de nouveau; mais, en attendant, il prend sur ses épaules celle qu'ils ont préparée d'avance, et ainsi de suite jusqu'à la fin.

De la manière dont le porteur vide le marc sur le pressoir, et sur la pressée à mesure qu'on la monte, dépend en grande partie son succès. Il faut qu'il la verse doucement ; et, pour cet effet, un des deux hommes qui travaillent sur le pressoir prend une des cornes ou manettes de la banne, le porteur tient l'autre, et tous deux vident doucement. Les deux ouvriers placés sur la mai du pressoir sont uniquement occupés à ranger le marc, lit par lit, et à élever la pressée jusqu'à la fin.

Avant de commencer à charger le pressoir, les ouvriers déterminent la largeur et la longueur que doit occuper le marc; c'est-à-dire qu'ils ne prennent que les deux tiers de la superficie de la mai, parce qu'ils savent qu'à mesure que la vis pressera, le marc s'applatira et s'élargira; enfin, que sans cette précaution le marc déborderoit la mai, et une partie du vin couleroit sur le sol. Quelques uns tracent leur carré avec de la craie, de la sanguine, etc. afin de fixer la première assise du marc. Cette précaution, bonne en elle-même, est très-inutile pour l'ouvrier accoutumé à ce genre de travail. D'autres se servent d'une ficelle, ou petite corde fixée sur les quatre faces de la mai, et ils remplissent le carré qui reste dans l'intérieur. Toutes ces précautions ne sont utiles que pour la première mise du marc; une fois l'alignement donné, il est facile de monter la pressée carrément. S'il y a peu de vendange, on la tient plus étroite, et plus ou moins large s'il y en a beaucoup. Il vaut mieux que le marc gagne en hauteur qu'en largeur, parce qu'il est bientôt applati; et dans ce cas, si l'on ne charge pas la pressée de pièces de bois *a b i*, *fig*. 2, *planche II*, la vis est trop fatiguée, et on court risque de la rompre.

Lorsqu'on a fait *égrener* ou *égrapper* le raisin, il est plus difficile de bien monter une pressée, attendu qu'il ne reste presque plus de liens dont la grappe tenoit lieu ; mais il est facile d'y suppléer avec de la paille de seigle un peu longue. A cet effet, on commence à étendre sur toute la superficie de la mai un lit mince de cette paille, et qui, s'il se peut, doit déborder la mai ; c'est sur ce lit qu'on établit, ainsi qu'il a été dit, la première mise du marc ; la portion excédante de paille trouvera bientôt la place qui lui convient.

A mesure que le porteur vide le marc sur le pressoir, les deux ouvriers l'arrangent d'équerre sur la paille, ou sur la mai simplement si on a laissé la grappe ; ils piétinent ce marc, afin qu'il rende en grande partie le vin qu'il contient ; mais ils piétinent beaucoup plus fortement toute la circonférence sur la largeur d'un pied que le milieu. Cette circonférence représente l'extérieur d'un bastion, et en tient lieu. Lorsque, lit par lit, le marc est parvenu à la hauteur de 8 à 9 pouces, les ouvriers replient toute la paille qui couvroit ou excédoit la mai, la retroussent sur la partie de la pressée, contre laquelle ils la pressent et l'assujettissent, par le moyen du marc nouveau de deux ou trois bannes que l'on jette. Sur cette première couche, qui se trouve renfermée comme du raisin dans un panier, on établit, dans le même ordre, un second lit de paille qui la recouvre en entier, et qui la déborde, comme la première débordoit la mai, afin qu'elle serve, à son tour, à recouvrir le marc nouveau, dès qu'il aura 8 à 9 pouces de hauteur, et ainsi de suite, jusqu'au complément de l'élévation de la pressée. Ces lits de paille font l'effet de tirans, ils donnent de la solidité à la masse totale, et empêchent que les bords ne se détachent du centre pendant que la pression agit. L'usage de cette paille n'est pas aussi essentiel lorsque le raisin n'a pas été égrené ; cependant je conseille de ne pas le négliger, au moins pour deux ou trois rangs.

Si on se hâte trop d'élever la pressée, si les ouvriers ne piétinent pas autant qu'ils le peuvent, lorsqu'elle est basse ; s'ils ne la serrent pas avec le poing, et par-tout, et sur-tout sur les bords lorsqu'ils l'élèvent ; enfin, s'ils ne donnent pas le tems au vin de s'écouler ; loin de gagner du tems, on en perdra beaucoup ensuite, parce que cette pressée, mal conduite dans son principe, se crevassera de tous côtés : on aura beau desserrer, couper et recouper, elle crevassera jusqu'à la fin, et elle ne sera jamais bien serrée. Lorsque cela arrive, ce qui n'est pas rare, les ouvriers disent que de méchans voisins, des jaloux, leur *ont jeté un sort*, et ce sort tient à leur mauvaise manipulation. Il y a vraiment un art pour bien monter une pressée. Il s'agit actuellement de la charger : et cette opération a encore ses difficultés; car si elle ne l'est pas exactement, et autant en équilibre que faire se peut, un des côtés du marc est plus pressé que l'autre, ou bien le marc est poussé tout d'un côté par la pression.

Lorsque tout le cube du marc est élevé, on place deux barres de 3 à 4 pouces de largeur un peu moins longues que la mai. Ces deux barres ne sont pas représentées dans la figure de la *Plache II*. On les place sur le marc à une distance égale, et au moins à 10 ou 12 pouces de ses bords ; elles servent à supporter les *manteaux* TT, nommés *planches* dans la description du pressoir à étiquet. Ces manteaux sont deux pièces de bois de 3 à 4 pouces d'épaisseur, égales entre elles en largeur, longueur et épaisseur, maintenues dans leurs parties supérieures par des traverses fortement clouées ou chevillées, qui empêchent que le bois ne se déjette. Les manteaux sont placés de manière qu'ils ne débordent pas plus d'un côté que d'un autre.

Pour bien monter une pressée, il faut absolument que le propriétaire, ou celui qui le remplace, soit sur le sol du cellier et dirige l'opération. Voici un moyen facile de le mettre à même de juger si chaque pièce est mise à la place qu'elle doit occuper. Au milieu de l'écrou CD de la même figure, et sur la face antérieure, et à la partie qui correspond au centre de la vis, on fait un trait ; si de ce trait on laisse pendre une ficelle avec son plomb on verra qu'il correspond vis-à-vis et juste au milieu de la gouttière par laquelle le vin s'écoule dans le barlong W. On aura donc deux points de comparaison pour le rayon visuel, et chaque pièce qui sert à charger le marc fera le troisième. Ainsi, lorsque les deux manteaux sont en place, on voit si leur point de réunion correspond à la marque imprimée dans le milieu de l'écrou et au point du milieu de la gouttière. Cependant ces trois points pourroient être d'accord, sans que la partie postérieure des manteaux le fût; alors, après avoir laissé tomber le plomb, et en mirant la ficelle, on fait un trait contre le mur derrière le pressoir; et ce trait devient un quatrième point de comparaison ; enfin, il sert de contrôle aux trois premiers, et dirige le reste de l'opération.

Lorsque les deux manteaux sont placés et arrêtés dans leur juste position, il s'agit de placer en travers, c'est-à-dire, d'une jumelle à l'autre EF, GH, deux pièces de bois appelées *garnitures*, de la largeur des manteaux réunis. Ces pièces doivent avoir depuis six jusqu'à dix et douze pouces d'épaisseur, et être bien équarries sur toutes leurs faces. Il en faudra de diverses épaisseurs, mais toujours par paires, et encore mieux si elles sont numérotées, afin de pouvoir garnir juste sous le mouton KL.

L'inspecteur ne sauroit juger de la première place qu'il occupoit, si les deux garnitures sont posées en lignes parallèles aux deux jumelles; il se portera donc du côté des jumelles, et il vérifiera leur position. Les secondes garnitures seront posées sur les premières et dans le sens opposé, c'est-à-dire qu'elles regarderont le mur et la face antérieure du pressoir, et ainsi de suite, jusqu'à ce que les garnitures occupent l'espace entre la partie inférieure du mouton et la supérieure du marc.

Si on s'en rapporte à la gravure, *figure 2, planche II*, on verra que toutes les garnitures sont également posées les unes sur les autres, et en se croisant. Cette méthode peut être bonne et plus facile à suivre que celle dont je vais parler; mais j'observerai que sous le mouton les garnitures doivent être placées en travers, c'est-à-dire, suivant sa direction, afin qu'il porte à plat dans toutes ses parties. On sent que les garnitures, placées telles qu'elles sont représentées dans la gravure, laissent beaucoup de vide entre elles; mais comme la plus grande force de pression est directement dans la partie qui correspond à la base de la vis A, les extrémités du mouton doivent souffrir par les garnitures des deux bouts qui forcent contre leur bois, puisque leurs extrémités sont la partie la moins épaisse et la moins forte du mouton. C'est par cette raison que je préfère les garnitures rangées en pyramide, et diminuant le diamètre de leur

distance

distance à mesure qu'elles approchent du mouton. Je dis donc que les garnitures de la base, au nombre de deux, trois ou quatre, suivant la largeur du pressoir, doivent (les extérieures) presque affleurer et correspondre aux bords du marc; que le second rang, placé en travers et au-dessus, ne doit porter que sur le bord intérieur des pièces du premier rang, et par conséquent resserrer l'espace; que les troisième et quatrième, etc., si le besoin l'exige, doivent de plus en plus se resserrer, enfin, venir se joindre sous le mouton, et dans le même sens de direction que lui; par ce mécanisme, la force de direction se fait sentir de tous les points du marc. C'est ainsi que j'ai toujours fait presser, sans que le mouton ait été fatigué; et lorsque j'ai voulu juger par comparaison, j'ai trouvé que la seconde méthode pressoit mieux que la première. Au surplus, chacun est libre de choisir celle qu'il aime le mieux, soit d'après l'habitude, soit d'après le raisonnement.

Aussitôt que tous les chantiers sont montés, on fait tourner la roue qui tient à la vis; son abaissement serre les garnitures, celles-ci les manteaux, et les manteaux tout le marc. On tourne la roue lentement, et à bras d'hommes, aussi long-tems qu'on le peut: mais on ne se hâte pas; il faut que le vin ait le tems de couler, de faire des vides, et que chaque partie du marc s'affaisse également et sans secousse. Enfin, on porte la corde vers l'arbre Z, sur lequel on la fixe ; elle se roule, et les hommes qui ont fait mouvoir la roue de la vis viennent tourner celle de l'arbre. La première serre demande à être faite lentement; et dès que les ouvriers sentent trop de résistance, ils doivent cesser, et attendre avant de donner de nouvelles serres. Pendant ce tems, le vin s'écoule, et les ouvriers se servent de cet intervalle pour transporter le vin du barlong dans les bariques.

Après un certain laps de tems, on dévide la corde de dessus l'arbre Z, et on la fait glisser sur la roue de la vis, qui s'élève et se détourne à bras d'hommes. Lorsqu'elle est remontée jusqu'à l'écrou, les ouvriers déplacent les garnitures et les rangent rang par rang, chacun de leur côté, sur les bords ou sur le derrière du pressoir; de manière que les garnitures inférieures et les plus fortes se trouvent sur les autres, et par conséquent sous la main de l'ouvrier, quand il s'en servira de nouveau. Les deux manteaux sont placés de champ contre les deux jumelles. Le marc dépouillé de toute sa charge est en état d'être coupé.

Le maître-ouvrier s'arme d'une doloire, instrument dont se servent les tonneliers pour dégrossir et blanchir leurs douves; il trace avec cet outil, sur la partie supérieure du marc, et près de ses quatre faces, une ligne droite qui doit le diriger dans la coupe. Si le marc est destiné à fournir dans la suite le petit vin à ce maître-ouvrier ou au vigneron, il aura grand soin de tailler peu épais, parce que les bords du marc retiennent plus de vin que son milieu. Le propriétaire doit veiller de près à cette opération. Cependant ce n'est pas à la première coupe qu'il faut tailler le plus épais, parce que le vin n'a pas eu le tems de s'écouler. D'ailleurs, ce que l'on détache des bords pour être remis sur le marc ne contribue pas beaucoup à une plus forte pression : quatre à huit pouces de première taille suffisent, suivant le diamètre du marc. L'ouvrier doit incliner contre le marc la partie supérieure ou dos de la doloire, afin que de la coupe générale il résulte un petit talut. A mesure qu'il abat les bords, les autres ouvriers le suivent, les uns émiettent ce marc, et les autres le disposent sur le cube en le pressant, le serrant, comme s'ils montoient une nouvelle pressée. Quelques uns, et avec une juste raison, enchâssent ce marc avec de la paille longue, comme il a été dit ci-dessus ; il en est bien mieux pressé par la suite. Enfin, on replace de nouveau les manteaux, les garnitures, on opère comme la première fois. C'est à cette seconde serre que doit se déployer la force des ouvriers ; parce que, si on a ménagé la première, si le vin a eu le tems convenable pour couler, si enfin la pressée a été bien montée dans son principe, on ne craint plus qu'elle crevasse. Il ne faut pas débuter par serrer trop fort ; on doit ménager un peu en commençant, et aller ensuite par progression, suivant la force des hommes et du pressoir. Lorsque les efforts ne font plus ou presque plus rien rendre au marc, c'est le tems de travailler à le mettre en état de recevoir la troisième taille. C'est ici le cas de tailler fort épais, afin de ne laisser dans le marc que le moins de vin possible. Lorsque les pressoirs sont petits et foibles, on taille jusqu'à cinq fois. Enfin, on débarrasse le pressoir pour y mettre de nouvelle vendange; et, dans le pays où le vin est cher ou rare, on ajoute à ce marc de l'eau qui fermente de nouveau, et sert à faire ce qu'on appelle *petit vin, buvande, piquette.*

M. *Legros* indique dans l'ouvrage déjà cité une méthode facile, au moyen de laquelle s'exécute un mélange exact des vins de la cuve et du pressoir. C'est l'auteur qui va parler :

« Entonner les vins promptement, donner à chaque poinçon une même quantité de vin, sans pouvoir nullement se tromper, et d'une qualité parfaitement égale ; en entonner 30 ou 40 pièces en un espace de tems aussi court que pour en entonner une seule pièce, et par une seule et même personne, sans agiter le vin nullement, sans pouvoir en répandre aucunement, et en le préservant du contact de l'air de l'atmosphère qui lui nuit beaucoup; c'est, j'ose l'assurer, ce que l'on n'a pas encore vu, et qui sembleroit impossible. C'est cependant ce que je vais démontrer si sensiblement, que je suis persuadé que mon lecteur n'appellera pas de ma dissertation à l'expérience.

La façon ordinaire, et que je ne puis me dispenser de blâmer, se pratique à-peu-près, du moins mal au mieux possible, dans chaque vignoble du royaume. Le vin de cuvée coule du pressoir dans un moyen barlong entièrement découvert, et qu'on place sous la goulette; les uns le tirent de ce barlong, à mesure qu'il se remplit, avec des seaux de bois; les autres avec des instrumens en cuivre, qui, faute d'être bien récurés chaque fois qu'on cesse de s'en servir, communiquent leur verd-degris au vin dont on remplit les poinçons, le transportent pareillement dans un grand barlong, aussi découvert, ou dans plusieurs autres moyens vaisseaux, suivant leur commodité. Ils tirent ensuite de la même façon du barlong de la goulette les vins de taille et de pressoir, les transportent pareillement dans d'autres vaisseaux, chacun en particulier.

Les vins de cuvée, de taille et de pressoir faits, les pressureurs les transportent, d'abord celui de la cuvée, et ensuite les autres, dans le cellier; et ils les entonnent dans des poinçons rangés sur des chantiers couchés sur terre, et souvent peu solides.

Un homme avec un barlong remplit les bannes, deux autres les portent au cellier et les versent dans de grands entonnoirs de bois placés sur des poinçons, et portent dans chaque banne ou hotte, deux ou trois seaux, lesquels seaux peuvent contenir chacun treize à quatorze pintes, mesure de Paris. Un autre se tient au cellier pour changer les entonnoirs à mesure qu'on verse une hottée dans chaque poinçon, et il a soin de marquer chaque hottée sur la barre du poinçon pour ne pas se tromper, ce qui arrive cependant fort souvent : quand les deux porteurs de hottes ont versé chacun une hottée de vin dans chaque poinçon, ils recommencent une autre tournée dans les mêmes poinçons, et ils continuent de même jusqu'à ce que tout le vin soit entonné. Si après une première, seconde ou troisième tournée, il reste encore quelque vin dans le barlong, et qu'il y ait encore quelques moyens vaisseaux à vider, et dont le vin doive être entonné dans le même poinçon, le pressureur placé au barlong verse le vin de ces moyens vaisseaux dans le grand barlong, et avec une pelle de bois le remue fortement pour le bien mélanger avec celui qui étoit resté dans ce barlong; ensuite ils continuent leur tournée jusqu'à ce que tout le vin soit entonné. Ils en usent de même à l'égard des vins de taille et de pressoir. Les uns emplissent leurs poinçons jusqu'à un pouce près de l'ouverture, pour leur faire jeter dehors toute l'impureté dans le tems de la fermentation ; les autres ne les emplissent qu'à quatre pouces au-dessous de l'embouchure, pour les empêcher de la jeter dehors.

Voilà l'usage des Champenois pour l'entonnage de leurs vins. Je demande si, dans ces différens transports, ces changemens et reversemens d'un vaisseau dans un autre, le vin n'est pas étrangement battu et fatigué, et si on n'en répand pas beaucoup ; si le grand air qui frappe sur ces grands et larges vaisseaux entièrement découverts ne diminue pas la qualité du vin (1), si le mélange est bien fait ; si on peut assurer que chaque poinçon contient une quantité parfaitement égale, etc. Le moyen de prévenir ces inconvéniens est de suivre la maxime que je vais prescrire.

On peut préserver le vin de la corruption que l'air lui occasionne, dès le moment que, sortant

---

(1) Ce n'est pas le contact extérieur ou atmosphérique qui nuit au vin ; la vraie cause du mal est que, par ces versemens et reversemens perpétuels du vin, il est sans cesse agité ; et son air de combinaison, son air fixe qui est le lien des corps, s'en dégage et entraîne avec lui une portion du spiritueux. Cette note sert de correctif à ce que M. *Legros* avance dans la suite, lorsqu'il confond l'effet de l'air atmosphérique avec celui de l'air fixe.

du pressoir par la goulette ou béron, il se répand dans les barlongs R Q (*planche III*). Pour y parvenir, il ne s'agit que de donner aux barlongs un fond double serré dans son garle, à six pouces au-dessous du bord d'en haut. Quand ces barlongs sont pleins, on bouche l'ouverture du fond par lequel le vin y entre, avec un fausset de bois de frêne. Alors avec le soufflet, tel que celui que l'on voit en V, et qu'on place à une ouverture du fond de ce barlong, on en fait sortir, chaque fois qu'il est plein, le vin qui s'élève dans le tuyau de fer-blanc ST, et qui, coulant le long de ce tuyau, se répand, comme on le voit, par un entonnoir T, dans un grand barlong VY, fermé aussi d'un double fond, à deux pouces près du bord, et contre barré dessus et dessous par une chaîne de bois à coins.

Je ne prescris pour le barlong de la goulette les six pouces de distance, du double fond au bord d'en haut, que pour conserver un espace suffisant pour contenir le vin qui sort de la goulette pendant qu'on foule, par le moyen du soufflet, celui du barlong pour l'en faire sortir, et le conduire par le tuyau TS dans le grand barlong. Ainsi cette distance de six pouces est absolument nécessaire.

Quand tout le vin qui doit composer la cuvée est écoulé dans le grand barlong, on le bouche pareillement avec le même soufflet. On retire l'entonnoir T, et l'on bouche avec un fausset de bois l'ouverture par laquelle il entroit. On fait sortir de ce barlong le vin qui, en s'élevant dans le tuyau Y Z qui y communique, se répand en même tems et également, dans chacun des poinçons, par l'ouverture des fontaines a, b, c, d, 1, 2, 3, 4, 5, 6, qui sont jointes à ce tuyau, et dont les clefs ne s'ouvrent qu'autant que la force de la pression l'exige, pour qu'il n'entre pas plus de vin dans un vaisseau que dans l'autre, tout ensemble.

Pour parvenir à cette juste et égale distribution de vin dans chaque poinçon, il faut observer que le vin qui coule du tuyau EF, s'écoulant dans le même tuyau à droite et à gauche, doit tomber avec plus de précipitation par les fontaines du milieu 1, a, que par ses deux voisines de droite et de gauche, 2 et 6, et plus, à proportion, par ces deux dernières, que par les suivantes; de même que ce vin, trouvant une résistance aux extrémités fermées de ce tuyau, doit couler plus précipitamment par les fontaines 6, d, que par celles 5, c, par lesquelles le vin doit couler un peu moins vite que par les 4, b. C'est pour parvenir à cette égale distribution, que nous avons joint à ce tuyau des fontaines dont on ouvre plus ou moins les clefs. Ces clefs étant suffisamment ouvertes à chaque fontaine, suivant l'expérience qu'on en aura faite pour cette distribution, on les arrêtera et on les fixera au point où elles sont avec un fil de fer, ou par la soudure, afin qu'elles ne changent plus de situation, et qu'on soit assuré que chaque fois qu'on s'en servira, elles auront le même effet.

Il est facile de remarquer que l'entonnage se fait de cette manière en même tems dans chaque poinçon, avec une égalité des plus parfaites, puisque le vin qui s'y répand prend toujours son issue du même centre de ce barlong.

Il faut, comme on l'a déjà dit, laisser à chaque poinçon quatre pouces de vide, suivant la grandeur, largeur et profondeur qu'on donnera au coffre du pressoir, et qui fixeront la quantité de vin de cuvée que le pressoir pourra rendre. On se règlera pour donner la contenance au grand barlong; et si on donne, par exemple, à ce barlong la contenance de 12, 15, 18 poinçons, on donnera au tuyau 12, 15 ou 18 fontaines, et au chantier $gg fff$, la longueur suffisante pour tenir douze, quinze ou dix-huit poinçons de front. On donnera à ce chantier la forme qu'il a.

Il est encore à propos d'observer que le marc renfermé dans le pressoir, ne peut rendre autant de vin que le grand barlong en peut contenir. Quelquefois on n'a de vendange que pour faire trois, quatre, ou cinq pièces de vin, plus ou moins; parce qu'elle est composée d'une qualité de raisin dont on veut faire du vin en particulier, et qu'au lieu de la quantité ordinaire, on n'a que quatre ou cinq poinçons de vin à remplir : alors on n'en couchera sur le chantier que cette quantité, c'est-à-dire que, si on en couche cinq, celui du milieu sera placé sous la fontaine du milieu 1, deux autres à sa droite, sous les fontaines 2 et a, et les deux autres sous celles 3 et 6, et ainsi du reste pour le surplus, quand le cas y échoit ; par ce moyen, on remplit également chaque vaisseau ».

Les habitans des provinces méridionales qui prennent si peu de précautions dans leur manière de façonner leurs vins, regarderont comme puérile la méthode proposée par M. *Legros*. Il n'en sera pas ainsi dans les vignobles renommés, où quelques bariques dont le vin seroit inférieur à celui des bariques voisines, et que l'on présenteroit cependant comme égal en qualité, décrieroient une cave, ou bien causeroient un fort rabais sur le prix de la vente totale. On a donc le plus grand intérêt, dans ces pays, à rendre égale, le plus qu'il est possible, la qualité de chaque barique, et de leur totalité.

SECTION III.

Des Vaisseaux employés pour la conservation du Vin, et des Instrumens servant à le perfectionner.

Nous comprenons sous la dénomination de vaisseaux propres à contenir le vin, les tonneaux, les foudres, les outres et les bouteilles. Nous allons examiner successivement leurs diverses parties, et tracer quelle est leur meilleure construction, et les moyens de corriger les défauts qui s'y rencontrent le plus ordinairement. Nous placerons à la suite la description des instrumens servant à la manipulation et au soutirage des vins dans les caves, tels que les soufflets, les pompes ou siphons, les entonnoirs et les brocs, ainsi que la machine propre à muter le vin.

Du Tonneau.

Ce vaisseau est en bois, de forme à-peu-près cylindrique, mais renflé dans son milieu, à deux bases planes, rondes et égales, construit de douves arc-boutées, et contenues dans des cerceaux. Il est destiné à renfermer du vin, des liqueurs, et autres fluides. Sous la dénomination générale de *tonneau*, on comprend ce que, dans quelques provinces on appelle *fût*, *futaille*, *barique*, *tiercerole*, *muid*, *bourguignotte*, *tierçon*, *pipe*, *barille*, *poinçon*, *pièce*, *botte*, etc. La contenance de ces vaisseaux varie d'un pays à un un autre; et dans quelques uns le mot *tonneau* désigne la contenance de plusieurs vaisseaux vinaires réunis. Par exemple, à Bordeaux, le tonneau est composé de quatre bariques, qui font trois muids de Paris. Le muid de Paris est de deux cent quatre-vingt-huit pintes : sur ce pied, le tonneau de Bordeaux doit être de huit cent soixante-quatre pintes, et celui d'Orléans de cinq cent soixante-seize pintes, parce qu'il ne contient qu'environ deux muids de Paris.

Ces bigarrures dans la contenance des vaisseaux vinaires, qui ne sont connues que des commerçans en vin, demandent la même réforme que celle des poids et mesures. On verra bientôt disparoître, par l'introduction des mesures nouvelles, les friponneries sans nombre qui s'exercent journellement dans le commerce des vins et des eaux-de-vie. Un tonnelier peut, quand il veut, même en suivant les mesures données pour la fabrication d'une barique, lui faire contenir près de dix pintes de plus ou de moins: c'est une perte réelle pour l'acheteur d'eau-de-vie ou d'esprit-de-vin

Comme on les vend au poids, celui de la futaille compris, l'acheteur paie aussi cher le bois surnuméraire que l'esprit-de-vin; alors il favorise le vendeur : mais s'il donne à la barique plus de bouge qu'il ne convient, le bénéfice est au profit de l'acheteur. J'ai suivi de près ces petites spéculations mercantiles. Le brigandage est encore plus grand lorsque l'on achète du vin en bouteille. Un vaisseau vinaire déclaré par la jauge contenir deux cent vingt pintes, mesure de Paris, donne communément deux cent cinquante bouteilles chez le marchand de vin, qui fait fabriquer à la verrerie les bouteilles, d'après la forme qu'il prescrit; cependant ses bouteilles paroissent, au premier coup-d'œil, devoir contenir autant de vin que les bouteilles de jauge. Les bouteilles et les vaisseaux vinaires demandent une réforme : on y parviendra si leur contenance est déclarée devoir être la même dans toute la France.

« Nous devons, dit *Pline*, aux peuples voi-
» sins des Alpes (les Piémontois), l'invention
» des tonneaux; et nous admirerions sans doute,
» si nous n'en avions jamais vu, quelle industrie
» et quel soin a dû exiger la construction d'un
» vase formé de quelques planches, réunies seu-
» lement par des liens de bois, qui contient une
» certaine quantité de liquide donnée sous une
» forme aisée à transporter, et la plus propre à

» souffrir un assez grand choc, sans permettre à
» la liqueur qu'il renferme de se perdre. Le calcul
» du géomètre échoueroit où l'habitude et pres-
» que une simple routine de l'ouvrier réussissent
» assez bien ». C'est ainsi que s'exprime M. *Fou-*
geroux, de l'académie des sciences, dans *l'art*
du tonnelier.

§. Ier.

De la forme des tonneaux.

Il est certain que la forme adoptée est la plus commode ; et pour contenir le vin en grande masse, c'est la plus avantageuse après celle de la bouteille ; et si la facilité dans l'usage journalier ne l'emportoit sur l'utilité, je préfèrerois la forme des vases de terre employés par les anciens ; ils les nommoient *amphores* : c'étoient des vases de grès, très-pointus par leur base, renflés dans leur milieu, et ayant un cou très-alongé et étroit. Deux anses de même matière prenoient depuis le sommet ou embouchure du cou, jusqu'à la partie supérieure du renflement du vase, appelée *panse*. Tout l'intérieur des caves étoit traversé par des murs, et leurs côtés ressembloient à des marches d'escalier. Chaque marche, creusée suffisamment, portoit une amphore. Chaque mur, dans le milieu de son étendue, étoit vide, et formoit une porte, afin de faciliter le service et le placement des amphores sur les marches des murs postérieurs. Ils avoient des amphores dont la contenance étoit depuis dix à quinze pintes jusqu'à cent cinquante. L'avantage de la forme de ces vaisseaux pour la conservation du vin étoit singulièrement contre-balancé par l'embarras, la dépense, et par l'espace nécessaire à leur arrangement. La forme des vaisseaux en bois, quoiqu'inférieure, est plus commode, et elle demande à être perfectionnée. Prenons pour exemple le tonneau, qui contient quatre bariques ou quatre cent quarante-huit pots; sa longueur, d'après les règlemens des tonneliers, doit être de quatre pieds trois pouces, et le diamètre du fond de trois pieds deux pouces.... C'est donc un peu moins de six pouces de courbure depuis le bondon ou trou du tonneau, jusqu'à l'extrémité de la douve, que dans quelques endroits on appelle *douelle*. Cette courbure n'est pas suffisante, 1°. parce qu'il faut compter pour beaucoup l'épaisseur des cerceaux et leur ligature en osier, qui portent et donnent une hauteur de quinze à dix-huit lignes, et qui réduisent la courbure, à l'extérieur, à quatre pouces six lignes environ; 2°. parce qu'après un certain nombre d'années, les courbures tendent à s'affaisser et à se rapprocher de l'horizontalité; 3°. parce que les tonneliers ne sont pas assez exacts à suivre la règle prescrite, attendu qu'il leur faudroit plus de bois, du bois mieux choisi, et en état de supporter la

diminution

diminution de largeur, en partant du bondon, à l'extrémité de la douve. Ils préfèrent le parti qui exige le moins de travail. Je demande donc, dans l'exemple cité, que chaque fond du tonneau, au lieu d'être réduit à trois pieds deux pouces, le soit à deux pieds huit pouces; enfin, que le vaisseau ait plus la forme d'un fuseau tronqué par les deux bouts. Ce que je dis du tonneau contenant la valeur de quatre bariques s'applique dans les mêmes proportions aux vaisseaux de plus petite contenance, et par les mêmes raisons que je vais développer. Les Espagnols ont bien senti les avantages de cette forme, et tous les vaisseaux vinaires sont construits de la manière que j'indique. Ceux dont on se sert dans les vignobles de Bordeaux et des pays voisins en approchent : dans tout le reste de la France, ils sont très-défectueux.

Avantages de la forme du fuseau tronqué. 1°. Plus une voûte est cintrée, plus elle a de force, et plus elle devient susceptible de porter de grands fardeaux. Il en est ainsi des douves réunies; leur point le plus élevé, et qui présente le sommet d'*anse de panier*, est la partie la plus élevée du bouge. 2°. Plus un tonneau approche de la forme d'un fuseau tronqué, moins il touche la terre par des points de contact, et plus il fait voûte : dès-lors on le manie plus facilement; on le roule, et on le retourne plus aisément ; moins les cerceaux et les osiers qui les lient touchent la terre, et par conséquent sont moins susceptibles de pourrir. Le courant d'air qui les environne de toutes parts les conserve et augmente la durée des osiers. Ils sont donc beaucoup moins sujets aux réparations et aux changemens que les autres.

Ces avantages, quoiqu'essentiels en eux-mêmes, sont peu de chose en comparaison des suivans. 1°. Supposons que du vin soit renfermé dans un vaisseau carré : n'est-il pas vrai que si la liqueur qu'il contient ne le remplit pas exactement, et qu'il en manque seulement l'épaisseur d'une ligne, il y aura donc un vide sur toute la surface supérieure du vin ? Mais comme l'expérience prouve que l'évaporation n'a lieu qu'en raison des surfaces, il est donc clair qu'elle aura lieu sur la couche du liquide en raison de toute la surface, quelle que soit son étendue, et en raison de cette étendue. Au contraire, dans un tonneau *ordinaire* de quatre bariques, supposé contenir autant que celui dont on vient de parler, le vide d'une ligne de hauteur est presque nul, et ne porte que sur une très-petite superficie, à cause de la courbure ou *bouge* de la douve ; mais ce vide sera encore bien moins sensible si on donne aux douves la courbure que j'ai indiquée. Dans le premier cas, toute la superficie est soumise à l'évaporation ;

dans le second, elle l'est infiniment moins; et dans le dernier, le vide est réputé pour nul.

2°. Il résulte un second avantage bien important encore de la forme du fuseau tronqué, relativement à la qualité du vin. La lie est le sédiment du vin, la partie pesante qui s'en sépare; ce résidu, par sa pesanteur spécifique, se précipite dans la partie la plus inférieure. Or, plus cette partie inférieure sera profonde, plus elle concentrera la lie, et moins la lie occupera d'espace dans le tonneau, par conséquent moins de superficie, moins elle sera susceptible de se recombiner dans le vin au printems et en août, lors du renouvellement de la fermentation que l'on appelle *insensible*.

3°. Il est plus aisé de soutirer à *clair fin* le vin d'un tonneau bien *bougé*, que d'un tonneau plat, précisément parce que la lie y occupe moins de place. Ainsi, sous quelque point de vue que l'on considère la forme d'un vaisseau vinaire, de quelque grandeur qu'il soit, celle d'un fuseau tronqué est sans contredit la meilleure.

§. II.

Du bois des tonneaux.

Nous n'avons en France qu'une seule espèce de bois réellement bonne à la construction des vaisseaux vinaires; c'est le chêne bien choisi, parce que les fibres de son bois sont mieux liées, plus serrées, en un mot plus compactes. L'expérience de tous les pays de vignoble prouve que le vin perd beaucoup moins dans de tels vaisseaux, soit pour la quantité, soit pour le spiritueux. Cette vérité a tellement été mise au jour par les plaintes des acheteurs d'eau-de-vie, que le gouvernement a défendu toute exportation d'esprit ardent hors de France, qui ne seroit pas faite dans de tonneaux de chêne. On se servoit auparavant de vaisseaux faits en bois de châtaignier; et quoique l'eau-de-vie fût au titre, et même au-dessus, en sortant du port de Cette, elle arrivoit à Hambourg, par exemple, à un titre très-inférieur au titre ordinaire du commerce. On a beau faire, l'expérience prouve que, même dans les meilleurs tonneaux de bois de chêne, l'évaporation se fait sentir; mais la perte est peu considérable. Ce qui se manifeste si visiblement pour l'esprit ardent, isolé et concentré, se manifeste de même pour le spiritueux du vin, mais d'une manière qui, quoique plus insensible, n'en est pas moins réelle. Supposons dix vaisseaux vinaires dont l'inégalité de contenance soit graduée depuis cent jusqu'à mille pintes. Il est clair que l'épaisseur du bois sera proportionnée à la graduation du contenu, ou du moins jusqu'à un certain point. Ainsi, les douves de la barique de cent pintes auront, suivant la coutume, six, sept ou huit lignes au plus d'épaisseur, et celles du vaisseau de mille pintes, trois à quatre pouces.

Je demande actuellement au propriétaire de ces dix vaisseaux, que je suppose remplis du même vin, en un mot, que toutes les circonstances soient égales, même pour leur placement dans la cave ; je lui demande deux choses, 1°. qu'il tienne une note exacte de la quantité de vin que chaque vaisseau consommera pour être toujours tenu plein pendant toute l'année ; 2°. qu'à la fin de l'année il distille séparément le vin de ces dix vaisseaux, et qu'il en mette à part le produit. Ses registres et l'expérience lui prouveront que le vaisseau de 100 pintes a consommé, à peu de chose près, et proportion gardée, dix fois autant de vin, que le vaisseau de 1000 pintes. Il se convaincra encore par la distillation, que la proportion du spiritueux sera plus de dix fois plus foible, et ainsi par progression jusqu'au tonneau de 1000 pintes ; mais si le vaisseau n'est pas construit en chêne, alors les proportions seront encore plus à perte, soit pour la quantité, soit pour le spiritueux. Je sais positivement à quoi m'en tenir sur les faits que j'avance, comme vérité démontrée : mais comme je ne demande pas à être cru sur parole, je prie le grand propriétaire de vignoble de se convaincre par l'expérience.

Son intérêt lui dicte cette loi : qu'il n'ait que des foudres, à l'exception de la petite quantité de bariques nécessaires à ses besoins journaliers.

Toutes les douves, quoique de chêne, ne sont pas d'égale qualité ; celles tirées du chêne *en décours*, ou trop vieux, sont trop poreuses ; du chêne trop jeune, sont également trop poreuses, et se coffinent aisément ; celles fabriquées à la scie ne sont pas aussi bonnes que celles dont on a débité le bois, qu'on appelle alors *bois de fente*. Les premières sont plus difficiles à travailler, parce qu'on n'a pas pu suivre l'exacte disposition de leur fibre, et on est obligé de commencer leur cintre par la scie, afin de pouvoir ensuite les travailler plus commodément ; cette opération est très-défectueuse, et le vaisseau fabriqué avec un tel bois n'est jamais aussi solide que celui composé de douves de bois de fente, dont l'épaisseur doit être égale sur toute leur longueur. Dans plusieurs provinces, de mauvais ouvriers amincissent avec l'essette la partie du milieu de la douve qui doit former le bouge, afin, disent-ils, de cintrer avec plus de facilité leurs bariques. Cette pratique est vicieuse, puisque la partie qui doit être la plus forte dans la construction devient la plus foible.

La bonne douve est celle qui, frappée sur le tranchant aigu d'une pierre, casse par esquilles. Si elle casse net, c'est une preuve que l'arbre dont on l'a tirée étoit hors d'âge, et en décours. On doit préférer les douves qui ont flotté, pourvu qu'elles ne soient ensuite employées qu'après avoir été parfaitement séchées. Ces douves flottées ont perdu dans l'eau une partie de leur astriction; mais elles contracteroient bientôt une odeur de moisi, si, en les sortant de l'eau, on les plaçoit dans un endroit humide; odeur détestable que les efforts de l'art ne sauroient leur enlever. L'avantage réel que l'on retire des bois secs est qu'ils se gonflent beaucoup lorsqu'on remplit les vaisseaux vinaires, et on ne craint pas alors que la liqueur s'échappe.

Toute douve qui est rongée, vermoulue, pertuisée, ou dont le bois est *vergé*, autrement dit bois *veiné*, bois *rouge*, ne peut ni ne doit être employé. L'ignorance et plus encore la mauvaise foi des tonneliers ont été l'origine de plusieurs contestations entre le vendeur et l'acheteur. C'est pourquoi l'ordonnance a prescrit les cas dans lesquels le tonnelier est forcé de reprendre son ouvrage, et de payer le vin gâté ou perdu.

1°. Si l'ouvrier emploie plus de trois douves de bois *vergé* ou bois *rouge*; et encore il est dit que ces douves doivent être placées dans la partie supérieure. Il convient donc d'obliger le tonnelier à faire lui-même le trou du bondon, parce que lui seul les connoît, et l'on courroit risque d'ouvrir le trou dans celles qui leur seroient latérales ou en opposition... Il est surprenant que l'ordonnance ait autorisé un pareil abus, puisqu'une seule douve *vergée* suffit pour gâter le vin d'une barique ou d'un tonneau. Les grands propriétaires de vignoble doivent s'unir afin de demander tous ensemble la suppression de cet article dans le règlement des tonneliers.

2°. Si dans le tonneau il se trouve une douve qui ait le goût de *fût*, le tonnelier doit le reprendre, et payer au propriétaire le vin gâté, sur le pied de la vente commune.

3°. Si la douve est *pertuisée* dans la partie recouverte par les cercles, le tonnelier est responsable du vin qui se perd, et de celui qui reste s'il est éventé, ou s'il est demi-aigre, parce qu'il n'est pas à supposer que l'acheteur puisse connoître cette défectuosité. Les tonneliers sont très-attentifs à boucher ces petits trous avec des épines de prunelier : malgré cette précaution, il vaut mieux rejeter le tonneau si on s'en apperçoit.

Il est bien difficile pour celui qui achète chaque année une certaine quantité de tonneaux, d'examiner chaque douve séparément ; mais je lui réponds que souvent ses peines ne sont pas perdues. Ce conseil paroîtra ridicule à ceux qui font tout à la hâte, quoique cette opération eût assuré la qualité de leur vin. S'il contracte une odeur ou une saveur désagréable, ils ne s'en prendront qu'à eux-mêmes : ils peuvent, il est vrai, avoir recours, dans certains cas, contre le tonnelier; mais il faut se pourvoir en justice, et les frais et l'ennui excèdent la valeur du vin. Cette défiance est un peu forte, j'en conviens ; la mauvaise foi des tonneliers l'a rendue nécessaire : d'ailleurs, elle ne fait tort qu'à celui qui veut tromper. Je l'ai été, il est donc juste de prévenir ceux qui se trouvent dans le même cas que moi.

§. III.

Observation sur la construction.

Si on excepte l'Espagne, les environs de Baïonne et de Bordeaux, les bariques ou tonneaux, quelle que soit leur contenance, sont très-mal construits; et plus ils sont petits, plus leurs défectuosités sont multipliées, parce qu'on ne réserve pour ces vaisseaux que les bois de rebut ou ceux qui ont déjà servi à des vaisseaux plus grands, mais dont l'empeigne, par exemple, a été brisée. Ces vieux bois sont, ou dolés de nouveau, ou parés avec l'essette et encore mieux avec le rabot; de manière que leur épaisseur, déjà très-modique, est encore diminuée.

Une douve, pour être bonne, doit être aussi épaisse à ses extrémités que dans son milieu. Si on l'amincit en approchant des extrémités, on diminue la force de la totalité; si on l'amincit dans son centre, elle se courbe plus aisément, à la vérité, mais elle perd de sa force réelle dans la partie où elle est absolument nécessaire. C'est à l'ouvrier doleur à savoir diminuer, en proportion convenable, et sur la largeur, la douve, depuis son centre jusqu'à ses deux extrémités, de manière que la totalité des douves réunies par les cerceaux présente de chaque côté un cône tronqué dans les proportions indiquées ci-dessus. C'est donc de la force du resserrement de toutes les douves et de toutes leurs parties ensemble, les unes contre les autres, que dépend la véritable force de la voûte, et non pas lorsqu'elles s'y prêtent par une courbure donnée précédemment, en suivant le trait par la scie. Ces dernières douves serrent très mal.

A ces défauts visibles, les ouvriers en ajoutent un autre bien plus essentiel, non par ignorance, mais pour accélérer leur travail, toujours au détriment de l'acheteur... Les douves employées pour la construction des bariques ordinaires, c'est-à-dire, contenant 220 à 230 pintes, mesure de Paris, ont souvent depuis cinq pouces jusqu'à six de largeur. J'ai vu pour fond à ces bariques des douves de fond ou face de sept et même huit pouces de largeur; et ce qui m'a surpris a été la préférence marquée que des particuliers leur donnent. Je leur demande si, après un an ou deux de service, les douves de ces bariques ont le même coup-d'œil que lorsqu'ils les ont achetées. Ici, ce sera une douve *coffinée* ou *bacquetée* en dedans ou en dehors ; là, il faudra barrer les fonds pour la retenir, et peut-être craindre encore que cette opération ne soit pas suffisante, sur-tout si l'empeigne du vaisseau est foible. Ce que je dis des douves du fond s'applique également à celles de la circonférence, qui ne se coffinent jamais en dehors (le cas est très-rare), mais toujours en dedans, et que souvent on est obligé de suppléer par d'autres. Tout vaisseau quelconque, grand ou petit, pour être bien fait, pour être de durée, doit, dans sa circonférence, décrire un cercle parfait; et jamais on ne trouvera cette rondeur exacte, tant que l'ouvrier emploiera des douves trop larges, qui nécessairement formeront des angles à chaque point de réunion. Voyez *pl. IV, fig.* 1. D.E. Le tonnelier connoît le défaut, il le masque aux yeux de l'acheteur, en diminuant l'épaisseur du bois de la douve dans l'endroit où, avec ses voisines, elle forme des arêtes, sans quoi le vaisseau, présentant des angles à chaque union de douve, seroit rebuté ; ce qui seroit une perte réelle pour lui. L'ouvrier a bien plutôt établi un vaisseau de quinze à vingt douves, qu'un pareil vaisseau où il en faudra cinquante ; vingt douves sont plutôt dolées et dressées sur le banc, que cinquante. Mais comme il paie le travail du doleur par cent, par millier; moins il y a de pièces et plus de largeur, plus le tonnelier gagne; d'où il résulte qu'il ne rejette jamais les douves disproportionnées en largeur.

Je prendrai pour exemple un vaisseau vinaire de deux pieds six pouces de diamètre, et par conséquent de sept pieds dix pouces de circonférence, à chaque tête. Il n'est pas question, dans cet exemple, de la diminution ordinaire des deux extrémités des douves, d'où résulte la courbure ou le bouge; en supposant toutes les douves de six pouces de largeur, il en faudra seize pour former la circonférence, et un peu moins de cinq, de même largeur, pour chaque fond. Que l'on examine à présent combien les angles seroient saillans, si l'ouvrier n'avoit la précaution de les abattre en diminuant le bois. Cette opération détruit les angles en dehors; mais ils n'existent pas moins dans l'intérieur. Supposons ce même tonneau E monté, et garni à son extrémité seulement de deux cerceaux nommés *sommiers* ou *têtards*; examinons placer successivement les autres que le tonnelier chasse avec force; et nous verrons que ces cerceaux ne toucheront directement que sur A B, *planche IV*, *figure* 1. Ce sera sur ces deux angles qu'ils presseront vivement. Cependant leur pression agira latéralement et se communiquera jusqu'à C : alors C, humecté par le vin, et d'un autre côté, pressé par A B, sera contraint de se coffiner comme on le voit en D ; ou bien si les bords des douves dont on aura trop diminué le bois opposent moins de résistance, la vive pression du cerceau et leur foiblesse les obligeront de se coffiner à leur point de réunion F. Que l'on compare actuellement les angles que présenteroient des douves de trois pouces de largeur, ils seront de moitié moins grands, et l'ouvrier ne sera plus contraint de mutiler son bois pour trouver la rondeur du vaisseau : ces exemples sont trop journaliers pour exiger d'autres démonstrations.

Les mêmes inconvéniens arriveront aux douves de fond; avec cette différence néanmoins, que ces douves se coffineront plutôt en dehors qu'en dedans, parce que leurs extrémités n'étant retenues que par la *jarre* ou *jable*, et que toutes leurs parties intérieures étant pressées par le vin et surtout par l'air qui cherche à se débander lorsqu'il travaille, il est nécessaire qu'elles chassent en dehors. On y remédie de trois manières, ou en barrant le fond du vaisseau ; ou en enlevant la douve coffinée ; ou en remettant un autre fond : l'acheteur plus attentif auroit évité cette dépense.

Il seroit plus prudent de faire barrer le fond avant de mettre le vin dans le tonneau, sur-tout si les douves sont trop larges, si le bois est trop mince, et s'il a été assemblé à la manière accoutumée. Mais M. de *Fougeroux* observe très-bien que le tonnelier a de bonnes raisons pour ne placer la barre que lorsque les bois imbibés ont fait leur effet.

1°. Il est avantageux que le bois soit humide et gonflé pour former, sur l'extrémité des douves, les trous qui doivent porter les chevilles de la barre. Si le bois étoit sec, il fendroit, et les douves deviendroient défectueuses. 2°. Le tonnelier formeroit ses trous trop bas; le bois venant à se gonfler et à s'allonger, on ne pourroit plus retoucher le fond; et les trous des chevilles se trouvant alors mal placés, ils nuiroient aux changemens qu'on eût été maître de faire au fond de la pièce, dont toutes les parties auroient augmenté de volume. Enfin, c'est un ouvrage que le tonnelier remet à l'hiver, saison où il est peu chargé d'autres travaux, qui se trouvent réunis dans le tems qu'on tire le vin.

§ I V.

Des moyens d'affranchir des tonneaux neufs, et de la correction des tonneaux viciés.

On nomme *affranchir*, l'opération par laquelle, à l'aide de l'eau bouillante simple, ou tenant en dissolution certaines substances, on enlève en totalité ou en partie le reste de la séve que le bois de l'arbre abattu et débité en douves contient encore dans un état d'exsiccation.

J'ai dit plus haut qu'il étoit important de tenir long-tems dans l'eau les douves ; c'est le moment de sentir l'importance de cette assertion : l'eau dissout presque la totalité du mucilage contenu dans la douve, et une grande partie de sa matière colorante et de son principe d'astriction ; la rapidité de l'eau entraîne ces principes à mesure que leur dissolution s'exécute. Si on veut se convaincre de cette vérité de fait, que l'on prenne un tonneau neuf, en bois de chêne ou de châtaignier, et dont les douves n'aient pas été immergées ; qu'on le remplisse d'eau pendant autant de jours qu'elle en sortira fortement colorée, et que l'on compte le nombre de ces jours ; que l'on répète la même opération sur un tonneau fait de douves flottées, et l'on se convaincra que les eaux de ce dernier sont peu colorées, proportion gardée, et que dans peu de jours elles en sortiront claires et sans odeur. Il est donc évident que, dans les premiers, le vin qu'on y mettra s'appropriera la saveur astrictive et l'odeur désagréable que l'eau courante a séparées du bois. Le vin est de tous les fluides, après ses produits spiritueux, la substance qui s'identifie le plus avec les dissolutions ; mais comme le vin renferme un esprit, et comme cet esprit, quoique mêlé au vin, dissout ensuite les résines, il en résulte que le vin absorbe du bois, non seulement son astriction, mais encore la saveur gommeuse du mucilage astringent de la séve, et la saveur résineuse de sa partie colorante. D'ailleurs, les douves tenues pendant long-tems dans l'eau sont ensuite, après leur entière exsiccation, moins susceptibles de s'approprier l'humidité de l'air, parce que les principes qui l'attiroient sont détruits. De telles douves travaillent beaucoup moins par la suite.

Quoiqu'il en soit, si les douves de bois de chêne ou de châtaignier dont le tonneau est construit n'ont pas flotté, je conseille de le remplir, pendant plusieurs jours de suite, avec de l'eau claire, de la vider et de la renouveler jusqu'à ce qu'elle en sorte claire et sans odeur : si on est assuré que les douves aient suffisamment flotté, on se contentera, 1°. de les laver avec de l'eau claire et fraîche, que l'on videra aussitôt ; 2°. d'avoir sur le feu des chaudrons pleins d'eau bouillante, dans laquelle, sur deux pintes, on aura fait dissoudre une livre de sel de cuisine; on prendra environ trois pintes de cette eau bouillante et salée, que l'on videra dans chaque tonneau, supposé contenir deux cent trente à deux cent cinquante pintes, et on proportionnera la dose de cette eau à la contenance supérieure des vaisseaux : on bouche ensuite exactement le tonneau; on l'agite en tous sens; on le roule, afin que l'eau touche tous les points de la surface

surface intérieure; ensuite on le dresse sur un de ses fonds; une heure après, on le roule de nouveau; on l'agite, et on le retourne sur l'autre fond. La même opération est répétée cinq ou six fois; ensuite on vide l'eau pour y substituer du moût bouillant, comme il sera dit ci-après.

Cette eau bouillante et salée produit deux grands avantages.

1°. Comme le vaisseau est exactement bouché, elle raréfie fortement l'air qu'il contient; cet air tend à s'échapper par la plus petite gerçure, et fait connoître les endroits où le bois est piqué, où les douves joignent mal, et découvre jusqu'à la plus petite issue; de manière que si le tonneau est mal fabriqué, on le met de côté pour le rendre au tonnelier.

2°. L'eau salée et bouillante dissout beaucoup mieux la substance mucilagineuse, savonneuse et colorante du bois, au moins jusqu'à une certaine profondeur; la partie saline se niche dans ses pores, y fixe le reste de la partie astrictive et de la partie colorante; enfin, le vin dont on remplira ce vaisseau aura moins d'action sur elles.

Je préférerois l'alun dissous dans l'eau bouillante au sel de cuisine, si le premier n'étoit pas plus cher. Cependant, si on récolte des vins fins et précieux, ce seroit une économie mal entendue d'employer le sel marin.

TOME II. V

Plusieurs particuliers suppriment le sel, et font bouillir avec l'eau des feuilles de pêcher, ou de telles autres plantes aromatiques. Ces apprêts masquent pour un tems l'astriction et la mauvaise odeur du bois; mais ils ne les diminuent en aucune manière, parce qu'ils n'occasionnent aucune dissolution. Je pourrois rapporter ici une longue suite d'expériences sur ce point. Aucune n'a eu un caractère plus décidé que celle du sel, et le plus frappant a été produit par l'alun. Continuons.

Il est dangereux de laisser refroidir cette eau salée ou alunée dans le tonneau. Cinq ou six heures après qu'elle y a été mise, on égoutte le vaisseau, et on la remplace aussitôt par une ou deux pintes de moût bouilli et bouillant, qu'on a eu grand soin d'écumer pendant qu'il étoit sur le feu. On bouche exactement, on agite, on tourne et retourne le tonneau, comme il a été dit ci-dessus. Ce moût peut, sans inconvénient, refroidir dans le vaisseau, et même y rester pendant quelques jours. Au moment de ranger les tonneaux sur le chantier, on égoutte les bariques, on les rebouche, et le moût qu'on en retire est mis à part, et sert à bonifier le petit vin ou vin de marc. Les bariques sont ensuite exactement bouchées, mises en chantier, et prêtes à recevoir le vin nouveau.

Quant aux tonneaux qui ont déjà contenu du vin, il suffit, avant la vendange, de les faire défoncer d'un côté, afin d'en retirer les vieilles lies desséchées, que l'intérieur soit ratissé et dépouillé des dépôts tartareux ; enfin, qu'ils soient reliés suivant leurs besoins. La veille de s'en servir, on y jettera de l'eau bouillante sans sel, pour que le bois se gonfle ; cette eau sera retirée quelques heures après, et remplacée par un peu de moût bouillant. Enfin, celui-ci vidé, on remplira avec du vin nouveau. On est assuré, en suivant ces précautions, que le vin ne contractera jamais de mauvais goût ; mais il faut convenir que ces précautions ne le garantiront pas du goût de *fût*.

Une seule douve infectée suffit pour gâter, en peu de jours, tout le vin d'une barique. Les vignerons, les marchands de vin, ne se trompent jamais sur ce goût, plus facile à sentir qu'à décrire. Il ne ressemble ni à celui du vin poussé ou pourri, ni à celui du vin moisi ou arzilleux ; et s'il est possible de le comparer à quelque chose, c'est à la saveur et à l'odeur désagréable que les fourmis impriment à tout ce qu'elles touchent. Si le tonnelier flairoit chaque douve en particulier, l'habitude lui feroit remarquer la douve défectueuse, et il ne l'emploîroit pas, et ne s'exposeroit pas à avoir dans la suite des difficultés avec l'acheteur de sa marchandise ; mais comment exiger de pareils soins de cette classe d'hommes ? On a cherché vainement l'origine de ce goût de fût, concentré dans une douve plutôt que dans une autre, et un remède réel ou palliatif à la détérioration qu'elle y cause.

M. de *Willermoz* le jeune, médecin à Lyon, et qui joint aux connoissances de son art le génie de l'observation, a donné une solution sasitfaisante du problême.

Il observe que le goût de fût se communique au vin nouveau, lorsqu'il est mis dans une barique dont plusieurs douves, ou même une seule, sont fûtées ; que ce goût se manifeste fortement dans moins d'un mois, ou bien, lorsqu'après avoir soutiré du vin de dessus sa première lie, on laisse cette lie dans le tonneau, et quand le bondon reste ouvert. Souvent le vin qui est ensuite mis dans ce vaisseau, même après l'avoir rincé et enlevé la lie, y contracte le goût de fût. L'auteur prouve, 1°. que l'altération du bois provient de sa propre séve, dont la partie gélatineuse et la glutineuse se putréfient, sans que la texture des fibres ligneuses soit détériorée : 2°. que le goût proprement dit de fût n'affecte que les bois et les écorces dont la séve contient éminemment des principes astringens ; dans les autres bois, cette altération est nommée *moisissure, chancissure*. Les tonneaux faits de bois de mûrier, d'érable, etc. ne communiquent jamais le goût de fût : 3°. que la putréfaction de la portion gélatineuse de la séve, auparavant desséchée dans le bois après sa coupe, est dissoute de nouveau, ou par l'eau ou par l'humidité, et que l'une et l'autre la conduisent au genre de putridité propre à la séve des bois astringens: 4°. que le goût de fût est beaucoup plus commun dans les douves, lorsqu'elles ont été long-tems tenues dans un air mofétisé, et que cet air agit singulièrement sur la partie gélatineuse de la séve; elle se l'approprie sur-tout quand elle est dissoute: 5°. que les vins fûtés ont plus de tendance à la *pousse*, qui est le commencement de la pourriture des vins. Il faut lire dans cet excellent mémoire les preuves physiques qui démontrent la vérité de ces principes: de tels détails nous écarteroient de notre objet. Nous conclurons, d'après ces simples indications, combien il est important, lorsque le bois de chêne ou de châtaignier est débité en douves, qu'elles soient aussitôt élevées en pile, rang par rang, en laissant un peu d'intervalle entre elles, afin qu'il règne dans la totalité un grand courant d'air, qui desséchera peu-à-peu la séve, et préviendra toute putréfaction de sa partie gélatineuse. Il convient encore que les douves de la partie inférieure de la pile ne reposent pas sur le sol, mais sur un chantier; ce qui augmentera le courant d'air. Le parti le plus sûr est de placer les piles sous des hangars; elles n'y sont plus successivement travaillées, ni par la sècheresse, ni par l'humidité; rien ne contribue plus à la détérioration des bois que cette alternative.

On peut reconnoître les douves fûtées, 1°. à leur couleur plus sombre, plus terne ; si cette couleur est inégalement répartie dans les couches concentriques du bois, si elle est marbrée, ondulée, si le centre de ces inégalités présente un nœud pourri ou carié, ce bois fûtera le vin. 2°. Lorsqu'on doute de leur mauvaise qualité, on les transporte dans un lieu humide où elles restent pendant quelques jours, on les scie sur un de leurs bouts, et on les flaire au chemin de la scie. La chaleur causée par le frottement décèle leur mauvaise qualité. Si le tonneau est monté, si le trou du bondon est ouvert, si le tonneau est depuis quelques jours tenu dans un lieu humide, méfiez-vous de toute odeur insolite, fût-elle même suave. Cependant ne vous trompez pas à celle naturelle du bois, ou de fumée, occasionnée par les copeaux que l'on brûle pendant la fabrication afin de donner un pliant plus facile aux douves. Il peut avoir l'odeur d'échauffé, de moisi, de chanci, et ce n'est pas celle de fût. 3°. Un moyen bien simple décidera si les douves que l'on suspecte sont fûtées ; il suffit d'enlever de leur surface quelques lamelles, quelques copeaux, de les renfermer dans une bouteille, de la remplir de vin, de les y laisser infuser pendant vingt-quatre heures, et de la tenir dans un lieu modérément chaud ; si les bois sont viciés, le vin, à coup sûr, sera assez fûté pour être reconnu par tous les dégustateurs.

Il existe des moyens de corriger le fût. L'eau de chaux saturée et récente produit cet effet sur les bois fûtés. Ce moyen étoit déjà connu; mais M. *Willermoz* s'est convaincu, par un grand nombre d'expériences, qu'elle n'attaque pas les vins dans leur saveur, leur qualité, ni dans leur couleur, lors même qu'on la mélangeroit beaucoup plus abondamment que les vins mutés ne l'exigent. Lorsqu'on a soutiré le vin vicié dans un tonneau sain, une once d'eau de chaux suffit pour une livre de vin. Ce tonneau doit être roulé chaque jour, et pendant dix à douze jours consécutifs. On appelle eau de chaux, celle qui surnage la chaux lorsqu'elle est éteinte. *Kirwan* observe que six quatre-vingtièmes parties d'eau n'en dissolvent qu'une de chaux, que cette eau ne se comporte pas avec les vins comme avec les eaux minérales acidulées, dont elle enlève la saveur piquante vineuse; elle ne dépouille pas les vins de l'air fixe qu'ils contiennent en plus grande quantité quand ils sont nouveaux. Les autres acides des vins libres et plus fixes ont plus d'affinité pour la chaux; aussi les marchands de vin, pour hâter la vétusté des vins nouveaux, lorsqu'on est pressé de les boire, se servent avec succès d'eau de chaux; elle détruit même dans les vins vieux la verdeur, l'austère et même la dureté, s'ils l'ont encore. L'eau de chaux, dans aucun état des vins, n'enlève ou *muë* le spiritueux, ni aucun des principes utiles ou conservateurs des vins.

On peut encore jeter par le trou du bondon des charbons embrasés dans le tonneau neuf, ou dans celui qui aura été fûté par la transition du vin. On peut répéter cette opération pendant plusieurs jours de suite ; chaque fois bondonner et rouler le tonneau. Le but de cette opération est d'absorber par le feu la mofette ou gaz putride, et par conséquent de la détruire.

Le *sur-moût* est également avantageux à la dose de quatre à huit pintes sur un tonneau de deux cents à deux cent cinquante bouteilles, selon l'état vicié du vin... Les vins blancs très gazeux corrigent les vins fûtés dans l'espace de quinze jours. L'introduction et le mélange d'air fixe produisent le même effet. Si un premier mélange ne produit pas tout l'effet que l'on désire, on répète une seconde ou une troisième fois la même opération. On soutire quelque tems après, comme il a été dit au traité du *vin*... Le gaz acide muriatique oxygéné est, de tous les fluides aériformes, le correctif par excellence, *sans être en aucun point nuisible à la santé*. La démonstration de ce principe seroit trop longue et peu à la portée de nos lecteurs ; mais on ne craint pas d'avancer ce fait comme complètement démontré par l'expérience.

L'eau de chaux est préférable pour les vins nouveaux fûtés... L'acide carbonique et ses analogues pour les vins foibles... L'acide muriatique oxygéné pour les vieux qui auroient contracté le goût de fût par leur séjour dans un tonneau neuf.

Souvent les tonneaux contractent un goût de moisi, de chansi, lorsqu'étant vides, on les tient débouchés dans un lieu humide ou peu aéré. Prenez gros comme le poingt de la chaux vive et bien calcinée, pour une barique de deux cent cinquante pintes environ; cassez-la en morceaux susceptibles d'entrer par le trou du bondon; jetez-les dans le tonneau, ensuite versez peu-à-peu de l'eau en quantité suffisante pour faire fuser cette chaux, et tenez le vaisseau bouché pendant la fusion. Une heure après, ajoutez huit à dix pintes d'eau; bouchez, agitez la futaille dans tous les sens. Une heure après, agitez de nouveau, et ainsi de suite, trois ou quatre fois; écoulez, ajoutez de nouvelle eau; écoulez autant de fois qu'il sera nécessaire, jusqu'à ce qu'elle sorte limpide.

Malgré les correctifs sûrs que l'on vient d'indiquer, il est beaucoup plus prudent de ne pas se servir de futailles qui ont été viciées, sur-tout si, dans le pays, leur prix est modéré.

Si on veut éviter beaucoup d'accidens causés par l'humidité, on doit, dès qu'un tonneau est vide, le sortir de la cave, écouler toute sa lie fluide, et le placer *bien bondonné* sous un hangar frais, mais pas humide. De cette manière, les cerceaux dureront beaucoup plus long-tems, sur-tout s'ils ont été tirés des bois qu'on appelle *blancs*, parce qu'ils sont plus sujets à pourir que ceux faits avec le châtaignier.

Avant de terminer ce paragraphe, il reste une observation importante à faire. Lorsque les tonneaux sont placés sur les chantiers dans les caves, on les assure en glissant entr'eux et le chantier des cales de bois taillées en biseau, c'est-à-dire, deux de chaque côté. Non seulement elles les maintiennent fixes, mais encore celles de derrière servent à incliner tant soit peu la barique sur le devant. Je conviens qu'elles sont très-commodes et très-faciles à bien placer, cependant je ne conseille pas de les employer. J'ai vu, depuis que j'existe, au moins dix fois, l'exemple d'un phénomène très-singulier, et je ne sais de quel nom le spécifier, peut-être que celui de *carie sèche* lui conviendroit mieux qu'un autre ; une seule fois, j'ai vu les quatre cales la produire dans leur point de contact avec le tonneau. D'autres fois, une ou deux au plus occasionnoit le même vice. Le point de contact du cerceau se carioit, tomboit en poussière ; le bois du tonneau correspondant au cerceau se carioit également, et sa poussière devenoit humide à mesure que le mal pénétroit la douve et approchoit du vin ; le vin suintoit quand la douve étoit cariée assez profondément, et s'écouloit ensuite. Ce phénomène ne s'est jamais présenté à mes yeux lorsque les tonneaux, bariques, etc. ont été assujettis avec des pierres. Ne peut-on pas dire que la cause de cette carie purement locale, et dont la largeur n'étoit que de quelques lignes, est produite par une humidité qui occasionne une fermentation locale, d'où résulte une chaleur susceptible d'altérer le bois. Ce qu'il y a de certain, c'est que la carie travaille beaucoup moins dans le tissu du bois de la cale, que dans celui du cerceau et de la douve. On remédie à cet inconvénient, qui tient, sans doute, à un grand nombre de combinaisons, en se servant de pierre au lieu de cales en bois.

§ V.

Des cerceaux.

Les *cerceaux* qui servent à contenir les douves, méritent l'attention la plus scrupuleuse de la part des vignerons. Les meilleurs sont ceux faits en bois de châtaignier ; après eux, les cerceaux de frêne, de saule-marceau, de tremble, de noisetier, de peuplier, et enfin de saule. La rareté des bois a forcé de recourir à ces expédiens. Les cerceaux périssent toujours par l'écorce et par l'aubier. Ils sont piqués des insectes qui y déposent leurs œufs, d'où il sort de petits vers. Jusqu'à ce que ces vers se métamorphosent en insectes ailés, il faut qu'ils vivent, et c'est aux dépens de l'aubier qu'ils environnent ; l'écorce reste intacte ou presque intacte. Lorsque la cave ou le cellier sont humides, cette sciure de bois s'imprègne d'eau, et le cerceau pourrit, enfin il éclate. Les propriétaires assez heureux pour avoir du bois propre à la fabrication des cerceaux, et qui en ont besoin pour leurs vaisseaux vinaires, feront très-bien de choisir pour leur usage ceux tirés du cœur du bois, ou du moins de les faire écorcer, et, avec la plane, d'enlever l'aubier. De pareils cerceaux en châtaignier dureront dix fois autant que les autres.

§. VI.

Des bondons.

On nomme bondon ce qui sert à fermer les tonneaux. L'ouverture des tonneaux étant nécessairement ronde, et très-ronde, parce qu'on la fait avec une tarière qui forme son trou circulairement, le bondon doit avoir exactement la même forme, être parfaitement arrondi sur ses bords. S'il a des angles saillans, ces angles auront beau être applatis, lorsque le marteau chassera avec force le bondon par le trou, il ne touchera jamais par tous ses points ceux de la circonférence du trou ; dès-lors il y aura communication entre l'air de l'atmosphère et celui renfermé dans la barique. On ne doit donc pas être surpris si on trouve souvent des vaisseaux pleins de vin qui aigrissent ; c'est que le vin, après avoir perdu une partie de son gaz, absorbe une certaine quantité d'air de l'atmosphère, se l'approprie ; le combine avec l'air fixe qui lui reste, enfin il aigrit. Dans ce cas, tout vaisseau plein qui absorbe l'air atmosphérique est toujours sec à l'extérieur. Pour remédier aux défectuosités du bondon, autant qu'on le peut, on se sert de filasse, dont on enveloppe le bondon. Ce moyen est insuffisant, parce que la filasse remplit d'une manière lâche les cavités, et force sur les parties anguleuses.

L'expédient le plus court est de faire travailler les bondons au tour. Le bois doit être dur et très-sec. Sa hauteur ne doit pas excéder celle des cerceaux les plus rapprochés du trou, et même leur être inférieure. Si elle l'excède, lorsque l'on roulera la barique elle portera sur le bondon, et courra grand risque d'être débouchée, sur-tout s'il se trouve le moindre obstacle, la plus légère pierre à sa rencontre. Combien d'exemples n'ai-je pas vus résulter de ces manques d'attention ! que de vins écoulés ou aigris !

Je demande donc que tous les bondons des bariques soient faits au tour ; qu'avant de s'en servir on ait l'attentoin de les mettre dans la cuve pendant tout le tems de la fermentation tumultueuse, de les en retirer lorsqu'on coule le vin ; de les placer à l'ombre dans un lieu sec, et où il y ait un courant d'air ; le vin pénètre ces bondons, dépouille le bois de toute espèce d'astriction, et on peut après cela s'en servir avec la plus grande confiance. Il suffira d'envelopper leur partie inférieure avec un morceau de linge, lorsqu'il s'agira de boucher une barique.

Les paysans ont coutume d'employer le bois de saule ou de peuplier pour faire des bondons, parce qu'il est facile de les unir et de les façonner. De tels bondons ne valent absolument rien ; les fibres de ces bois sont trop droites, trop poreuses, etc. Lorsque le tonneau est plein, et qu'il survient un vent du midi, ou lorsque le vin travaille dans le tonneau, la force de l'air qui se débande et cherche à s'échapper pousse la liqueur à travers les fibres du bois, et on voit la superficie du bondon chargée d'une liqueur trouble et souvent couverte de bulles d'air. Lorsque ces bois blancs ont deux ou trois ans de coupe, ils sont un peu moins mauvais.

§. VII.

Des foudres.

Les foudres sont de très-grands vaisseaux destinés à recevoir le vin. On connoît trois espèces de foudres, les uns sont de vrais tonneaux cerclés en fer, contenant dix à vingt et même à trente bariques de deux cent cinquante pintes chacune : les autres ont la forme d'une cuve, ou ronde ou carrée, recouverte et plate en dessus, ou terminée en cône. Ces derniers sont rares ; c'est avec des madriers de chêne, de quatre à cinq pouces d'épaisseur, qu'ils sont fabriqués. Enfin, les troisièmes sont de vraies cuves ou *citernes* en *béton*.

Les foudres en bois, et du premier genre, ne diffèrent donc des tonneaux ordinaires que par leur volume et leur contenance : ce qui a été dit sur le choix des douves, soit pour les tonneaux, soit pour les cuves, s'applique également aux foudres. Les *foudres-cuves* sont à rejeter, à moins que leur sommet ne soit terminé en pyramide ou en dôme. Supposons une cuve ronde ou carrée, de huit pieds de surface sur tous ses côtés ; du moment qu'il y manquera du vin sur l'épaisseur d'une ligne, il y aura donc un espace de soixante-quatre pieds qui sera vide, et qui permettra à l'air combiné dans le vin de se débander, de s'échapper de la liqueur, et de venir occuper le vide. Or, comme cet air combiné est le conservateur du vin, ainsi que le spiritueux, dès qu'ils s'en échapperont, le vin perdra de sa qualité, et se détériorera soixante-quatre fois plus que s'il n'y avoit qu'un pied de surface vide. De tels foudres nuisent beaucoup à la conservation du vin. D'ailleurs, plus il y a de surface vide, plus l'évaporation de l'air et du spiritueux s'exécute avec facilité.

On construit de trois manières les foudres en maçonnerie : 1°. en *pierres de taille*, 2°. en *briques*, et 3°. en *béton*.

En pierres de taille : Il faut choisir des pierres naturellement très-dures, à grain serré, fin et compact. L'épaisseur de ces pierres est proportionnée à la contenance du vaisseau. Elles sont placées de champ les unes sur les autres, et liées par un fort ciment, dans tous leurs points de réunion. On peut même, et il est prudent de les assujettir en dehors, et les unes aux autres, par des crampons en fer, plombés dans la pierre. Le plancher ou partie inférieure de ces foudres doit être incliné sur le devant, afin que la liqueur qu'ils contiennent s'écoule entièrement par le trou de la cannelle qu'on a ouvert dans la partie la plus basse. La partie supérieure sera terminée en pyramide tronquée par le bout. Elle présentera une ouverture d'un pied et demi de largeur en carré, et fermée par une porte en chêne, de quatre à six pouces d'épaisseur, retenue dans un châssis également en chêne. Dans le milieu de cette porte ou trappe, sera l'ouverture d'un bondon de deux pouces de diamètre, par laquelle on on videra le vin dans le foudre. La trappe servira pour y descendre, lorsqu'il sera question de le nettoyer, après en avoir coulé tout le vin. De tels foudres doivent être isolés, et le propriétaire est obligé d'en faire souvent le tour, afin d'examiner si le fluide ne s'est fait aucun jour à travers le ciment. Si le vin coule, on doit se hâter de lui fermer toute issue.

En briques. Il est facile de construire de tels foudres ; leur forme dépend de la main de l'ouvrier ; et, comme ceux en pierre, on doit prendre les mêmes précautions, et les terminer en dôme ou en pyramide à pans. Il est important de choisir d'excellente chaux, d'en prendre deux parties sur une de sable fin, et une de pouzzolane, pour en faire le mortier, enfin d'employer ce mortier quand il est encore chaud. Intérieurement et extérieurement on passera plusieurs couches de cet enduit ; quant à l'enduit intérieur, il demande à être étendu sur toute la surface et tout dans le même jour. L'ouvrier, en montant les murs, en plaçant les briques dans le bain de mortier, aura soin de laisser des vides sur toute la surface intérieure, afin que l'enduit général les pénètre, y fasse prise, et y trouve des points d'appui. Pendant tout le tems que ce mortier est frais, l'ouvrier passe et repasse fortement sa truelle, afin d'empêcher la formation des gerçures et les réunir, s'il s'en est formé; mais chaque fois, et à mesure qu'il recommence, il humecte un peu les parois avec de l'eau qu'il étend au moyen d'un gros pinceau à poils, les balais jetant trop d'eau à-la-fois, et trop à la même place. Si l'ouvrier aperçoit le plus léger vestige de charbon mêlé avec la chaux, il faut rigoureusement l'enlever, parce qu'il feroit éclater l'enduit lors de sa dessiccation. Sur cette première couche, quand elle est presque sèche, on en passe une seconde très-mince, et que l'on serre avec la truelle autant de fois que le besoin l'exige, et jusqu'à siccité.

Si, sur ce mortier ou enduit, et avant de l'employer en quantité supposée devoir remplir cinquante bennes ou auges, on jette une pinte ou deux d'une huile quelconque; si on broie le tout ensemble, l'enduit deviendra plus fort, plus tenace, plus consistant, j'en ai l'expérience. Il ne faut pas oublier que l'enduit doit être employé encore chaud; ainsi l'ouvrier ne fusera la chaux qu'autant qu'il pourra en employer dans la matinée; un autre ouvrier la fusera pour l'après-midi, et reprendra sa place, parce qu'il ne faut aucun intervalle depuis que l'on commence à enduire, jusqu'à ce que toute l'opération soit finie.

Je ne conseille aucunement l'usage de ces foudres en briques, si on n'a pas d'excellente chaux, et si on n'est pas assuré de la bonne qualité et préparation de l'enduit, parce que si l'enduit se détache dans l'intérieur, la brique reste à nu, l'acide du vin la corrode petit à petit, la dissout, enfin le vin s'échappe au dehors.

En béton. Avant de préparer le béton, le moule du foudre sera dressé et mis en place ; il doit porter sur un massif de maçonnerie de trois pieds de hauteur et même plus ; si l'usage du pays est de se servir de tonneaux, par exemple, de la contenance de six cents bouteilles, cet exhaussement facilitera le soutirage des vins, parce qu'on n'aura qu'à approcher le tonneau dessous la cannelle du foudre, placer l'entonnoir, et ouvrir le robinet. Ce massif doit être construit plusieurs mois à l'avance, et le mortier avoir fait sa prise avant de commencer à bâtir en béton. Si la hauteur de la voûte de la cave ne permet pas de donner à ce massif et au foudre toute la hauteur que l'on désire, on peut creuser et ouvrir le carré à la profondeur nécessaire ; cette excavation économisera la charpente du moule pour la partie extérieure et enterrée.

Les grands propriétaires de vignobles peuvent accoler plusieurs de ces foudres les uns aux autres, parce que le même mur servira de séparation à deux foudres, comme on le voit ici ▢▢ en A. On peut encore par économie appuyer les foudres contre les murs de la cave ; on évitera sur un côté, et même sur deux s'il est placé dans l'angle, la charpente de la face extérieure du moule.

Le moule consiste en un encaissement (*pl. IV*, *fig.* 2), formé par des planches B, fortement fixées sur des montans de bois G... La largeur de cet encaissement sera plus ou moins grande, suivant l'étendue qu'on désire donner au foudre; mais le béton doit avoir au moins dix pouces d'épaisseur sur toutes les faces.... La partie intérieure, entre chaque côté de l'encaissement, sera garnie de traverses D, qui soutiendront des planches d'épaulement E, afin d'opposer à la masse du béton une force capable de retenir les planches, et par-là lui conserver la forme qui lui convient. Les parois de l'encaissement extérieur seront également soutenues par de semblables épaulemens F, et des pieds-droits G supporteront celui de la voûte.

La partie supérieure de cet encaissement présentera une ouverture H d'un pied et demi en carré, dans laquelle on aura ménagé, par le moyen du bois de l'encaissement, une partie saillante I, pour porter la porte K, *fig.* 3, et son châssis L; cette porte ou trappe aura un trou dans son milieu M, fermé avec un bouchon qu'on enlèvera quand il faudra remplir ou soutirer le vin. La partie supérieure du foudre sera terminée en dôme N, *fig.* 2, ou en pyramide O.

On ne doit pas oublier de donner une inclinaison proportionnée au plancher du foudre, afin de faciliter par la cannelle l'entier écoulement du vin et de la lie. Pour placer la cannelle, on fixera un morceau de bois rond et bien uni dans la partie la plus inférieure du plancher et de l'encaissement, qui le traversera de part en part ; on se servira pour l'enlever, lorsque le béton sera parfaitement sec, d'une tarière ; alors on lui en substituera une autre, qui, dans le besoin, sera remplacée par une cannelle en bois et non pas en métal quelconque, parce que l'acide du vin la corroderoit à la longue.

Aussitôt que le *béton* est entièrement coulé dans ce moule, en observant scrupuleusement ce qui est marqué dans cet article, on examine si dans l'intérieur du moule qui reste vide, l'eau surabondante du béton a filtré ; cette surabondance d'eau est nécessaire, parce que petit à petit le béton se l'appropriera, et on aura soin, pendant six mois, d'en ajouter à la hauteur de quelques pouces, afin que la dessiccation ne soit pas très prompte ; sans cette précaution qui est indispensable, et qui demande l'œil du maître, le béton gerceroit.

L'année étant écoulée, un ouvrier descendra dans le foudre pour examiner si la prise du béton est parfaite. Si l'opération a été bien faite, la prise doit être à son point ; sinon, il faut encore attendre, et ne pas oublier d'ajouter de l'eau, afin de *nourrir* le béton. Quand elle sera au point, on déclavette chaque pièce de l'intérieur, et on les enlève. Je ne conseille de déclaveter les planches et les étais extérieurs, que plusieurs mois après que le foudre aura été rempli d'eau ou de vin.

Je ne conseille pas de remplir de vin ces foudres, avant quinze ou dix-huit mois, parce que l'acide du vin attaqueroit l'alkali de la chaux du béton qui n'est pas assez cristallisé, ce qui adouciroit trop le vin, altèreroit sa qualité, sans cependant le rendre nuisible à la santé, à moins que la dissolution ne fût trop forte. Il vaut beaucoup mieux jeter dans le foudre pour *l'affranchir*, le marc de la vendange avec l'eau suffisante pour en faire le *petit vin*, ainsi qu'il sera dit à cet article.

A moins que la voûte de la cave ne soit très-exhaussée au-dessus du sol, il est difficile de remplir les foudres ; je conseille donc de percer la voûte dans la partie du cellier qui correspond à la trappe du foudre, et d'y ménager un espace de la grandeur de la trappe ; cette ouverture facilitera le service journalier et les moyens de remplir le foudre avec le marc de vendange, et de l'en retirer.

Ce que je dis des foudres en béton s'exécute plus facilement encore avec des madriers de chêne réunis les uns aux autres par de fortes rainures, et maintenus et serrés par de forts cerceaux en chêne. La dépense nécessaire pour la construction de tels foudres est considérable ; mais un père de famille, pour peu qu'il soit aisé dans sa fortune, a la satisfaction de se dire : J'ai travaillé pour plus de quarante générations consécutives, et pendant plusieurs siècles ma construction n'exigera aucune dépense d'entretien ni de réparation.

Si on craint que la porte de la trappe ne joigne pas suffisamment avec son cadre, et que les petits vides permettent l'évaporation du spiritueux et de l'acide carbonique du vin, il convient de mastiquer. Voici la recette d'un mastic très-simple, économique, et dont on trouve par-tout les matériaux : prenez une pierre de chaux que vous laisserez éteindre à l'air, prenez du sang de bœuf avant qu'il ait caillé, c'est-à-dire, encore chaud ; mêlez ces deux substances en les fouettant long-tems ensemble, jusqu'à ce qu'elles aient la consistance d'une colle épaisse ; enfin, enduisez toutes les jointures.

Des Outres.

Dans les pays où les bois sont rares, les ouvriers peu instruits, on se sert aussi, pour renfermer le vin, de peaux de bouc préparées et cousues en forme de sacs ; on leur a donné le nom d'outre. Leur usage remonte à la plus haute antiquité, et c'est encore le seul vaisseau en usage pour le transport des fluides dans les pays montagneux, où la difficulté des chemins interdit l'usage des charrettes. La manière de fermer les outres varie suivant les cantons : dans quelques uns, on adapte et on coud contre la peau un col en bois que l'on ferme avec un bouchon de bois et à vis, comme l'ouverture du col. Dans d'autres, la peau d'une des pates de l'animal tient lieu de col, et reçoit l'entonnoir, lorsqu'il s'agit de remplir l'outre; une ficelle suffit alors pour former la ligature. Un cheval ou une mule porte facilement deux outres.

La première liqueur qui sert à remplir ce vaisseau contracte, pour l'ordinaire, une odeur désagréable qui provient des substances employées dans la préparation du cuir, et de l'odeur propre du cuir. Le peu de soin que l'on prend des outres avant de les remplir, ou après les avoir vidées, en perpétue la mauvaise odeur. Si l'outre est destinée au vin, elle s'imprègne à la longue d'une odeur d'aigre, et celle consacrée à l'huile, lui communique bientôt la rancidité. Avant de remplir ces vaisseaux avec du vin, on doit les laver à l'eau très-chaude, et ensuite à plusieurs eaux fraîches ; celles consacrées à l'huile doivent être lavées avec du vinaigre chaud, ensuite avec une lessive de cendres; enfin elles doivent être soumises à plusieurs lavages réitérés avec l'eau simple. Il vaut encore mieux faire précéder la lessive et ensuite le lavage au vinaigre, etc. Les mêmes opérations doivent avoir lieu, lorsque l'on prévoit que de long-tems ces outres ne seront pas employées pour l'huile. Quant à celles destinées au vin, le lavage devient inutile; il vaut mieux que les vaisseaux sentent le vin que l'eau, sauf à les bien laver lorsque l'on voudra s'en servir.

Des Bouteilles.

La bouteille est un vaisseau de verre ou de grès, servant à contenir de petites quantités de vin.

Sa forme varie suivant les pays. En Angleterre, le col est court, écrasé, le corps presque aussi large dans toutes ses parties. En France, la forme est arbitraire, et la contenance varie, ce qui favorise la friponnerie. Il y en a dont le col est fort allongé, le corps petit, et le cul très-enfoncé. Toutes ces bouteilles se rapprochent plus ou moins de la forme d'une poire. Il seroit à désirer que le règlement fait pour la province de Champagne fût exécuté dans toute la France; on seroit par-là assuré de la quantité du vin qu'on achète. Lorsqu'on demande, par exemple, cent bouteilles de vin, l'acheteur ne voit souvent que la forme du verre, et il est trompé sur le contenu. Par exemple, la bouteille ordinaire à col long, à corps court et à cul enfoncé, ne tient pas trois quarts de la pinte; et cependant, suivant la loi de l'équité, elle devroit contenir la pinte. Ainsi l'acheteur est toujours trompé du plus au moins ; il ne peut l'être en Champagne. Voici ce que la déclaration du roi, du 8 mars 1735, exige :

1°. La matière vitrifiée servant à la fabrication des bouteilles et carafons destinés à renfermer les vins et autres liqueurs, sera bien raffinée et également fondue ; en sorte que chaque bouteille ou carafon soit *d'une égale épaisseur* dans sa circonférence.

2°. Chaque bouteille ou carafon contiendra à l'avenir *pinte*, mesure de Paris, et ne pourra être au-dessous du poids de vingt-cinq onces ; les demies et quarts à proportion. Quant aux bouteilles et carafons doubles et au-dessus, ils seront aussi proportionnés à leur grandeur.

Cette déclaration a lieu en Champagne ; et toutes les voitures chargées de bouteilles, par exemple à Reims, sont, à leur arrivée, conduites au bureau de la douane, pour y être mesurées et pesées. Je conviens que voilà une entrave pour le fabricant et même pour l'acheteur ; mais si le premier n'avoit pas aidé à la friponnerie du marchand de vin, il est constant qu'on n'auroit jamais songé à établir cette visite et ce contrôle.

A Paris, la bouteille contient un neuvième de moins que celle fixée par la déclaration ; c'est sur la vente de neuf bouteilles, une bouteille gagnée pour le marchand de vin, et perdue pour l'acheteur. On dit que c'est pour dédommager le vendeur du prix du bouchon. La bouteille du vin le plus médiocre qu'on vende à Paris, coûte dix sous, et souvent plus. A ce prix le bouchon deviendroit prodigieusement cher.

A Bordeaux, on se sert de bouchons d'une longueur disproportionnée, et qui excède souvent celle de deux pouces. On dit que la bouteille est mieux bouchée, que le vin se conserve mieux. Le prétexte est idéal; le véritable motif est que le bouchon est moins cher que le vin, et que ce long bouchon occupe la place du vin.

J'aime beaucoup mieux la méthode suivie dans toute la Hollande. Il est défendu aux marchands de vin de se servir de bouteilles qui ne soient pas étalonnées. Une bande de plomb, empreinte d'une marque, indique, sur le col de chaque bouteille, l'endroit jusqu'où le vin doit monter. Par ce moyen, l'acquéreur ne peut être trompé sur la quantité; quant à la qualité, c'est à lui d'y prendre garde.

La couleur n'influe en rien sur la bouteille, si la vitrification est parfaite. L'embouchure de ce vase doit être ouverte à l'extrémité, de deux lignes plus qu'au-dessous de l'anneau où le bouchon doit pénétrer. Son ouverture bien ménagée est ronde et sans saillie, et son col a quatre pouces de plus de longueur.

Que les bouteilles soient neuves ou non, il ne faut jamais s'en servir sans les rincer. Les premières exigent une opération de plus que les secondes, du moins celles qui viennent des verreries où l'on emploie le charbon fossile et non le bois, soit pour la fusion du verre, soit pour sa recuite, après que la bouteille a été soufflée. Dans le fourneau de recuite, lorsqu'on y porte la bouteille qui vient d'être soufflée, et par conséquent qui a perdu la plus grande partie de sa chaleur, puisqu'elle forme déjà un corps presque solide, cette bouteille, qui n'est pas au même degré de chaleur que le fourneau de recuite, attire sur son extérieur la fumée et les principes du charbon fossile que l'ignition fait élever. Il se forme alors à l'extérieur du vase une poudre d'un gris noir qui le recouvre et le tapisse. J'ai la preuve, par une expérience répétée maintes fois, que si cette poudre, qui se détache en mettant la bouteille dans l'eau, entre dans son intérieur, et si les lavages ne l'en font pas sortir, le vin dont on remplira ensuite cette bouteille contractera un mauvais goût. Ce défaut n'a pas lieu, ainsi que je l'ai dit, pour le verre fondu au feu de bois.

Il résulte de cet inconvénient que le premier soin à avoir, avant de rincer l'intérieur de la bouteille, est de boucher son ouverture avec le doigt index de la main gauche, et avec une éponge, de frotter toutes les parties extérieures de la bouteille, en la mettant tremper dans un baquet plein d'eau.

La manière ordinaire de rincer les bouteilles est d'avoir plusieurs vaisseaux pleins d'eau, dans lesquels on les passe successivement, après les avoir rincées avec du plomb ou avec une petite chaîne de fer. Cette opération est bonne pour un certain nombre de bouteilles; mais peu-à-peu cette eau se charge des ordures qu'elles contenoient. Si l'on continue, l'opération devient insuffisante et manque le but, à moins qu'on ne renouvelle souvent l'eau de ces baquets. J'ai vu pratiquer, en Champagne, une méthode bien plus simple et plus expéditive, sur-tout lorsqu'on a un grand nombre de bouteilles à rincer.

Placez sur un trépied d'un pied et demi ou deux de hauteur, une barique défoncée par un côté, ou un grand cuvier, suivant le besoin. Adaptez une ou plusieurs canelles au bas de ce cuvier, et assez éloignées les unes des autres, pour qu'un homme puisse commodément manœuvrer; les cannelles doivent être garnies de leur piston. L'homme s'assied sur un petit tabouret, étend ses jambes sous le trépied; alors, d'une main, il ouvre le robinet ou piston, l'eau coule sur les parois du verre, et il lave avec une éponge l'extérieur de la bouteille; ensuite, armant cette bouteille d'un entonnoir, il y laisse couler la quantité suffisante d'eau pour la rincer, ferme le robinet, y jette la chaîne ou le plomb, l'agite en tous sens, écoule cette eau dans un baquet, retient la chaîne, présente de nouveau la bouteille sous le robinet, y laisse couler de l'eau, l'agite, l'écoule; et enfin il en passe de nouvelle, jusqu'à ce que le verre soit parfaitement net. Comme cet homme ne sauroit se déplacer, un aide lui approche les bouteilles, et remporte celles qui sont rincées. Il résulte de cette opération bien simple, qu'il faut beaucoup moins d'eau, et que l'eau dont on se sert est toujours propre et nette.

Si les bouteilles ont contenu des essences spiritueuses, des odeurs, il est très-difficile de les en dépouiller : on n'y réussit qu'à la longue, et par des lavages répétés. Si elles ont renfermé des substances huileuses, les lessives alkalines les plus fortes peuvent seules les en dépouiller. L'alkali, uni à l'huile, en fait le savon; et cette huile, dans son état de combinaison, devient soluble dans l'eau, et cède aux lavages réitérés. Ainsi une forte lessive faite avec des cendres, aiguisée par la chaux, est un moyen expéditif. On peut encore se servir de la cendre *gravelée* ou *clavelée*, ou de l'alkali fixe du tartre. Ces deux dernières substances ont la même action sur l'huile.

Il est de la dernière importance qu'une bouteille soit bien rincée, sans quoi le vin contracte un mauvais goût. On emploie communément à cet usage le plomb réduit en grenaille, ou une chaîne de fer, dont les bouts de chaque chaînon sont armés de pointes, comme ce qu'on appelle communément *molettes d'éperon*. Par l'agitation et les secousses réitérées dans tous les sens, ces corps durs détachent du verre les parties étrangères interposées sur sa surface intérieure.

Quelques auteurs ont fait beaucoup de bruit, sur-tout dans les papiers publics, sur la préférence que l'on doit donner à la chaîne de fer, parce que, ont-ils dit, il arrive souvent qu'un ou plusieurs grains de plomb restent dans la bouteille, et qu'alors l'acide du vin attaque la substance du plomb, la dissout peu-à-peu, enfin la réduit en chaux de plomb, ou sel de saturne ; et tout le monde sait combien cette chaux est dangereuse, mêlée et dissoute dans le vin. Si ce raisonnement étoit vrai et fondé sur la réalité, on auroit raison de proscrire l'usage du plomb. Je n'en suis pas plus partisan qu'un autre ; mais je n'aime pas qu'on jette mal-à-propos de l'inquiétude dans les esprits en les alarmant. L'expérience m'a prouvé que, dans des bouteilles remplies depuis près de neuf ans, et dans lesquelles il étoit resté deux grains de plomb, ces deux grains n'y avoient souffert aucune altération. Il faut le contact immédiat de l'air, pour que l'acide du vin agisse sur le plomb. Je puis attester que le vin de cette bouteille n'avoit pas le plus léger goût douceâtre, goût qui se manifeste lorsque le vin est uni à une infiniment petite dose d'acétite de plomp ou de sel de saturne. Malgré ce que je viens de dire, il est plus prudent de se servir d'une chaîne.

On est souvent étonné de trouver à un vin un goût différent de celui qu'on attendoit, de voir un sédiment étranger au fond de la bouteille. Cela provient souvent de la nature des substances qui sont entrées dans la composition du verre en surabondance, et quelquefois de l'union de certaines substances qui lui sont étrangères. Voici un moyen de le reconnoître. Prenez un verre d'eau, jetez-y un peu d'acide nicque ou d'acide sulfurique, et videz le tout dans la bouteille. Placez-la au bain-marie, et faites bouillir. Si la vitrification est bien faite, l'eau de la bouteille ne perdra pas de sa transparence, et se dissipera sans laisser de sédiment. S'il reste encore de l'alkali ou de la terre non vitrifiée dans la bouteille, l'acide les dissoudra, et formera une certaine quantité d'un sel plus ou moins blanc, et un *sel neutre*, qui prouvera la mauvaise qualité de la bouteille.

Les bouteilles sont fermées avec des bouchons de liège. Il n'y a point d'économie à se servir de mauvais bouchons; pour un bouchon, on perd une bouteille de vin. Le prix des bouchons est

relatif

relatif à la qualité. Achetez toujours les plus chers, parce qu'ils sont les meilleurs. A cinquante sous, c'est deux liards par bouteille. Et quel est le vin le plus maigre en qualité, dont le prix ne soit pas au moins sextuple de celui du bouchon ? Il n'y a donc aucune proportion entre la parcimonie et la perte, puisque le vin mis en bouteille est pour être gardé.

Un bon bouchon ne doit point avoir de *noir*, c'est-à-dire que toute la partie du liège détachée de l'arbre par le moyen du feu, et que le feu a noircie, doit être enlevée. Un bouchon mou ne vaut rien ; et il faut mettre au même niveau celui qui est aussi gros par un bout que par l'autre. Le bouchon bien fait a dix-huit lignes de hauteur, sur une largeur quelconque ; mais la partie inférieure est plus étroite de deux lignes que la partie supérieure. Lorsqu'on bouche une bouteille, le bas du bouchon doit entrer avec quelque peine dans son ouverture ; c'est à la palette à faire entrer le reste. Les bouchons mous plient sous la palette, et n'entrent pas ; ils sont à rejeter.

Avant de placer le bouchon, il convient de le mouiller avec du vin ; il entre mieux. Quelques auteurs conseillent de l'imbiber d'eau. Cette méthode est défectueuse. L'eau fait naître les fleurs ou *chêne*, qui surnagent ensuite la liqueur. Ces fleurs ne nuisent pas à la qualité du vin, mais elles sont désagréables à la vue. Toute bouteille, après avoir été rincée et mise à écouler, dans laquelle on aura passé un demi-verre de vin, et qu'on aura vidée aussitôt, ne donnera pas de fleurs dans la suite. Ce vin absorbe l'humidité aqueuse et le peu d'eau qui tapissoit ses parois intérieures; et c'est de cette eau que résultent les fleurs.

On doit choisir le lieu le plus sec de la maison pour tenir les bouchons en dépôt avant de s'en servir; si on les laisse dans un lieu humide ou dans la cave, ils prennent un goût de moisi, et le communiquent au vin.

Pour empêcher toute communication entre le vin contenu dans les bouteilles et l'air extérieur, et pour préserver le bouchon de toute humidité, on y applique aussi du goudron. C'est un mélange de poix blanche et de poix-résine, à la dose de chacune une livre, de deux livres de cire jaune, et d'environ une once de térébenthine, le tout fondu sur un feu lent. Le goudron bien fait ne doit être ni trop mou, ni trop cassant; il doit être employé à une chaleur moyenne : trop chaud, il boursoufflera et enduira mal; s'il est froid, il ne prend pas; il en est de même lorsque le goulot de la bouteille est humide.

BROC.

C'est un vaisseau vinaire à anse, en forme de poire, communément de bois, garni de cinq cercles de fer posés à égale distance les uns des autres; un dans le bas, sur lequel il appuie, trois dans le milieu, et un au sommet qui forme la gouttière par laquelle on verse le vin. De ce cercle supérieur part une pièce de fer avec laquelle il est rivé, cette pièce s'attache sous le troisième cerceau. Un morceau de bois remplit l'anse ; et la pièce de fer qui la constitue est rivée ou repliée par ses deux côtés sur le bois. C'est le vaisseau le plus commode pour le service des caves, pour l'avinage, l'avillage ou remplissage des tonneaux. Quelque hauteur et quelque largeur qu'ait le broc, son ouverture ne doit pas avoir plus de deux à trois pouces de diamètre. Il est étonnant que son usage soit circonscrit dans quelques provinces seulement. Plus les douves qui composent le broc sont étroites, meilleures elles sont. (Voyez *figure* 11, *planche IV*). Toute sorte d'ouvrier n'est pas en état de le faire, à cause de la précision dans la diminution des douves, pour entrer dans le cerceau supérieur, diminution beaucoup plus grande que celle de la base des douves.

J'ai vu, dans quelques provinces, des brocs faits en étain, et en étain si commun, qu'on l'auroit pris pour du plomb. L'acide du vin corrode l'étain comme le plomb, et la dissolution qu'il en fait, donne une litharge qui se mêle avec le vin, et le rend infiniment nuisible à la santé.

ENTONNOIR.

Cet instrument sert à verser le vin dans un tonneau ou dans un vase quelconque. Les entonnoirs communs sont en fer-blanc, et représentent des cônes renversés, terminés par une queue ou gouttière qui pénètre dans le vaisseau : ces instrumens sont nécessaires pour les besoins journaliers dans une cave, et pour les petites opérations: dans les celliers, il en faut de plus grands, de plus solides; ils sont en bois, et la douille en fer. (Voyez *figure* 9, *planche IV.*)

Pour l'ordinaire, on creuse un billot de bois, de la longueur de 30 à 36 pouces sur 18 à 20 pouces de largeur, et de 6 à 10 pouces de hauteur. Quelques uns le creusent carrément du haut en bas, et d'autres arrondissent la partie inférieure, soit à l'intérieur, soit à l'extérieur; enfin, ils pratiquent un trou dans le milieu, par où passe la douille : elle est formée par une feuille de tôle ou de fer battu; sa queue est arrondie, traverse l'épaisseur du bois, l'excède de trois à quatre pouces; sa partie supérieure est rabattue, repliée sur le bois, enfin assujettie par des clous, afin qu'elle se colle exactement sur le bois, et ne laisse pas échapper le vin.

Les entonnoirs faits en gondole doivent nécessairement avoir un rebord qui règne tout autour de la partie intérieure et supérieure. Si le constructeur n'a pas la précaution de le conserver en creusant son billot, on perdra beaucoup de vin; car, pour peu qu'on en vide à-la-fois, la force de la chûte, aidée par la courbure, pousse le fluide au dehors.

Je préfère les entonnoirs coupés carrément, soit à l'intérieur, soit à l'extérieur. Le fluide est moins sujet à passer sur les bords lorsqu'on le vide, et l'entonnoir placé sur le tonneau l'est bien plus solidement que celui dont la base décrit un demi-cercle. Le premier touche par tous ses points la superficie du tonneau déjà ronde, tandis que deux corps courbés, mis l'un sur l'autre en sens contraire, n'ont qu'un seul point de contact.

Il est rare que ces entonnoirs ne laissent échapper le vin entre la douille et le bois. On a beau faire très-juste le trou par où elle passe, le bois, en séchant, prend de la retraite, et par conséquent le trou s'élargit; mais la cause majeure provient de la mal-adresse et de la précipitation des valets, lorsqu'ils placent l'entonnoir sur le tonneau; souvent, avant que la douille enfile le trou du bondon, elle frappe contre les bords de cette ouverture, ébranle les clous, comprime le bois, enfin disjoint plus ou moins cette douille. Le moyen de remédier à cet inconvénient est de placer sur l'entonnoir et d'y clouer une seconde douille dans laquelle la première doit entrer ; cette seconde supportera tout le poids de la mal-adresse des ouvriers, et celle de l'intérieur ne recevra aucun dommage.

Les fabricans des entonnoirs à billot choisissent de préférence les bois blancs ; ils sont plus aisés à creuser, à unir, et l'ouvrage fait plaisir à la vue. Ces bois sont sujets à se tourmenter, parce qu'ils passent successivement de l'humidité à la grande sècheresse; dès-lors ils se gercent, ils se fendent ; on a beau ajouter coton sur coton pour boucher les gerçures, le vin se répand toujours. Le propriétaire vigilant, plusieurs jours avant de se servir de ces entonnoirs, et lorsqu'ils sont dans le plus grand état de siccité, doit les faire garnir avec du coton ou de la filasse trempée dans du goudron très-chaud; les brins se collent alors parfaitement les uns contre les autres, et ce calfat prévient la perte du vin. Ceux qui pourront se procurer un billot de châtaignier bien sain commenceront par l'écorcer, et le tenir ensuite dans un lieu très-sec, au moins pendant deux à trois ans. Lorsque ce bois a acquis une grande siccité, c'est le cas alors de le débiter, de le travailler, etc. ; on aura plus de peine, j'en conviens, mais on en sera amplement dédommagé par sa durée.

Une *comporte*, *banne* ou *benne*, (voyez *fig.* 10, *planche IV*,) sert à former l'entonnoir de la seconde espèce; avec cette différence cependant, que le derrière est de six à huit pouces plus élevé que le devant, afin de retenir le vin lorsqu'on le vide en grande masse dans cet entonnoir : il est percé dans le milieu comme le précédent et garni de sa douille.

La même comporte, garnie dans le milieu d'un vaste entonnoir de fer-blanc dont la partie la plus large est clouée sur le fond de la comporte, fournit la troisième espèce. Ce cône est criblé de trous par lesquels le vin s'écoule vers la douille, et de la douille dans le tonneau; il sert à retenir dans le grand entonnoir les pepins, les grains de raisin, les écorces, les grappes, etc., de manière que le vin est entonné entièrement dépouillé de tout corps étranger. Le haut du cône est ouvert et terminé par un tuyau de quatre à six pouces de hauteur, et dont le diamètre est un peu plus considérable que celui de la douille qui correspond à l'ouverture du tonneau; ce tuyau reçoit un morceau de bois presque de son diamètre, un peu moins gros dans le bas, et garni de filasse; de manière que, lorsque le tonneau est plein ou presque plein, on le laisse tomber à fond; il bouche l'ouverture de la douille et retient le vin dans l'entonnoir.

La convexité des tonneaux ne permet pas que les entonnoirs soient bien assis. On doit avoir des coins en bois d'une grandeur et d'une longueur proportionnées que l'on glisse entre la partie supérieure du tonneau et l'inférieure de l'entonnoir ; sans cette précaution, on perd beaucoup de vin.

Des instrumens propres à perfectionner le vin.

On comprend sous cette dénomination les soufflets, les tuyaux et les pompes dont on se sert pour soutirer le vin, et les mèches soufrées pour diminuer sa fermentation.

1°. **Des soufflets.** On a vu, dans le traité sur la fabrication du vin, de quelle importance est le soutirage. Il reste à décrire les instrumens et les procédés qui y sont employés. Les Champenois qui doivent l'excellence de leurs vins autant à la nature qu'aux soins qu'ils y donnent, nous apprennent à faire usage du soufflet.

Voici le moyen que les Champenois emploient pour soutirer leurs vins, sans déplacer le tonneau. On se sert d'abord d'un tuyau de cuir (*planche IV, figure 7*) fait en forme de boyau, long de quatre à cinq pouces, ayant un peu plus de deux pouces de diamètre ; il est cousu dans toute sa longueur d'une double couture, afin que le vin ne puisse pas s'échapper. Il y a aux deux extrémités de ce boyau un canon ou tuyau de bois, long d'environ huit à dix pouces, gros de six ou sept de circonférence par un bout, et d'environ quatre par l'autre. Le gros bout de chaque canon est enchâssé dans le boyau de cuir, et bien attaché avec du gros fil en dehors, de sorte que le vin ne puisse pas fuir : on ôte le tampon qui est au bas du poinçon qu'on veut remplir, et l'on y chasse avec un maillet de bois l'un des canons, qu'on frappe sur une espèce de mentonnière qui est à chacun de ces canons, laquelle avance près de deux pouces, à un pouce au-dessus du gros bout, et qui se perd insensiblement en allant vers le petit. On met une grosse cannelle de métal au bas du poinçon qu'on veut vider ; et l'on fait entrer de même dans cette cannelle le petit bout de l'autre canon de bois attaché au boyau de cuir. On ouvre ensuite la cannelle, et, sans le secours de personne, presque la moitié du tonneau plein passe dans le tonneau vide par la pesanteur de la liqueur. Dès qu'elle est parvenue presque au niveau, et qu'elle ne coule plus, on a recours à une espèce de soufflet, d'une construction toute particulière, pour forcer le vin à quitter le tonneau qu'on veut vider, et à entrer dans celui qu'on veut remplir.

Ces sortes de soufflets (voyez *planche IV*, *figure* 4) ont environ deux pieds de longueur, en y comprenant le manche, et dix pouces de largeur. Ils sont construits et figurés à la manière ordinaire de tous les soufflets, jusqu'à quatre pouces du petit bout; mais à cette distance, le soufflet a encore trois pouces de largeur. En dedans de cet endroit, l'air ne passe que par un trou grand d'un pouce.

Auprès de ce trou, du côté du petit bout du soufflet, il y a une pièce de cuir, formant une soupape (*figure* 5) qui y est attachée, et qui se serre contre le trou et le bouche, quand on lève le soufflet pour prendre l'air, afin que cet air qui est une fois passé par ce trou, et qui est entré dans le tonneau, ne puisse pas revenir dans le soufflet, lequel ne reprend un nouvel air que par le trou du dessus du soufflet pour le remplir.

L'extrémité de ce soufflet est différente des autres, étant formée par un canon de bois de huit pouces de long; qui est emboîté, collé et étroitement attaché par de bonnes chevilles (*figure* 4) au bout du soufflet, pour conduire l'air en bas. Ce canon est arrondi et gros en-dedans, de neuf ou dix pouces de circonférence par le haut, et diminue insensiblement vers le petit bout, pour pouvoir entrer commodément dans le poinçon par le trou du bondon, et le ferme si bien lui-même, que l'air ne peut entrer ni sortir tout autour. Ce canon passe, pour cet effet, d'un pouce sur le niveau du soufflet, et est fait en demi-rond par le haut, pour pouvoir être frappé avec un maillet de bois, et enfoncé dans le tonneau; il y a même, à deux doigts au-dessus du bout supérieur du canon, un crochet de fer, d'un pied de longueur, passé dans un anneau de même métal, qui entre à vis dans ce canon, et qui sert à attacher le soufflet aux cerceaux du tonneau, sans quoi la force de l'air feroit ressortir ce soufflet du trou du bondon, et l'opération de la vidange ne se feroit pas.

La mécanique de ce soufflet ainsi décrite est facile à concevoir. L'air entre par le trou de dessous en la manière ordinaire; il avance vers le bout. A mesure que l'on pousse le soufflet, il y trouve un conduit qui le fait descendre dans le poinçon; mais pour empêcher ce même air de remonter, comme il feroit, quand on ouvre le soufflet pour lui faire respirer un nouvel air, on applique une espèce de soupape ou languette de cuir à trois ou quatre pouces près de l'extrémité de ce soufflet, qui ferme ce trou autant de fois qu'on veut reprendre un nouvel air. Ce nouvel air se précipite encore facilement dans le tuyau, en pressant le soufflet, parce que cette languette ou soupape s'ouvre à mesure qu'elle est poussée par l'air : ainsi il existe toujours un nouvel air, sans en pouvoir sortir. La force de cet air qu'on pousse continuellement, en pressant fortement le soufflet, presse également la superficie du vin dans toute l'étendue de la pièce, sans causer la moindre agitation dans le vin, et le force à passer par la cannelle dans le boyau de cuir, et de-là dans l'autre tonneau qu'on veut remplir, où il monte, parce que l'air est chassé vers le trou du bondon qui est ouvert.

Ce soufflet pousse tout le vin hors du tonneau, à dix ou douze pintes près; ce que l'on connoît lorsqu'on entend un sifflement qui se fait à la cannelle, après quoi on bouche le poinçon qu'on vient d'emplir, avec une quille de bois; ensuite on tire du tonneau plein le canon du boyau de cuir, et l'on bouche vîte le trou avec un tampon de bois de chêne qu'on chasse avec un marteau de fer.

De l'autre poinçon qu'on vide, on tire le canon de la cannelle de métal, et l'on laisse couler doucement encore quelques pintes de vin clair dans un bassin qui le reçoit jusqu'à ce qu'on s'aperçoive, par le moyen d'une tasse d'argent ou d'un verre fin, que le vin change un peu de couleur. Dès qu'on y aperçoit quelque chose, sans attendre qu'il paroisse louche, on ferme la cannelle qu'on ôte ensuite du tonneau, et l'on jette dans un baquet le peu de vin trouble qui y reste. Ce vin trouble, ainsi que celui qui sort de tous les tonneaux, après que le meilleur vin en est tiré, est mis dans un vieux tonneau pour en faire du vinaigre.

Ce qui a coulé de vin clair par la cannelle, après qu'on en a retiré le boyau, on le met dans le poincon avec le bon vin : on se sert, pour cet effet, d'un entonnoir de fer-blanc, dont la queue a au moins un pied et demi de longueur, afin que le vin qui en tombe, ne cause point d'agitation dans le tonneau, et qu'il ne soit point battu.

Dès qu'on a vidé un tonneau, ce qui s'exécute en moins d'une demi-heure, on le lave avec de l'eau, on le secoue pour dégager la lie attachée aux douves; on réitère deux fois cette opération, et après que le tonneau a resté à égoutter quelques momens, on le remplit du vin d'un autre tonneau, en suivant le même procédé que pour le premier, et ainsi de suite.

Telle est la méthode suivie en Champagne, très-bonne en elle-même, mais qui peut être simplifiée et suppléée par la pompe.

2°. *De la pompe.* La pompe est un composé de tuyaux en fer-blanc, décrivant les trois côtés d'un carré (Voyez *pl. IV, fig.* 8.) La grosseur et la hauteur de ces tuyaux doivent être proportionnées au volume du tonneau ou du foudre : c'est-à-dire, que le tuyau d'une pompe, pour un tonneau de 200 à 250 bouteilles, aura dix à douze lignes de diamètre; quinze lignes, celui du tonneau de 500 bouteilles; dix-huit à vingt lignes, celui d'un foudre. La branche antérieure sera un peu plus longue que la branche postérieure; elle aura à sa partie inférieure une cannelle de cuivre, dont le robinet s'ouvrira et se fermera à volonté. On ajustera et on soudera contre cette branche un autre tuyau d'un peu moins du tiers du diamètre du tuyau auquel il est joint. La partie supérieure de ce petit tuyau sera ouverte; les bords en seront arrondis à l'extérieur, afin de pouvoir commodément y appliquer les lèvres quand on voudra soutirer. Il faut que sa forme ressemble à celle d'une embouchure de cor-de-chasse, mais ouverte dans toute la largeur du tuyau. La partie inférieure occupe l'espace qui se trouve entre la cannelle et le tuyau antérieur de la pompe dans lequel il communique. Le tuyau supérieur et le postérieur n'ont rien de particulier, sinon que la base de celui-ci est garnie d'un morceau de bois, et encore d'un morceau de fer plat et soudé avec le fer-blanc : ce morceau excédant aura un ou deux pouces de longueur, suivant le volume du tonneau. Il est bon d'observer que pour donner de la solidité à tout le corps de la pompe, il faut affermir les angles de la pompe par des soutiens en bois ou en fer-blanc. De la description de cet instrument, passons à la manière de s'en servir.

J'ai dit qu'il falloit proportionner la pompe au volume du tonneau : ainsi, lorsqu'on voudra soutirer, il faudra enlever sans secousse le bouchon du vaisseau, plonger doucement dans le vin la branche postérieure, jusqu'à ce que le morceau excédant touche les douves du fond : alors cet excédant se trouvera plongé dans la lie, et l'orifice de cette branche reposera sur le vin clair. Comme l'ouverture des bondons n'est pas la même dans tous les tonneaux, et qu'il est de la dernière importance que la pompe ne varie et ne se dérange pas, on aura un petit instrument de bois, fait comme le tire-fleur des fleuristes, dont la grosseur, la gouttière ou cavité, et la largeur, iront toujours en diminuant du sommet à la base. On assujettira la branche de la pompe dans le trou du bondon avec cet instrument qui s'appelle sergent, et on l'enfoncera avec force, mais sans secousse. On sent bien que, si ce sergent étoit plat, il feroit replier le fer-blanc contre l'intérieur du tuyau : il faut donc lui donner la même courbure qu'à lui, c'est-à-dire que le tuyau fera la bosse, et le sergent fera le creux. On aura attention, avant de fixer entièrement le sergent, d'incliner légèrement le tuyau supérieur sur le devant du tonneau ; et pour qu'il ne vacille point, on le fera reposer sur deux petits supports, taillés en coins et placés en sens contraire, et on finira de fixer le sergent ; alors tout le corps de la pompe demeurera solide.

On approche le vaisseau dans lequel on veut soutirer (je le suppose bon, propre et bien conditionné), on introduit la cannelle de la pompe dans son bondon, et elle est enveloppée avec de la filasse ou du linge, pour que le gaz surabondant du vin et son phlogistique ne s'évaporent point. Il vaudroit encore mieux adapter à la cannelle de la pompe et au tonneau un tuyau de cuir, on seroit sûr alors qu'il n'y auroit aucune évaporation ; objet essentiel. Il faut, si on a un foudre à soutirer, que l'extrémité du tuyau de cuir corresponde au tonneau, ait une cannelle particulière, afin de pouvoir ouvrir ou fermer à volonté, quand les tonneaux seront pleins, et leur en substituer d'autres.

Tout étant ainsi disposé et préparé, et la cannelle de la pompe fermée, l'ouvrier appliquera ses lèvres sur l'embouchure du petit tuyau ; il aspirera fortement, jusqu'à ce que le vin monte à sa bouche : dans cet instant il ouvrira la cannelle, et le vin du tonneau coulera jusqu'à la dernière pinte, quelque grand que soit son contenu. Si la pompe est petite, le même ouvrier peut faire ces deux opérations ; si elle est trop grande, il conviendra d'un signe, auquel son aide ouvrira la cannelle. Ceux qui désireront avoir du vin parfaitement clair sépareront les six premières et les six dernières bouteilles.

3°. *Des tuyaux.* Les tuyaux sont ordinairement en cuir ou en fer-blanc. On peut allonger ou diminuer

minuer les premiers, par le moyen des écrous, et les seconds, en les adaptant les uns aux autres ; il est nécessaire que quelques uns soient coudés, afin de leur donner la direction qu'on jugera convenable. Les tuyaux de cuir seront tenus dans des endroits secs, mais à l'abri du soleil ; si on les laissoit à la cave, ils contracteroient un goût de moisi, et ils pourriroient bien vite. On les fera tremper dans l'eau avant de s'en servir, afin de les laver exactement, et pour leur redonner la souplesse nécessaire ; on lavera également les tuyaux de fer-blanc. Le vin exige la plus grande propreté.

On sent aisément leur utilité, combien ils diminuent la main-d'œuvre, et leur avantage pour empêcher l'évaporation des parties spiritueuses du vin.

4°. *De l'instrument propre à muter le vin.* Frappé des inconvéniens qui résultoient de la manière ordinaire de soufrer les vins, de la vapeur suffocante du soufre, et du mal que causeroient les gouttes qui pourroient en tomber dans le vin, *Rozier*, dans son mémoire sur la méthode de gouverner les vins de Provence, rend compte d'un instrument inventé par lui pour le mutage du vin. C'est une petite cheminée en tôle (*voyez planche VI, fig.* 12), dont la base est large de trois pouces, et la hauteur de quatre pouces ; son couvercle en est forme de dôme, surmonté d'un cornet décrivant un peu plus d'un demi-cercle, c'est-à-dire retombant plus bas que la base de la cheminée. Le devant de la cheminée se ferme par une porte à coulisse. On place l'extrémité recourbée du cornet dans le tonneau; on allume la toile soufrée (le soufre brûle mieux ainsi étendu, qu'en bâton ou réduit en poudre); on ouvre plus ou moins la porte, suivant l'activité de la flamme. Lorsque le tonneau est rempli de cette fumée, elle regorge par la porte, et éteint la flamme, parce que l'air n'a plus d'élasticité. Alors, si on est dans l'intention d'en faire entrer davantage, on rallume la mèche, et on se sert d'un soufflet. On sent bien qu'il faut garnir avec du linge l'ouverture du bondon, que ne remplit pas entièrement le cornet. Par cette invention, on n'est plus incommodé par la vapeur du soufre.

SECTION IV.

Des Celliers et Caves.

Il nous reste maintenant à décrire la meilleure construction des lieux destinés à conserver le vin, c'est-à-dire, des celliers et des caves.

Des Celliers.

Les celliers sont ordinairement voûtés, situés au rez-de-chaussée d'une maison, en quoi ils diffèrent des caves. On y serre le vin.

Il paroît que les Romains étoient plus attentifs que nous à se procurer les aisances relatives à l'accélération et à la perfection de la fermentation insensible. Ecoutons *Palladius*. « Il faut que le cellier au vin soit exposé au septentrion, frais, presque obscur, éloigné des étables, du four, des tas de fumier, des citernes, des eaux, ainsi que de toutes les autres choses qui peuvent avoir une odeur révoltante; qu'il soit si bien fourni des commodités nécessaires; que le fruit, tel abondant qu'il soit, puisse très-bien s'y conserver, et qu'il soit construit en forme de basilique; de manière qu'il s'y trouve, entre deux fosses destinées à recevoir le vin, un fouloir élevé sur une estrade à laquelle on puisse monter par trois ou quatre degrés environ. Des canaux en maçonnerie, ou bien des tuyaux de terre cuite, partiront de ces fosses pour aboutir à l'extrémité des murs, et conduire le vin à travers des passages pratiqués au bas de ces murs, dans des futailles qui y seront adossées. Si l'on a une grande quantité de vin, on destinera le centre du cellier aux cuves; et de crainte qu'elles n'empêchent les passans d'aller et de venir, on pourra les monter sur de petites bases suffisamment hautes, en laissant entre chacune une distance assez grande pour que celui qui en prendra soin puisse, quand le cas l'exigera, en approcher librement. Si on destine, au contraire, un emplacement séparé aux cuves, cet emplacement sera, comme le fouloir, élevé sur de petites estrades, et consolidé par un pavé de terre cuite, afin que si une cuve vient à s'enfuir sans qu'on s'en apperçoive, le vin qui se répandra ne soit pas perdu, mais qu'il soit reçu dans la fosse qui sera au bas de ces estrades ».

Je demande actuellement : Avons-nous en France beaucoup de celliers construits aussi commodément que celui dont parle *Palladius* ? Si j'avois à construire un cellier, et que l'emplacement le permît, voici comment je m'y prendrois :

Je choisirois la croupe d'un coteau d'une pente douce, et par conséquent sur laquelle les charrettes pourroient monter sans peine. Dans la partie supérieure de ce terrein, je ferois une tranchée soutenue par un mur de dix pieds de haut; à cette hauteur seroient placées des fenêtres plus larges que hautes, et le mur seroit continué par-dessus, pour soutenir le toit; un chemin seroit pratiqué au-dessus de ce mur, et presque au niveau de la base de la fenêtre : ce seroit dans cette partie que je placerois les *cuves*, qui pourroient être bâties en *béton*, et les pressoirs. Par ces fenêtres, au moyen d'un couloir en bois ou en pierre, incliné vers les cuves, on jetteroit la vendange à mesure qu'elle arriveroit de la vigne, portée sur la charrette; au bas de chaque cuve, il y auroit une grosse cannelle en cuivre bien étamé, qui s'ouvriroit dans un vaste tuyau, dont on verra tout-à-l'heure la destination.

Sous ce premier plan, j'élèverois un second mur qui iroit au niveau de la base du sol des cuves; et de distance en distance, des piliers de maçonnerie s'élèveroient pour soutenir le toit commun. Une simple balustrade, même mobile pour le besoin, les sépareroit l'un de l'autre. Dans cette partie inférieure seroient placés les tonneaux, bariques, élevés sur des chantiers de deux pieds et demi de hauteur; le milieu de la partie supérieure seroit creusé en gouttière, et cette gouttière auroit une pente douce depuis une extrémité jusqu'à l'autre, afin que le vin qui s'écouleroit par a bonde pût se rassembler vers un bout, dans un vaisseau destiné à le recevoir.

Nous avons parlé d'un gros tuyau de communication à chaque cannelle de cuve. C'est par le moyen du même tuyau, qui auroit lui-même plusieurs cannelles dont le nombre seroit proportionné à celui des tonneaux placés sur le plan inférieur, en y adaptant un tuyau de fer-blanc ou de cuir préparé, que le vin des cuves et des pressoirs couleroit de lui-même dans les tonneaux placés sur les chantiers, et les rempliroit. Une seule personne conduiroit cette opération. J'ai demandé que les chantiers fussent élevés, afin d'avoir la facilité de *soutirer* le vin : il s'agiroit seulement d'approcher le vaisseau destiné à être rempli sous la barique placée sur le chantier; et, au moyen d'une cannelle dont le bec entreroit dans le bondon, le vin couleroit d'un vaisseau sans s'*éventer*, et sans perdre aucun principe, dont dépend sa durée.

Par-dessous le plan où sont les tonneaux, seroit bâtie la *cave*. Sa voûte seroit percée de plusieurs trous qu'on boucheroit et ouvriroit à volonté.

L'expérience m'a appris que les vins nouveaux se dépouillent beaucoup mieux de leurs parties étrangères et grossières dans les celliers que dans les caves, si on les y place aussitôt qu'ils sont faits. Pourvu qu'ils ne gèlent pas dans le cellier, cela suffit. D'ailleurs, suivant les espèces de vins, les uns sont en état d'être soutirés à Noël, et presque tous en février; ainsi, l'attention à prévenir les effets de la gelée dans le cellier ne sera pas de longue durée. Le moment de soutirer le vin étant venu, on placera la cannelle à la barique; et avec les mêmes tuyaux de fer-blanc ou de cuir (je préfère les premiers), on descendra le vin dans la cave, et on y remplira tous les vaisseaux de ce vin tiré à clair. Un homme suffit pour faire tout le travail, et deux au plus le feront avec la plus grande facilité. On ne sauroit croire combien la conduite des vins est coûteuse, par la quantité de monde qu'il faut employer. Je ne pense pas qu'il y ait un moyen plus simple d'éviter la dépense que celui que je propose.

Rien n'égale la malpropreté des fermiers, des maîtres-valets, relativement au cellier. Comme il ne sert que pendant un certain tems de l'année, c'est le réceptacle de tous les débarras de la métairie; et quelque grand qu'il soit, il est toujours encombré de manière qu'on ne sauroit s'y tourner. Combien de fois n'ai-je pas vu les poules, les dindes, aller se jucher sur les cuves, sur les pressoirs! et après cela, doit-on être étonné si une pièce de bois, couverte d'excrémens pendant neuf mois de l'année, est pourie? il faudra la remplacer par une autre qui éprouvera le même sort : enfin, le bois de la cuve s'imprègne tellement de mauvaise odeur, qu'elle se communique à la vendange mise en fermentation, et de-là au vin qui en provient.

Dès que la vendange est finie, dès que le vin est dans les tonneaux, faites laver exactement et essuyer tout ce qui a servi à sa fabrication ; que dans le cellier il ne reste aucun vestige d'ordure ; que les vaisseaux vides soient placés de manière qu'un courant d'air circule tout autour ; que chaque objet ait une place fixe, d'où on ne le tirera que pour l'y remettre après s'en être servi ; enfin, que tout y soit aussi propre, aussi net, que dans les appartemens.

Des Caves.

La cave est un lieu souterrain consacré à renfermer les vaisseaux remplis de liqueurs spiritueuses, telles que le vin, le cidre, le poiré, etc. La cave diffère du cellier, en ce que celui-ci est ordinairement de plain-pied avec le sol.

Nous examinerons, 1°. quelle doit être la profondeur d'une cave, la hauteur de sa voûte, la disposition des soupiraux, pour qu'elle soit bonne.

2°. A quoi reconnoît-on les qualités d'une bonne cave ; et quels sont les moyens de remédier à ses défauts ?

3°. De la disposition de la cave.

4°. Y a-t-il une manière plus économique de construire les caves, que la méthode employée ordinairement ?

Avant de discuter ces différentes questions, il est essentiel de démontrer qu'il est impossible de conserver long-tems les liqueurs spiritueuses sans une bonne cave.

Tout fruit qui renferme en lui une substance sucrée et mucilagineuse, soumis à un degré de chaleur convenable, rendu fluide et rassemblé en masse, éprouve trois degrés de *fermentation*. La première, qui s'opère dans la cuve, est la *tumultueuse* ou vineuse ; elle convertit le principe sucré et mucilagineux en liqueur spiritueuse ; la fermentation *insensible* lui succède, ou plutôt c'est une continuation de la tumultueuse, et celle-ci épure la liqueur, la débarrasse des corps étrangers, connus sous le nom de *lie*, qui se déposent au fond des tonneaux. Tant que les principes constituant la liqueur conservent un parfait équilibre entr'eux, ils forment une boisson agréable et salubre ; et c'est pour prolonger la durée de cet équilibre que l'expérience a fait imaginer la construction des caves. Si la cave n'a pas les qualités requises, la fermentation insensible passe promptement à la *fermentation acide ;* enfin à la *fermentation putride*, qui finit la désunion des principes.

Deux causes toujours agissantes, et presque jamais strictement les mêmes seulement pendant une heure, agissent du plus au moins sur la liqueur spiritueuse, et tendent sans cesse à la désunion, à la dégradation de ses principes, et par conséquent à leur décomposition. Ces deux causes sont l'air atmosphérique et la chaleur. Cet air jouit de trois qualités, *fluidité*, *pesanteur*, *élasticité*; et c'est en vertu de ces trois qualités qu'il agit sur tous les corps, et principalement sur les liqueurs, en raison de leur fluidité, de leur compression et de leur dilatabilité. Il s'insinue par sa fluidité; pénètre, traverse les corps, sans jamais la perdre. Il gravite sur eux par sa pesanteur, et en réunit les parties. Il cède par son élasticité à l'impression des autres corps, en diminuant son volume; se rétablit ensuite dans la même forme, et souvent occupe une plus grande étendue. C'est par cette force élastique qu'il s'insinue dans les corps, y portant avec lui la facilité spéciale de se dilater. De-là naissent les oscillations continuelles dans les parties auxquelles il se mêle, parce que son degré de chaleur, sa gravité, sa densité, ainsi que son élasticité et son expansion, ne restent jamais les mêmes pendant l'espace d'une ou deux minutes de suite; il se fait donc dans tous les corps, sur-tout les corps fluides, une vibration, une dilatation, et une contention continuelles.

Il est impossible, dans ce moment, de considérer cette espèce d'air comme un corps isolé sans un degré quelconque de chaleur ou de froid, qui le rend tour-à-tour plus ou moins élastique, plus ou moins humide ou sec, etc. C'est par ces qualités accessoires, mais inséparables, qu'il agit sur les vaisseaux remplis de liqueurs spiritueuses. Du raisonnement, passons à l'expérience toujours plus convaincante.

Prenons un *thermomètre* gradué pour le climat de la France, afin d'avoir un terme moyen de deux extrêmes. On a vu l'esprit-de-vin, ou le mercure, monter dans le tube à 30, 31 degrés de chaleur, et on a vu ces mêmes fluides descendre à 16 degrés au-dessous du terme de la glace ; voilà donc une variation de 46 degrés que ces fluides ont éprouvée dans le tube. Or, ce qui s'opère sur le fluide du tube s'opère également sur les autres fluides renfermés dans des vaisseaux qui ne sont pas privés d'air. Il est vrai que dans ces derniers la dilatation et la condensation n'y sont pas aussi marquées, aussi sensibles, parce que l'air intérieur s'y oppose, au lieu que les autres se font dans le vide ; mais elles n'existent pas moins. Quant à la manière d'agir de l'air par sa pesanteur, elle est démontrée par le *baromètre* ; le mercure monte et descend suivant l'état de l'atmosphère, et le vin se condense et se dilate également dans le tonneau.

Des expériences de comparaison, passons à une expérience prise dans le vent même. Si le vent du nord règne pendant quelques jours, la liqueur est claire dans le tonneau: si, au contraire, le vent du sud souffle, le vin perd une partie de sa transparence; sa couleur est fausse, louche, trouble, etc. Il est donc démontré que l'air atmosphérique agit sur le vin renfermé dans les tonneaux; il est donc encore démontré que plus les fluides restent exposés à son action, plus ils sont sujets à se décomposer, et la décomposition est plus rapide, en raison de la plus ou moins grande quantité de principes qui ont concouru à leur formation, enfin, en raison de la manière d'être de ces principes entr'eux. L'esprit-de-vin est un être très-simple, infiniment plus que le vin; aussi sa durée est presque inaltérable. Les vins doux où le principe sucré domine, tels que les vins d'Espagne, de Grèce, etc., sont moins susceptibles d'altération que les autres; 1°. parce que l'abondance de leur mucilage retient plus intimement la partie spiritueuse, et empêche son évaporation; 2°. parce que la partie sucrée et surabondante sert à donner de nouvel esprit, à mesure que celui qui est déjà formé s'évapore; 3°. parce que le gaz acide carbonique est plus resserré contre les molécules de la liqueur, et ne peut pas s'échapper. C'est lui qui est le lien des corps, et le conservateur des liqueurs spiritueuses : dès qu'il s'échappe, dès qu'il est échappé, le vin est décomposé et pouri. Les vins de Champagne, de Bourgogne, sont plus soumis aux variations de l'atmosphère que les premiers, parce qu'ils contiennent plus de phlegme, et par conséquent moins de principes sucrés. Les sirops bien faits ne fermentent point.

Il résulte de ce qui vient d'être dit, que, plus un vin contient de phlegme, et moins de parties spiritueuses et sucrées, plus il a de tendance naturelle à se décomposer ; et que cette tendance est augmentée et centuplée par les variations de l'atmosphère qui agissent perpétuellement sur lui. Ces principes sont prouvés par l'expérience, et ils sont incontestables. On doit en tirer ces conséquences. Pour conserver les vins, il faut donc empêcher, autant qu'il est possible, que la fermentation insensible ne soit altérée, puisque c'est de son prolongement que dépend la bonté du vin. Les caves saines et bonnes préviennent tous les inconvéniens : *c'est la cave qui fait le vin.* Ce proverbe, quoique l'on en dise, est rigoureusement vrai.

Un Champenois, un Bourguignon, trouveront sans doute extraordinaire que j'aie insisté sur la nécessité d'une bonne cave; mais quel sera leur étonnement, lorsque je leur dirai que dans les provinces les plus méridionales et les plus chaudes de la France, on ne connoît pas les caves, et que le vin est enfermé dans les celliers, tandis que plus la chaleur d'un pays est forte, plus les bonnes caves y deviennent nécessaires!

I. *Quelle doit être la profondeur d'une cave, la hauteur de sa voûte, et la disposition de ses soupiraux, pour qu'elle soit bonne.* S'il existe un feu central, hypothèse qui a servi à échafauder de grands systêmes, il sembleroit résulter que plus une cave seroit profonde, plus elle seroit chaude, et par conséquent moins propre à conserver le vin. Il est vrai que toutes les fouilles faites par la main des hommes sont bien peu de chose, en comparaison de l'énorme diamètre de la terre; mais si effectivement il existoit un feu central, son action seroit nécessairement plus sensible, à mesure qu'on s'enfonceroit profondément en terre; puisque cette masse de feu supposée toujours constante, toujours la même, devroit agir toujours également et se faire sentir par degrés, du centre à la circonférence. Or, il est démontré, par les recherches des physiciens, qu'à quelque profondeur de la terre que l'on soit parvenu, le thermomètre s'y est constamment soutenu à dix degrés et un quart de chaleur, à moins que des causes purement accessoires n'aient changé cette température; et ce terme de dix degrés est précisément celui, ainsi que je l'ai observé plusieurs fois, auquel commence la fermentation tumultueuse dans la cuve, ou du moins lorsque ses premiers signes se manifestent. On verra bientôt la connexion qui se trouve entre cette seconde observation et la première. Creusons des caves, et laissons l'hypothèse du feu central pour ce qu'elle est.

La profondeur d'une cave dépend du local sur lequel on la creuse; dans une plaine, elle doit être plus basse que si elle étoit creusée dans un rocher : une galerie de deux à trois toises de longueur, et fermée par une porte à chacune de ses extrémités, tiendroit cette cave aussi fraîche que dans une glacière, attendu que l'air atmosphérique n'auroit d'entrée que par ces deux portes; et il seroit possible, et même prudent, de fermer l'une pendant qu'on ouvriroit l'autre. La cave proprement dite seroit recouverte par la masse totale du rocher, et les vicissitudes du chaud et du froid ne sauroient la pénétrer. Heureux qui peut avoir une pareille cave, pourvu qu'elle ne soit pas trop humide !

Dans la plaine, au contraire, j'estime qu'elle doit avoir la profondeur de seize pieds environ : la voûte, sous la clef, aura douze pieds de hauteur, et toute la voûte sera chargée de quatre pieds de terre. Quant à la longueur, elle est indéfinie. L'expérience m'a appris que de telles caves sont toujours excellentes, lorsque les autres circonstances s'y rencontrent. Si elles sont plus profondes, elles n'en vaudront que mieux.

J'appelle *circonstances*, l'ouverture ou entrée, les soupiraux, et la position de la cave.

L'*entrée* doit toujours être placée dans l'intérieur de la maison, garnie de deux portes, l'une placée au haut de l'escalier, et l'autre au bas ; ce qui équivaut à une galerie. Si l'entrée est placée à l'extérieur, cette galerie devient d'une nécessité absolue ; plus elle sera prolongée, plus elle sera utile. Si l'entrée est tournée et exposée au midi, il faut absolument la changer et la transporter au nord, à moins qu'on n'habite un pays très-élevé, ou sous un climat froid.

Les *soupiraux*. C'est la plus grande de toutes les erreurs, et la mal-adresse la plus marquée de la part de l'architecte, de les faire grands, de manière qu'on y voie autant dans une cave que dans un rez-de-chaussée. L'action de l'air atmosphérique est toujours graduée sur le diamètre des soupiraux. Ils sont nécessaires, j'en conviens, pour renouveler l'air qui deviendroit à la longue mofétique, pour diminuer l'humidité ; mais voilà leur seule utilité.

La *position de la cave*. Choisissez, autant qu'il est possible, la position du nord ; après celle-là, le levant ; les caves placées au midi et au couchant

chant, sont ordinairement détestables : chacun en sent la raison.

A mesure que la chaleur de l'atmosphère, après l'hiver, monte à huit ou dix degrés, on doit fermer une certaine quantité de soupiraux, et presque tous dès qu'elle excède ce terme, parce que l'air de la cave tend à se mettre en équilibre avec celui de l'atmosphère. Au contraire pendant l'hiver il convient de laisser entrer jusqu'à un certain point l'air extérieur, afin de diminuer la chaleur de la cave. Ce conseil exige une restriction : si le froid extérieur est de six degrés, c'est le cas de fermer les soupiraux ; l'air de la cave approcheroit du même terme, et le vin souffriroit dans les tonneaux. C'est en ouvrant ou fermant prudemment ces soupiraux, que l'on parvient à conserver le vin, et à lui procurer cette vieillesse qui le rend si précieux.

II. *A quoi reconnoît-on une bonne cave ; et quels sont les moyens de remédier à ses défauts ?* La meilleure et la plus parfaite, sans contredit, est celle où le thermomètre se maintient toujours entre dix degrés et dix degrés un quart de chaleur : terme que les physiciens ont appelé *tempéré*. Telles sont les caves de l'Observatoire de Paris ; tels sont tous les souterrains où les variations du chaud et du froid sont insensibles. Plus la température d'une cave s'éloigne de ce point, moins elle est bonne. Voilà la véritable pierre de touche et la condition par excellence. Si donc une cave n'est pas assez profonde, il faut la creuser davantage et la charger de terre; si elle est trop exposée à l'action de l'air, la mettre à l'abri, l'environner de murs, lui donner un toit, multiplier les portes, diminuer les soupiraux, boucher ceux qui sont mal placés, en ouvrir de nouveaux, établir des courans d'air frais, etc.

Une bonne cave doit être bien éloignée de tout passage de voitures, de tous ateliers de forgerons et d'ouvriers qui frappent sans cesse. Ces coups, ces trémoussemens répondent jusqu'aux vaisseaux, et font osciller les fluides qu'ils renferment; ils facilitent par-là le dégagement de l'acide carbonique, le premier lien des corps; la lie se recombine avec le vin; la fermentation insensible est augmentée, et la liqueur plus promptement décomposée : je parle d'après l'expérience.

Une cave ne sauroit être trop sèche. L'humidité abîme les tonneaux, fait moisir et pourir les cerceaux, ils éclatent et le vin se perd. D'ailleurs, cette humidité pénètre insensiblement le bois, et à la longue communique au vin un goût de moisi.

Lorsque vous bâtirez une cave, et que vous craindrez la filtration des eaux, faites pratiquer un fort corroi de terre glaise par derrière le mur à mesure qu'on l'élèvera, et continuez ce corroi sur toute la voûte. Si, dans le canton, il est possible de se procurer de la pouzzolane, mêlez en un tiers avec autant de chaux et autant de sable pour en faire un mortier, ou bien bâtissez les caves en béton, comme on le dira plus bas; si vous n'avez pas de pouzzolane, composez un ciment ou mortier avec moitié chaux nouvellement éteinte et encore chaude, et moitié cendres et briques pilées; que si le mur est déjà élevé, recouvrez toutes ses parois avec ce ciment. Si le sol de la cave est humide, recouvrez-le d'un demi-pied de *béton*.

Dans les caves profondes, l'air a beaucoup de peine à s'y renouveler; peu-à-peu il se corrompt, se vicie, et même dans quelques unes il devient mortel. Toutes les fois que, dans une cave, la lumière d'une bougie, d'une chandelle, etc. n'est pas vive comme à l'ordinaire, on peut dire que l'air y est vicié. Si la flamme s'élève vers le sommet du lumignon, si elle est petite, cet air a un degré de plus de corruption. Enfin, si la lumière s'éteint, la personne qui la porte ne tardera pas à tomber en asphyxie. La lumière alors s'éteint plus promptement lorsqu'on l'approche de terre, que lorsqu'on l'élève vers la voûte, parce que cet air vicié, cet acide carbonique est plus pesant que l'air atmosphérique, qui surnage. D'après ce point de fait, il est très-important que les soupiraux prennent naissance du sol de la cave, et non pas simplement du haut de la voûte, ainsi qu'on le pratique ordinairement.

M. *Bidet*, dans son *Traité de la Culture de la Vigne*, donne un très-bon moyen pour renouveler l'air. « Placez, dit-il, un tuyau de fer-blanc, » ou de plomb, ou de fonte, ou en terre cuite, » de quatre pouces de diamètre, contre le mur » de la maison, qui descendra dans le soupirail » de la cave à plusieurs pieds de profondeur : ce » tuyau s'élèvera jusqu'à la couverture de la maison. A l'extrémité supérieure de ce tuyau, placez » un entonnoir de deux pieds de diamètre, et » pratiquez par dessus un moulinet dont les ailes » soient garnies de toile passée à l'huile, ou en fer- » blanc, qui, tournant au gré du vent, dirige- » ront l'air vers l'entonnoir, et le contraindront » de descendre dans la cave ».

Il est clair que cette masse d'air, sans cesse poussée dans la cave, se mêlera peu-à-peu à l'air méphitique ou fixe, et détruira sa qualité mortelle. Je dis plus, un semblable tuyau et un semblable moulinet, placés à l'extrémité de la même cave, maintiendront un courant d'air frais, et ce courant augmentera la fraîcheur de la cave. Cette proposition paroît contradictoire avec ce que j'ai dit plus haut relativement à l'équilibre qui tend toujours à s'établir entre l'air atmosphérique et celui de la cave. Dans ce premier cas, ces deux airs sont, pour ainsi dire, en stagnation, au lieu que, dans le second, c'est un courant d'air qui produit une évaporation, et cette évaporation augmente la fraîcheur : en voici un exemple. Personne ne peut nier que l'air de la chambre voisine ne soit à la même température que celui de la chambre où l'on se trouve, puisque toutes les portes de communication des deux chambres sont supposées ouvertes ; c'est donc le même air. Supposons actuellement ces portes fermées, et présentons une bougie allumée au trou de la serrure d'une des portes, ou à la base de ces portes, et nous verrons cette lumière s'allonger contre l'ouverture, ou en être repoussée, comme si l'air d'un soufflet médiocrement pressé agissoit sur la lumière. Voilà le courant d'air établi et démontré par l'expérience. Actuellement, voyons comment il occasionne de la fraîcheur. Présentons la main ou l'œil à ce trou, nous sentirons un courant d'air frais, quoiqu'il ne soit pas plus frais que l'air de la chambre : c'est que frappant sur la peau de la main ou des paupières, il occasionne plus rapidement l'évaporation de notre chaleur ; et quoique ce froid ne soit que relatif, il occasionne réellement un frais et un froid, comme s'il existoit véritablement. Il en est de même lorsqu'on prend un soufflet, et qu'on fait agir son souffle contre la peau ; on sent une fraîcheur bien marquée qui augmente l'évaporation de la chaleur de la partie sur laquelle on souffle. C'est ainsi qu'en frottant un bras, par exemple, avec de l'éther, et soufflant fortement avec un soufflet à deux ames sur ce bras, on parviendroit à le glacer. Il en est de même du froid lorsque l'air est vif, et que le vent souffle avec force ; il agit plus fortement sur nos corps ; le froid nous paroît plus âpre, plus vif que si l'intensité de ce froid étoit augmentée de cinq à six et même de dix degrés, sans courant d'air. Il en est de même pour les caves et pour les vaisseaux qui y sont renfermés. Si on parvient à y établir un courant d'air rapide, elles seront réellement plus froides qu'elles ne l'auroient été, même malgré la plus grande profondeur. On ne sera donc plus surpris de voir à Rome le vin se conserver parfaitement bien dans une cave peu profonde, creusée dans les débris d'une ancienne fabrique de poterie. Tous ces morceaux, mal joints les uns aux autres, laissent passage à l'air, et établissent un courant continuel qui entretient la fraîcheur, en augmentant l'évaporation. On obtiendra le même effet par la disposition de deux, trois ou quatre moulinets semblables à ceux dont on vient de parler, et ils seront très-avantageux aux caves trop peu profondes, et qu'on ne peut creuser.

Toutes ces précautions en général sont assez inutiles pour les pays élevés, comme Langres, Clermont, Riom, Limoges, etc. en un mot, pour les climats trop froids où la vigne ne peut point croître.

Il est rare que la chaleur de leur souterrain quelconque excède dix degrés, et l'intensité du froid n'y est pas assez forte pour que le vin en soit altéré, à moins qu'on ne prenne aucune précaution pour y fermer les portes, les soupiraux; de manière que la température de ces caves est toujours à-peu-près au dixième degré, qui est le terme convenable pour perpétuer la fermentation insensible. Les plus petits vins se conservent dans de pareilles caves, y acquièrent de la qualité; les bons vins y deviennent excellens, et se conservent tels pendant une longue suite d'années.

Avant de finir cet article, il me paroît intéressant de détruire un préjugé. On ne cesse de dire et de répéter que les caves sont fraîches en été et chaudes en hiver. Il n'en est rien : l'expérience prouve que la chaleur y est à peu-près la même dans les deux saisons. J'ai démontré que la meilleure cave étoit celle où la chaleur se maintenoit à dix degrés, et que plus elle s'éloignoit de cette température, moins la cave étoit bonne. Pour se convaincre de ce point de fait, il suffit d'y descendre un thermomètre, de l'y laisser, et l'on verra la vérité de ce que j'avance. Nous jugeons seulement relativement à nous : notre corps est exposé, en été, à la chaleur de l'atmosphère, qui est de vingt à vingt-cinq degrés, et la chaleur de notre sang augmente en raison de celle de l'atmosphère. Ainsi, lorsque nous entrons dans une cave, nous éprouvons un degré de fraîcheur, parce qu'elle n'est qu'à dix ou douze degrés. En hiver, au contraire, lorsque le froid de l'atmosphère est de douze à quinze degrés au-dessous de la glace, nous trouvons la cave chaude, puisqu'elle est à dix degrés au-dessus : mais, dans l'un et dans l'autre cas, ce n'est pas la température de la cave qui change, c'est notre manière de sentir qui est différente suivant les circonstances ; car la chaleur d'une bonne cave ne diffère, en ces deux saisons, que d'un à deux degrés.

III. *De la disposition de la cave.* Elle doit être pourvue de tous les outils nécessaires pour la conduite des vins, et d'endroits ménagés exprès afin d'éviter le chaos et la confusion. On a tort de faire en bois les chantiers sur lesquels reposent les tonneaux ; et encore plus de les faire ordinairement trop bas. Je dirois au grand propriétaire de vignobles, ou au gros négociant en vin : Faites ces chantiers en maçonnerie ; donnez-leur une épaisseur convenable, suivant l'espèce de vaisseaux dont vous vous servez ; enfin, élevez ces chantiers à la hauteur de trois pieds. 1°. Le tonneau ainsi élevé est plus éloigné de l'humidité du sol ; 2°. un plus grand courant d'air l'environne et le tient sec ; 3°. le tonneau ne craint pas le *coup de feu* ; 4°. ainsi placé, on n'a plus besoin de pompe, de siphon, de soufflet, etc. pour soutirer le vin d'un vaisseau dans un autre ; il suffit d'approcher la barique qu'on veut remplir, au-dessous de celle qui est sur le chantier, d'y placer la cannelle, et de laisser ler le vin ; ce qui simplifie singulièrement l'opération du tirage au clair.

IV. *Manière économique de construire les voûtes des caves sans pierres, briques, ni cintre en charpente, et qui coûtent les deux tiers moins que celles en pierre.* Cette méthode est mise en pratique dans quelques cantons de la Bresse et du Lyonnais. Il faut creuser les fondations jusqu'au solide, comme pour faire un mur. Si on veut dans la suite élever un mur au-dessus de ces caves, la tranchée doit être proportionnée à la masse de l'édifice. Pour une cave simple, faites une tranchée de trente pouces d'épaisseur, que l'on réduira à vingt-deux à l'endroit destiné à poser la naissance de la voûte, pour y établir une recoupe de huit pouces.

De la terre qui sortira des fondations, formez sur la superficie intérieure du terrain un cintre plus ou moins surbaissé ; c'est à votre choix : mais observez que le moins surbaissé est toujours le meilleur. Pour lui donner une forme et un niveau égal, posez sur chaque extrémité, et dans le milieu, des panneaux cintrés de planches, afin de pouvoir passer par-dessus une règle qui servira à égaliser la terre qui doit former le cintre de la voûte. Battez cette terre pour la rendre solide, et laissez les panneaux enterrés dans les places où ils auront été posés ; ils vous serviront toujours à retrouver le cintre dans le cas que les pluies eussent fait affaisser la terre nouvellement remuée.

Pour la porte et les jours de votre cave, placez dans les endroits convenables de petits panneaux sur les bords joignant les murs, en formant une lunette qui se termine en pointe du côté de la clef. On forme cette lunette en terre de la même manière et de la même forme que celle en bois employée dans la construction des voûtes en pierre.

Les matériaux pour la construction sont du *béton* ou *bléton*, qui est composé de chaux, de sable et de gravier. Il est important que le gravier et le sable ne soient point terreux : dans le cas où ils le seroient, exposez-les à une eau courante ; remuez-les, et l'eau entraînera la terre. La proportion est un tiers de chaux, un tiers de sable et un tiers de gravier.

On est le maître de construire en béton les murs de la cave : alors on remplit également avec ce béton les tranchées, et dans le même jour s'il est possible. Ces tranchées une fois remplies, on les couvrira de terre, et on les laissera s'affermir pendant une année entière.

La seconde année on les découvrira, et on travaillera au cintre de la voûte. Alors on commence à poser avec la truelle le béton, lit par lit, de neuf à dix pouces d'épaisseur, en observant de le poser en pente, comme on feroit pour la maçonnerie en pierre. Il n'est pas inutile d'y larder des cailloux, des morceaux de pierre ou de brique. On pose le béton des deux côtés pour le monter également jusqu'à la clef, que l'on mettra en posant des cailloux ou pierres dans le béton, et en les frappant avec la tête du marteau. Le tout sera recouvert de six pouces de terre, et on le laissera reposer encore pendant deux années. Si on veut économiser sur la main-d'œuvre, en employant, il est vrai, un peu plus de chaux, de sable et de gravier, on pourra élever perpendiculairement la terre sur les côtés de la voûte, à la hauteur qu'elle doit avoir, et remplir le tout, comme il a été dit ci-dessus, et recouvrir de terre.

Après la seconde année, on sera assuré que le béton aura acquis toute la consistance nécessaire; qu'il se sera cristallisé en une seule et unique masse; enfin, que les murs et la voûte ne formeront qu'une même masse. Les planches qui figuroient l'ouverture de la voûte seront défaites, et on enlèvera par cet endroit tout le terrein qui a servi de noyau et de charpente pour les murs et pour la voûte.

Si le sol d'une pareille cave avoit été dans le tems recouvert de béton, on seroit assuré qu'elle tiendroit l'eau comme un vase, et que jamais l'eau extérieure ne la pénètreroit ; ce qui est de la première importance pour les caves bâties près des rivières, près des latrines, près des puits, etc. Plus le béton vieillira, plus il acquerra de force et de consistance ; et sa dureté deviendra telle, que, dans moins de dix ans, les instrumens de fer n'auront aucune prise sur lui.

PRODUITS SECONDAIRES DU VIN.

DE L'EAU-DE-VIE.

L'EAU-DE-VIE est le produit spiritueux de la liqueur vineuse; elle s'obtient par la distillation. Les instrumens qui servent à cette fabrication sont les *alambics* et les *fourneaux*; les bâtimens qui y sont employés portent le nom de *brûleries*. Nous traiterons donc successivement des alambics et vaisseaux distillatoires, des brûleries, de la pratique de la distillation, et des moyens de connoître la spirituosité de l'eau-de-vie à l'aide de l'aréomètre.

SECTION PREMIÈRE.

Des Alambics et Vaisseaux distillatoires.

L'ALAMBIC est un vaisseau destiné à extraire tout le spiritueux contenu dans le fluide vineux.

Il en est de plusieurs espèces, suivant l'usage auquel on les destine. Les uns sont en cuivre, les autres en verre, et d'autres en grès. Les uns sont chauffés avec le bois, les autres avec du charbon fossile. MM. *Baumé* et *Moline* en ont inventé qui sont également chauffés par le moyen du bois et du charbon. Il en est enfin qui ne servent qu'à la distillation des esprits et des lies.

ARTICLE PREMIER.

Des Alambics ordinaires, chauffés avec le bois.

La gravure (*pl. V.*) représente une brûlerie garnie de toutes les pièces utiles à la distillation.

On doit distinguer quatre parties dans un alambic ; la *chaudière*, le *chapeau* ou *chapiteau*, le *bec du chapiteau*, et le *serpentin*.

1°. La *chaudière* ou *cucurbite* (mot tiré du latin *cucurbita*, qui veut dire *courge*, à cause de sa ressemblance avec ce fruit,) varie pour sa grandeur suivant les différens pays ; sa forme est aujourd'hui à-peu-près par-tout la même. C'est la chaudière montée sur son fourneau B. On voit, n°. 4, sa coupe intérieure et celle de son fourneau. La chaudière est un cône tronqué, d'environ vingt-un pouces de hauteur perpendiculaire, dont le diamètre du cercle de la base a deux pieds six pouces de longueur. Son fond est une platine avec un rebord de trois pouces environ, cloué tout autour du cône avec des clous de cuivre, rivés. Cette platine a environ une ligne d'épaisseur, et est légèrement inclinée, pour vider avec plus de facilité, du côté du *dégorgeoir* ou *déchargeoir* 18, ce qui reste dans la chaudière après la distillation. Ce déchargeoir a un cylindre plus ou moins long, suivant l'épaisseur du mur qu'il doit traverser, sur-tout si la vinasse est directement conduite hors de la brûlerie; un pied de longueur suffit, s'il ne doit traverser que le mur du fourneau. Presque au haut de la chaudière, sont placées trois ou quatre anses de cuivre, n°. 5, clouées avec des clous de cuivre, rivés contre la cucurbite, et leurs parties saillantes sont noyées dans la maçonnerie du fourneau. Ces anses supportent la cucurbite, et c'est par ces seuls points que la partie inférieure de la cucurbite touche aux parois du fourneau; de sorte que la chaleur est censée circuler tout autour de cette partie : au-dessus des anses et jusqu'au haut de la chaudière, la maçonnerie l'emboîte exactement. La partie supérieure de la cucurbite se rétrécit par un cou ou collet, n°. 6, cloué et rivé comme on l'a dit, dont l'ouverture est réduite à un pied de diamètre : la partie supérieure du collet forme une espèce de talon renversé, et l'inférieure est inclinée parallèlement aux côtés du chapiteau, pour lui servir d'emboîture, sur deux pouces de hauteur. La hauteur totale du cou est ordinairement de six à sept pouces, et les feuilles de cuivre qui le forment sont communément plus épaisses que le reste de la cucurbite; c'est la partie qui fatigue le plus.

2°. Du *chapiteau* D et n°. 7. Son ouverture est à-peu-près égale à celle du cou de la cucurbite, afin d'y être adapté et luté le plus exactement qu'il est possible. On recouvre encore le point de leur réunion avec de la cendre mouillée ou non mouillée; toutes deux sont des cribles par où s'évapore l'esprit ardent : il vaudroit mieux l'envelopper avec des bandes de toile imbibées par des blancs d'œufs, dans lesquels on a mêlé de la chaux en poudre, et non éteinte; ce dernier lut empêche bien plus complètement que la cendre l'évaporation de l'esprit ardent : enfin, la troisième manière, c'est avec des bandes de vessie mouillées et molles, que l'on fixe avec de la filasse, des ficelles, etc. La terre grasse ne vaut pas mieux que les cendres; la chaleur la dessèche et la fait crevasser; cependant, si le collet est mal fait, s'il est bossué, en un mot, si le chapiteau et le collet ne se joignent pas exactement ensemble, on peut et on doit presser de la terre grasse, sèche et en poudre, dans les vides, la bien serrer, enfin la recouvrir avec la vessie ou avec les bandes de
toile

toile à la chaux et aux blancs d'œufs. Le diamètre de la partie supérieure du chapiteau est environ de dix-sept pouces; sa hauteur totale d'un pied, non compris le bombement de la calotte, qui est environ de deux pouces. Dans quelques pays, sa forme imite davantage celle d'une poire renversée; *voyez* n°. 19: il est sans gouttière, intérieurement comme extérieurement; son bec ou sa queue E et n°. 8 a vingt-six pouces de longueur, trois pouces et demi à quatre pouces de diamètre près du chapiteau, quatorze à quinze lignes à son extrémité, c'est-à-dire dans l'endroit où ce bec se réunit avec le serpentin, n°. 9, renfermé dans le tonneau ou pipe F. La pente de ce bec est d'environ huit pouces sur toute sa longueur: il est cloué à la tête du chapiteau, et il est soudé avec lui par un mélange d'étain et de zinc. Cette composition s'appelle *la charge du chapiteau.*

Il y a un vice radical dans la construction de ce bec, qui s'oppose singulièrement à la rapidité de la distillation : il faudroit que son diamètre égalât presque celui du chapiteau, qu'il diminuât insensiblement jusqu'à sa réunion avec le serpentin, et que le diamètre de l'intérieur du serpentin fût plus considérable, et proportionné à celui du bec; enfin, que la diminution fût progressive, au moins jusqu'au commencement du quatrième tour du serpentin.

TOME II. B b

3°. *Du serpentin*, n°. 9. Il est représenté ici hors de son tonneau ou pipe F; il est formé de cinq cercles inclinés les uns sur les autres, suivant une pente uniforme distribuée dans toute la hauteur, qui est de trois pieds et demi. Le bec E et n°. 8 du chapiteau s'insinue exactement, à la profondeur de quatre pouces, dans l'ouverture, n°. 19, du serpentin. Cet instrument est construit de feuilles de cuivre battu, soudées ensemble avec une soudure forte : on observe de diminuer proportionnellement l'ouverture des tuyaux d'environ deux lignes à chaque révolution, de manière que l'ouverture inférieure soit à-peu-près moitié plus petite que la supérieure. La prolongation du serpentin, ou plutôt sa spirale, est maintenue par trois montans assez minces n°. 20 : ces montans sont en fer battu, armés d'anneaux par où passent les révolutions du serpentin; ils les fixent et leur servent de support dans cette partie. L'extrémité inférieure du serpentin sort à la base de la pipe F, dans l'endroit marqué H et n°. 10 : là, il rencontre un petit entonnoir dont la queue est plongée dans le bassiot K et n°. 11. Ce vaisseau sert à recevoir l'eau-de-vie qui coule par le serpentin.

Dans certaines provinces, le serpentin et la pipe ont beaucoup plus de hauteur, et par-tout il est trop étroit à son orifice et dans sa dégradation. Le tonneau ou pipe sert à recevoir et contenir l'eau qui doit rafraîchir le serpentin pendant la distillation.

Toutes les pièces qui concourent à la formation complète de l'alambic se vendent au poids, et le prix, à-peu-près général, est de 40 à 45 s. la livre, le cuivre tout ouvré. On est trompé par les ouvriers, lorsque l'on n'est pas au fait; ils vendent toutes les parties avec leurs agrès; ils pèsent le chapiteau avec sa charge, le serpentin avec les montans, etc. : ces articles doivent être payés à part.

Dans quelques provinces, on étame tout le chapiteau, et il ne l'est point dans d'autres : non seulement le chapiteau devroit l'être, mais encore la chaudière et son serpentin. L'acide de l'esprit ardent corrode le cuivre, forme du vert-de-gris, et ce poison se mêle avec la liqueur. Les inspecteurs ne reçoivent pas cette eau-de-vie, et disent qu'elle a *un goût de chaudière*. Mais combien d'eau-de-vie ne consomme-t-on pas dans la France, qui ne passe pas sous les yeux de l'inspecteur! Au contraire; on conserve celle-là pour le débit intérieur, et on n'envoie à l'étranger que l'eau-de-vie au titre et sans mauvais goût. Il suffit d'entrer dans une brûlerie, d'examiner les ustensiles de cuivre, pour voir le vert-de-gris en masse. L'acide est si fort, qu'il crible les chapiteaux, et de la cendre mouillée bouche les trous pendant la distillation. Si l'alambic n'a pas servi depuis long-tems, l'ouvrier, toujours négligent, se contente de passer un peu d'eau, de frotter les parois avec des bouchons de paille, comme si cette simple opération détruisoit tout le vert-de-gris. La négligence est portée si loin, que j'ai vu le filet d'eau-de-vie couler entre deux dépôts considérables de vert-de-gris. Le reproche que je fais ne s'adresse pas à une seule province, mais à celles d'Aunis, de Saintonge, d'Angoumois, de Languedoc, de Provence, etc. Le gouvernement avoit établi des charges d'inspecteurs des eaux-de-vie qui sortoient de France, afin qu'on n'expédiât que des eaux-de-vie au titre; il veilloit ainsi à la sûreté du commerce, et empêchoit les suites de la mauvaise foi de quelques commerçans. Ne seroit-il pas digne de sa vigilance et de ses soins de créer des inspecteurs des brûleries, qui condamneroient à des amendes, ou feroient briser les chaudières, les chapiteaux, etc. non étamés? Les ustensiles en cuivre ont été défendus à Paris, soit pour les balances, soit pour les pots au lait, etc.; et on laisse subsister dans toute la France des instrumens où se forme journellement du vert-de-gris!

Si l'étain employé dans les soudures étoit pur et sans mélange de plomb, cet étamage seroit encore insuffisant; avec le plomb il seroit complètement inutile, parce que l'acide l'auroit bientôt corrodé et réduit en chaux tout aussi dangereuse que le vert-de-gris. Le seul étamage qui convienne, est le zinc; il ne reviendroit pas plus cher, dureroit infiniment plus, et sur-tout, il ne seroit pas dangereux pour la santé.

Article II.

Description de l'Alambic ordinaire, chauffé avec le charbon fossile.

Charbon fossile, *charbon de pierre*, *charbon de terre*, *houille*, sont des mots synonymes. Nous les rapportons ici tous les quatre, parce qu'ils sont en usage chacun dans des provinces différentes; de sorte qu'il pourroit arriver que, dans quelques endroits, on ne comprît pas ce que veut dire l'une ou l'autre dénomination.

C'est à M. *Ricard*, négociant de la ville de Cette, et possesseur d'une superbe brûlerie, que l'on doit l'usage du charbon fossile pour la distillation des vins. Personne, avant lui, n'avoit songé en France à employer ce minéral, que l'on pourroit encore suppléer par la tourbe, dans les provinces où le bois est rare, et qui ne peuvent aisément se procurer du charbon fossile.

La nécessité fut toujours la mère de l'industrie, et l'industrie celle de l'économie. La cherté du bois dans le Bas-Languedoc, où il coûte communément 18 à 20 sous le quintal, même vert, que

que le quintal de cette province n'équivaille qu'à 80 livres, poids de marc, l'engagea, en 1775, à construire des fourneaux inconnus avant lui dans le pays. Dès qu'il les eut portés au point de perfection qu'il désiroit, il publia le plan de son fourneau. Son exemple a été suivi complètement à Cette; et commence à l'être dans le reste de la province, où l'on peut se procurer du charbon à un prix plus modéré que celui du bois. Il est résulté des différens procès-verbaux dressés dans la brûlerie de M. *Ricard*, que, pour fabriquer la même quantité d'eau-de-vie, il falloit au moins une double quantité de bois que de houille; d'où il résulte qu'en se servant de charbon de terre, il y a une véritable économie; d'ailleurs, il faut moins de magasins ou hangars pour loger ce combustible, et on économise les frais de la main-d'œuvre, pour couper le bois de longueur, le fendre, le refendre, etc.

L'alambic chauffé au bois, ou au charbon de terre, ou à la tourbe, conserve la même forme. Est-elle la meilleure? C'est ce que l'on examinera bientôt.

Description du fourneau au charbon de terre de M. Ricard.

Planche V bis., fig. 1. Elévation du fourneau. A. Ouverture du cendrier. Sa largeur est de neuf pouces, et la hauteur du sol à la grille est de dix pouces. La profondeur est la même que la longueur de la grille.

B. Porte du foyer, de même largeur et hauteur que l'ouverture du cendrier.

La distance entre le fond de la chaudière, qui répond aux points C, C, C, et la grille, est de neuf pouces.

Figure 2. Intérieur du fourneau, dont on a ôté la chaudière; et vu à vol d'oiseau.

D. D. Grille. Sa largeur est de dix pouces, sur un pied dix pouces de longueur.

E. E. Diamètre du foyer, deux pieds dix pouces. L'échelle de six pieds qui accompagne ces deux figures donnera les proportions du total du fourneau et de sa coupe.

La chaudière ne doit avoir que deux pieds huit pouces de diamètre dans sa plus grande circonférence, pour laisser un vide de deux pouces entre celle-ci et la maçonnerie. Ce vide se trouve couvert par les bords de la chaudière qui portent sur la maçonnerie.

L'auteur conseille de pratiquer à ces fourneaux un tuyau de cheminée, qui doit commencer à la hauteur des anses de la chaudière, vis-à-vis la porte du foyer, et en forme de pyramide renversée, ayant trois pouces et demi en carré à sa naissance, et six pouces dans le haut. On conduira ce tuyau dans les cheminées qui servent aux fourneaux ordinaires.

En louant le zèle de M. *Ricard*, en lui rendant hommage comme au bienfaiteur de sa province, on doit remarquer cependant qu'il n'a pas tiré tout le profit convenable de la chaleur : que la porte du fourneau, ainsi que dans tous les fourneaux ordinaires, soit au bois, soit autrement, est trop rapprochée de la bouche de la cheminée, et par conséquent la chaleur ne séjourne pas assez sous la chaudière, et gagne trop vite la gaîne de la cheminée. On croit communément que la flamme lèche toute la chaudière ; c'est pourquoi on laisse un vide entre elle et la maçonnerie. Si on enlève la chaudière de dessus son fourneau, après qu'elle aura servi à la distillation pendant quelque tems, on verra tout autour, excepté du côté de la cheminée, une espèce de suie, de poussière grisâtre et très-fine. Or, si la flamme avoit parcouru tout l'espace vide, certainement on n'y trouveroit ni suie ni poussière. Il est clairement et démonstrativement prouvé que la flamme et la chaleur suivent le courant d'air ; par conséquent, la flamme et la chaleur qui arrivent dans la cheminée, y arrivent en pure perte pour la chaudière. En effet, qu'est-ce qu'un espace de trois à quatre pieds pour la flamme d'une masse de bois embrasé qui peut parcourir une distance de plus de vingt pieds, comme on le voit tous les jours dans les fourneaux des distillateurs d'eau-forte, d'acide vitriolique, etc.? On y met le feu par un bout, et la flamme sort par la cheminée placée à l'autre bout, éloigné du premier de dix à vingt pieds.

Il seroit donc plus avantageux pour tous les fourneaux consacrés à la distillation des vins, de ménager tout autour de la chaudière un tuyau tracé en spirale comme le serpentin, et par ce moyen de conserver plus long-tems la flamme et la chaleur autour de la chaudière. Rien n'est plus aisé à pratiquer. Faites soutenir la chaudière à la hauteur qu'elle doit être; laissez tout le bas nu; et dans la partie opposée à la porte du fourneau, commencez le tuyau sur huit pouces de hauteur et sur six de largeur; faites-le tourner tout autour de la chaudière jusqu'à la cheminée; des briques longues suffisent pour former ce tuyau. Il est évident que, par ce moyen, la flamme lèchera complètement toute la chaudière, à l'exception de la partie de la brique couchée sur son plat qui touchera directement la chaudière. Ainsi, en supposant que le tuyau ne fasse que trois tours autour de la chaudière, en partant depuis le foyer jusqu'à la cheminée, vous aurez au moins trente à trente-six pieds de tuyau, dont la flamme s'appliquera directement contre la chaudière, tandis que, dans la manière ordinaire, il n'y a pas plus de trois ou quatre pieds de contact immédiat. L'expérience est facile à faire, peu coûteuse, et on se convaincra combien, par cette manipulation, on économisera de bois ou de charbon.

ARTICLE III.

De quelques alambics nouveaux pour leur forme, proposés par différens auteurs.

La Société libre d'Emulation pour l'encouragement des arts, métiers et inventions utiles, établie à Paris, proposa, au mois de juin 1777, pour sujet d'un prix, la question suivante : *Quelle est la forme la plus avantageuse pour la construction des fourneaux, des alambics, et de tous les instrumens qui servent à la distillation des vins dans les grandes brûleries ?* Deux mémoires furent distingués de tous les autres envoyés au concours; le premier, de M. *Baumé*, de l'académie royale des sciences, eut le prix de 1200 livres; et le second, de M. *Moline*, celui de 600 livres. Ces deux mémoires offrent des idées neuves, et quelques unes utiles : il convient de les apprécier.

Article IV.

Des alambics et des fourneaux proposés par M. Baumé, et chauffés soit avec du bois, soit avec du charbon.

Le premier alambic proposé par M. *Baumé* est une baignoire, *fig. 3, pl. V bis*: elle a douze pieds de long sur quatre pieds de large, et à-peu-près deux pieds et demi de hauteur. On la fait moins profonde d'un pouce du côté A, afin qu'étant en place il y ait une pente du côté de la vidange B.

A la partie la plus profonde, et du côté de la porte du fourneau, on pratique une douille B, de deux pouces de diamètre, qui traverse l'épaisseur du fourneau : au moyen de la pente qu'on a donnée au fond de la chaudière et de la douille, on peut vider ce vaisseau commodément lorsque cela est nécessaire.

En adaptant un chapiteau sur cette chaudière, on complète l'alambic. Mais comme j'en propose trois différens par leur forme, dit M. *Baumé*, on pourra choisir celui que l'on voudra. Au moyen de ces trois chapiteaux, il résulte trois alambics de même forme, qui ne diffèrent que par cette pièce seulement.

Le premier chapiteau, *figures* 4 *et* 6, s'adapte sur la chaudière en forme de baignoire, *figure* 3: on y soude exactement un couvercle de même étendue, percé de dix trous, ou d'un plus grand nombre, si on veut; il doit être d'un cuivre un peu fort et un peu bombé: chaque ouverture doit avoir quinze à seize pouces de diamètre, surmontée du collet, *figure* 5, de trois à quatre pouces de hauteur, et soudé très-exactement sur les ouvertures du couvercle. Chacun des collets doit être terminé par un couvercle de cuivre tourné, de six lignes d'épaisseur, et soudé en étain. Ils sont destinés à donner plus d'épaisseur à l'extrémité des collets, et faciliter la jonction des chapiteaux. Sur le devant du couvercle en C, *figure* 4, on soude une virole tournée, d'un ou deux pouces de hauteur, et de deux pouces de diamètre. C'est par cette ouverture qu'on introduit la liqueur dans la chaudière ; par ce moyen, on n'a pas la peine de déluter les chapiteaux chaque fois que l'on veut charger la chaudière. Il est essentiel que cette virole soit tournée, afin qu'on puisse la boucher commodément avec du liège.

Sur chacun des collets du couvercle de la chaudière on adapte un chapiteau d'alambic ordinaire, de forme conique, et d'environ quinze pouces de hauteur, *figure* 7, jusqu'au niveau de la gouttière qui est dans l'intérieur ; la gouttière doit avoir deux pouces de large, sur autant de profondeur. En E, on attache également un cercle de cuivre tourné et soudé en étain, qui doit joindre très-exactement sur celui des collets. A ce chapiteau on pratique une tuyère D au niveau de la gouttière intérieure, et assez longue pour dépasser le fourneau d'environ six pouces : elle doit avoir quatre ou cinq pouces de diamètre vers le chapiteau, et aller en diminuant jusqu'à deux pouces près de l'extrémité D. C'est cette partie qu'on nomme *queue* ou *bec du chapiteau*.

Le second genre de chapiteau, proposé par M. *Baumé*, toujours pour l'alambic-baignoire, diffère du précédent, en ce qu'il a seulement trois ouvertures ; et sur ces ouvertures on adapte des chapiteaux à deux becs, *figure* 8, qui font les fonctions alors de six chapiteaux.

La platine, *figure* 7, qui doit couvrir la chaudière, doit être d'un cuivre un peu plus fort que la chaudière elle-même ; elle doit être un peu voûtée, pour augmenter sa force, et on la soude exactement sur la chaudière.

Chaque ouverture doit être garnie d'un collet *figure* 9, de trois à quatre pouces de hauteur, et terminé également par un cercle de cuivre tourné, comme ceux du couvercle précédent. Les ouvertures ont environ deux pouces et demi de diamètre : on pourroit les faire plus larges si l'on vouloit ; mais les cercles seroient difficiles à tourner, et pourroient perdre leur forme avant d'être attachés.

On pratique en F, *figure* 7, une douille en cuivre, tournée, de deux pouces de diamètre, et environ d'une égale hauteur ; c'est par cette ouverture que l'on remplit la chaudière sans déluter le chapiteau.

Chaque chapiteau a deux becs, *figure* 8, et doit également être garni, en G, d'un collet de cuivre tourné, comme ceux des chapiteaux précédens. La partie inférieure H s'emboîte comme un étui dans l'intérieur du collet, *figure* 9.

Néanmoins, continue M. *Baumé*, comme l'écoulement de la vapeur qui s'élève de la chaudière se fait en raison des ouvertures qu'on lui présente, je pense que cette seconde construction seroit un peu moins avantageuse pour la distillation, en ce que les trois ouvertures présentent moins de surface, pour donner passage aux vapeurs, que dans le chapiteau n°. 4. Cet alambic présente deux mille cinq cent quatre-vingt-douze lignes d'ouverture aux vapeurs, et celui-ci n'en présente que deux mille cent quatre-vingt-deux de surface ouverte. Cette construction seroit seulement moins dispendieuse, en ce qu'elle diminue le nombre des chapiteaux et des serpentins. Au lieu de faire les chapiteaux ronds, on pourroit les faire ovales, et de toute l'étendue de la largeur du couvercle de la chaudière, avec deux becs à chacun; ils deviendroient aussi avantageux que les deux rangées de chapiteaux dans la construction de l'alambic, *figure* 4. La forme ovale est un obstacle considérable; tout ce qui s'écarte de la forme ronde est impraticable aux chaudronniers.

Le troisième genre de chapiteau pour l'alambic-baignoire, *fig.* 10, a quatre becs I,I,I,I. Les couvercles des deux premiers alambics, dit M. *Baumé*, ont l'inconvénient de présenter aux vapeurs qui s'élèvent de la chaudière beaucoup de parties pleines entre les chapiteaux qui retardent les vapeurs dans leur marche pour enfiler le canal de la distillation; c'est pour remédier à cet inconvénient, que je propose un seul chapiteau de même ouverture que celle de la chaudière, et dans l'intérieur duquel rien ne s'oppose à l'ascension des vapeurs.

L'intérieur de ce chapiteau contient une gouttière de deux pouces de large et autant de profondeur, ayant une pente vers les becs, pour conduire la portion de liqueur qui se condense. Ce chapiteau doit être amovible; la partie qui doit reposer sur la chaudière sera garnie en K, *fig.* 11, qui est le même chapiteau vu de profil, d'un cercle de cuivre bien dressé, d'environ neuf lignes carrées, sans aucune moulure.

Les bords de la chaudière de cet alambic doivent être aussi garnis d'un semblable cercle sans moulures, pour que les deux pièces s'emboîtent l'une dans l'autre, et que les deux cercles joignent très-exactement l'un sur l'autre. Les quatre becs du chapiteau, *fig.* 10 *et* 11, doivent avoir chacun six pouces de diamètre en L, et se terminer à deux pouces par l'extrémité, pour entrer dans quatre serpentins de deux pouces de diamètre chacun dans toute leur étendue.

A la partie supérieure du chapiteau M., *fig.* 10 *et* 11, on pratique une douille de cuivre tournée, de deux pouces de diamètre, par laquelle on introduit dans l'alambic la liqueur à distiller. On se sert pour cela d'un entonnoir qui a un tuyau assez long pour descendre de quelques pouces au-dessous de la gouttière, afin qu'en chargeant l'alambic il n'entre rien dans la gouttière.

La construction des trois alambics proposés par M. *Baumé*, est très-coûteuse, soit à cause des masses de cuivre qu'il faut tourner, soit par rapport à la difficulté de trouver des chaudronniers assez industrieux pour donner la forme prescrite à chaque pièce. M. *Baumé* convient qu'il a eu les plus grandes peines pour les faire exécuter sous ses yeux, et même dans la capitale du royaume, où l'on trouve les artistes les plus instruits et les plus exercés. A quelle dure extrémité ne seroit-
on

on pas réduit dans les provinces ! il faudroit donc ou faire venir les ouvriers, ou tirer les alambics tout construits. Certes, les frais de voiture, les douanes de Lyon, de Valence, les péages, les huit sous pour livre, l'entrée des provinces réputées étrangères, etc. augmenteroient excessivement leur prix. Cependant, si, en dépensant beaucoup d'argent, on étoit assuré de la réussite dans les opérations, on ne regarderoit pas de si près au sacrifice.

Le premier et le second alambics ne peuvent être comparés au troisième. L'expérience prouve que plusieurs ouvertures ou becs, pratiqués dans un chapiteau, se nuisent mutuellement, et que le courant des vapeurs passe irrégulièrement, tantôt plus ou tantôt moins par un bec que par un autre ; enfin, que les uns fournissent constamment beaucoup, et les autres donnent très-peu.

Le troisième seroit le moins défectueux. D'après les proportions données par M. *Baumé*, on en a construit un semblable ; mais, soit défaut dans la construction, soit à cause des quatre becs, il n'a pas répondu à l'attente ; enfin on en a abandonné l'usage.

Une pièce assez inutile dans ces trois alambics est la gouttière indiquée pour l'intérieur des trois chapiteaux. Les vapeurs ne se condensent point dans les chapiteaux de la forme prescrite ; il suffit, lorsque la chaudière est en train, de porter la main sur un chapiteau, et on se convaincra facilement, en le touchant, que la chaleur du cuivre est trop forte pour permettre la condensation: on ne tiendroit pas la main sur ce chapiteau pendant une seconde. Si le chapiteau étoit recouvert par un réfrigérant, la gouttière seroit utile et même nécessaire. La fraîcheur de l'eau, ou l'inégalité marquée de chaleur de l'eau et du cuivre, fait condenser la vapeur, la réduit en eau, et cette eau coule dans le serpentin. Dans les trois premiers, la vapeur ne se condense que dans le serpentin.

Quoique l'évaporation ne s'exécute que sur la surface de la liqueur, cependant ce n'est pas le plus ou moins grand nombre d'ouvertures pratiquées sur la platine des deux premiers chapiteaux présentés par M. *Baumé*, qui favorise spécialement l'élévation des vapeurs, puisque, dans les chaudières ordinaires, la vapeur monte très-bien dans le chapiteau. Elle y monteroit mieux, il est vrai, si le collet étoit plus large, et sur-tout si le bec du chapiteau étoit presque aussi large que lui. Ce seroit encore mieux, comme nous l'avons déjà fait observer, si l'ouverture supérieure avoit la même largeur que le bec, et si cette largeur alloit toujours en diminuant dans la pipe, proportion gardée avec le nombre des spirales; parce que c'est dans la pipe, et non dans le chapiteau, que s'exécute véritablement la condensation des vapeurs par le secours de l'eau.

il faut revenir, en partie, à la forme ordinaire des alambics, donner à la cucurbite plus de largeur, moins de profondeur; élargir le collet, le bec du serpentin, et son diamètre dans la partie plongée dans la pipe. A cet effet, on doit donner plus de hauteur à la pipe, et tenir les spirales en raison de cette hauteur.

L'alambic de M. *Baumé* suppose un fourneau convenable, soit pour le chauffer au bois, soit avec le charbon de terre. Voici les proportions qu'il donne à ce fourneau.

Du fourneau au bois. (Voyez *pl. VI*). La *fig.* 1 représente le plan intérieur jusqu'au dessus de la porte du fourneau, avec les barres de fer qui doivent supporter la chaudière. La *fig.* 2 représente l'intérieur de la partie supérieure du fourneau. La *fig.* 3 représente l'élévation du fourneau vu de face.

Lorsque l'aire du fourneau est élevée, d'abord en moellon, et ensuite en briques, à la hauteur qu'on juge à propos, ordinairement à un pied au-dessus du terrein A, *fig.* 3, on élève tout autour des murs en briques, de douze pouces de hauteur et d'un pied d'épaisseur, en observant de pratiquer au-devant une porte de douze à treize pouces carrée, garnie d'un bon châssis de fer, ayant deux gonds et un mentonnet pour recevoir une porte de forte tôle, garnie de deux pentures et d'un loqueteau. A mesure qu'on élève le fourneau, on scelle ce châssis, qui doit avoir quatre grandes griffes aux quatre angles, pour être scellé solidement dans la maçonnerie.

On observe pareillement en B, *fig.* 1, de commencer la cheminée de toute la largeur du fourneau ; on la fait en glacis, à commencer à quatre pouces au-dessus de l'aire du fourneau.

Lorsque les murs parallèles sont élevés, on pose sur le milieu deux barres de fer plat de chaque côté, dans leur longueur CC, DD, *fig.* 1. Ces barres de fer plat sont destinées à supporter les dix barres de fer qui traversent le fourneau, et sur lesquelles doit poser la chaudière. Ces dernières doivent avoir deux pouces d'équarrissage, afin qu'elles puissent supporter tout le poids de la chaudière. On en met un nombre suffisant pour les espacer de pied en pied, ou environ. Les bandes de fer plat posées sur la maçonnerie, et sur lesquelles posent les traverses, servent à empêcher que le poids de la chaudière ne soit supporté sur la maçonnerie par un plus grand nombre de points : sans cette précaution, le fourneau seroit sujet à se tasser dans les endroits où reposent les barres de fer ; l'à-plomb et le niveau de la chaudière se dérangeroient. Au moyen de cette disposition, il doit rester douze pouces de hauteur, depuis l'aire du fourneau jusqu'au-dessous des barres, et quatorze pouces de hauteur, depuis la même aire jusqu'au fond de la chaudière, parce que les barres de fer doivent avoir deux pouces d'équarrissage: ainsi, le foyer doit avoir quatorze pouces de hauteur, si le fourneau est destiné à brûler du bois; si on lui en donne davantage, on perd de la chaleur inutilement; si on lui en donne moins, le fond de la chaudière se remplit de suie, et le fourneau est fort sujet à fumer.

Ce fourneau n'a pas besoin de grille; une grille affame le feu, en laissant passer la braise en pure perte, à mesure qu'elle se forme, et elle met dans le cas de consommer beaucoup plus de bois.

Lorsque ce fourneau est élevé à cette hauteur, et que les barres de fer sont posées, on place la chaudière, en ayant l'attention de partager également, et tout autour, l'espace ou vide qui doit régner entre les parois de la chaudière et celles du fourneau; ensuite, on continue d'élever le fourneau jusque vers la moitié de la hauteur de la chaudière, en laissant le même vide; alors on élève encore deux rangées de briques tout autour de la chaudière; et on les applique contre ses parois; enfin, ce sont ces deux derniers lits de briques qui ferment et terminent la hauteur du fourneau.

En construisant le fourneau, on observe de continuer la cheminée. Cette continuation est représentée en B, *fig.* 2, qui est supposée s'adapter sur la *fig.* 1.

La prolongation de la cheminée au-dessus du fourneau est représentée en L, *fig.* 3. La trop grande capacité de la cheminée ne doit pas donner de l'inquiétude, parce qu'on empêche le tirage trop fort par une tirette K, *fig.* 3, qu'on pratique dans l'intérieur de la cheminée, à un pied ou un pied et demi au-dessus du fourneau. Cette tirette est formée par un châssis de fer à coulisse qu'on place dans l'intérieur de la cheminée, en la construisant, et d'une plaque de tôle qui glisse dans ce châssis, pour boucher la totalité ou une partie de la capacité de la cheminée ; ainsi, on règle le feu à volonté. On observe l'instant où la fumée cesse de sortir par la porte du fourneau ; et celui où le courant d'air l'empêche de refluer fait la juste proportion de l'ouverture qu'il convient de donner au passage de la fumée.

La *fig.* 4 représente l'alambic complet dans son fourneau. On voit, par les lignes ponctuées A, B, jusqu'où descend la chaudière dans le fourneau.

C est la tirette pour régler le feu ; A est la tuyère par laquelle on vide la chaudière.

D D sont les becs du chapiteau ; E est le tuyau par où l'on remplit l'alambic ; F la porte du fourneau.

M. *Baumé* offre encore le modèle d'un autre fourneau propre à brûler du bois. (Voyez *planche VII*, *figure* 1.) Il est rond dans son intérieur, parce qu'il est destiné à recevoir une chaudière ronde. Il est construit sur les mêmes principes et dans la même proportion que le premier fourneau. Il règne autour de la chaudière un espace vide de deux pouces; le foyer a également quatorze pouces de hauteur. Ce que l'on a dit suffit pour faire connoître le mécanisme de celui-ci.

Du fourneau au charbon de terre. (Voyez *pl. VI*, *fig*. 5.) Elle représente la première partie du fourneau dont on va donner la description.

La *fig*. 6 représente la même élévation de ce fourneau, jusqu'à la hauteur des barres qui supportent la chaudière.

Sur un massif bien solide, on commence par former une aire en briques, qu'on élève à la hauteur qu'on veut : nous la supposons de quatre pouces au-dessus du terrein. Sur cette aire on élève deux massifs A, B, d'un pied de hauteur, et de deux pieds et demi de large chacun, et de toute la longueur du fourneau qu'on suppose avoir seize pieds de long. Il reste par conséquent un vide dans le milieu, d'un pied de large, et d'un pied de hauteur en C; c'est ce vide qui forme le cendrier. On peut, si l'on veut, lui donner plus de hauteur ; le fourneau en chauffera davantage :

mais celle que l'on propose suffit, parce qu'on n'a pas besoin d'un feu de verrerie.

En construisant ce fourneau, on scelle au-devant du cendrier un châssis carré de fer, garni de deux gonds et d'un loqueteau, pour recevoir une porte de tôle, afin de boucher à volonté le cendrier du fourneau.

Lorsque le fourneau est élevé à cette hauteur, on pose au-dessus du cendrier des barreaux de fer en travers, d'un pouce d'équarrissage et de deux pieds de long, afin qu'il y ait au moins six pouces de chaque côté renfermés dans les briques; ce sont ces barreaux qui forment la grille. On les espace d'environ sept à huit lignes les uns des autres; et on peut, si l'on veut, les poser en diagonale, afin que la cendre puisse mieux passer au travers. Dans ce cas, il faut applatir les bouts qui posent sur les briques; sans cette précaution, il seroit difficile de les arranger solidement. Cette grille est représentée dans la *fig.* 5, *pl.* X, sur une longueur de douze pieds, qui est celle de la chaudière.

Lorsque la grille est arrangée, on continue d'élever le fourneau à dix pouces de hauteur, mais en glacis, comme il est représenté dans la *fig.* 6. Ce glacis doit être plus large par le haut, de deux pouces de chaque côté, que n'est la chaudière qui doit entrer dans le fourneau, afin qu'il reste cette quantité d'espace par où la chaleur puisse circuler autour. En formant cette élévation, on observe de pratiquer au-devant une porte d'un pied carré, garnie, comme celle du cendrier, d'un fort châssis de fer et d'une porte de tôle. On observe pareillement de commencer la cheminée au niveau de la grille en Q, *fig.* 5, et de lui donner un pied carré.

On pose ensuite sur le milieu des murs du glacis, et dans toute leur longueur, une bande de gros fer plat de chaque côté, et sur ces bandes on pose l'extrémité de dix barres de fer de deux pouces d'équarrissage, qui traversent presque la totalité du fourneau, ainsi qu'elles sont représentées dans la *fig.* 5. C'est sur ces barres qu'on pose la chaudière. Au moyen de cette disposition, le foyer du fourneau se trouve avoir douze pouces et demi de hauteur, depuis la grille jusqu'au cul de la chaudière.

On continue d'élever le fourneau pour envelopper à-peu-près un peu plus que la moitié de la hauteur de la chaudière; et on observe, comme dans le premier fourneau, de laisser tout autour un espace de deux pouces entre les parois de la chaudière et celles du fourneau. On observe également de pratiquer la cheminée à mesure que le fourneau s'élève : on peut, si l'on veut, la faire plus large qu'un pied carré ; mais cela est inutile, parce que le charbon de bois ou de terre ne fait pas de suie qu'il faille ôter, comme dans les cheminées qui reçoivent la fumée du bois.

La hauteur de la cheminée est indifférente; il suffit qu'elle n'ait pas moins de six pieds. On peut lui donner plus de hauteur, si le local l'exige.

On pratique de même une tirette comme dans la cheminée du premier fourneau, pour régler le courant d'air; avec cette différence, que celle-ci est tournante sur son axe, au lieu d'être à tiroir, comme le sont celles dont on a parlé. Cette disposition est plus avantageuse pour distribuer uniformément le courant d'air, et par conséquent pour appliquer la chaleur également. Elle est praticable dans les fourneaux à charbon, parce qu'il ne se forme pas de suie combustible qu'il faille ôter; mais elle seroit embarrassante dans les fourneaux à bois, parce qu'elle est à demeure; et ne pouvant sortir de la cheminée, elle feroit obstacle au ramonage. Comme cette tirette tourne sur son axe, on pratique une roue dentée hors de la cheminée, pour la fixer ouverte au point qu'on désire, à l'aide d'un crochet scellé dans la muraille, qui s'introduit dans les dents. (*Voyez* la disposition de cette tirette et la cheminée K, *fig*. 7.) Elle est armée d'un anneau par dehors, pour pouvoir la tourner commodément.

Cette *fig*. 7 représente la totalité du fourneau garni de sa chaudière sans chapiteau, ayant la liberté de choisir celui qu'on voudra dans les trois chapiteaux représentés *pl. V, bis*.

A, B, *fig.* 7, *pl. VI*, sont les portes du fourneau. C est la tuyère par où se vide la chaudière. Les lignes ponctuées DC marquent l'endroit jusqu'où descend la chaudière.

Les fourneaux dans lesquels on se propose de brûler du charbon de bois doivent avoir une grille; sans cela le charbon ne brûleroit que jusqu'à un certain point, et le feu s'étoufferoit. Les barres qui la composent doivent avoir un pouce d'équarrissage.

L'intérieur de ce fourneau, au-dessus du cendrier, forme, depuis la grille jusqu'aux barres qui doivent supporter la chaudière, un triangle dont l'angle inférieur est tronqué, comme la *fig.* 6 le représente OO, DD. Cette forme est commode dans les fourneaux où l'on se propose de brûler du charbon, soit de terre, soit de bois, et dans lesquels la nécessité n'oblige pas d'appliquer un feu de verrerie. Au moyen des deux plans inclinés qu'a le foyer, on peut facilement ramener la matière combustible sur la grille. Si ce foyer avoit toute la largeur du fourneau, le charbon brûleroit mal, ou, pour qu'il brûlât bien, il faudroit en mettre, dans toute son étendue, une épaisseur suffisante qui produiroit beaucoup plus de chaleur qu'on n'en a besoin. Néanmoins cette forme n'est pas la plus avantageuse, lorsqu'il convient d'appliquer la chaleur bien uniforme dans toute l'étendue du fourneau. M. *Baumé* a observé dans les sublimations des matières sèches, faites en grand, que la chaleur s'élève suivant les lignes ponctuées AA, BB, *fig.* 8, et que les espaces compris entre ces mêmes lignes et les parois du fourneau reçoivent beaucoup moins de chaleur. Les sublimations ne s'y faisoient pas, tandis qu'il arrivoit souvent que la chaleur étoit trop forte dans le milieu du fourneau. M. *Baumé* dit qu'il n'en est pas de même à l'égard des fluides qu'on veut mettre en évaporation. La chaleur se communique de proche en proche, sans qu'on soit obligé de l'appliquer localement, comme lorsque l'on opère sur des matières sèches.

L'assertion de M. *Baumé* n'est pas fondée. La chaleur agit également sur le sec comme sur l'humide, et l'expérience de ses sublimations prouvoit l'inutilité, *au moins partielle*, si je ne dis pas presque totale, de ce vide que l'on laisse toujours entre la chaudière et les parois du fourneau. Il vaut donc mieux, comme je l'ai dit plus haut, appliquer directement la flamme contre la chaudière, en ménageant une spirale formée par des briques tout autour.

ARTICLE V.

De l'Alambic et des fourneaux proposés par M. Moline, prieur-chefecier de la commanderie de Saint-Antoine, ordre de Malte, à Paris. (Voyez fig. 2, pl. VII.)

Fourneau. Corps du fourneau IIII, *fig.* 2, garni de ses alambics et de tout ce qui en dépend; et *fig.* 3, fourneau dont on a enlevé les alambics.

2. Porte de tôle sur un châssis de fer. (Examinez toujours les *fig.* 2 et 3.)

3. Porte du cendrier, pratiquée dans la grande porte.

4. Grille en fer, *fig.* 3.

5. Portes intérieures, *fig.* 3, pour un fourneau à charbon de terre. En poussant ces deux portes intérieures contre le mur où elles se noyent, alors le fourneau sert pour le bois; c'est donc un fourneau propre aux deux usages.

6. Communication, *fig.* 3, du fourneau dans le bain ou galère des alambics.

Intérieur du bain. Conducteurs de la chaleur, de la flamme, de la fumée, 7,7, *fig.* 3.

8. Recoupe dans les murs extérieurs pour supporter les alambics et les encaisser.

9. Mur de séparation des deux conducteurs de la flamme ; ce mur supporte une portion de toute la longueur des alambics.

Cheminée. 10, *fig*. 3, bouches de la cheminée; 11, corps de la cheminée ; 12, tirette en bascule pour le charbon.

Murs extérieurs, 13, *fig*. 3.

Robinet et tuyau ou *tuyère*, 14, *fig*. 4; il traverse et est maçonné dans l'épaisseur du mur n°. 13, *fig*. 3, et il communique à la partie inférieure de l'alambic, dans l'endroit où cette partie est le plus inclinée. Ces robinets ou ces tuyères, s'il y a plusieurs alambics, doivent être parfaitement soudés avec le corps des alambics, et ils servent à les débarrasser de la vinasse ou décharge après que la distillation est finie.

Alambics. Si on veut déplacer les quatre alambics de la *fig*. 2, pour voir les conducteurs de la flamme 7,7, *fig*. 3, il faut alors détruire la maçonnerie qui enchâsse les tuyères 14, *fig*. 4.

Le corps de l'alambic ou des alambics 16, *fig*. 2, est noyé dans le mur jusqu'à l'endroit où il s'emboîte avec son couvercle ; et dans l'autre, il porte sur le mur 9, *fig*. 3, qui se trouve entre les deux courans de flamme.

Son couvercle est bien luté avec le corps de l'alambic, et ne s'enlève que lorsque l'alambic ou la maçonnerie ont besoin de réparation. On sent que ce couvercle doit être exactement luté pour empêcher la sortie des vapeurs.

Le cou du chapeau ou chapiteau 17, *fig.* 4, tient avec le couvercle, et fait une seule pièce avec lui ; son extrémité commence dans le chapiteau à former la gouttière que l'on connoît trop pour la décrire ici.

Le réfrigérant 18, *fig.* 2 et 4.

Bec du serpentin, qui s'emboîte dans le tuyau de la gouttière A, *fig.* 2 et 4 du chapiteau. Ce tuyau doit être parfaitement soudé avec lui, et exactement luté dans l'endroit de son insertion avec le serpentin.

Tuyau du réfrigérant 20, *fig.* 2, qui sert, 1°. à envelopper le serpentin et son bec ; 2°. à conduire l'eau du réfrigérant dans la pipe.

Ouverture 21, *fig.* 2 et 4, fermée par un tampon de bois garni de filasse, par laquelle on charge l'alambic. Cette ouverture sert encore à mesurer s'il est chargé dans la proportion convenable. Le tampon doit boucher exactement, et il vaudroit encore mieux qu'il fût à vis dans son écrou.

Pipe du serpentin 22, *fig.* 2 et 5. Cette pipe ou ce tonneau est en bois de chêne, cerclé en fer, monté sur un massif de maçonnerie B, *fig.* 2 et 5, qui ne doit pas toucher le mur du bain des alambics, afin de ne pas participer à sa chaleur.

Serpentin en étain pur 23, *fig.* 5, garni de ses supports, pour qu'il ne vacille point. Prolongation 25, *fig*. 5, du serpentin, qui conduit les vapeurs jusque dans le bassiot 29, *fig*. 2 et 5.

Tuyau conducteur 25, *fig*. 5, de l'eau de la pipe du serpentin dans celle du bassiot, et enveloppant la prolongation du serpentin.

Pipe du bassiot 26, *fig*. 2 et *fig*. 5, également en bois de chêne et cerclée en fer. Au bas du bassiot est une cannelle 27, *fig*. 2 et 5, par laquelle s'échappe l'eau de la pipe dans une rigole pratiquée exprès pour conduire cette eau hors de la brûlerie.

Bassiot 29 *fig*. 2, 5, et 6 ; il est en bois de chêne mince et cerclé en fer ; il est plongé dans sa pipe qui le surmonte de quelques pouces, et l'eau de cette pipe recouvre le bassiot.

Couvercle 30, *fig*. 6 ; s'il étoit en étain et fermant avec un écrou, il empêcheroit plus exactement toute communication de l'eau de la pipe avec l'eau-de-vie. On peut le faire en bois pour plus d'économie, pourvu qu'il ferme bien. 31, *Tuyau* qui reçoit la base du serpentin, et par conséquent l'esprit ardent qui distille ; ce tuyau doit descendre presque jusqu'au bas du bassiot. 32, *Tuyau* adapté au couvercle du bassiot par où s'échappe l'air qui sort du vin pendant la distillation. Ces deux tuyaux doivent surmonter la pipe, afin d'empêcher l'eau dont cette pipe est remplie de pénétrer dans le bassiot.

Conducteurs

DES EAUX-DE-VIE

Conducteurs 34, *fig.* 2, de l'eau dans les réfrigérans. Il est ici supposé que, par un puits à roue, ou par une fontaine, ou par un réservoir, on peut à volonté, et à cette hauteur, faire couler l'eau.

M. *Moline* propose un autre genre de bain beaucoup plus simple que le premier. (*Voyez fig.* 7.) Ouverture du fourneau 35; conducteur de la flamme et de la fumée 38., qui se prolonge jusque dans la cheminée 37, garnie d'une tirette 36; c'est-à-dire que la cheminée est placée à côté du fourneau, et que la flamme ne parvient à la cheminée qu'après avoir parcouru les deux parties de la galère, séparées presque jusqu'au bout par un mur. De ces détails passons aux proportions des pièces et aux motifs qui ont déterminé leur forme, et nous finirons le tout par quelques observations particulières.

M. *Moline* établit trois principes pour justifier la forme de ses fourneaux et de son alambic : Il n'y a point de distillation sans évaporation; il n'y a point d'évaporation sans courant d'air; enfin l'évaporation ne s'exécute que par les surfaces.

La longueur totale de chaque alambic est de 5 pieds 6 pouces, et sa largeur est de 2 pieds 6 pouces.

La hauteur de la chaudière proprement dite

est d'un pied six pouces, et les six pouces servent à emboîter le chapiteau par-dessus.

La voussure du chapiteau est de huit pouces, son col ou collet de six pouces de hauteur.

La tête de more, ou chapiteau, a un pied de diamètre, et dans sa plus grande largeur un demi.

L'emboîtement de la chaudière dans la recoupe du mur est de trois pouces de chaque côté.

Le fourneau, moyennant ces deux doubles portes, peut servir pour le bois et pour le charbon. L'épaisseur de ses murs est d'un pied six pouces; sa profondeur intérieure de quatre pieds six pouces. Lorsqu'on voudra faire usage du charbon de terre, il suffira de le raccourcir en fermant les deux portes placées dans la partie intérieure du fourneau, et de couvrir d'une plaque de fer ou de fonte la partie du cendrier qui devient inutile. La grande et la petite porte extérieure du fourneau resteront ouvertes ou fermées suivant le besoin, et ces portes empêcheront toute évaporation de fumée dans la brûlerie.

La largeur intérieure du fourneau est de deux pieds.

La hauteur du cendrier, garni de sa grille, est de six pouces; l'inclinaison du cendrier également de six pouces. On auroit pu, à la rigueur, ne donner aucune inclinaison au cendrier ni aux canaux de la flamme qui passent sous les alambics, puisque le fourneau des distillateurs des eaux-fortes, qui a quinze pieds de longueur et même plus, n'en a point; cependant la cheminée attire mieux quand il y a un plan légèrement incliné.

De la grille au toit du fourneau, la hauteur est d'un pied six pouces. Ce toit a la même inclinaison que le cendrier et est plus bas que les canaux, ou la galère, afin que la fumée, la flamme et la chaleur enfilent plus commodément et avec moins d'obstacle les conducteurs. L'inclinaison de la bouche des conducteurs au sol du cendrier est d'un pied huit pouces.

De l'extérieur du bain des alambics. M. Moline se sert du mot *bain*, comme on dit *bain de sable*, *bain-marie*, etc., parce qu'il faut distinguer cette maçonnerie de celle du fourneau proprement dit, tandis que dans les alambics ordinaires la maçonnerie sert également au fourneau et à l'enceinte de l'alambic. Le total de la maçonnerie du bain, en comprenant tous les murs, est de quatorze pieds quatre pouces; la largeur, en y comprenant les murs, est de huit pieds; l'épaisseur des murs jusqu'à la recoupe est d'un pied six pouces.

De l'intérieur du bain des alambics. La longueur est de onze pieds deux à quatre pouces. Il faut cette différence d'un à deux pouces, parce qu'on ne peut répondre de la parfaite exactitude de l'ouvrier qui exécute les chaudières. Au reste le petit vide qui se trouvera aux extrémités quand les alambics seront placés, sera bouché par un ciment bien corroyé, qui remplira exactement les interstices entre la chaudière et la maçonnerie.

Largeur, quatre pieds six pouces.

Recoupe sur les parois des conduits, de trois pouces et quelques lignes. Cette recoupe sert à porter les alambics, et ils sont, par ce moyen, supportés dans toute leur longueur, sans recourir à des barres de fer. Cependant on pourroit, absolument parlant, si l'on craignoit que la portée de cinq pieds six pouces qu'ont les chaudières fût trop considérable, et que le poids du vin les fît bomber dans le milieu, soutenir ce milieu par une traverse qui s'enchâsseroit dans le mur extérieur, et porteroit de l'autre bout sur le mur de séparation placé dans le milieu du bain. Ces traverses sont assez inutiles.

La bouche de chaque conduit de chaleur a un pied quatre pouces. *Le mur de séparation*, dans le milieu du bain, a six pouces d'épaisseur. *Les murs de côté* doivent couvrir, à un pouce près, la chaudière proprement dite, c'est-à-dire, à un pouce près de l'endroit où le chapiteau s'emboîte avec la chaudière. Les *dégorgeoirs* dans la cheminée sont chacun d'un pied en carré.

On sent combien il est important d'avoir une terre bien corroyée pour servir de lien aux briques employées dans les murs du fourneau et du bain, et de ne laisser aucun vide entre les briques. Il est essentiel que l'intérieur du fourneau et des conduits de chaleur soit garni d'un ciment bien lissé, afin que la flamme et la chaleur ne trouvent pas ces petites rugosités qui s'opposent toujours à la vîtesse de leur marche : ce corroi servira également pour ne laisser aucun jour entre un alambic et son voisin ; et dans la supposition de quelques gerçures qui laisseroient un passage à la chaleur ou à la fumée pendant l'opération, il sera aisé d'y remédier, en insinuant ce corroi humide, et par-dessus un sable fin, si la chaleur de l'alambic le desséchoit trop promptement.

Il reste à parler de l'inclinaison que doivent avoir les conduits de la flamme.

On vient de dire que le bain avoit dans son intérieur onze pieds quatre pouces ; mais comme les parois de ce bain et la surface du mur intérieur qui porte les alambics doivent avoir une inclinaison, il faut qu'elle soit douce, sans quoi une partie de la base de l'alambic resteroit vide dans la distillation, tandis que l'autre auroit encore beaucoup de liqueur à distiller; et la partie vide brûleroit et se calcineroit. Or, dans cet état, le fond de la chaudière sera toujours recouvert par ce qu'on appelle *baissière*, *vinasse*, *résidu du vin*, qui ne donne plus d'esprit ardent, mais une simple liqueur qui a un goût acide tartareux et résineux. Deux lignes par pied seront suffisantes Cette inclinaison produit deux avantages; le premier est de faciliter les progrès de la flamme et de la chaleur; le second est de pouvoir faire sortir, par la fontaine ou décharge pratiquée dans la partie la plus basse de la chaudière, toute la vinasse qu'elle contient après la distillation, afin d'en recommencer une nouvelle.

De la cheminée. Son diamètre de l'intérieur dans le bas est de deux pieds. La largeur intérieure de six pouces est aussi large et aussi profonde dans le haut que dans le bas. L'épaisseur de ses murs est de six à huit pouces, objet arbitraire.

La tirette, ou coulisse pratiquée dans le bas de la cheminée, doit être placée directement au-dessus de la bouche des conducteurs de la flamme et de la chaleur, afin de fermer l'intérieur de la cheminée, et intercepter le courant d'air. Quand l'intérieur du fourneau et des conducteurs est bien échauffé, et lorsque le bois est réduit en braise, on poussé cette tirette ; la chaleur reste concentrée dans le fourneau, et suffit pour continuer la distillation.

Du réfrigérant. Dans toutes les grandes brûleries de l'Europe, on a supprimé l'usage du réfrigérant sur le chapiteau ; cependant M. *Moline* insiste à le rétablir à son ancienne place, parce qu'à l'exemple des liquoristes, on obtient une eau-de-vie plus dépouillée de mauvais goût et de mauvaise odeur. Ce réfrigérant doit prendre près de la naissance du chapiteau, et à un demi-pouce au-dessous de l'endroit où la gouttière est placée intérieurement. Il environne de toutes parts le chapiteau, et entr'eux il se trouve un vide de quatre pouces que l'eau remplit. Le réfrigérant s'élève à trois ou quatre pouces au-dessus du chapiteau, de manière qu'il est entièrement couvert par l'eau amenée par le conduit. Ce réfrigérant est percé d'un trou à sa base, par où passe le bec du chapiteau qui doit communiquer au serpentin, et ce bec est enveloppé du tuyau propre du réfrigérant ; de sorte que ce bec est environné par l'eau qui s'échappe du réfrigérant par son propre tuyau, et qui se continue jusqu'à ce qu'il trouve l'endroit du serpentin qui plonge dans l'eau de la pipe. Ainsi, en supposant que la conduite d'eau donne deux pouces d'eau dans le réfrigérant, son tuyau en dégorge autant dans la pipe du serpentin.

De la pipe du serpentin et de celle du bassiot. M. *Moline* exige, avec raison, que la première soit plus grande, plus vaste que les pipes ordinaires, où l'eau s'échauffe trop facilement ; la grandeur de la pipe engage à donner plus de volume au serpentin. Au bas de cette pipe est un tuyau par lequel passe la dernière extrémité du serpentin qui va gagner le bassiot. C'est par le moyen de ce tuyau que l'eau de la pipe s'écoule dans le bassiot en accompagnant toujours le serpentin, et par conséquent le rafraîchit sans cesse, depuis son union au bec du chapiteau jusqu'au bassiot.

Du bassiot. M. *Moline* exige qu'on ajoute une pipe au bassiot, toujours dans la vue de maintenir la fraîcheur, et de procurer par-là l'entière condensation des esprits, afin qu'il ne s'en évapore point. Son bassiot est garni de deux tuyaux, l'un qui s'adapte au bas du serpentin, et plonge presque entièrement au fond du bassiot ; et l'autre, pour laisser échapper la grande quantité d'air qui se dégage pendant la distillation. Ce second tuyau sert encore à mesurer la quantité d'esprit qui a coulé dans le bassiot. Un morceau de liège sert de base à une règle de bois implantée dans ce liège ; cette règle est graduée par pouces, et on sait combien chaque pouce d'élévation suppose de pintes d'esprit dans le bassiot. A mesure que l'esprit coule, le liége s'éleve, et la règle par conséquent : de manière que, sans mesurer, on connoît le nombre de pintes que le bassiot a reçues.

Ces détails offrent des particularités dont on peut tirer un grand parti, et quelques défauts dont il faut se préserver. Le fourneau, n°. 7, pl. VII, est bien simple, et la flamme et la chaleur qui reviennent presque au point d'où elles sont parties, leur donnent le tems d'agir directement sous les chaudières, et de ne pas se perdre inutilement dans la cheminée.

La manière de faire dans l'instant d'un fourneau à bois un fourneau à charbon est heureuse. Il faudroit supprimer la grille pour le bois, parce que la braise tombe inutilement dans le cendrier. Une plaque de fer qu'on substitueroit et qu'on placeroit à l'instant sur la grille suppléeroit à cet inconvénient.

Le défaut essentiel des alambics est d'avoir leur collet trop étroit ; un diamètre du double de celui qui est prescrit vaudroit beaucoup mieux.

Le courant d'eau froide qui prend depuis le réfrigérant, et qui accompagne le serpentin jusque dans le bassiot, est contraire à la bonne distillation. Lorsque, dans les laboratoires de chimie ou des liquoristes, on distille avec des alambics garnis de réfrigérans, on voit que, toutes les fois qu'on change l'eau chaude du réfrigérant, et qu'on lui en substitue de la froide, la distillation se ralentit et s'arrête pendant quelques minutes. Il faut que le chapiteau se réchauffe, pour qu'elle recommence comme auparavant. Cette eau froide, tout-à-coup jetée sur le chapiteau, fait condenser les vapeurs, et elles retombent en gouttes dans la chaudière. Voilà pourquoi elles ne peuvent pas s'arrêter dans la gouttière, et de-là couler dedans par le bec du serpentin. Ce n'est donc pas à un vide parfait, qui, dans le moment, s'exécute dans le chapiteau, qu'on doit attribuer la cessation ou le ralentissement de la distillation. Ce courant d'eau perpétuellement froid sur le chapiteau, nuiroit plus à la distillation, qu'il ne lui seroit utile.

ARTICLE VI.

Des Alambics pour la distillation des esprits.

C'est à M. *Baumé* qu'on doit cet alambic monté en grand. (*Voyez pl. IV, fig.* 1). Dans les grandes brûleries, on tire les esprits avec le même alambic qui sert pour les eaux-de-vie ; la seule attention est de modérer le feu, de manière que le filet qui coule soit toujours petit. La distillation des esprits, à égale quantité de liqueur, dure deux tiers plus de tems que celle des eaux-de-vie.

Première pièce. On fait faire un baquet de cuivre rouge, de six pieds de diamètre, et de deux pieds et demi de hauteur. Le chaudronnier peut facilement restreindre cette pièce, former par le haut un renflement, et rétrécir l'ouverture de cinq pouces, pour former ce qu'on nomme un bouillon P, *fig.* 1, *pl. VII*. Ce bouillon sert à donner de la grace à ce vaisseau, et à éloigner le bain-marie des parois de la chaudière. On pratique un collet N, de trois à quatre pouces de hauteur, couronné par un cercle de cuivre jaune ou rouge, tourné. Au fond, en O, on soude un tuyau d'un pouce et demi ou deux pouces de diamètre, et de treize pouces de longueur, avec un collet tourné à l'extrémité, pour pouvoir le boucher commodément avec du liège. C'est par cette ouverture qu'on vide la chaudière. A la partie supérieure de la cucurbite P, on pratique une douille également tournée, de deux pouces de diamètre, et d'autant de hauteur; c'est par cette douille qu'on remplit le vaisseau, sans le déluter; on la bouche avec du liège.

Deuxième pièce. Le chapiteau doit avoir quinze pouces de hauteur au-dessus du collet de la cucurbite. On pratique dans l'intérieur une gouttière de deux pouces de profondeur, et de deux pouces de large; ce chapiteau a la forme d'un cône très-applati. On pratique à deux endroits, et au niveau de la gouttière, deux tuyaux QQ, d'un pied quatre pouces de longueur, de huit pouces d'ouverture à l'endroit de la soudure, qui vont en diminuant, lesquels forment deux becs qui entrent de trois pouces, par l'extrémité, dans deux serpentins de deux pouces de diamètre dans toute leur étendue, lesquels doivent être plongés dans une grande cuve de bois ou de cuivre pleine d'eau froide.

La cucurbite et le chapiteau réunis forment l'alambic propre à distiller à feu nu.

Troisième pièce. Lorsqu'on veut distiller au bain-marie, on introduit dans la cucurbite un second vaisseau d'étain ou de cuivre étamé, du même diamètre que celui de la cucurbite, et de deux pieds de profondeur ; on adapte par-dessus le même chapiteau. Les trois pièces réunies forment l'alambic propre à distiller au *bain-marie*. On remplit d'eau la cucurbite, et on met dans le bain-marie la liqueur qu'on veut distiller ; on lute les joints avec des bandes de papier, enduites de colle de farine ou d'amidon, ou avec de la vessie coupée par bandes et bien mouillée.

Cet alambic peut servir à distiller à feu nu et au bain-marie ; dans l'un et l'autre cas, on adapte les serpentins aux becs du chapiteau : mais les vaisseaux n'ont pas la même hauteur dans les deux dispositions, parce que le bain-marie a un collet d'environ trois pouces, qui exhausse les vaisseaux d'autant. Si, après avoir distillé au bain-marie, on vouloit distiller à feu nu, on verroit que les becs des chapiteaux se rapporteroient à trois pouces au-dessous de l'embouchure des serpentins ; il faudroit alors élever le fourneau de trois pouces, ou baisser les serpentins de pareille quantité, ce qui seroit absolument impraticable de la part du fourneau, qui doit être bâti en bonne maçonnerie de moellon et de brique. Les serpentins ne seroient pas moins incommodes à baisser, à cause de leur poids. On suppose les cuves ou pipes de sept pieds de profondeur, et d'environ six pieds de largeur, ce qui produit un volume d'eau d'environ six mille huit cent quatre-vingts pintes, mesure de Paris. Une cuve de cette espèce n'est point maniable, lorsqu'elle est pleine d'eau. Pour parer à toutes ces difficultés, on a l'attention, en faisant bâtir le fourneau et les massifs des serpentins, de prendre des dimensions avec l'alambic complet, c'est-à-dire, les trois pièces réunies, chaudière, bain-marie et chapiteau; on place les serpentins dans la direction des becs des chapiteaux, et on introduit dans le serpentin QQ, *fig.* 1, *pl. VII*, un tuyau soit de cuivre ou d'étain. Cette pièce se nomme *ajoutoir* : elle doit entrer dans le serpentin d'environ six pouces, et va et vient pour unir le bec du chapiteau avec le serpentin, de manière qu'en la retirant, il en reste trois pouces dans l'ouverture du serpentin, et les trois pouces supérieurs sont pour le bec du chapiteau.

La disposition de ces vaisseaux est pour distiller

au bain-marie ; mais lorsqu'il faut distiller à feu nu dans le même alambic, on ôte le bain-marie. Si on pose le chapiteau sur la chaudière, on s'apercevra qu'il est trop bas dans toute la hauteur du collet du bain-marie, et les becs du chapiteau ne peuvent plus s'unir avec les serpentins; mais on fait pratiquer un cercle en cuivre ou en étain, de même diamètre que la chaudière, et de même hauteur que le collet au bain-marie. On adapte ce collet sur la chaudière, et on met le chapiteau par-dessus : alors on a la même hauteur que si l'on distilloit au bain-marie, et les becs du chapiteau se rapportent parfaitement bien avec l'ouverture des serpentins.

Chaque cuve du serpentin est garnie d'un robinet SS, *fig.* 1, *pl. VII*, pour les vider lorsque cela est nécessaire; elle contient encore un tuyau de décharge ou de superficie T. Ce tuyau est destiné à évacuer l'eau chaude du serpentin, lorsqu'il convient de l'ôter. On met dans la cuve un entonnoir V, dans un tuyau qui descend jusqu'au bas. On fait tomber l'eau d'une pompe dans l'entonnoir. Comme l'eau froide est plus pesante que l'eau chaude, elle se précipite au fond, elle élève d'autant la surface de l'eau, qui sort par le tuyau T de décharge ou de superficie. Cette mécanique est nécessaire pour les alambics de grande capacité, où l'eau contenue dans les serpentins n'est pas suffisante pour rafraîchir la totalité de la liqueur qui doit distiller, et où il faut changer d'eau pendant la distillation. Comme l'eau de la cuve ou pipe des serpentins s'échauffe par la partie supérieure, et de couche en couche, on peut, au moyen de cette machine fort simple, ôter l'eau chaude quand il y en a.

On est redevable à M. *Munier*, sous-ingénieur des ponts et chaussées de la ville d'Angoulême, de la première idée de ce rafraîchissoir. On en voit la représentation dans la gravure, *fig.* 4, qui accompagne son mémoire inséré dans le *Recueil des Mémoires sur la manière de brûler les eaux-de-vie*, couronné et publié par la société d'agriculture de Limoges, en 1767. M. *Munier* le place à l'extérieur de la pipe, et M. *Baumé* à l'intérieur, ce qui revient à-peu-près au même.

Je désirerois, pour la plus grande perfection, que, par ce tuyau, il coulât toujours une petite quantité d'eau ; et que par une échancrure au haut de la pipe, il s'échappât par un tuyau, la même quantité d'eau que celle qui coule par l'autre. Il en résulteroit que les vapeurs se condenseroient beaucoup mieux par une graduation de fraîcheur successive, et qui iroit toujours en augmentant, de sorte que l'eau froide du bas de la pipe feroit que le filet d'eau-de-vie qui coule par le bas du serpentin seroit lui-même très-froid ; ce qui est un point des plus essentiels.

Au moyen de cet alambic chargé d'eau-de-vie commune, on retire l'esprit-de-vin par une ou par deux chauffes, suivant le degré de spirituosité qu'on désire.

Article VII.

Des Alambics pour la distillation des marcs de raisin et des lies.

M. *Baumé* propose pour cet usage l'alambic qu'on vient de décrire, *fig.* 1, *planche VII*, et voici comme il s'explique. « Il y a une quantité de marc provenant des substances fermentées qui sont ou entièrement perdues, ou dont on tire une petite quantité de mauvaise eau-de-vie, parce qu'elle a toujours une odeur ou une saveur désagréable : ce qui les a fait proscrire ». M. *Baumé* auroit dû ajouter, dans l'intérieur de Paris, et non en Lorraine, puisque la distillation des marcs forme une ferme attachée aux octrois de la plupart des villes de cette province. On en distille en Franche-Comté, en Dauphiné, quelque peu en Languedoc, en Provence, dans la Brie. La proscription s'étend, pour Paris, sur les eaux-de-vie de lie-de-vin, de cidre, de poiré; cependant lorsque ces substances sont traitées convenablement, elles fournissent une eau-de-vie qui n'est absolument point différente de celles qu'on obtient directement des vins. Les eaux-de-
vie

vie de marc ont toujours une mauvaise odeur, parce qu'elles sont distillées à feu nu. L'expérience a prouvé, dit M. *Baumé*, que, lorsque l'on distille ces marcs au bain-marie, l'eau-de-vie qu'on en retire n'a plus les mauvaises qualités qu'on lui reproche : elle est si semblable aux eaux-de-vie tirées immédiatement du vin, qu'il est absolument impossible de les distinguer. Cette assertion de M. *Baumé* est trop générale : nous l'examinerons tout-à-l'heure. D'un autre côté, M. *Baumé* a reconnu par l'expérience que les marcs distillés au bain-marie fournissent un tiers moins d'eau-de-vie que lorsqu'on les distille à feu nu.

D'après ces observations, M. *Baumé* a imaginé un moyen qui tient le milieu entre le feu nu et le bain-marie. Il mit cent livres de marc de raisin dans un panier d'osier qui avoit une croix de bois sous son fond d'environ deux pouces de hauteur. Ce panier fut placé dans un alambic de capacité suffisante, et on ajouta assez d'eau, pour que le marc fût bien délayé ; par ce procédé, on retira de ce marc la même quantité d'eau-de-vie que celle obtenue d'une pareille quantité distillée auparavant sans panier, avec cette différence cependant, que l'eau-de-vie qui en résulta n'avoit absolument point de goût étranger aux eaux-de-vie ordinaires ; enfin elle n'avoit aucun des défauts qu'on reproche aux eaux-de-vie de marc.

Comme ce panier d'osier ne résisteroit pas longtems à ces opérations, M. *Baumé* propose un vaisseau plus commode. Il s'agit de faire un collet de cuivre semblable à celui de la partie supérieure du bain-marie, et d'achever la capacité de ce vaisseau en grillage de fil de laiton, ou bien faire faire un bain-marie en cuivre, et le découper ainsi qu'il est représenté, *fig.* 9, *pl. VI*. Il est essentiel que ce grillage ne soit ni trop large, pour que peu ou point de marc ne passe à travers; ni trop étroit, dans la crainte que le mucilage que produit le marc pendant la distillation ne bouche les trous, ce qui empêcheroit le jeu de l'ébullition, et la liqueur de pénétrer le centre du marc: une toile qu'on voudroit employer en place de ce vaisseau, auroit le même inconvénient. La *fig.* 10 représente le fond de ce vaisseau.

Si on se sert de l'alambic en forme de baignoire, on pourra employer le grillage représenté par la *fig.* 11.

Malgré tous les paniers et tous les grillages proposés par M. *Baumé*, nous ne conseillons point de distiller les marcs à feu nu. 1°. La liqueur est toujours trouble, et les débris du parenchyme du fruit, et les portions de pellicules, et sur-tout les pepins, s'échappent à travers les grillages les plus serrés. Les uns et les autres touchent et frottent sans cesse contre les parois de la chaudière: ils s'y corrodent, s'y calcinent; et de-là le mauvais goût et la mauvaise odeur.

2°. Les auteurs n'ont point assez considéré l'effet des pepins. Le pepin contient une amande, et cette amande est très-huileuse; on peut même en retirer une assez grande quantité d'huile qui brûle très-bien, donne une belle flamme claire et bleue. La chaleur de la liqueur bouillante pénètre cette amande; l'esprit ardent attaque son huile; et cette huile, mêlée en partie avec lui, réagit sur lui; et voilà l'origine du mauvais goût des eaux-de-vie de marc que les grillages et paniers ne préviennent que foiblement. Pour s'en convaincre, il suffit de prendre les pepins après la distillation, de les soumettre à la presse, et on en obtient alors que peu ou point d'huile. Qu'est donc devenue la surabondance de cette huile ? Une partie a été brûlée contre les parois de la chaudière, et l'autre s'est combinée avec l'esprit ardent; enfin, la première partie a encore ajouté au mauvais goût de la liqueur distillée, et ce mauvais goût n'est même pas celui d'empyreume ou de brûlé, mais un goût particulier qu'il est plus aisé de reconnoître que de définir.

Par la distillation au bain-marie, ces goûts particuliers ne sont pas si sensibles, il est vrai; mais toutes les fois qu'on distillera le marc en nature, ils seront très-reconnoissables; et un homme accoutumé à la dégustation des eaux-de-vie n'y sera jamais trompé.

Le seul et unique moyen, quoi qu'on en dise, pour distiller avantageusement les marcs, tient à un autre procédé. Il faut les noyer dans l'eau, jusqu'à un certain point, les faire fermenter, les porter sur le pressoir, les laisser reposer, les tirer à clair et les distiller.

Article VIII.

Des Alambics pour la distillation des lies.

Tous les alambics dont on vient de parler peuvent servir à la distillation des lies.

Leur distillation offre deux grands inconvéniens. Le premier : lorsque l'on donne une chaleur assez forte pour en dégager les parties spiritueuses, il se forme une écume considérable qui passe souvent par les jointures et par le bec de l'alambic. Le second vient de la croûte qui s'attache contre les parois de l'alambic, et qui les corrode.

Pour prévenir ces inconvéniens, M. *Devanne*, maître en pharmacie à Besançon, propose une machine assez simple, déjà décrite dans le *Recueil des Mémoires sur la distillation des vins*, publié par la société d'agriculture de Limoges.

Cette machine est composée d'une crapaudine en fer, attachée au centre du fond de l'alambic. Sur cette crapaudine est appuyé un pivot aussi en fer, qui s'élève jusqu'au dessus du chapiteau de l'alambic, duquel sort la manivelle pour faire tourner ce pivot. A trois pouces de distance de la crapaudine, sont attachées au pivot deux ailes en cuivre ou en bois, dont l'une intérieure est recourbée en contre-bas ; et le dessous de l'aile de la supérieure est au niveau du dessous de l'inférieure, et est droit. Le haut du pivot doit être garni de filasse graissée, non seulement pour tourner plus facilement dans la goupille qui est arrêtée au haut du chapiteau, mais encore pour empêcher qu'il ne se dissipe aucune vapeur. La manivelle fournit, par ce moyen, un mouvement suffisant pour prévenir les inconvéniens dont on a parlé, parce que le mouvement porte le fluide visqueux du centre à la circonférence, et de la circonférence au centre.

Un procédé plus simple est celui des vinaigriers de Paris. Ils tiennent les lies qu'ils rassemblent dans de grands vaisseaux bien bouchés, et ces vaisseaux sont placés dans une étuve, de manière que tout le fluide visqueux est peu-à-peu pénétré par la chaleur. Après quelques jours, ils tirent par la cannelle tout le vin clair qui peut couler, et placent ensuite dans des sacs ces lies déjà échauffées.

Ces sacs sont mis sous le pressoir entre deux platines de fer ou de fonte, elles-mêmes fort échauffées; alors le fluide vineux s'échappe à travers la toile; enfin, il est aussitôt porté dans l'alambic pour être distillé. Le résidu des lies est vendu aux chapeliers pour feutrer les chapeaux, ou il est brûlé pour en faire la *cendre gravelée*.

Pour empêcher les lies de monter en écume dans les alambics, il suffit, avant la distillation, de jeter quelques gouttes d'huile dans l'alambic, et de distiller un peu lentement.

Dans les grandes brûleries, il faut avoir un alambic consacré uniquement à la distillation des marcs et des lies, sur-tout si on les travaille à feu nu : trois distillations consécutives de bon vin ne suffiroient pas pour les dépouiller de leur mauvais goût, quoique l'esprit ardent qu'on en retireroit en fût lui-même très-vicié. En général, ce sont des alambics perdus, et qui ne doivent servir qu'à cet usage.

Le fourneau. Je ne cesserai de répéter que la première économie, la plus forte, et qui assure le bénéfice, dépend du fourneau. On brûle très-inutilement une quantité de bois ou de charbon, qu'on pourroit réduire au tiers, si la bouche du fourneau n'étoit pas si rapprochée de celle de la cheminée. Conduisez la chaleur, le feu et la flamme en spirale, tout autour de la chaudière, si vous vous en servez d'une à forme ronde et profonde ; si, au contraire, la chaudière est plate, large, peu profonde et très-longue, il suffit que la flamme lèche immédiatement tout son fond : ce dernier expédient ne vaut pas le premier.

Chaque année, avant de recommencer les distillations, visitez soigneusement vos fourneaux et vos alambics, et ne plaignez pas les réparations. S'il existe la plus petite gerçure dans la maçonnerie, on perd une masse de chaleur dont on prive la chaudière ; si l'acide du vin a corrodé une partie de la chaudière, et que le vin qu'elle contient trouve la plus petite issue, on court risque de mettre le feu à la fabrique. Le chapiteau est communément plus attaqué que la chaudière. J'en ai vu de percés comme des écumoires. On a beau boucher ces petits trous, ces issues, avec de l'argile bien corroyée, mêlée avec des cendres, ou simplement avec des cendres mouillées ; cet expédient laisse échapper beaucoup de spiritueux. Cette érosion et cette dissolution du cuivre par l'acide de l'esprit ardent, prouve l'insouciance du brûleur : et combien de parties cuivreuses sont mêlées à l'eau-de-vie, ainsi que de celles de l'étain, chargé de plomb dont on s'étoit servi pour l'étamage. De-là résulte un danger imminent dans l'usage de ces eaux-de-vie. Il devroit y avoir des inspecteurs de brûleries.

La *cheminée* doit parfaitement tirer, sans quoi le feu auroit peu d'activité ; il faudroit plus de tems pour distiller une masse de vin donnée, et par conséquent payer plus long-tems les ouvriers. La cheminée sera montée droite dans son intérieur, bien unie, et son ouverture supérieure aura absolument le même diamètre que l'inférieure. C'est une erreur de penser qu'une cheminée montée en pyramide, c'est-à-dire plus large dans œuvre à sa base, et plus étroite à son sommet, tire mieux. L'ouverture de la cheminée sera de même diamètre que celui de la bouche du fourneau : voilà la bonne règle.

Le *serpentin*. La forme actuelle et généralement reçue ne vaut rien. Il le faut du triple et du quadruple plus large dans le haut que dans le bas, et son diamètre doit diminuer insensiblement.

La *pipe* ou *réfrigérant* ne sauroit être trop élevée, trop vaste, sur-tout si on n'emploie pas le rafraîchissoir proposé par M. *Munier*. Un tuyau de décharge, placé dans la partie supérieure de la pipe, et d'un diamètre un peu plus grand que celui du rafraîchissoir, facilitera l'écoulement de l'eau chaude, tandis que l'eau froide, sans cesse renouvelée, restera au fond de la pipe. Il est possible de tirer parti de cette eau chaude, qui, étant plus légère que l'eau froide, monte toujours à la superficie. On peut l'employer à remplir les *ton-*

neaux ou *pièces* destinées à recevoir dans la suite l'eau-de-vie. Cette eau y demeurant pendant plusieurs jours, et y étant renouvelée par une seconde ou une troisième eau chaude, se chargera de la partie extractive et colorante du bois, que se seroit appropriée l'eau-de-vie.

Le *bassiot* ou *récipient* doit être fermé pardessus, et percé de deux trous, l'un pour recevoir l'esprit ardent, et l'autre pour laisser échapper l'air. Je désirerois qu'à l'ouverture destinée pour recevoir l'eau-de-vie on pratiquât un petit tuyau en bois, qui iroit jusqu'au fond du bassiot, et ce tuyau seroit percé dans le bas de plusieurs trous, par lesquels l'eau-de-vie se répandroit dans le bassiot, et s'élèveroit insensiblement jusqu'à la partie supérieure. On éviteroit, par ce moyen, l'évaporation d'une quantité d'esprit, sur-tout si le filet qui coule du serpentin n'est pas parfaitement froid. Je désirerois encore que la seconde ouverture fût fermée par une soupape légère et mobile, afin que le bassiot étant trop plein d'air, il pût la soulever au besoin, et qu'elle se refermât ensuite d'elle-même. Tant qu'on distillera suivant la coutume ordinaire, tant que le filet d'eau-de-vie sera chaud, je conseille de se servir du bassiot proposé par M. *Moline*, représenté, *planche VI, figure* 6. La *figure* 12, *planche V*, représente le faux bassiot. Dans quelques endroits, le bassiot plein d'eau-de-vie est appelé *buguet* ; on l'enlève pour lui en substituer un autre, et il sert à transporter l'eau-de-vie dans les tonneaux ou pièces.

La *jauge* (*figure* 16, *planche V*), instrument de bois, ordinairement d'un pouce en carré, d'une hauteur indéterminée ; il est gradué conformément au diamètre et à la hauteur du bassiot. Par exemple, la hauteur d'un pouce correspond à six ou à dix pintes d'esprit ardent contenues dans le bassiot. Lorsque le bassiot n'est percé que d'un seul trou, on plonge la jauge par celui qui reçoit l'eau-de-vie ; lorsqu'il y en a deux, on la plonge par l'autre.

Afin d'étalonner exactement cette jauge, on prend un vase qui contienne juste une *verge* ou une *velte* (mots usités dans la fabrique). La verge ou velte contient huit pintes, mesure de Paris ; on vide le contenu dans le bassiot, et sur la jauge on marque la hauteur ; ainsi de suite. Afin de prévenir la négligence de l'ouvrier, et pour ne pas avoir la peine de jauger sans cesse, on prend un morceau de liège, par exemple, d'un pouce d'épaisseur sur trois à quatre de largeur ; on implante dans le milieu, d'une manière solide, une tige de bois mince et graduée ; on la place dans le bassiot, dont le couvercle est mobile ; et à mesure que l'eau-de-vie le remplit, cette jauge s'élève par le trou du bassiot, opposé à celui qui reçoit l'eau-de-vie ; de cette manière, l'ouvrier voit sans cesse ce qu'il fait.

La *preuve* ou *éprouvette* (*fig.* 15 , *pl. V*,) est un petit vase de verre ou de cristal de trois à quatre pouces de longueur, sur six à huit lignes de diamètre intérieurement, qu'on remplit à moitié d'eau-de-vie. On bouche son ouverture avec le pouce, et on frappe vivement contre la cuisse avec l'instrument : la manière d'être des bulles qui se forment, leur plus ou moins longue tenue, annoncent à quel titre est l'eau-de-vie ; si l'eau-de-vie qui coule du serpentin est marchande, ou si elle perd, c'est-à-dire si elle est trop chargée de phlegme, ou si elle est à un titre plus haut que celui prescrit par l'ordonnance. Quoique cette manière de juger ne soit pas bien exacte, cependant l'habitude lui donne un degré de précision qui étonne. Il vaut mieux se servir des *aréomètres*. (*Voyez pl.* 8).

Une *pelle*, un *tisonnier*, sont les autres instrumens.

SECTION II.

De la meilleure construction de la brûlerie.

La brûlerie est le local, le bâtiment qui renferme les objets relatifs à la distillation des vins. Elle doit être placée de la même manière que nous avons indiquée pour les celliers; ils peuvent même en servir; ce sera une économie, puisqu'il ne faudra pas de charrois, ni multiplier les bras, quand il s'agira d'apporter le vin destiné à la distillation. Il y a plusieurs observations très-importantes à faire, avant de bâtir ou d'élever une brûlerie: dans les grands ateliers, point de petite économie.

1°. *L'eau*. Il en faut beaucoup; si on est obligé de s'en pourvoir par charrette ou à dos de mulet, quelle dépense! comme elle est journellement répétée, elle va très-loin : si on doit la tirer à bras, d'un puits, d'une citerne, etc., c'est encore des journées à payer. Il est donc essentiel de s'établir près d'une fontaine ou d'un ruisseau, mais plus bas, afin d'avoir la facilité de conduire l'eau, et qu'elle se rende d'elle-même dans les pipes.

Si on est obligé de puiser l'eau, il est beaucoup plus économique de se servir d'une pompe, que de la tirer à bras. Dans ce cas, je regarde comme d'une nécessité absolue de construire un réservoir assez grand pour contenir toute l'eau dont on aura besoin dans la journée, et même au-delà, et qu'il soit rempli chaque soir avant que les ouvriers quittent la brûlerie; que, si on travaille la nuit et le jour, il doit être rempli soir et matin, s'il n'est pas d'une grande capacité relativement à la consommation. J'insiste fortement sur cet article, parce que, sans cette précaution, on aura toujours de mauvaise eau-de-vie : l'eau de la pipe sera trop chaude, et l'eau-de-vie prendra un goût d'empyreume, de brûlé et souvent de cuivre. Je n'ai presque pas vu une seule brûlerie où je n'aie trouvé l'eau des pipes bouillante, à moins que le maître n'y veillât lui-même; au lieu que ce réservoir, étant à la hauteur des pipes, et l'eau coulant continuellement dans leur fond, chasse l'eau chaude à la partie supérieure, et maintient froide et très froide la base du serpentin; de manière que le filet d'eau-de-vie qui en sort est froid, l'eau-de-vie est bien condensée en liqueur, et il ne s'échappe point ou presque point de l'esprit ardent par l'évaporation. Lorsqu'on néglige cette opération, il s'en répand dans l'atmosphère de l'atelier, jusqu'à affecter les yeux et leur causer de la cuisson. Sur ce fait, je m'en rapporte à l'impression qu'éprouvent les personnes qui entrent dans ces ateliers, et qui n'ont pas coutume de les fréquenter. Ainsi, combien d'esprit ardent perdu, tandis qu'un courant d'eau froide l'auroit retenu ! Voilà comme, de simples et de petites précautions, résultent la qualité et le bénéfice. Pendant la distillation, il s'échappe un fort courant d'air ; et pour peu que le filet d'eau-de-vie soit chaud, et par conséquent mal condensé, ce courant entraîne beaucoup de spiritueux.

2°. *Du vin.* Je suppose qu'on construise un cellier ainsi qu'il a été dit ; les cuves serviront de foudres, le vin s'y perfectionnera, et sera conduit par des tuyaux dans l'alambic même ; il ne s'agira que d'ouvrir un robinet. Mon but est qu'un seul homme suffise au service de la brûlerie, ou deux tout au plus.

3°. *Des caves.* L'esprit ardent, quoique renfermé exactement dans un vaisseau de bois, dans un tonneau, s'évapore en partie, et par conséquent diminue de titre ou de force, plus particulièrement en été qu'en hiver, à cause de la chaleur. Il est donc essentiel de tenir les eaux-de-vie dans un lieu frais, peu susceptible des variations de l'atmosphère. Alors, étant toujours dans une température presque égale (si la cave est bonne), c'est-à-dire, si elle a toutes les conditions que nous avons indiquées, il y aura très-peu de perte d'esprit ardent.

La cave doit donc être placée près de la brûlerie, ou sous la partie de la brûlerie éloignée des fourneaux. On pourroit, absolument parlant, fixer des robinets aux bassiots, qui correspondroient à des tuyaux, et ces tuyaux aux tonneaux ou pièces placées en chantier dans la cave : la fraîcheur du souterrain feroit en grande partie perdre le *goût de feu* contracté par les eaux-de-vie mal fabriquées.

Je conviens que cette manipulation demanderoit beaucoup de vigilance de la part du conducteur de la brûlerie, afin de séparer à tems l'eau-de-vie au-dessus du titre, celle au titre, et celle qui perd. Ce seroit simplement l'affaire de trois robinets à ouvrir et à fermer suivant le besoin, dans les tuyaux correspondans aux pièces. On pourroit encore mélanger ces eaux-de-vie, unir les plus fortes aux plus foibles, afin de les rendre marchandes : ce seroit une main-d'œuvre de plus.

Si on désire connoître la brûlerie la plus parfaite qui existe dans le monde entier, je conseille de voir celle que MM. *Argand* frères et citoyens de Genève ont fait construire à Valignac, vis-à-vis Colombiers, la première poste en venant de Montpellier à Nîmes. On ne peut trop louer le zèle de M. de *Joubert* sur tout ce qui concourt au bien de la province de Languedoc. Son patriotisme l'a engagé à appeler MM. *Argand*, l'un né avec le génie de la mécanique, et le second avec celui de la chimie et de la physique. Il est résulté un chef-d'œuvre de leurs travaux, et du zèle de M. *Joubert*. Je suis charmé de trouver cette occasion de leur rendre la justice qu'ils méritent, et de leur témoigner publiquement l'impression agréable que m'a procurée la vue de leur établissement. Il n'existe rien de pareil, de si commode et de si économique: beaucoup de brûleries sont meublées d'un plus grand nombre d'alambics, j'en conviens; mais le nombre ne constitue pas la perfection.

Je ne puis donner ici les proportions exactes, mais simplement le résumé de ce que j'ai vu. Qu'on se figure un local à-peu-près de trente-six pieds de longueur sur trente de largeur. Précisément au milieu, est placé un massif de maçonnerie carré, lequel contient quatre fourneaux, leurs grilles, leurs cendriers, attendu qu'on ne brûle que du charbon de terre. Sur chaque fourneau est placée une chaudière d'une beaucoup plus grande contenance que celle des chaudières employées dans les fabriques ordinaires. Une seule cheminée dans le centre du massif sert aux quatre fourneaux, et elle s'élève de quelques pieds au-dessus du toit. Ce toit est ouvert sur six à huit pouces tout autour de la cheminée, et cette ouverture est garnie de pièces de bois minces, et disposées comme les rayons d'un abat-jour; de manière que s'il y avoit de la fumée dans l'appartement

tement, le courant d'air établi autour de la cheminée l'auroit bientôt dissipée. Les rayons, presque en recouvrement les uns sur les autres, empêchent que la fumée des fourneaux qui sort par la cheminée ne puisse par aucune espèce de vent être rabattue dans l'appartement. Avec de semblables précautions, on ne sent aucune odeur de fumée, et pas même l'odeur du charbon fossile qu'on y brûle.

Lorsque la distillation est finie, l'alambic se nettoie de lui-même par le moyen d'un robinet qui permet à la vinasse de s'échaper à l'extérieur de l'appartement, par des canaux souterrains, et par conséquent sans odeur ni fumée dans l'intérieur de la brûlerie. Un autre robinet s'ouvre et laisse couler de l'eau propre dans la chaudière, et elle se lave d'elle-même.

Chaque alambic a son serpentin plongé dans une vaste pipe, où l'eau se renouvelle perpétuellement dans le bas, et s'évacue par le haut au moyen d'un petit tuyau qui s'étend à l'extérieur jusqu'au bas de la pipe, et porte l'eau chaude à l'extérieur de l'appartement. Tout y est si bien disposé, que le service s'exécute sans le moindre embarras.

La pièce qui accompagne celle-ci a la même largeur, sur douze à quinze pieds de longueur. Elle sert à placer le réservoir à vin, dont la base est un peu plus élevée que la partie supérieure de l'alambic. Au moyen d'un robinet et d'un tuyau de communication de l'un à l'autre, la chaudière se remplit sans qu'il soit nécessaire de déluter le chapiteau.

La largeur de la pièce suivante est égale à celle des deux premières, et peut avoir environ cent pieds de longueur; c'est le magasin des bariques pleines d'eau-de-vie : des portes ménagées de distance en distance facilitent la communication à l'extérieur, sans passer par les deux premières parties; vis-à-vis ces portes, dans l'intérieur et au niveau du sol, sont pratiquées des ouvertures ou trappes de deux pieds de diamètre, fermées par de fortes trappes en bois de chêne, qui s'ouvrent et se ferment à volonté, et leur encadrement est scellé exactement dans le mur. Au milieu de la trappe existe une autre ouverture un peu plus large que celle du bondon des tonneaux ordinaires; elle est encore fermée par un bouchon mobile. On verra tout-à-l'heure leur usage.

Sous ce vaste cellier existe une cave dont un tiers environ est occupé par des foudres en maçonnerie. Chaque foudre correspond à la trappe dont on vient de parler, et s'élève depuis la base de la cave jusqu'au sommet. On dit qu'ils contiennent seize muids, et le muid est composé de six cent soixante-quinze pintes, mesure de Paris. Le fluide d'une pinte pèse deux livres, poids de marc.

Ces foudres sont montés sur des massifs de maçonnerie, et élevés de deux pieds au-dessus du sol de la cave. A la base de chacun est placé un gros robinet de cuivre étamé, et il communique à un tuyau fermé qui règne sur toute la longueur de la place occupée par les foudres. A l'extrémité la plus rapprochée de la brûlerie est un réservoir dans lequel le vin vient se rendre; et au moyen d'une pompe, ce vin est porté dans le réservoir établi dans la seconde pièce de l'appartement supérieur.

En dehors des bâtimens et vis-à-vis cette seconde pièce, est établie une pompe et un réservoir pour recevoir l'eau nécessaire aux pipes, au lavage des alambics. La même pompe, par des ajustemens particuliers, élève à volonté ou le vin ou l'eau, suivant le besoin; et un seul petit âne suffit et au-delà pour le service de la pompe. Lorsque l'un ou l'autre de ces réservoirs est plein, le bruit d'une petite cloche se fait entendre, et l'âne, accoutumé à cette sonnerie, sait qu'il est tems d'aller se reposer.

S'il ne falloit pas transporter les baquets pleins d'eau-de-vie, une seule personne suffiroit au service de cette brûlerie.

A ces avantages économiques de manipulation il faut en ajouter de bien plus grands encore dans la fabrication. Voici ce dont j'ai été témoin :

Le même vin mis dans une des chaudières de MM. *Argand* et dans une de celles d'un particulier voisin ont produit cette différence.

M. Argand.	*Le particulier.*
92 veltes de vin dans une seule chaudière.	50 veltes de vin dans une seule chaudière, et conforme à celles du pays.
44 livres de charbon de terre pour leur distillation.	60 livres de charbon pour leur distillation.
En six heures, on a retiré 18 veltes eau-de-vie preuve de Hollande.	En cinq heures 42 min. on a retiré 5 veltes eau-de-vie preuve de Hollande.
En une heure, on a retiré 4 veltes de phlegme.	En deux heures, on a retiré 5 verges 4 pots de phlegme.

Il a donc fallu cent soixante livres de charbon pour faire les trois chauffes; les deux secondes ne dépensent que cinquante livres.

On a retiré de trois chauffes en bonne eau-de-vie quinze veltes, et en repasse quinze veltes et trois cinquièmes.

La distillation de MM. *Argand*, depuis que le feu a été allumé, a duré sept heures; chez le voisin, sept heures trente-neuf minutes : mais si on eût fait trois distillations de suite, pour être au pair de celle de MM. *Argand* en sept heures trente-neuf minutes, elle auroit duré environ vingt-trois heures : cependant, dans la pratique générale, on ne fait que deux chauffes de trente veltes dans les vingt-quatre heures.

A trois distillations, il y auroit donc eu une économie de cent seize livres de charbon. Celle du tems n'est pas moins importante; car, pour retirer l'eau-de-vie première ou preuve de Hollande, il faut trente-six heures pour trois chauffes, et MM. *Argand* n'ont employé que sept heures à compléter une distillation de quatre-vingt-dix veltes; par conséquent il y a vingt-neuf heures de tems gagnées.

La construction des chaudières de ces messieurs donne lieu à une plus grande distillation d'eau-de-vie preuve de Hollande : ainsi, la dépense pour réduire les phlegmes en bonne eau-de-vie est beaucoup moindre que celle occasionnée par la réduction de ces mêmes phlegmes dans les brûleries ordinaires, puisque ces messieurs n'ont eu que quatre veltes de phlegme; et le voisin en avoit eu seize veltes trois cinquièmes de la même quantité de vin, provenant de trois chauffes.

J'ai eu le plaisir de voir travailler quatre alambics tous à-la-fois; l'un chargé de vin; le second d'eau-de-vie pour être convertie en esprit; le troisième chargé de vin de marc, et le quatrième de lies : les mêmes avantages, la même supériorité se sont manifestés, et l'économie du bois a été prodigieuse pour la distillation du marc. Rarement on distille les lies en Languedoc; le produit est trop mince et le bois est trop cher. Le prix des eaux de marc est presque toujours d'un quart et même d'un tiers au-dessous de celui des eaux-de-vie du commerce, à cause du mauvais goût; et celle obtenue par MM. *Argand*, étoit au pair de l'eau-de-vie marchande.

On sait que, dans la distillation des esprits, on est forcé, dans la crainte des accidens, de ménager le feu, et de le conduire avec la plus grande précaution, de manière que le filet qui coule par le serpentin soit extrêmement petit. Un ouvrier poussa un peu trop le feu, et le filet sortit de la grosseur du petit doigt; alors un bruit singulier, et semblable au sifflement occasionné sur une corne creuse, se fit entendre, et avertit l'ouvrier de son imprudence. Mon étonnement fut extrême, lorsque je vis une espèce de soupape qui l'occasionnoit, et qui étoit placée à dessein, afin d'avertir l'ouvrier lorsqu'il y a trop de feu; elle existe sur les quatre alambics. Le mécanisme qui la fait jouer n'est pas visible.

Je ne puis me refuser au plaisir de décrire l'opération de la conversion de l'eau-de-vie, preuve de Hollande, en trois cinq, afin que chacun puisse juger par comparaison.

La chaudière a été chargée de quatre-vingts veltes de cette eau-de-vie; on pesa cent six livres de charbon, et le feu fut mis à neuf heures du matin.

A neuf heures vingt-cinq minutes l'esprit a commencé à couler très-rapidement.

A midi, on a retiré un buguet, dont l'esprit étoit à trente degrés et demi à l'aréomètre de *Périca* ou de *Baumé*.

A une heure vingt-une minutes, un second buguet, qui avoit remplacé le premier, a été retiré plein d'un esprit à trente degrés et un quart du même aréomètre.

A trois heures on a retiré un autre buguet plein d'un esprit au titre de vingt-neuf degrés et demi.

A cinq heures, un autre buguet, au titre de vingt-huit degrés.

A huit heures quinze minutes, un autre buguet au titre de vingt-six degrés et demi.

A onze heures, un autre buguet, au titre de vingt-quatre degrés.

A une heure et demie après minuit, un autre buguet, au titre de dix-sept degrés et demi.

Il a resté seize pintes du dernier phlegme, et il s'est consommé cent et une livres de charbon.

Le produit total a été de soixante-deux veltes et trois cinquièmes, qui ont donné la preuve du trois cinq à l'aréomètre de *Bories* et de *Baumé*

Il faudroit environ trois cents livres de charbon pour obtenir la même quantité de trois cinq dans les brûleries ordinaires, et on y passe trois à quatre jours à distiller de quoi remplir une pièce de soixante-quinze veltes.

Ce que j'ai dit est un simple aperçu de cet utile établissement ; mais c'est assez pour que ceux qui s'occupent de la distillation en sentent tout le mérite.

Il y a encore un point important dont je n'ai pas parlé : les chaudières, les chapiteaux, les serpentins, en un mot, toute partie cuivreuse employée dans cette brûlerie est *étamée*. Ce mot ne rend pas la chose ; elle est doublée d'une composition dont MM. *Argand* font un secret : elle est inattaquable par l'acide du vin, conserve extrêmement les vaisseaux, et on ne craint pas l'érosion du cuivre ni sa décomposition, qui se change en verd-de-gris. Ce secret mériteroit d'être acheté par le gouvernement, et rendu public.

Je finis par répéter qu'à mon avis cet établissement est un chef-d'œuvre dans tous les genres.

SECTION III.

Du choix des vins destinés à la distillation.

Lorsque le vin a un débit assuré et à un bon prix, il est inutile de le distiller : on doit laisser cette branche de commerce aux départemens qui en regorgent, soit par l'immense quantité de vignes qu'ils possèdent, soit par le manque de débouchés, soit enfin à cause de son trop bas prix. Avant d'établir une brûlerie, il est prudent de s'assurer, par des expériences faites en petit, combien, d'une mesure déterminée de vin, il est possible de retirer d'eau-de-vie au titre, et de celle au-dessous. Alors, calculant les frais et le produit en esprit ardent, on les compare avec le prix courant du vin pendant les dix années antérieures, et dont on prend le terme moyen ; et on observe si, dans ces dix années, on étoit en guerre ou en paix. D'après un faux calcul en débutant, on se ruine. Si les uns et les autres sont au pair, il est inutile de se donner la peine de distiller. Si le bénéfice excède réellement, et que le prix des vins soit, chaque année, à peu de chose près le même, on ne risque rien d'établir une brûlerie. Il faut travailler en grand, si on veut gagner.

Il est bien démontré que la seule substance sucrée est susceptible de fermenter et de produire un vin quelconque. Ainsi, tant que cette partie sucrée n'est pas entièrement combinée, c'est-à-dire, tant que le goût doux et liquoreux est bien sensible dans le vin, tout l'esprit ardent qu'il peut donner n'est pas encore formé. Il est étonnant qu'un célèbre chimiste de Paris, qui a reconnu le premier de ces principes, ait dit ensuite :

» Les vins qu'on destine à être convertis en eau-
» de-vie doivent être distillés six semaines ou deux
» mois après la fermentation complète, sans at-
» tendre *qu'ils soient éclaircis*. Ils fournissent,
» dans cet état, beaucoup plus d'esprit-de-vin
» qu'au bout de l'année ». Ce passage exige des réflexions, parce qu'il tire à grande conséquence.

1°. Je suppose un vin bien fait, qui n'ait ni trop ni trop peu cuvé, dont le chapeau de la cuve n'ait point été dérangé pendant la *fermentation*, dont le raisin ait été vendangé par un tems convenable; et je dis, 1°. que ce vin donnera plus d'esprit ardent à la fin de mars qu'à Noël, surtout si le vaisseau qui le contient est renfermé dans une bonne cave.

2°. Que si, depuis Noël jusqu'au mois d'avril, on l'a tenu dans un lieu trop chaud, et dans de petits tonneaux, il donnera moins d'esprit ardent qu'à la première époque. Dans le premier cas, l'esprit ardent se crée toujours par la fermentation insensible qui succède à la tumultueuse; dans le second, cette fermentation insensible est trop accélérée, et une grande partie de la substance spiritueuse s'évapore à travers les pores du vaisseau. Que l'on débouche l'une et l'autre barique, et l'on verra, quoique de contenances égales, qu'il manque beaucoup plus de vin dans la seconde que dans la première. Or, il a déjà été dit que l'esprit ardent s'évapore beaucoup plus facilement que l'eau, au même degré de chaleur : il n'est donc pas surprenant qu'à la distillation de la seconde barique on retire moins d'esprit ardent, même en faisant abstraction de la différence de quantité en vin ; ainsi cette soustraction dépend de la circonstance et non du tems.

J'établis une proposition générale ; je dis que le même vin contient plus de spiritueux au commencement d'avril qu'à Noël, fondé sur les expériences journalières des grandes brûleries. Cette proposition exige actuellement des modifications. Il existe des vins de si petite qualité, dont l'enchaînement des principes est si lâche, dont les principes même sont si mal combinés, et si peu disposés à l'être, qu'il est plus avantageux de les distiller à Noël que plus tard ; c'est sans doute de ceux-là que ce chimiste a voulu parler : s'il s'agit des vins de Languedoc, de Provence, etc. ils acquièrent pendant l'hiver ; et on fera très-bien de ne les brûler qu'en mars ou en avril, et même à la fin de l'année, si on les a conservés dans des foudres ou dans une bonne cave, et en plus grande masse possible. On est obligé, dans les grandes brûleries, de commencer plutôt, afin d'avoir fini les distillations avant les grandes chaleurs, parce que dans l'été les vins perdent trop de spiritueux, sur-tout lorsqu'on ne les tient pas dans des caves excellentes, mais, suivant la coutume, dans des celliers : d'ailleurs on est obligé de brûler, à mesure qu'on achète du vin. Heureux sera celui qui pourra acheter la vendange en nature, et qui sera assez riche pour en acheter une grande quantité !

En mars ou au commencement d'avril, c'est-à-dire au renouvellement de la chaleur, suivant le climat, il s'établit une nouvelle fermentation, l'insensible cesse, et celle qui lui succède est plus active ; le gaz acide carbonique cherche à se dégager ; enfin le vin travaille : cette opération de la nature le bonifie, le rend vineux, agréable, recombine ses principes, et cette agitation fait évaporer plus ou moins de spiritueux, suivant les circonstances. Le point essentiel est donc de prévenir cette époque, à moins qu'on n'ait des foudres construits en maçonnerie, et placés dans de bonnes caves; alors l'évaporation du spiritueux est presque nulle, et le vin gagne en esprit pendant toute l'année. Cette expérience est décisive dans la brûlerie établie par MM. *Argand*; et on ne doit pas se hâter de conclure sur de simples aperçus, que six semaines ou deux mois après la fermentation complète, le vin est aussi chargé de spiritueux qu'il peut en acquérir. J'ose affirmer le contraire, si on a eu le soin de conserver le vin, ainsi qu'il l'exige, et de la manière suivie par un brûleur intelligent. L'expérience journalière prouve, malgré l'assertion du chimiste dont on parle, 1°. qu'un vin de deux, de six mois, donne moins d'esprit ardent qu'un vin d'un an; 2°. que de celui de deux ou de six mois, on retire moins d'*eau-de-vie première*, et beaucoup plus de *repasse*, que de celui d'un an; 3°. que l'eau-de-vie est plus âcre, plus colorée, plus sujette à l'empyreume, au coup de feu, que celle du dernier. Il est donc prudent d'attendre, si on a de bonnes caves, et sur-tout si le vin est généreux.

La transparence, la limpidité du vin sont encore des conditions essentielles. Tout vin bien fait, à moins qu'il ne soit de sa nature sirupeux, comme les vins muscats, les blanquettes, etc. est toujours *éclairci* deux mois après qu'il a été tiré de la cuve. Si on excepte les vins sirupeux, tous les autres sont en état d'être *soutirés* à Noël, et je conseille cette époque pour le premier *soutirage*, sur-tout si le tems est froid. Il faut donc que le chimiste ait opéré sur des vins faits à Paris, ou sur des vins sirupeux, puisqu'ils n'étoient pas éclaircis deux mois après. Dans les grandes brûleries, on distille rarement de tels vins, parce qu'ils ont un débit assuré ; on les recherche à cause de leur liqueur; mais si on les brûle, l'esprit qui en provient est d'une qualité inférieure, je ne ne dis pas quant au titre, mais pour le goût ; leur prix est bien au-dessous de celui des premières.

Pourquoi les eaux-de-vie de Languedoc, de Provence, ont-elles presque toujours de l'acrimonie, tandis que celles de Saintonge, de l'Angoumois, de l'Aunis, etc. sont plus amiables, quoique la manière de distiller soit parfaitement la même, et que tous les alambics, en général, ainsi que leurs serpentins, soient aussi chargés de vert-de-gris que ceux des provinces méridionales ? Deux objets causent cette différence. A l'occident de la France, on ne distille presque que des vins blancs et aqueux ; et au midi, des vins rouges très-foncés en couleur, et qui ont trop fermenté. Le raisin blanc n'a presque point de partie colorante, il ne fermente pas avec la grappe comme le vin rouge ; d'ailleurs, les vins blancs sont moins tartareux. Or, si cette partie colorante, sur laquelle la chaleur agit dans l'alambic, qui est dissoute par l'esprit, et qui se combine avec lui, donne un goût âcre à l'eau-de-vie, il résulte donc, par comparaison, que le vin non *éclairci* doit augmenter ce goût, et ajouter celui de *brûlé*, puisque ce qui le rend trouble est la lie et le tartre qui ne sont pas précipités, etc.

Autant qu'il sera possible, ne distillez donc que des vins clairs. A cet effet, établissez un réservoir bien clos, bien fermé, semblable à celui dont il a été question. Dans le milieu de sa hauteur, établissez un double fond percé de trou, de la largeur d'un pouce; couvrez ce fond d'une étoffe serrée, épaisse, et en laine; chargez-la de quelques pouces de sable bien pur et bien lavé, afin d'en séparer la terre : remplissez-le alors de vin; il filtrera à travers le sable, et sera très-clair dans la partie inférieure du réservoir. Cette opération n'exige aucune dépense de plus, et ne dérange pas les ouvriers; pendant qu'une distillation s'exécute, le réservoir se remplit. La seule dépense une fois faite consiste donc à lui donner plus de hauteur et plus de largeur qu'aux précédens. Les brûleurs qui tendent à la quantité seule traiteront cette précaution de minutieuse. Ils sont très-fort les maîtres de faire de mauvaises eaux-de-vie; je ne la vois pas du même œil.

J'ai dit que la qualité des eaux-de-vie de l'Aunis et de l'Angoumois étoit supérieure, à tous égards à celles des provinces méridionales, et que cette qualité ne dépendoit pas de la manipulation. Elle tient essentiellement un peu des parties colorantes, tartareuses et mucilagineuses de ces vins, étendues dans une grande masse de fluide aqueux. Il arrive souvent, dans ces provinces, qu'on distille jusqu'à six, sept et même huit pièces de vin, pour en avoir une d'eau-de-vie marchande; tandis qu'au midi de la France, souvent trois ou quatre suffisent. Il y a donc dans ces vins beaucoup moins de phlegme, plus de parties colorantes, etc. sur lesquelles le feu et l'esprit ont plus d'action pendant la distillation, et qui réagissent ensuite sur ce même esprit et sur l'huile du vin : au lieu que, dans les premières, le phlegme plus abondant empêche ces actions et réactions. Je conviens que leur distillation est plus coûteuse ; mais le haut prix de leurs eaux-de-vie ne dédommage-t-il pas de l'excédant de dépense en bois et en main-d'œuvre ?

Les vins de nos provinces du midi sont infiniment plus tartareux que ceux de nos provinces d'occident, et par-tout les vins blancs le sont moins que les vins rouges. On sait qu'il faut une grande quantité d'eau pour dissoudre le tartre, et que le vin ne contient que la juste quantité de ce fluide aqueux pour tenir tout son tartre en dissolution complète. On concevra donc aisément que, par la

distillation

distillation, outre l'esprit ardent proprement dit, on sépare encore une partie égale du véhicule aqueux. Or, dans cette circonstance, le tartre, d'une gravité spécifiquement plus pesante que la vinasse, se précipite au fond de l'alambic, où il s'accumule, et se brûle plus ou moins, malgré le mouvement d'ébullition; ainsi, plus un vin est tartareux, plus l'eau-de-vie qu'on en retire est âcre; et voilà un effet qui a établi la différence de qualité des eaux-de-vie de nos diverses provinces.

La manière de faire les vins destinés à la brûlerie, ou ceux pour la boisson, est bien différente. 1°. Les vins qui abondent le plus en esprit ardent sont les meilleurs quant aux produits, et non quant à la qualité. 2°. Les vins qui ont un goût décidé de terroir le communiquent à l'eau-de-vie. 3°. Les vins rouges, ainsi qu'on vient de le dire, donnent une eau-de-vie moins suave, moins amiable que les blancs. 4°. Les uns et les autres qui ont fermenté *en grande masse* dans la cuve fournissent plus d'esprit. 5°. Ceux dont la fermentation de la cuve a été trop long-tems continuée sont plus chargés de parties colorantes, et produisent moins d'esprit, que ceux qui ont cuvé moins long-tems, toutes circonstances égales. 6°. Les vins tenus dans des tonneaux trop long-tems débouchés sont dans le même cas, ou s'ils sont gardés, avant de les brûler, dans des celliers trop chauds. 7°. Dans les années pluvieuses et froides, les vins fournissent moins d'eau-de-vie, et elle est de meilleure qualité; ceux des années chaudes et sèches sont plus spiritueux, et l'eau-de-vie moins agréable. 8°. Si les vins sont doux et sirupeux, il convient de les allonger avec une suffisante quantité d'eau, afin de détruire leur lien d'adhésion. 9°. Si l'on prévoit, lors de la vendange, que le vin soit trop aqueux, c'est le cas d'ajouter dans la cuve une quantité proportionnée ou de miel commun et pur, ou de cassonade, afin que ces parties sucrées s'unissant augmentent celles de la masse, et qu'aidées par la fermentation, elles travaillent ensemble à créer du spiritueux, puisque l'esprit est produit par la seule partie sucrée. 10°. Tout vin éventé, qui a une tendance à l'acide, ou devenu acide par l'absorption de l'air atmosphérique, donne beaucoup moins d'eau-de-vie, suivant le degré d'acidité qu'il possède. On doit ne pas confondre ce genre d'acidité avec celui du raisin qui n'est pas mûr; les principes sont bien différens. Dans le second cas, l'acide n'est pas masqué par le développement de la partie sucrée; et dans l'autre, ce premier acide est, pour ainsi dire, à nu, et augmenté par l'absorption de celui de l'air de l'atmosphère.

Il reste encore une question à examiner. *Les vins blancs*, toutes circonstances égales, *fournissent-ils plus d'esprit ardent que les vins rouges* ? Oui en général. Cette décision exige des modifications. 1°. Telle espèce de raisin blanc ne peut être comparée à telle autre espèce de blanc, relativement à la quantité d'esprit ardent. La *folle* cultivée en Angoumois, en Saintonge, le *chasselas* de Paris, etc. contiennent moins de spiritueux que le *vionier* de Côte-Rôtie, ou le *meûnier* des environs de Paris, parce que ces raisins renferment moins de parties sucrées, et que cette portion sucrée, qui seule fournit l'esprit, est étendue dans beaucoup plus d'eau. La comparaison de raisins blancs à d'autres raisins blancs s'étend également à la qualité de telle espèce blanche à telle espèce rouge. Il est donc clair que toute décision générale et tranchante en ce genre est abusive. Comme on fait de très-bon vin blanc avec du raisin rouge, le vrai point à démontrer dans cette question est : *telle espèce de raisin blanc, mise à fermenter, comme on le pratique à l'égard du vin rouge, donne-t-elle autant d'esprit ardent, que si le vin blanc qui en provient a été fait à la manière accoutumée ?* Quoique la solution de ce problême soit simple, elle exige encore une distinction. Le vin placé dans des vaisseaux de deux à trois cents pintes, mesure de Paris, sera moins spiritueux que celui des vaisseaux de six cents pintes, et celui-ci moins que le vin blanc des vaisseaux contenant mille ou deux mille pintes, et ainsi en suivant l'ordre des proprtions. 1°. L'épaisseur des bois ou de la maçonnerie des grands vaisseaux s'oppose à l'évaporation de l'esprit. 2°. La fermentation y est plus complète, et la partie sucrée mieux convertie en esprit. 3°. Moins le vaisseau aura resté long-tems débouché, et plus il conservera de spiritueux. 4°. Si la cuve est presque aussi large dans le haut que dans le bas, et qu'elle soit découverte, il est visible que pendant la fermentation il s'échappera beaucoup d'esprit entraîné par le courant de gaz acide carbonique; mais si ces grandes cuves sont construites comme celles de l'Aunis et de l'Angoumois, c'est-à-dire, si ce sont de très-grands vaisseaux servant tout-à-la-fois de cuves et de foudres, il y aura beaucoup plus d'esprit dans ce dernier cas. Une trappe d'un à deux pieds en carré est la seule partie découverte; et comme elle s'ouvre ou se ferme à volonté, au moyen d'une coulisse, on est maître de laisser l'ouverture plus ou moins grande, suivant la vigueur de la fermentation. Le vin blanc, dans ce cas, éprouve la même action que les vins rouges dans la cuve ordinaire; mais il perd très-peu de spiritueux.

Il est donc décidé, 1°. que le raisin blanc ne contient pas en lui-même plus d'esprit ardent que le raisin rouge, chacun suivant son espèce; 2°. que la qualité de l'espèce de raisin une fois reconnue et admise donne plus ou moins d'esprit, suivant la manière dont on la fait fermenter; 3°. que plus elle fermentera en grande masse, plus elle produira de spiritueux.

Dans tous les cas quelconques, le vin *forcé*, soit blanc, soit rouge, renferme plus d'esprit que les vins fabriqués de toute autre manière.

SECTION IV.

Méthodes pratiques de la Distillation.

ARTICLE PREMIER.

De la Distillation des Eaux-de-vie du commerce.

LA grandeur des chaudières varie suivant les provinces : on ne peut donc pas fixer le nombre des veltes dont elles doivent être chargées. Plus elles auront de surface, plus la distillation sera rapide, parce qu'elle s'exécute par évaporation, et l'évaporation n'a lieu que par les surfaces. Plus la distillation sera longue, et plus l'eau-de-vie sera colorée et contractera de mauvais goût.

Pendant la distillation, le vin bout fortement dans la chaudière, et occupe un plus grand espace; de manière que si elle est trop remplie, les bouillons monteront au-dessus de la chaudière : on ne craindra rien si on laisse sept à huit pouces de vide. Il est aisé de reconnoître si la chaudière est chargée convenablement, lorsqu'elle est découverte, c'est-à-dire lorsqu'elle n'est pas garnie de son chapeau. Dans le cas contraire, on fait entrer dans une douille ménagée sur la chaudière une jauge qui plonge jusqu'au fond ; en la retirant, on connoît la hauteur du vin ; s'il y en a trop, on ouvre le robinet par lequel la vinasse s'écoule, et on ne laisse que la quantité de vin suffisante, ou bien on se sert d'un siphon ; lorsqu'elle est au point, on bouche exactement cette ouverture, et on la lute. Plus le vin est nouveau, plus il exige d'espace entre sa surface et le col de l'alambic, parce qu'il contient infiniment plus d'air que le vin vieux, et que ses bouillons en sont plus considérables.

Dans plusieurs pays, on ne *coiffe* la chaudière avec son chapeau, que lorsque le vin commence à être bouillant : cette manipulation est défectueuse. Jusqu'à ce moment la partie qui s'évapore est très-phlegmatique, j'en conviens ; il se dégage une grande quantité d'air : mais cet air et ce phlegme entraînent avec eux beaucoup de spiritueux.

Dès que la chaudière est coiffée d'une manière ou d'une autre, il est de la plus grande importance de garnir le fourneau avec du bois le plus combustible, afin d'exciter promptement un très-grand feu, de mettre la chaudière *en train*, en un mot, de donner au vin ce qu'on appelle le *coup de feu*. En le négligeant, ou en modérant trop le feu, on pourroit ne retirer presque que du phlegme, et la partie spiritueuse se combineroit en pure perte avec ce qui resteroit dans la chaudière. Ce point de fait me porta jadis à penser, avec plusieurs chimistes, que l'esprit ardent se formoit pendant la distillation. Je reconnois mon erreur, et je dis qu'il est bien démontré que l'esprit est tout formé dans le vin, et que le coup de feu sert seulement à le séparer et à le désunir du mucilage qui le masquoit, et à faire obtenir une grande quantité d'esprit ardent.

Aussitôt après avoir mis le feu sous la chaudière, et même avant, on adapte et on lute la queue du chapiteau au serpentin; la pipe est remplie d'eau, et le bassiot est placé au bas du serpentin, afin de recevoir l'eau-de-vie qui va couler. Il faut presser le feu jusqu'à ce que la vapeur qui sort du vin, et qui monte au fond du chapiteau, commence à entrer dans le serpentin, et qu'elle soit prête à couler, ce que l'on connoît en appliquant la main sur la naissance du serpentin, c'est-à-dire, sur l'endroit où il s'emboîte et se réunit à la queue du chapiteau. La chaleur de cette partie prouve qu'une quantité suffisante de vapeurs est déjà passée, puisqu'elle est échauffée.

Au bois sec et menu on supplée alors par de gros bois, de manière à remplir le fourneau, et qu'il y en ait assez pour en retirer toute la bonne eau-de-vie ; on laisse un vide entre les pièces de bois, afin d'attirer dans le fourneau un courant d'air capable d'entretenir l'ignition : après cela, on ferme la porte du fourneau. Lorsque le bois est consumé et réduit en braise, on pousse la tirette, *fig*. 14, et NN, *pl. V*; afin de fermer la cheminée, et de retenir sous la chaudière, et dans le fourneau, toute la chaleur. Il est impossible de prescrire de quelle quantité de bois le fourneau doit être chargé ; elle dépend beaucoup de sa qualité et de son plus ou moins de siccité : mais l'ouvrier accoutumé à ce travail ne se trompe jamais ou très-rarement il augmente ou diminue l'activité du feu, par le moyen de la soupape ou tirette d'où dépend le plus ou moins grand courant d'air.

Dans les premiers instans de la distillation, il sort par le bec inférieur du serpentin une grande quantité d'air, ensuite du phlegme un peu chargé d'esprit, enfin l'eau-de-vie. Si le filet qui paroît est trop considérable, il convient de diminuer le feu ; s'il est trop foible, il faut l'augmenter, ou par l'addition du bois, ou par un meilleur arrangement de celui qui est déjà dans le fourneau : on observera cependant que plus le courant d'eau-de-vie est fin, meilleure elle est. Si le courant *bronze*, c'est-à-dire s'il est gros et trouble, c'est une preuve que le vin bouillonnant passe de la chaudière dans le serpentin. Il est de la dernière importance de remédier aussitôt, sans quoi le chapeau seroit détaché de la chaudière par la force d'expansion de l'air et des vapeurs, et on courroit le péril très-éminent de mettre le feu à l'atelier : cet exemple n'est pas rare. Dans le cas du *bronze*, il faut se hâter de mouiller à grande eau le chapeau, et, ce qui vaut encore mieux, de jeter de l'eau sur le feu sans perdre de tems.

Après le phlegme, la première eau-de-vie qui paroît est au plus haut titre, et de tems en tems on examine ce titre, soit par l'éprouvette ou preuve, soit avec un aréomètre.

Si on désire avoir séparément l'eau-de-vie forte, on enlève le bassiot et on le supplée par un nouveau ; dès qu'elle commence à perdre, c'est-à-dire, qu'il coule de l'eau-de-vie *seconde*, on appelle cette opération *couper à la serpentine* : cette seconde eau-de-vie est mise à part ; on la tire jusqu'à la fin ; elle forme la *repasse* ou eau-de-vie très-phlegmatique, qui ne peut entrer dans le commerce. Il faut nécessairement une nouvelle *chauffe*, ou distillation, afin de ne pas perdre l'esprit ardent noyé dans le phlegme.

Afin de s'assurer qu'il ne reste plus d'esprit dans l'eau qui continue à distiller, on reçoit de cette eau dans un vase, et on la jette sur le chapeau brûlant de la chaudière ; alors, en présentant une lumière à l'endroit où ce fluide s'évapore, il se manifeste une petite lumière bleuâtre, c'est une preuve qu'il reste de l'esprit ; l'absence de la lumière annonce le phlegme simple. On peut encore goûter le fluide qui distille, et l'impression qu'il cause sur la langue fournit une règle aussi sûre.

Lorsque l'esprit ne vient plus, on ouvre le robinet de décharge, la vinasse s'écoule, et avec de nouvelle eau on lave exactement la chaudière.

Lorsque la partie qui recouvre la chaudière n'est pas garnie d'une douille, il faut absolument déluter son chapeau afin de laver l'intérieur ; la douille évite cet embarras : on passe par son ouverture ordinairement de 2 à 3 pouces de diamètre, un manche de bois, au bas duquel sont attachés des chiffons ; et, par un mouvement dans tous les sens de la chaudière, ces chiffons frottent ses parois, et, à l'aide de l'eau nouvellement introduite, ils détachent le limon et les parties étrangères, qui sont entraînées lorsqu'on ouvre le robinet de la décharge. Les brûleurs vigilans répètent ce lavage jusqu'à deux ou trois fois, ou plutôt jusqu'à ce que la nouvelle eau sorte aussi claire qu'on l'a mise dans la chaudière. Les brûleurs qui font tout à la hâte se contentent d'expulser la vinasse, et chargent aussitôt la chaudière avec du vin. On ne doit plus être étonné si ces eaux-de-vie ont un goût de *feu* et de *brûlé* ; deux goûts très-différens.

La distillation une fois commencée n'est plus interrompue, et se continue souvent pendant la nuit. Défendez à vos ouvriers d'approcher aucune lumière près du bassiot ni du bas du serpentin, ou plutôt, mettez-les dans l'impossibilité d'avoir des lumières à la main ; à cet effet, fixez d'une manière invariable contre les murs de la brûlerie des lampes, et que, pour les allumer, il faille monter sur une échelle, ou bien les faire descendre avec une poulie. Lorsqu'elles seront remontées, fermez à clef l'espèce de boîte qui contient le bas de la corde. J'insiste sur cette précaution, parce que j'ai vu une brûlerie réduite en cendres uniquement pour avoir laissé la lumière à la disposition des ouvriers.

J'ai déjà dit que, pour peu que le filet sorte chaud du serpentin, le courant d'air entraîne avec lui et volatilise beaucoup de spiritueux. En approchant une lumière de cette atmosphère, il s'enflamme, enflamme l'esprit du bassiot, et il est très-rare qu'on parvienne à éteindre cette flamme.

Suivant la qualité des vins, on retire plus ou moins d'eau-de-vie *première*. En Angoumois, par exemple, une chaudière chargée de trente veltes, comme en Languedoc, donne depuis vingt-quatre jusqu'à vingt-six pintes d'eau-de-vie *première*, et depuis trente jusqu'à quarante pintes d'eau-de-vie *seconde*. En Languedoc, au contraire, on retire cinq veltes ou quarante pintes, mesure de Paris, de la même eau-de-vie. La *seconde*, est dans les mêmes proportions.

Ces différens titres d'eau-de-vie ont souvent mis les marchands dans la possibilité de tromper les acheteurs, soit nationaux, soit étrangers. Les plaintes portées au Gouvernement l'ont engagé à faire des lois relatives à cette branche de commerce. Par un arrêt du Conseil du 10 avril 1753, il est ordonné que les eaux-de-vie seront *tirées au quart, la garniture comprise*, c'est-à-dire que, sur seize pots d'eau-de-vie forte, il n'y aura que quatre pots de seconde. Le fabricant sait, à très-peu de chose près, combien trente veltes de vin doivent donner d'eau-de-vie première et seconde; il sait encore, par le moyen de sa jauge, combien de veltes contiennent les bassiots dont il se sert. Lorsqu'il voit à-peu-près que l'eau-de-vie forte est prête à perdre, il jauge son bassiot; et lorsqu'il trouve vingt mesures d'eau-de-vie forte, il laisse couler dans le même bassiot cinq mesures d'eau-de-vie seconde: ces vingt-cinq mesures sont ce qu'on appelle *lever au quart*. L'eau-de-vie qui vient après est mise de côté pour la repasse. La première manière d'opérer est appelée *brûler à chauffe simple*; et à *chauffe double ou triple*, lorsque l'on distille de nouveau cette eau-de-vie, soit seule, soit en la mêlant avec du vin, de manière à garnir la chaudière. Toute eau-de-vie à chauffe simple conserve toujours de l'acrimonie, et elle la perd successivement par de nouvelles distillations ou nouvelles chauffes : on en fait autant pour les repasses, ou bien on les rassemble toutes pour une chauffe séparée.

Des contestations avoient déjà nécessité un autre arrêt du Conseil du 17 avril 1743, relativement aux bariques. On expédioit, par exemple, de Cette ou de la Rochelle, de l'eau-de-vie réellement au titre; et lorsqu'elle arrivoit en Hollande, son titre étoit beaucoup inférieur, sans qu'il y eût de la faute du marchand. L'expérience journalière prouve que la masse du vin diminue chaque jour dans les futailles, et beaucoup plus en été qu'en hiver. J'en ai déjà dit la cause. A plus forte raison, l'esprit devoit s'évaporer, et par conséquent l'eau-de-vie ne pouvoit plus être au titre. La qualité du bois contribuoit singulièrement à cette évaporation. En Languedoc, on employoit les douves de bois de châtaignier, de mûrier, etc., parce que le chêne y est très-rare et fort cher. La diversité des pores de ces bois nécessitoit la diversité d'évaporation. Le roi avoit ordonné, 1°. que toutes les futailles ou pièces seroient construites en bois de chêne, et que chaque pièce seroit exactement construite sur un même modèle, afin que, leur contenance étant égale, il n'y eût plus de difficulté. Les tonneliers ont été astreints à imprimer leur nom avec une marque de feu, et ils répondent de leur travail. Malgré ces précautions, le tonnelier peut encore tromper, à volonté, ou le vendeur ou l'acheteur, suivant la manière dont l'intérieur des bois est débité : on en a vu d'assez malhonnêtes pour se prêter à de pareilles friponneries ; une légère rétribution les éblouissoit, et quelquefois les séduit encore : une douve ou *douille*, plus épaisse que sa voisine, fait le bénéfice du vendeur, et le bénéfice augmente en raison du nombre de ces douves. Pour aider leur courbure, lorsque l'on fabrique la futaille, on suit dans plusieurs endroits la coutume d'enlever, dans le milieu de la douve, et dans sa partie intérieure, une portion de bois, afin de l'amincir. Plus on en supprime, et plus l'acheteur gagne. Souvent les douves du bas de la pièce sont plus amincies que les supérieures : la jauge entre plus profondément, et l'acheteur perd.

Dans les provinces, au contraire, où l'on serre les douves avec le tourniquet, le milieu est plus épais que dans les deux extrémités; mais comme tout le bois est dolé des deux côtés, les friponneries sont plus difficiles à exécuter que lorsque le bois ne l'est pas. Il me paroît essentiel qu'un règlement de police force les tonneliers à n'employer aucune douve sans être dolée; alors la futaille sera aussi unie au-dedans qu'au-dehors, et on éviteroit par-là ces petits tours de main qui déshonorent.

Article II.

De la distillation de l'esprit-de-vin.

Il est très-avantageux aux propriétaires de convertir les eaux-de-vie en esprit, et aux acheteurs de préférer celui-ci. 1°. Il faut moins de futailles. 2°. Sous un plus petit volume, le prix est augmenté. 3°. Les frais de transport sont moins considérables. 4°. La liqueur est plus fine, moins âcre, plus dégagée de tout corps étranger.

La rectification exige un nombre de chauffes proportionné à la quantité de phlegme contenu dans l'eau-de-vie. Les fabricans qui cherchent la perfection jettent dans la cucurbite l'eau-de-vie, preuve de Hollande, et placent cette chaudière dans un bain-marie. Au mot *alambic*, on a vu sa description.

Il a déjà été dit que les fluides n'ont pas tous la même volatilité, et qu'ils exigent par conséquent différens degrés de chaleur pour se volatiliser; sur ce principe est fondée la distillation au bain-marie.

La chaudière est remplie d'eau; dans cette chaudière est placée la cucurbite pleine d'eau-de-vie jusqu'au point convenable; enfin, la cucurbite est recouverte de son chapiteau uni au serpentin; et lorsque l'eau bout, sa chaleur, alors de quatre-vingts degrés, fait volatiliser l'esprit contenu dans l'eau-de-vie; il monte seul ou presque seul, et on obtient de l'esprit très-pur. Si le fluide contenu dans la cucurbite éprouvoit le même degré de chaleur que celui de la chaudière, l'esprit et le phlegme monteroient ensemble; mais l'expérience a prouvé que le fluide environnant souffre un plus grand degré de chaleur que le corps environné, de quelque nature qu'il soit; c'est pourquoi l'esprit monte seul ou presque seul, puisque le phlegme ne sauroit se volatiliser au degré de l'eau bouillante qui l'environne. L'esprit obtenu par ce procédé est moins chargé d'huile essentielle du vin, que par celui dont on va parler.

La méthode la plus usitée dans les fabriques consiste à distiller les eaux-de-vie, preuve de Hollande, dans les alambics qui ont servi aux premières distillations; la seule différence dans ce travail consiste à modérer exactement le feu, afin que l'esprit monte doucement, et coule en filet très-fin. Dans ce cas, le bouilleur est forcé, malgré lui, à entretenir la plus grande fraîcheur dans l'eau des pipes. Sans ces deux précautions essentielles, l'esprit monteroit avec rapidité, quelquefois feroit déluter le chapeau de la chaudière, et occasionneroit un incendie qu'il seroit presque impossible d'éteindre; ainsi l'opération est toujours très-longue, et demande beaucoup de vigilance et de tems. Voyez le tableau de comparaison des distillations en ce genre, faites dans la brûlerie de messieurs *Argand*, et dans celles du voisinage.

Il est facile de concevoir combien cette seconde méthode est inférieure à la précédente : par la première, il monte moins d'huile essentielle du vin, huile âcre, mordante, et qui communique ses mauvaises qualités à l'esprit ; d'ailleurs, la matière du feu pénètre plus le cuivre de la chaudière sur laquelle il agit directement, que lorsque la cucurbite est plongée dans l'eau de la chaudière ; et on n'a point fait assez d'attention à cette matière du feu, et à sa manière d'agir sur les esprits, ou plutôt sur l'huile du vin, dont il augmente l'acrimonie naturelle.

Pour s'assurer de la pureté de l'esprit, voici les moyens proposés ; ils sont bons à connoître, quoique plusieurs soient insuffisans.

1°. Mettez de la poudre à canon dans une cuiller d'argent, versez par-dessus une certaine quantité d'esprit-de-vin, et mettez-y le feu : si la poudre ne s'enflamme pas, le phlegme surabonde. Cette épreuve est conditionnelle. Si on met peu de poudre et beaucoup d'esprit-de-vin, le moindre phlegme n'empêche pas l'inflammation de la poudre : si, au contraire, on met beaucoup de poudre et peu d'esprit-de-vin, ce peu ne fournissant pas assez de phlegme pour humecter toute la poudre, elle prend feu.

2°. On imbibe un linge d'esprit-de-vin, et on y met le feu : si le linge brûle, c'est une preuve que l'esprit est bien déphlegmé : ce moyen est préférable au précédent.

3°. Le meilleur procédé consiste à verser l'esprit-de-vin que l'on veut examiner sur de l'alkali fixe : si l'esprit imbibe seulement l'alkali, c'est une preuve qu'il est pur ; mais s'il dissout ce sel, il est démontré qu'il contient de l'eau. Nous entrerons encore dans quelques détails sur l'esprit-de-vin, au chapitre suivant.

ARTICLE III.

De la distillation des marcs de raisin.

Avant de parler de la manière d'en retirer l'esprit ardent, il faut connoître les préparations de ces marcs : elles varient dans presque tous les cantons de la France ; cependant je vais les restreindre aux deux principales.

Après avoir obtenu, par le pressoir, le vin contenu dans la vendange, des hommes armés d'instrumens à crochet et de pelles divisent la masse solide restée sur la mai du pressoir, l'émiettent et la séparent le plus qu'il est possible.

Ce marc ainsi divisé est porté dans de grands vaisseaux de bois destinés à sa fermentation, ou même dans la cuve qui a déjà contenu le raisin. Il reste inhérente à ce marc une portion sucrée, dont la pression n'a pas entièrement dépouillé les baies et les grappes du fruit. Le vigneron ajoute quelques seaux d'eau sur ce marc; elle humecte toute la masse : peu-à-peu la fermentation vineuse s'établit, la chaleur augmente, et son augmentation décide la quantité d'eau qui doit chaque jour être ajoutée, afin que la fermentation, de vineuse qu'elle est, ne passe pas à l'acéteuse. Qu'on ne croie pas qu'il faille noyer ce marc : la surabondance d'eau diviseroit trop la partie sucrée; et n'y ayant plus de proportion entre elle et l'eau, la putridité se manifesteroit bientôt. Pendant le travail de la fermentation, le vaisseau est recouvert exactement, afin de retenir *le gaz acide carbonique* et le principe inflammable ou *oxygène* ou *azote*. Ils contribuent essentiellement l'un et l'autre à mettre en mouvement la partie sucrée, la vraie base de l'esprit ardent. On ne craint pas dans ce cas-ci les effets de l'expansion des vapeurs, comme dans la fermentation tumultueuse de la vendange. Le degré de chaleur et l'odeur de cette masse indiquent quand la fermentation est à son plus haut période, et ce terme est celui que l'on saisit avec raison pour jeter le marc dans l'*alambic*.

Il n'est pas possible de fixer la quantité d'eau

nécessaire à cette opération, ni le tems que doit durer la fermentation; elle dépend de la masse du marc, de sa qualité, de la chaleur de la saison, et même de l'espace vide entre le couvercle de la cuve et le marc. Si cet espace est proportionné, la fermentation sera plus prompte, mieux soutenue, plus complète; en un mot, il se formera plus d'esprit ardent. Il seroit très-avantageux de trouver l'expédient de ne point déplacer le couvercle lorsqu'on arrose le marc. Une grille d'arrosoir, placée au bout d'un tuyau de fer blanc qui seroit mobile, distribueroit l'eau sur toute la superficie de la cuve, et imbiberoit le marc.

La seconde méthode est plus simple, mais elle procure moins d'eau-de-vie et d'un plus mauvais goût; elle consiste à faire un creux dans la terre, à y ensevelir le marc, et le recouvrir de terre. On enfonce de tems en tems le bras dans ce creux, afin de juger du point de fermentation; et lorsqu'on la croit à son période, on enlève le marc de la fosse, que l'on jette dans l'alambic, après y avoir mis une suffisante quantité d'eau.

Ces deux méthodes sont défectueuses, et on doit facilement en sentir les raisons par ce qui a été dit plus haut. Il est impossible que les eaux-de-vie qu'on obtient n'aient pas un fort mauvais goût; c'est ce qui les a fait prohiber à Paris.

Voici ce que l'expérience m'a démontré; et en

suivant le procédé que je vais indiquer, on est assuré d'avoir de l'eau-de-vie aussi douce que l'eau-de-vie commune du commerce.

Après avoir émietté le marc, mettez-le fermenter comme il a été dit dans le premier procédé. Lorsque la fermentation sera complète, tirez l'eau vineuse de la cuve, comme vous feriez relativement au vin nouveau : remplissez les futailles. Portez le marc sur le pressoir, et pressurez ; mêlez ce second produit avec le premier ; conduisez ce *petit vin* comme le vin ordinaire ; enfin, bouchez la futaille aussitôt que faire se pourra ; laissez reposer ce petit vin et s'éclaircir jusqu'à la fin de l'hiver, soutirez-le, portez-le dans le réservoir à filtrer dont il a été parlé, et distillez : l'eau-de-vie sera douce.

Dans les provinces où le vin est abondant et à bas prix, et le bois cher, il y a peu de bénéfice à distiller un tel petit vin, puisque les eaux-de-vie de vin suivent le prix de la matière première ; mais dans les provinces où le vin est cher, le bois abondant, et qui sont éloignées des grandes brûleries, il y a réellement du bénéfice à distiller les marcs.

Si dans ces pays il reste quelque mauvais goût à l'eau-de-vie de marc, et que le bois soit à bon marché, on y ajoutera un tiers ou moitié d'eau de rivière. La chaudière sera chargée, la communication du chapeau avec le serpentin bouchée, et pendant quinze à dix-huit heures on entretiendra par-dessous la chaudière un feu très-modéré, afin de communiquer à la liqueur seulement une chaleur de cinquante à soixante degrés : cette digestion produit le meilleur effet pour la distillation des vins dont l'esprit ardent est destiné pour les liqueurs.

J'ai déjà répété cent fois que la partie sucrée formoit l'esprit ardent. D'après ce principe reconnu de tous les chimistes et de tous les physiciens, il est aisé de conclure que l'art peut enrichir ces petites eaux-de-vie, et leur fournir plus d'esprit. Il suffit donc d'ajouter une substance sucrée à ce marc mis en fermentation. Je ne dis pas d'y ajouter du sucre, il est trop cher; de la mélasse ou sirop de sucre, elle augmente les mauvaises qualités de l'eau-de-vie, quoiqu'elle en produise davantage : le miel commun est la substance qui m'a toujours mieux réussi. Sur un marc qui aura fourni vingt à vingt-cinq bariques de vin, de deux cent vingt à deux cent trente pintes, mesure de Paris, ajoutez autant de livres de miel qu'il y aura eu de bariques ; on ne risque rien de doubler la dose. Ainsi, avant de jeter la première eau sur le marc, délayez le miel dans cette eau qui doit être fluide, et après l'avoir distribuée, que des hommes, armés de fourches, ramènent par-dessus le marc du dessous, afin que l'eau miellée mouille légèrement tout le marc. La fermentation ne tardera pas à paroître, et se soutiendra vive et bien décidée. Un tel vin gagnera beaucoup en esprit pendant tout l'hiver; j'en réponds, d'après une expérience de plus de vingt ans.

Article IV.

De la distillation des lies.

Ce genre de distillation étoit presque inconnu en France, si on excepte la ville de Paris. Les marchands de vin y étoient obligés de vendre leurs lies et leurs baissières aux maîtres vinaigriers; ceux-ci, favorisés d'un privilège exclusif, se les procuroient à un très-bas prix ; ils en retiroient du vin pour le vinaigre, quelques parties d'esprit ardent, et convertissoient le reste, au moyen de la calcination, en *cendres gravelées*.

Toute lie est visqueuse, tenace ; c'est en vain qu'on la met sous la presse, elle ne rend point le vin qu'elle contient. Si on veut l'en retirer, il faut la tenir pendant quelque tems dans une étuve, chauffer les plaques, la mettre dans des toiles, et la presser dans cet état. Alors le vin s'en échappe, et il sert pour la fabrication du vinaigre, ou bien on le distille.

Certains vinaigriers placent de grands vaisseaux de bois dans leur étuve, dans lesquels ils mettent les lies; à mesure qu'elles s'échauffent, elles lâchent la partie vineuse; et par le moyen du robinet placé au bas du vaisseau, le vin coule dans les bassiots.

D'autres vinaigriers jettent ces lies et ces baissières, telles qu'elles sont, dans l'alambic, et les distillent.

Je préfèrerois de noyer ces lies dans de l'eau chaude, de les agiter et remuer, afin de les diviser, de les faire filtrer; et le produit tiré à clair donneroit une eau-de-vie de qualité inférieure, mais non pas aussi mauvaise que celle retirée par les procédés ordinaires. L'expérience a démontré que les esprits tirés des lies et des marcs contenoient beaucoup plus d'huile de vin que le vin lui-même, proportion gardée.

SECTION V.

Des moyens de connoître la spirituosité de l'eau-de-vie par l'aréomètre.

L'INSTRUMENT qui sert à déterminer la spirituosité de l'eau-de-vie a été inventé par *Hypacie*, et perfectionné par MM. *Baumé* et *Perica* (voyez *pl. VIII, fig.* 11). Il est composé d'une boule de verre soufflée, d'une pouce ou environ de diamètre. A son extrémité inférieure est une petite boule, ou plutôt un petit vase de verre conique qui n'est séparé de la grosse boule que par un petit col. La grosse boule est surmontée par un tube de verre d'une ou de deux lignes de diamètre et de cinq à six pouces de longueur. Le petit vase conique contient une certaine quantité de mercure qui sert de lest à l'instrument, afin qu'il puisse se tenir dans une situation exactement perpendiculaire lorsqu'il est plongé dans un fluide. Le tube est garni intérieurement d'une bande de papier, sur laquelle sont tracés les différens degrés indiqués par l'aréomètre.

Ce fut cette table que M. *Baumé* se proposa de rectifier et de rendre comparable; et voici d'après quel principe il partit. « Tout corps plongé dans

» un fluide, et qui y surnage, déplace un volume
» d'eau proportionnel à son poids, et ce volume
» d'eau est en raison de la densité du fluide. Ainsi,
» plus le fluide sera dense, et moins le corps en
» déplacera, ou, moins il y enfoncera; plus le
» fluide sera léger, et plus le volume déplacé sera
» considérable, ou, plus le corps enfoncera ».
D'après ces axiomes d'hydrostatique, il imagina de varier la densité du fluide sans toucher au volume et au poids du corps. En conséquence, il prit un aréomètre dont le tube cylindrique étoit d'un diamètre parfaitement égal dans toute sa longueur, et le plongea dans une masse d'eau qui pesoit quatre-vingt-dix-neuf livres, et qui tenoit en dissolution une livre de sel marin; et à l'endroit où le pèse-liqueur s'arrêta, il marqua le premier degré au-dessous de zéro. Pour marquer le second, il fit dissoudre deux livres du même sel dans quatre-vingt-dix-huit livres d'eau; pour le troisième, il fit dissoudre trois livres de sel dans quatre-vingt-dix-sept livres d'eau, et ainsi de suite, en augmentant toujours la quantité de sel, et en diminuant la proportion de l'eau, et marquant à chaque fois les différens points de l'immersion de l'aréomètre.

Cette méthode très-exacte et très-simple ne peut cependant servir que pour connoître les différens degrés de densité des saumures; mais elle est insuffisante pour les fluides ordinaires. M.

Baumé y suppléa en construisant un instrument semblable d'après les mêmes principes hydrostatiques, mais en changeant la liqueur d'épreuve. Il prit deux liqueurs propres à donner deux termes fixes. L'une étoit de l'eau distillée, l'autre quatre-vingt-dix onces d'eau distillée chargée d'une quantité donnée de sel marin, de dix onces de ce sel bien purifié et bien sec. Il plongea son aréomètre lesté de façon à pouvoir enfoncer de deux ou trois lignes au-dessus de la grosse boule dans la liqueur salée, et marqua zéro à l'endroit où il se fixa ; ce qui lui donna le premier terme. L'instrument lavé et séché exactement fut plongé dans l'eau distillée, et il marqua dix degrés à l'endroit où il s'arrêta ; ce qui donna le second terme. Il ne s'agit que de diviser après cela en dix parties égales l'espace compris entre ces deux points, et de tracer de semblables degrés sur la partie supérieure du même tube, et l'on aura un aréomètre contenant une cinquantaine de degrés de graduation, ce qui sera plus que suffisant, suivant M. *Baumé*, pour peser l'esprit-de-vin le plus rectifié.

Les degrés de ce pèse-liqueur sont d'un usage inverse des degrés de celui qui sert aux liqueurs salines. Ce dernier, en effet, annonce une liqueur d'autant plus riche en sel, qu'il s'enfonce moins dans l'eau ; et l'autre, au contraire, annonce une liqueur d'autant plus abondante en esprit, qu'il s'y enfonce davantage.

MM. de la *Folie* et *Scanégatti* de Rouen, pensant avec assez de raison que l'échelle du second aréomètre de M. *Baumé* n'étoit pas assez exacte pour exprimer les différens degrés d'une liqueur spiritueuse quelconque, que le rapport d'une eau saline à l'eau distillée n'étoit pas le même que celui de l'eau distillée à l'esprit-de-vin le plus rectifié, et que par conséquent il ne pouvoit pas servir d'étalon pour fixer les degrés de densité de l'eau-de-vie, imaginèrent en 1777 une autre division fondée, à la vérité, sur les mêmes principes. Ils prirent de l'esprit-de-vin le plus rectifié qu'il étoit possible par des distillations répétées, mais dont le nombre étoit connu. Ils y plongèrent un aréomètre d'un volume et d'un poids déterminé, et marquèrent zéro au point d'immersion où il se fixa. Sur quatre-vingt-dix-neuf parties d'esprit-de-vin, ils mêlèrent une partie d'eau distillée; ce qui donna le second degré. Le troisième fut trouvé par un mélange de deux parties d'eau distillée et de quatre-vingt-dix-huit d'esprit-de-vin; ainsi de suite pour les autres.

Cette méthode donne un aréomètre comparable et assez juste pour fixer les différens titres de l'eau-de-vie. L'eau-de-vie n'étant qu'un mélange d'esprit-de-vin et de phlegme ou d'eau, fait par la nature, ils l'imitèrent; et d'un esprit-de-vin très-rectifié ils obtinrent une eau-de-vie très-foible qui avoit passé par tous les degrés intermédiaires sensibles au pèse-liqueur. MM. de la *Folie* et *Scanégatti* ne firent pas attention à la pénétration d'une liqueur dans l'autre; et cet objet mérite d'être pris en considération, comme on le verra dans la description de l'aréomètre de M. *Borie*. L'eau distillée et l'esprit-de-vin le plus pur ont chacun séparément une pesanteur spécifique qui n'est plus la même après le mélange des deux fluides : c'est une troisième pesanteur spécifique.

La correction que M. *Assier Perica* a faite à cet instrument consiste à l'avoir rendu en même tems aréomètre et thermomètre, en faisant servir le mercure de la petite boule inférieure qui sert de lest, de thermomètre. Avec cet instrument, non seulement on s'assure de la densité d'un fluide, mais encore de sa température. La chaleur raréfiant toutes les liqueurs, et le froid les condensant, influent nécessairement sur leur densité ; et il n'étoit pas étonnant de trouver une différence sensible dans la densité d'une même liqueur, lorsqu'on l'éprouvoit dans des tems différens, et que leur température avoit changé sensiblement. Avec l'aréomètre de M. *Assier Perica*, cette différence est connue, et par conséquent peut être corrigée.

La plus grande utilité et le principal service du pèse-liqueur dans l'économie rurale est de pouvoir indiquer avec précision les différens titres de l'eau-de-vie. Pour les connoître, on se sert ordinairement, dans les brûleries, d'une petite bouteille dans laquelle on renferme une certaine quantité de cette liqueur, on la secoue, et le plus ou moins de bulles qui se forment à sa surface indique la force ou la foiblesse de l'eau-de-vie. On sent combien cette méthode est fautive; de plus, ce n'est qu'un très-long usage qui peut donner une connoissance exacte du rapport du nombre et de la largeur des bulles avec la bonté de l'eau-de-vie. Il seroit bien plus avantageux de se servir de l'aréomètre de MM. de la *Folie* et *Scanégatti*. Les principes sur lesquels il est construit doivent donner de la confiance sur son exactitude. L'emploi en est simple et facile; il pourroit encore servir à découvrir tout d'un coup les proportions d'eau et d'esprit-de-vin qui constitueroient les eaux-de-vie. Les fermiers-généraux avoient adopté cet instrument pour essayer les eaux-de-vie qui entrent dans les villes; mais il est singulier qu'ils aient préféré l'aréomètre de métal à l'aréomètre de verre. Le premier, plus susceptible de varier dans son diamètre par la chaleur et le froid, pouvoit devenir souvent un indicateur infidèle et dangereux. Sa boule de cuivre mince, dilatée par la seule chaleur de la main, enfonce moins dans l'eau-de-vie, et par conséquent la fait passer pour plus légère ou plus spiritueuse qu'elle n'est réellement.

Si, à la place de l'aréomètre de métal, on

substituoit un aréomètre de verre, dont les proportions et la graduation fussent connues, il y auroit moins de risque à courir, et le marchand qui pourroit avoir un instrument absolument pareil ne seroit jamais exposé à se tromper à son très-grand désavantage, et sur-tout à être trompé.

Ce n'est pas assez d'avoir fait connoître les deux aréomètres dont on se sert à Paris, et contre lesquels le négociant ne cesse de faire des réclamations, sur-tout contre celui de *Cartier :* il faut encore mettre sous les yeux du lecteur ceux qui méritent quelque considération.

Cette partie du commerce des eaux-de-vie, si essentielle à la province de Languedoc, la multiplicité des contestations qui s'élevoient chaque jour entre le vendeur et l'acheteur sur les différens degrés de spirituosité de l'eau-de-vie, engagèrent les Etats de cette province à proposer en 1771, pour sujet de prix, ce problème : *Déterminer les différens degrés de spirituosité des eaux-de-vie ou esprits-de-vin, par le moyen le plus sûr, et en même tems le plus simple et le plus applicable aux usages du commerce.* En 1772, la société royale de Montpellier couronna les Mémoires de MM. l'abbé *Poncelet* et *Pouget*, quoiqu'ils ne remplissoient pas à la rigueur l'objet désiré. Le même sujet fut proposé de nouveau pour l'année 1773 : le mémoire de M. *Bories* fut couronné ; la province l'a adopté, et il sert de règle à son commerce. Il convient donc de le faire connoître, puisque la somme des eaux-de-vie fabriquées en Languedoc, fait un tiers de celles du reste de la France. On y distingue trois espèces d'eaux-de-vie. La *preuve de Hollande* est le premier produit de la distillation ; le *trois-cinq* est la rectification du premier produit, et le *trois-six* n'est autre chose que le trois-cinq passé de nouveau à l'alambic.

Pour s'assurer des degrés de spirituosité de l'eau-de-vie et de l'esprit-de-vin, M. *Bories* a considéré l'eau-de-vie comme un composé d'esprit et d'eau. Ces deux extrêmes ont déterminé les termes fixes dans la division de son échelle de graduation. L'eau pure distillée est le premier terme; l'esprit ardent, dépouillé de tout autre principe étranger, le second. Le premier point étoit facile à trouver, et le second exigeoit plus de travail. M. *Bories* fit distiller cent trente pintes d'eau-de-vie rectifiée, connue dans le commerce sous le nom de *trois-cinq*. Il cessa la distillation lorsqu'il en eut obtenu soixante-cinq, qui subirent une troisième rectification. Le produit fut divisé de huit en huit pintes, et mis à part jusqu'à ce qu'il en eût retiré quarante-huit.

Pour faire l'essai de l'esprit-de-vin de la dernière

nière distillation, et s'assurer s'il contenoit encore de l'eau surabondante, il prit une des huit premières pintes de ce même esprit, sur lequel il jeta de l'akali de tartre pur et sec. La bouteille fut agitée, le sel s'humecta, une partie tomba en déliquescence, une autre adhéra aux parois de la bouteille, et par le repos elle se rassembla au fond. De nouvel alkali fut ajouté après avoir décanté cet esprit: ne trouvant plus d'humidité superflue, il se grumela et se précipita tout-à-coup dès que le vase fut en repos. Après une seconde décantation, l'alkali qui fut ajouté resta flottant comme une poussière, et l'esprit fut entièrement dépouillé de sa partie aqueuse.

Ce même esprit-de-vin déjà déphlegmé fut encore agité avec de nouvel alkali; et après plusieurs jours de repos et d'agitation successifs, il acquit une légère couleur citrine. Ces mêmes expériences furent répétées sur les eaux-de-vie de Provence, de Catalogne, de marc, etc. Elles prirent, après quelques jours, une teinte jaunâtre plus ou moins foncée. La gravité augmenta à proportion de l'intensité de la couleur, et au bout de quelques mois, l'esprit provenu de l'eau-de-vie de marc étoit une vraie teinture alkaline onctueuse, quoique faite à froid. Ainsi, plus les eaux-de-vie sont huileuses, plus elles tiennent d'alkali en dissolution; et l'esprit ardent qui surnage le sel n'est pas décomposé; il reste intact, quoiqu'un peu altéré par une espèce de savon fait avec l'alkali végétal dissous dans l'esprit-de-vin. Le sel de tartre a donc la double propriété de priver l'esprit-de-vin de toute son eau surabondante, et de s'emparer de l'huile grossière qu'il contient.

D'après ce principe, et par cette méthode, M. *Bories* déphlegma quinze pintes d'esprit de la troisième rectification; elles en produisirent quatorze et un tiers, qui furent laissées en digestion au soleil, pour donner le tems à l'alkali de se combiner avec l'huile. La liqueur devint couleur de paille.

Ces quatorze pintes furent distillées à un feu modéré, et le produit mis à part pinte par pinte. On en retira huit pintes d'une parfaite égalité entre elles; et en augmentant le feu, il en vint cinq pintes et un tiers d'un esprit un peu plus foible. Il résulte de ces expériences, 1°. que l'esprit est privé de son huile douce du vin; 2°. qu'il n'y a dans les eaux-de-vie que de l'huile douce non essentielle; 3°. que, porté à cet état de pureté, il établit comparaison entre l'eau distillée et l'esprit le plus pur.

Le rapport de cet esprit-de-vin à l'eau, déterminé à l'aréomètre de *Farenheit* et par la balance hydrostatique, la température à $+10$, est comme

0,820 $\frac{1900}{5055}$ à + 15, comme 0,817 $\frac{65}{5055}$ à 20, comme 0,813 $\frac{2285}{5055}$.

Le pouce cubique de ce même esprit, à la température de + 10, pèse 301 $\frac{1}{8}$ de grain, et le même volume d'eau pèse 366 $\frac{5}{8}$.

Ces deux termes donnés, on peut être assuré d'avoir des hydromètres comparables avec plus de justesse que les thermomètres. Mais il se présente une difficulté si on mêle cet esprit-de-vin avec l'eau distillée, il résulte de ce mélange une véritable dissolution, et la pesanteur spécifique des deux liqueurs réunies n'est plus d'accord avec celle des deux fluides séparés, à cause de la pénétration des parties. M. *Bories* a donné des tables très-détaillées de la pesanteur spécifique d'un grand nombre de mélanges, et qu'il est inutile de rapporter ici.

Après avoir essayé plusieurs hydromètres, M. *Bories* s'est arrêté à celui qu'on va décrire.

La tige est quadrangulaire, telle qu'elle est représentée dans la *fig.* 1, *pl. VIII*, et on en voit le développement *fig.* 2. Cette tige donne quatre faces ou parallélogrammes bien distincts au bas de la tige. A une petite distance de la boule, il trace une ligne horizontale, qu'il appelle *ligne de vie*, *fig.* 1 et 2. Il ajuste ensuite son instrument de façon que, mis dans l'eau distillée à la température de dix degrés du thermomètre, il s'enfonce en tout sens jusqu'à cette ligne, ce qui fixe le terme fixe inférieur marqué A. M. *Bories* plonge ensuite l'hydromètre dans l'esprit-de-vin qui doit être son terme fixe supérieur, et il marque B le point où il s'arrête dans cette seconde liqueur ; alors, prenant l'intervalle d'un point à l'autre, il le porte sur un papier AB, *fig*. 3, et divise l'espace compris entre A et B en mille parties égales, ce qui forme la table des rapports de dilatation et de condensation ; et il gradue son hydromètre de la manière suivante :

La première face de la *fig*. 2 indique toutes les variations causées par la diverse température, depuis 0 jusqu'à 5 ; la seconde, celle depuis 5 jusqu'à 10 ; la troisième, de 10 à 15 ; la quatrième enfin, de 15 à 20 ; de sorte que les quatre faces ensemble font le complément de vingt degrés du thermomètre, *fig*. 4. Chacune se trouve par-là divisée en cinq parties égales.

La ligne de vie, *fig*. 1 et 2, sert de point fixe pour la formation de l'échelle de la tige de l'hydromètre. La table des rapports de la dilatation et condensation indique le nombre des parties qu'il y a de cette ligne de vie au point correspondant à chaque espèce d'eau-de-vie pour chaque degré de température, et l'échelle de mille parties, *fig*. 3, en donne les distances.

Pour rendre la chose plus sensible, en voici une application. La table des rapports indique qu'une eau-de-vie formée par le mélange d'une partie d'esprit-de-vin sur neuf d'eau ne donne à zéro que 6, 3. On prend avec un compas, sur l'échelle de mille parties, *fig.* 3, un intervalle de 6, 3, que l'on porte sur la ligne EF de la *fig.* 2 de la première face, en appuyant une des pointes du compas sur la ligne de vie au point E, et l'autre arrive au point 1 que l'on marque. Cette même table fait voir que la même eau-de-vie, à la température de 5, donne 6, 6, qu'on va lever sur 'échelle, pour la porter ensuite sur la ligne CD de la même face, en appuyant toujours la pointe du compas ; et de ce point 1 pris dans la ligne CD, au point 1 déjà marqué dans la ligne EF, on tire une ligne transversale qui ne doit pas être parallèle à la ligne de vie.

Sur cette même face, on parcourt les autres eaux-de-vie, dont on marque les points selon que la table des rapports les indique, et que les distances en sont données par l'échelle ; et de chacun de ces points marqués dans la ligne EF, on tire des lignes aux points correspondans dans la ligne CD ; par ce moyen toute cette face est divisée. Il faut observer la même méthode pour toutes les autres faces ; mais comme chacune de ces faces est sous-divisée en cinq parties égales, il se trouvera que la ligne tirée d'un point à celui qui lui correspond coupera obliquement les lignes qui sous-divisent chaque parallélogramme, et le point de concours de ces lignes indiquera les degrés de température intermédiaire de 0 à 5 dans la première, de 5 à 10 dans la seconde, etc. Prenons pour exemple l'esprit-de-vin, dont le point 10 marqué dans la ligne EF est distant de la ligne de vie de 93,2; et le même point 10 pris dans la ligne CD se trouve éloigné de cette même ligne de vie de 96,6. La ligne oblique tirée d'un de ces points 10 à l'autre, doit coïncider avec la ligne verticale de la première colonne, à 93,9; avec celle de la seconde, à 94,6; avec celle de la troisième, à 95,3; avec celle de la quatrième, à 96,0; et ainsi de suite pour chaque face et chaque espèce d'eau-de-vie intermédiaire.

On voit, par ces résultats, qu'on peut, avec un seul et même hydromètre, vérifier non seulement la même eau-de-vie à tous les degrés de température, mais qu'on peut encore pousser l'exactitude jusqu'à reconnoître des moitiés, des quarts, des huitièmes de degré; de sorte qu'on trouve dans un même instrument une infinité d'hydromètres gradués pour des températures différentes.

Les dimensions de l'hydromètre sont arbitraires; mais il n'en est pas de même des proportions de ses différentes parties entre elles. Il faut que le volume de la verge de la graduation soit au volume total comme 1 est à 6.

La sensiblité de l'instrument dépend de la longueur de l'intervalle du point A au point B, *fig.* 1, qui sont les deux termes.

Plus la verge de graduation est longue, plus le lest doit être distant du corps pour contrebalancer la force de gravité, sans quoi l'instrument, loin de se tenir droit, feroit la bascule.

La *preuve de Hollande* dont on a parlé plus haut est le premier objet de consommation, et a pour ainsi dire servi jusqu'à présent en Languedoc de boussole, soit pour le titre, soit pour le prix des autres degrés d'eau-de-vie.

Pour le titre, en ce que la spiritosité de celle-là étant connue, celle des autres devroit l'être dans l'acception du terme et d'après les notions reçues, quoique fausses. Suivant donc l'idée générale, le *trois-cinq* est une eau-de-vie dont trois parties mêlées à deux d'eau pure doivent rendre cinq parties *preuve de Hollande*; et parties égales de *trois-six* et d'eau commune, doivent donner encore la même *preuve de Hollande*, dont le prix détermine encore celle des deux autres eaux-de-vie.

Pour remplir ces objets par une règle facile à appliquer journellement, M. *Bories* a pris la moyenne sur une grande quantité de pièces d'eau-de-vie voiturées au port de Cette, des différens cantons du Languedoc; mais comme les eaux-de-vie ne sont pas chaque année égales en qualité, il a combiné ses expériences sur les eaux-de-vie de 1771, 1772 et 1773. Le titre ainsi fixé, il est facile d'en donner le rapport à l'esprit-de-vin et à l'eau distillée, et d'assigner leur place sur le bathmomètre.

Dix verges ou veltes d'esprit-de-vin sur une velte d'eau distillée font la combinaison du *trois-six*, et ce mélange pèse exactement à l'aréomètre $427\frac{1}{8}$ de grain, comme la moyenne du *trois-six*. Il y a eu dans ce mélange une augmentation de densité de quatre grains; car si on calcule le poids qu'il devroit avoir, on ne trouve que $423\frac{2}{8}$; il y a donc eu une différence de presque $\frac{1}{294}$ du volume total. Un pouce cubique de ce même *trois-six* pèse $310\frac{3}{8}$ de grain, tandis qu'un pareil volume d'esprit a pesé $301\frac{7}{8}$ de grain, et celui de l'eau distillée $366\frac{5}{8}$. Le rapport de cette eau-de-vie de +- 10 degrés de température est à l'eau et à l'esprit-de-vin, comme $0,845 \frac{575}{1055}$ est à $1,000$ et à $0,820 \frac{1000}{1055}$.

Il résulte de ce qui vient d'être dit, que le *trois-six*, à dix degrés de température, doit se trouver sur le bathmomètre, *fig.* 5, distant de la ligne de vie, de 841 de l'intervalle total de l'eau à l'esprit-de-vin; alors on le prend au moyen de l'échelle de mille parties, pour le porter à la colonne de 10 du bathmomètre, sur laquelle on le marque au point 3. La table des rapports des dilatations et condensations apprend ensuite la série des variations que suit cette liqueur en dessus et en dessous du dixième degré; et on trouve qu'à 15 degrés on a 870; à 20, 900, etc. que l'on marque de la même manière que pour les eaux-de-vie, par dixièmes d'esprit. Ce qu'on a pratiqué pour les *trois-six* s'observe également pour les *trois-cinq* et pour *la preuve de Hollande.*

La graduation du bathmomètre ainsi fixée pour les usages du commerce de la province, l'essai de chacune des espèces d'eau-de-vie en sera facile. Pour le rendre encore plus facile avec cet instrument, M. *Bories* y a ajouté un *curseur*, dont les mouvemens sont toujours parallèles à la ligne de vie. (*Voyez* ce curseur PP, monté sur le bathmomètre, *fig*. 4, et cette même pièce séparée de l'instrument, *fig*. 6.

Après s'être assuré de la température de la liqueur à vérifier, on y plonge l'instrument. S'il s'enfonce de façon que la ligne du titre soit au-dessous de la surface de la liqueur à vérifier, l'eau-de-vie est au-dessus du titre, et la quantité des degrés secondaires indique le degré de la spirituosité supérieure. Si au contraire cette même ligne du titre surnage le nombre des degrés secondaires, depuis la surface de la liqueur jusqu'à cette ligne du titre, elle annoncera les degrés de spirituosité qui manquent, et par conséquent la quantité de la liqueur d'un titre supérieur qu'il faut ajouter pour que l'eau-de-vie essayée soit ramenée au titre qu'on désire.

A l'instrument qu'on vient de décrire, M. *Bories* en a ajouté un autre dépendant du précédent, plus commode, plus simple, et plus à la portée des fabricans d'eaux-de-vie et de ceux qui en font le commerce.

Cet instrument, représenté *fig*. 6, diffère des hydromètres ordinaires par l'échelle graduée sur une tige quadrangulaire G, H, *fig*. 6 et 7. La *fig*. 7 représente cette tige dégarnie de son curseur, *fig*. 8, et dans sa moitié supérieure PH seulement. Cette tige est munie d'un curseur IK, *fig*. 6, qui porte sa graduation, et fait les fonctions de compensateur. Les développemens des échelles de la tige et du curseur se voient à côté.

Ce compensateur est divisé en deux parties par un bouton ou point saillant L, *fig*. 6 et 8, qui doit être en or, pour qu'il soit plus sensible; et c'est à ce point L que doit toujours se trouver la liqueur qui est au titre juste.

Les degrés de ce compensateur qui sont au-dessus du point saillant de L en I indiquent les degrés de spirituosité trop grande, et par conséquent au-dessus du titre. La graduation qui est en dessous de ce même point de L en K est destinée à faire connoître les liqueurs qui sont au-dessous du titre, et fait apprécier les eaux-de-vie foibles.

L'échelle qui est sur la partie supérieure de la même tige de l'instrument de P en H, *fig.* 6 *et* 7, marque les variations causées par les diverses températures depuis zéro jusqu'à vingt : cette portion s'appelle le *thermomètre*, et est divisée figurativement comme ce dernier instrument, le zéro étant le degré inférieur, et vingt le supérieur.

L'autre moitié inférieure du P en G , *fig.* 7, reste sans graduation, et sert à fournir un espace au mouvement du curseur ; il fait en outre connoître l'emploi de chaque face.

Au bas de l'instrument, *fig.* 6, est une autre tige terminée par un tarau FF, servant à recevoir l'écrou, *fig.* 9, des quatre poids T, X, Y, Z, chacun desquels porte, gravé en toutes lettres, le nom de la liqueur pour laquelle il est destiné ; en sorte qu'on doit adapter à l'instrument celui de ces poids qui répond à l'espèce d'eau-de-vie dont on doit faire usage.

Le bathmomètre, *fig.* 4, qui est l'archétype de ce dernier instrument, *fig.* 6, détermine le titre de chaque pièce d'eau-de-vie, et par conséquent donne le point principal de chaque face. Il indique aussi le rapport de la tige à la boule, et fait trouver tout d'un coup l'échelle de la graduation, tant de la tige que du compensateur; dans chacune de ses divisions. L'eau-de-vie *preuve de Hollande*, comme la plus ordinaire dans le commerce, va servir d'exemple.

Cette eau-de-vie donnant au degré 10 de température, 340 sur le bathmomètre, il faut ajuster le poids de cette *preuve de Hollande* de manière que l'instrument indique ce même point 340; mais comme on a reconnu que la diverse température fait varier la densité de la preuve de Hollande depuis 294 jusqu'à 386, il faut nécessairement que la moitié supérieure de la tige soit en état de mesurer cet espace; d'où il faut conclure que la moitié supérieure de la tige dans la face destinée à la *preuve de Hollande* doit être un volume total, comme 1 à 60, et par conséquent la totalité de la tige, comme 1 à 30. On a, par ce moyen, les proportions des différentes parties de l'instrument pour la *preuve de Hollande*, et ainsi de suite pour les autres espèces d'eaux-de-vie.

Avec cet instrument doivent toujours marcher un thermomètre et une table qui sert de tarif (il est ci-joint), et qui indique dans toute sorte de cas la quantité de *trois-cinq* qui est de trop ou qui manque dans une *preuve de Hollande*

Tome II, page 508.

TARIF A L'USAGE DU COMMERCE DE L'EAU-DE-VIE, PREUVE DE HOLLANDE.

Pour trouver la qualité de Trois-cinq qui manque à une Pièce foible, pour la mettre au titre, quelles qu'en soient la contenance et la température; et qui désigne en même tems l'excédant de cinquième Trois-cinq dans les Pièces sur-fortes.

NOMBRE DES VELTES.	DEGRÉS DE FOIBLESSE ou DE SUR-FORCE DE L'EAU-DE-VIE.														
	1.	2.	3.	4.	5.	6.	7.	8.	9.	10.	11.	12.	13.	14.	15.
60.	<12,0.	24,0.	36,0.	48,0.	60,0.	72,0.	84,0.	96,0.	108,0.	120,0.	132,0.	144,0.	156,0.	168,0.	180,0.
61.	12,2.	24,4.	36,6.	48,8.	61,0.	73,2.	85,4.	97,6.	109,8.	122,0.	134,2.	146,4.	158,6.	170,8.	183,0.
62.	12,4.	24,8.	37,2.	49,6.	62,0.	74,4.	86,8.	99,2.	111,6.	124,0.	136,4.	148,8.	161,2.	173,6.	186,0.
63.	12,6.	25,2.	37,8.	50,4.	63,0.	75,6.	88,2.	100,8.	113,4.	126,0.	138,6.	151,2.	163,8.	176,4.	189,0.
64.	12,8.	25,6.	38,4.	51,2.	64,0.	76,8.	89,6.	102,4.	115,2.	128,0.	140,8.	153,6.	166,4.	179,2.	192,0.
65.	13,0.	26,0.	39,0.	52,0.	65,0.	78,0.	91,0.	104,0.	117,0.	130,0.	143,0.	156,0.	169,0.	182,0.	195,0.
66.	13,2.	26,4.	39,6.	52,8.	66,0.	79,2.	92,4.	105,6.	118,8.	132,0.	145,2.	158,4.	171,6.	184,8.	198,0.
67.	13,4.	26,8.	40,2.	53,6.	67,0.	80,4.	93,8.	107,2.	120,6.	134,0.	147,4.	160,8.	174,2.	187,6.	201,0.
68.	13,6.	27,2.	40,8.	54,4.	68,0.	81,6.	95,2.	108,8.	122,4.	136,0.	149,6.	163,2.	176,8.	190,4.	204,0.
69.	13,8.	27,6.	41,4.	55,2.	69,0.	82,8.	96,6.	110,4.	124,2.	138,0.	151,8.	165,6.	179,4.	193,2.	207,0.
70.	14,0.	28,0.	42,0.	56,0.	70,0.	84,0.	98,0.	112,0.	126,0.	140,0.	154,0.	168,0.	182,0.	196,0.	210,0.
71.	14,2.	28,4.	42,6.	56,8.	71,0.	85,2.	99,4.	113,6.	127,8.	142,0.	156,2.	170,4.	184,6.	198,8.	213,0.
72.	14,4.	28,8.	43,2.	57,6.	72,0.	86,4.	100,8.	115,2.	129,6.	144,0.	158,4.	172,8.	187,2.	201,6.	216,0.
73.	14,6.	29,2.	43,8.	58,4.	73,0.	87,6.	102,2.	116,8.	131,4.	146,0.	160,6.	175,2.	189,8.	204,4.	219,0.
74.	14,8.	29,6.	44,4.	59,2.	74,0.	88,8.	103,6.	118,4.	133,2.	148,0.	162,8.	177,6.	192,4.	207,2.	222,0.
75.	15,0.	30,0.	45,0.	60,0.	75,0.	90,0.	105,0.	120,0.	135,0.	150,0.	165,0.	180,0.	195,0.	210,0.	225,0.
76.	15,2.	30,4.	45,6.	60,8.	76,0.	91,2.	106,4.	121,6.	136,8.	152,0.	167,2.	182,4.	197,6.	212,8.	228,0.
77.	15,4.	30,8.	46,2.	61,6.	77,0.	92,4.	107,8.	123,2.	138,6.	154,0.	169,4.	184,8.	200,2.	215,6.	231,0.
78.	15,6.	31,2.	46,8.	62,4.	78,0.	93,6.	109,2.	124,8.	140,4.	156,0.	171,6.	187,2.	202,8.	218,4.	234,0.
79.	15,8.	31,6.	47,4.	63,2.	79,0.	94,8.	110,6.	126,4.	142,2.	158,0.	173,8.	189,6.	205,4.	221,2.	237,0.
80.	16,0.	32,0.	48,0.	64,0.	80,0.	96,0.	112,0.	128,0.	144,0.	160,0.	176,0.	192,0.	208,0.	224,0.	240,0.
81.	16,2.	32,4.	48,6.	64,8.	81,0.	97,2.	113,4.	129,6.	145,8.	162,0.	178,2.	194,4.	210,6.	226,8.	243,0.
82.	16,4.	32,8.	49,2.	65,6.	82,0.	98,4.	114,8.	131,2.	147,6.	164,0.	180,4.	196,8.	213,2.	229,6.	246,0.
83.	16,6.	33,2.	49,8.	66,4.	83,0.	99,6.	116,2.	132,8.	149,4.	166,0.	182,6.	199,2.	215,8.	232,4.	249,0.
84.	16,8.	33,6.	50,4.	67,2.	84,0.	100,8.	117,6.	134,4.	151,2.	168,0.	184,8.	201,6.	218,4.	235,2.	252,0.
85.	17,0.	34,0.	51,0.	68,0.	85,0.	102,0.	119,0.	136,0.	153,0.	170,0.	187,0.	204,0.	221,0.	238,0.	255,0.
86.	17,2.	34,4.	51,6.	68,8.	86,0.	103,2.	120,4.	137,6.	154,8.	172,0.	189,2.	206,4.	223,6.	240,8.	258,0.
87.	17,4.	34,8.	52,2.	69,6.	87,0.	104,4.	121,8.	139,2.	156,6.	174,0.	191,4.	208,8.	226,2.	243,6.	261,0.
88.	17,6.	35,2.	52,8.	70,4.	88,0.	105,6.	123,2.	140,8.	158,4.	176,0.	193,6.	211,2.	228,8.	246,4.	264,0.
89.	17,8.	35,6.	53,4.	71,2.	89,0.	106,8.	124,6.	142,4.	160,2.	178,0.	195,8.	213,6.	231,4.	249,2.	267,0.
90.	18,0.	36,0.	54,0.		90,0.										

pour la mettre au titre, quelle que soit la contenance de la futaille.

La première colonne de ce tarif est hors de rang et indique la contenance de la futaille par le nombre des veltes, depuis 60 jusqu'à 90. Les futailles pour l'eau-de-vie *preuve de Hollande* excèdent rarement ces proportions.

La première ligne, également hors de rang, marque les degrés ou la distance du point saillant L, *fig.* 6, tant en dessus qu'en dessous.

Les 465 cases qui forment ce tarif représentent en décimales la quantité de livres de *trois-cinq* qu'il faut ajouter ou retrancher, pour que la liqueur soit au titre juste.

Dès qu'on connoît, par le moyen du thermomètre, le degré de température des eaux-de-vie qu'on se propose d'essayer, on porte le sommet I du curseur au degré de la graduation de l'hydromètre correspondant à celui qu'a donné la liqueur dans le thermomètre; enfin on adopte pour la *preuve de Hollande*, le poids X, *fig.* 9, qui répond à cette espèce d'eau-de-vie.

L'instrument ainsi préparé est plongé dans la liqueur contenue dans un cylindre de fer-blanc et on considère le point où la surface de l'eau-de-vie coupe le curseur. Si c'est au bouton d'or L, *fig.* 6, la liqueur est au titre juste; mais si c'est en dessous au point N, par exemple, ou au douzième degré (la futaille supposée contenir 76 veltes), la case du tarif qui se trouve dans l'angle commun de la colonne 12 en chef, et de la ligne 76 en marge, donne 182,4 ; ce qui indique que, pour mettre la pièce vérifiée au juste titre, il faudroit 182 livres et $\frac{4}{9}$ de livre, ou bien 9 veltes et $\frac{1}{10}$, en négligeant les fractions de livre.

L'opération d'essai est si prompte, qu'en moins d'une heure M. *Bories* a essayé 110 pièces d'eau-de-vie, et a indiqué ce qu'il y avoit à changer à chacune. Comme cet instrument est en argent, et qu'il y a beaucoup de lettres, de chiffres, de lignes gravées sur les tiges, sur les poids, etc., etc. li coûte 72 liv. et c'est un peu cher pour le particulier. C'est le seul reproche qu'on puisse lui faire.

Après avoir fait sentir l'utilité d'un aréomètre comparable, sur-tout pour les eaux-de-vie et les esprits-de-vin, et tout l'avantage d'un tel instrument qui feroit en même-tems l'office de thermomètre, et après avoir décrit plusieurs de ces instrumens, nous allons donner le moyen de faire celui de M. *Perica*, et décrire ses proportions : il est bien moins dispendieux que celui de M. *Bories*.

Au bout d'un tube de verre de quatre lignes de diamètre, et de six à sept pouces de longueur, on souffle un eboule A G, *fig.* 10, *pl. VIII*, de 16 lignes de diamètre. A environ huit lignes de la boule, on en souffle une autre petite H. I, de cinq à six lignes de diamètre, terminée par un cylindre B de quatre lignes de diamètre, et de huit de longueur, terminée en pointe, comme on le voit dans la figure. Cette pointe reste ouverte jusqu'à ce que l'instrument soit terminé; c'est par cette extrémité que l'on y introduit un thermomètre à mercure, coudé au point L, pour pouvoir passer au-dessus de la table des divisions que l'on a fait entrer dans le tube D F par l'extrémité F, et qui doit descendre jusqu'à la naissance du coude L du thermomètre, dont toute la partie, depuis L jusqu'en M, doit être considérée comme la boule. On soude ensuite le thermomètre avec le cylindre B, aux points KK, de façon qu'il ne fait plus qu'un corps avec lui, et que le cylindre devient en même tems et réservoir du thermomètre, et est de l'aréomètre. On fait passer ensuite du mercure dans le tube du thermomètre par l'extrémité M, qui doit rester ouverte, comme nous l'avons dit; on en introduit la quantité nécessaire pour que, l'eau étant à la température de la glace, il se fixe au zéro de l'échelle du thermomètre, et qu'il monte, à l'eau bouillante, à quatre-vingt-cinq degrés. On ferme alors la pointe M, et l'on essaye l'instrument comme aréomètre en le plongeant dans l'eau distillée, où il doit s'arrêter au n°. 10 de l'échelle de l'aréomètre. S'il est trop léger, et qu'il n'enfonce pas assez, on leste avec un peu de mercure; pour cela on rouvre la pointe M, on introduit une certaine quantité de mercure, et on la referme: si, au contraire, il est trop pesant, on en retire un peu, jusqu'à ce qu'enfin il se trouve juste au numéro 10.

Ce n'est, comme on le voit, que par des tâtonnemens que l'on peut espérer d'abord de réussir dans la construction de cet instrument; mais avec de la patience et de l'adresse on en viendra à bout.

Chaque degré du thermomètre équivaut à cinq degrés du pèse-liqueur.

Il est facile d'en sentir toute l'utilité et toute la commodité. Il peut servir en même tems à connoître non seulement les pesanteurs spécifiques de diverses liqueurs comme aréomètre, mais encore leur température et leurs degrés de dilatation et de condensation, ce qui influe plus qu'on ne pense dans la densité relative des fluides. En effet, si l'on compare les degrés de pesanteur de l'eau chaude et de l'eau froide, on s'apercevra d'une différence sensible : ayant exposé de l'eau ordinaire à la gelée, et le thermomètre ordinaire marquant zéro, l'aréomètre dont nous venons d' donner la description s'est arrêté après plusieur oscillations à 11°; l'ayant transporté dans l'ea de même qualité, mais plus chaude, il s'est enfoncé jusqu'à 12°.; enfin, au degré de l'eau bouillante, il s'est tenu plongé jusqu'à 15°. A mesure que l'eau se refroidissoit, il remontoit insensiblement pour se fixer à 11°, où il étoit à la température de la glace. Il faut donc bien faire attention, dans les observations de l'aréomètre, aux différens degrés de température, et c'est en quoi consiste le principal avantage de celui que nous proposons.

Dans les brûleries d'eau-de-vie, si, pour connoître ses qualités, on adopte cet aréomètre, on pourra voir tout d'un coup sa juste densité, qui résulte de la proportion de l'esprit-de-vin avec le phlegme ou l'eau. Le degré de chaleur qu'elle aura dans le moment sera corrigé sur-le-champ par le thermomètre; mais, en général, il faudra avoir l'habitude de l'essayer à la même température, par exemple, au degré 10, qui marque une chaleur modérée, et que l'on retrouve facilement en toute saison; l'hiver, en échauffant un peu la liqueur; et l'été, en la plaçant dans un endroit frais. Pour spécifier la qualité de l'eau-de-vie, il ne faudra qu'exprimer le degré de l'aréomètre, sa température étant au degré 10 du thermomètre; ce qui pourra servir de base générale et de terme de comparaison qu'il seroit intéressant d'adopter dans tous les pays. Ceux qui desireront plus de précision se serviront de l'aréomètre de M. *Bories*.

DE LA FABRICATION

DES VINAIGRES

SIMPLES ET COMPOSÉS.

De la fermentation acéteuse en général.

LE vinaigre est une liqueur acide produite par le second degré de la fermentation vineuse. On fait du vinaigre non seulement avec le vin proprement dit, mais encore avec le poiré, le cidre, la bière, l'hydromel, le petit-lait, etc. Le premier l'emportant sur tous les autres vinaigres pour l'agrément et pour la force, c'est celui de raisin dont il sera particulièrement question dans cet ouvrage.

Comme il n'y a pas de vin, de quelque nature qu'il soit, qui ne tende journellement à se convertir en vinaigre, et qui ne le devienne en effet au bout d'un tems plus ou moins long, à raison des circonstances, la première idée de faire du vinaigre est sans doute due à l'inattention de quelques vignerons, ou de personnes chargées du gouvernement des celliers ; la saveur aigrelette qu'auront contractée les liqueurs vineuses ne permettant plus de les consommer en boisson, on aura essayé de les faire servir à relever la saveur des mets, ou à en prolonger la durée.

Ce qu'il y a de positif, c'est que l'origine du vinaigre remonte à la plus haute antiquité. *Pline*, dans son Histoire naturelle (1), ne tarit point en éloges sur l'usage de cet acide, soit comme assaisonnement, soit pour conserver des fruits et des légumes. On l'employoit aux embaumemens ; et sans doute que le *cédria* des Egyptiens n'étoit pas autre chose que du vinaigre. Mêlé à l'eau, il servoit souvent de boisson aux légions romaines, sous le nom d'*oxycrat*. Enfin il n'existe pas de traité d'économie domestique qui ne fasse mention du vinaigre. A la vérité, aucun auteur avant *Glauber* n'avoit indiqué un procédé détaillé et complet pour le faire. Faut-il s'étonner si, parmi les artistes qui ont la réputation d'envelopper leurs manipulations des ombres épaisses du mystère, les vinaigriers occupent une place distinguée, puisqu'autrefois, et même encore aujourd'hui, on dit proverbialement, lorsqu'on ne veut pas révéler quelque chose. *C'est le secret du vinaigrier ?* Mais heureusement que cette belle conception de la des-

---

(1) Liv. XIV, chap. 20, etc.

cription des arts et métiers est parvenue à déchirer le voile, et que la diversité des moyens par lesquels on peut transformer toutes les liqueurs vineuses en vinaigre est maintenant bien connue.

Nous ne chercherons pas à donner à cet article plus d'étendue qu'il ne doit en avoir : il ne s'agit point de présenter ici l'extrait de l'art du vinaigrier ; il fait partie des *Arts et Métiers*, imprimé in-4°. à Neufchâtel ; et, en le décrivant, le citoyen *Demachy* a rendu un nouveau service à la chimie. Le lecteur qui désireroit connoître plus en détail tous les procédés de cet art doit consulter l'édition que nous citons, d'autant plus volontiers que M. *Struve*, membre de la société physique de Berne, y a ajouté des notes intéressantes qui ne laissent pas d'augmenter l'utilité d'un art borné en apparence. Mais il en est de l'art du vinaigrier comme de beaucoup d'autres ; il peut acquérir de la consistance, de l'extension et de la célébrité par le génie d'un seul homme. Nous en avons la preuve parce qu'a fait le citoyen *Maille*. Graces à son intelligence et à ses travaux, cet acide a passé aux extrémités des deux mondes, avec les noms les plus pompeux et les odeurs les plus agréables, sur la toilette des dames de toutes les classes. Le citoyen *Acloque* qui lui a succédé ne s'occupe pas avec moins de succès à donner à cette branche de commerce national tous les avantages que peut lui communiquer l'industrie éclairée par les sciences.

Mais il s'agit d'exposer ici en quoi consiste la formation, la préparation, la conservation et les propriétés des différentes sortes de vinaigres usitées en Europe ; et pour ne pas nous livrer à des détails étrangers à cet ouvrage, nous tâcherons de renfermer dans un court espace tous les avantages que le produit du second degré de la fermentation vineuse peut offrir aux arts et à l'économie.

ARTICLE I.

Théorie du vinaigre.

L'imperfection de la théorie chimique, à l'époque de la publication de tout ce qui a paru de plus méthodique sur l'art de faire le vinaigre, a influé nécessairement sur les principes établis dans ces ouvrages. Aussi la théorie de l'acétification qu'on présenta alors ne sauroit plus être admise aujourd'hui ; nous croyons inutile d'en donner ici la preuve. Bornons-nous à quelques réflexions générales sur la théorie du vinaigre, que nous a communiquées le citoyen *Prozet*, savant pharmacien et professeur à Orléans. Il a été à portée, plus qu'aucun chimiste, de suivre avec détail les fabriques de vinaigre, et de saisir tous les phénomènes qui précèdent, accompagnent et suivent la fermentation acéteuse.

Parmi les différentes altérations dont le vin est

susceptible, une des principales est sans doute celle qui le change en vinaigre.

Si la température du lieu où l'on conserve le vin est très-basse, si les vaisseaux qui le contiennent sont imperméables à l'air, et qu'ils soient exactement pleins, le vin se maintiendra dans le même état, parce qu'il ne sera pas agité de ce mouvement intestin et lent qui sans cesse l'affine et le perfectionne. Le vin tenu dans un lieu frais, dans des bouteilles exactement fermées, s'y conserve pendant très-long-tems sans aucune altération. La fermentation lente qui se continue dans le vin est donc un mouvement qui, en décomposant le corps muqueux, en unit les principes avec des parties que l'air lui fournit.

Les expériences des chimistes modernes ne laissent aucun doute sur la nature de la portion de l'air ambiant qui se combine avec les parties du corps muqueux qui n'ont pas encore subi la fermentation vineuse. On sait maintenant que c'est la base de la masse de cette portion atmosphérique qui est la seule propre à entretenir la respiration, et qui, par cette raison, à reçu le nom d'air vital, et depuis celui de gaz oxygène, à cause d'une autre de ses propriétés qui est de donner naissance à l'acidité dans un très-grand nombre de ses combinaisons. Il paroît que le mouvement de fermentation insensible qui atténue de plus en plus le muqueux resté dans le vin, tend à mettre à nu le carbone et à l'unir à l'oxygène de l'air atmosphérique ; aussi observe-t-on qu'à diverses époques de ce mouvement fermentatif il y a une légère production, ou dégagement de gaz acide carbonique. L'art de conserver le vin ne consiste donc qu'à retarder le mouvement intestin de cette liqueur par un abaissement de température, et par l'exactitude à intercepter toute communication avec l'air extérieur.

Mais si le mouvement lent de fermentation qui, en atténuant les parties du vin, rend leur union plus intime et la liqueur plus homogène, reçoit une accélération par l'élévation de la température, alors, après les avoir divisées presque à l'infini, il les dispose à contracter de nouvelles combinaisons : et si l'air a un libre accès, il s'établit bientôt de nouveaux centres d'attraction élective. La transposition des principes du vin donne naissance à des êtres nouveaux. L'oxygène, se combinant abondamment avec de l'hydrogène et du carbone, produit l'acide acétique, ou vinaigre, tandis qu'une portion de ce même oxygène s'unissant à la partie extractive du vin et à du carbone surabondant, forment les *fèces* ou *lies* qui se précipitent toujours en plus ou moins grande quantité, suivant l'espèce de vin qui subit la fermentation acéteuse.

D'après ces principes, il est aisé d'apprécier

l'assertion de *Becher* qui prétend avoir converti du vin en vinaigre très-fort, en le faisant digérer pendant long-tems sur le feu, dans une bouteille fermée hermétiquement. S'il a réellement réussi, ce ne peut être que parce que la quantité du vin étoit très-petite, et que le vaisseau dans lequel il l'a fait digérer étoit très-grand. Alors la masse d'air qui y étoit renfermée a pu contenir suffisamment d'oxygène pour acidifier le vin employé, car, sans absorption d'air, il ne peut y avoir d'acidification du vin. C'est une vérité qui a été mise dans le plus grand jour par l'expérience de *Rozier*.

Nous pensons qu'il en est de même de l'expérience de *Homberg* qui assure avoir fait de bon vinaigre en brassant pendant trois jours une bouteille de vin qu'il avoit attachée pour cela au cliquet d'un moulin : il est également présumable que la majeure partie de la bouteille étoit vide : alors l'agitation violente, en mêlant les molécules de la liqueur avec celles de l'air, en aura multiplié les contacts. Les parties constituantes du vin et celles du gaz oxygène, rapprochées ainsi du centre de leur affinité respective, auront cédé à la tendance qui les porte les unes vers les autres ; elles se seront combinées, et le vin aura été changé en vinaigre.

Ce n'est sûrement pas d'après la connoissance de ce qui se passe dans la fermentation acéteuse que se sont établies les opérations de l'art du vinaigrier. Cet art, qui sans doute est très-ancien, puisqu'il est fondé sur les besoins de l'homme, comprend une suite de procédés que l'on a toujours exécutés, plutôt par l'imitation que d'après les principes d'une pratique éclairée par la théorie. Cependant il est aisé de sentir combien les lumières que fournit la chimie sont essentielles pour les progrès de cet art et pour l'explication des différences que présente le vinaigre, suivant la nature de la liqueur vineuse dont il tire son origine.

C'est cette science, en effet, qui nous apprend pourquoi les cidres, qui contiennent toujours des parties muqueuses non encore atténuées, et peu de parties spiritueuses, donnent un vinaigre plus foible que celui qui est fait avec le vin : pourquoi, parmi les différens vins, ceux qui abondent en parties colorantes extractives, et qui sont foibles, sont bien moins propres à produire un bon vinaigre que ceux qui sont foibles en couleur et très-spiritueux.

Différentes expériences exactes ont prouvé positivement que l'alkool, ou esprit-de-vin, contribuoit essentiellement à la formation et à la force du vinaigre ; elles ont démontré que les principes de ce produit de la fermentation vineuse avoient une singulière aptitude à se combiner, puisque, dans tous les procédés oxygénans auxquels on les a soumis, il y a toujours eu génération d'acide acétique. C'est à raison de cette disposition de la partie spiritueuse du vin, que *Cartheuser* assure qu'on peut augmenter de beaucoup la force du vinaigre, en introduisant dans le vin une certaine quantité d'eau-de-vie, avant de lui faire subir la fermentation acide. *Becher* avoit aussi reconnu la nécessité de la partie spiritueuse du vin, pour la formation du bon vinaigre. Il affirme, dans sa Physique souterraine, liv. 1, sect. 5, ch. 2, n°. 138, qu'on n'obtenoit qu'un vinaigre foible et imparfait, lorsque, par une coction lente, on faisoit évaporer l'esprit du vin qu'on vouloit changer en vinaigre.

Il est donc facile de concevoir que toute liqueur qui a subi complètement la fermentation spiritueuse doit nécessairement passer d'elle-même à la fermentation acéteuse, si elle se trouve dans les circonstances qui déterminent cette dernière. On sentira également que la manière de disposer et de conduire cette opération doit beaucoup influer sur la qualité du résultat.

Boerhaave a décrit un procédé très-bon pour faire promptement le vinaigre : il consiste à mêler le vin avec sa lie et son tartre, et à le verser dans deux cuves placées dans un lieu dont la température soit élevée de seize à dix-huit degrés au moins; à un pied ou environ du fond de ces cuves, on place deux claies sur lesquelles on met un lit de branches de vigne vertes, et par-dessus, des rafles de raisins, jusqu'à la hauteur des cuves. On distribue inégalement la liqueur dans ces deux vaisseaux, de manière que l'un soit plein, tandis que l'autre ne l'est qu'à moitié. Dans l'intervalle de deux à trois jours, la fermentation s'établit dans la cuve demi-pleine. On la laisse aller pendant vingt-quatre heures, après quoi on remplit cette cuve avec la liqueur de la cuve pleine. La fermentation se développe alors dans cette dernière ; on la modère également au bout de vingt-quatre heures, en la remplissant avec la liqueur de l'autre cuve, et on répète ce changement toutes les vingt-quatre heures, jusqu'à ce que la fermentation soit achevée ; ce que l'on reconnoît à la cessation du mouvement dans la cuve demi-pleine ; car c'est dans cette dernière que se fait la combinaison des principes qui constituent le vinaigre.

La théorie du changement du vin en vinaigre, par ce procédé, est très-aisée à développer, d'après les observations de *Guyton-Morveau*. En général, dit-il, le vin passe d'autant plus vîte à l'état de vinaigre, que la masse est plus petite, qu'elle est plus en contact avec l'air, et qu'elle éprouve plus de chaleur, pourvu cependant que cette chaleur ne soit pas portée à un degré capable de décomposer et de détruire plutôt que de favoriser le mouvement spontané. La pile des rafles et des rameaux, qui demeure exposée à l'air dans le tonneau à moitié vide, présente une grande surface à ce fluide; la liqueur qui reste adhérente à ces rameaux s'en imprègne par excès, et de-là vient la chaleur qu'elle éprouve, qu'elle communique d'abord à la masse intérieure, et qui se répartit ensuite sur toute celle qu'on y ajoute, quand on juge qu'il est tems de remplir le tonneau.

Cependant on ne peut se dissimuler que, si ce procédé a l'avantage de procurer plus promptement le changement du vin en vinaigre, il n'ait aussi l'inconvénient de dissiper un peu des parties spiritueuses du vin; car le gonflement, le frémissement et le bouillonnement qui l'accompagnent annoncent suffisamment que la chaleur est considérablement augmentée; et par conséquent, dans un vaisseau ouvert qui présente une grande surface au contact de l'air, il doit y avoir aussi une très-grande évaporation des parties volatiles du vin.

La méthode que suivent les vinaigriers d'Orléans est bien préférable à celle que nous venons de décrire. La fermentation moins rapide qu'ils excitent dans la liqueur lui conserve une espèce d'odeur aromatique, qui contribue beaucoup à la réputation du vinaigre qu'ils préparent, et qui la mérite sur-tout par le choix des vins blancs qu'ils y emploient.

Article II.

Conditions pour faire de bon vinaigre.

Depuis l'époque où la confection du vinaigre est devenue un art sujet à des lois, on a remarqué qu'il falloit plusieurs conditions pour déterminer la fermentation acéteuse et obtenir un résultat parfait. La première est le contact de l'air extérieur. Il s'agit, pour la seconde, d'une température supérieure à celle de l'atmosphère. La troisième consiste dans l'addition de matières étrangères aux liquides qu'on veut convertir en vinaigre, et qui, dans ce cas, exercent les fonctions de levain. Enfin, la quatrième et principale condition est que les liqueurs vineuses destinées à être tranformées en vinaigre soient les plus abondantes en spiritueux.

Première condition. Il paroît maintenant démontré que l'accès de l'air extérieur pour l'acétification est indispensable ; mais quelques auteurs prétendent aussi que la seule chaleur peut opérer le changement du vin en vinaigre. Ils citent, à l'appui de cette assertion, l'expérience de *Becher*, de *Sthal* et d'*Homberg*, qui ont fait du vinaigre dans des vaisseaux clos. Mais, comme l'a observé le citoyen *Prozet*, ces expériences n'ont pu réussir qu'en raison de l'air contenu dans les vaisseaux où elles se faisoient ; à moins qu'on ne suppose que, pendant la durée de cette opération mécanique, une portion de l'eau constituant le vin n'ait éprouvé une décomposition qui ait donné lieu à la séparation de l'oxygène, lequel, comme on sait, est un des principes de ce fluide. L'expérience de *Rozier* prouve irrévocablement la nécessité de la présence de l'air, et elle ne laisse aucun doute sur ce que l'acétification ne soit toujours proportionnelle à la quantité d'air absorbée. D'ailleurs, les connoissances acquises sur la nature du principe acidifiant ont levé tous les doutes.

Deuxième condition. Le concours de la chaleur pour l'acétification est bien reconnu; mais pour qu'elle opère l'effet désiré, il ne faut pas qu'elle passe de 18 à 20 degrés du thermomètre de *Réaumur*. Le citoyen *Prozet* connoît un vinaigrier qui, croyant que la chaleur étoit l'unique cause du passage du vin au vinaigre, en avoit conclu que, plus il éleveroit la température, et plus son vinaigre seroit acide; en conséquence, il échauffoit son poêle de manière à avoir au moins 30 degrés de chaleur. Cependant, son vinaigre étoit constamment très-foible. Consulté par le fabricant, le citoyen *Prozet* lui fit observer que l'élévation de la température qu'il maintenoit dans son atelier, en procurant l'évaporation de la partie spiritueuse du vin, occasionnoit la défectuosité de son vinaigre. Le vinaigrier a profité de l'avis, et, depuis, son vinaigre est excellent.

Cette observation ne suffit-elle pas pour démontrer combien sont vicieuses ces méthodes qui prescrivent de chauffer le vin jusqu'à le faire bouillir, dans la vue d'accélérer la fermentation acéteuse ? elles dérangent ses parties constituantes, les dénaturent, en dissipant la partie spiritueuse, la seule appropriée pour l'acétification. Or, si dans cette opération, le concours de la chaleur est essentiel comme celui de l'air extérieur, on doit régler l'un et l'autre, car leur absence ou leur excès nuit directement à la perfection du résultat.

Troisième condition. Les moyens employés pour favoriser la fermentation acéteuse, et connus parmi les vinaigriers sous le nom de *mère de vinaigre*, sont: 1°. les lies de tous les vins acides; 2°. les lies de vinaigre; 3°. le tartre rouge et blanc; 4°. un vaisseau de bois que l'on a bien rincé avec du vinaigre, ou qui en a renfermé pendant un certain tems, ou le vinaigre lui-même; 5°. du vin qui a été mêlé souvent avec sa lie; 6°. les rejetons des vignes et les rafles de grappes de raisins, de groseilles, de cerises, et d'autres fruits d'un goût piquant et acide: 7°. du levain de boulanger après qu'il est aigri; 8°. les différentes espèces de levûres; 9°. enfin, toutes les substances animales et leurs débris.

Mais de tous ces levains propres à faire du vinaigre, ceux qui appartiennent au règne animal, quoique vantés par plusieurs auteurs comme les plus actifs et les plus efficaces pour augmenter toute fermentation végétale, ne doivent pas être employés sans beaucoup de circonspection. Sans doute ils peuvent, en petite quantité, faciliter l'acétification à cause de leur tendance à la décomposition ; mais le vinaigre qui en résulte ne sauroit se conserver long-tems : la présence du gaz azote, de ce principe de l'animalisation, doit nécessairement déterminer de nouvelles altérations, et donner aux fluides qui le contiennent une grande tendance à la putréfaction.

Quatrième condition. Les vinaigriers d'Orléans, persuadés, d'après une longue suite d'expériences et d'observations, que le premier et le plus sûr moyen pour obtenir un vinaigre parfait, c'étoit d'y employer du vin de bonne qualité, poussent le choix à cet égard aussi loin qu'il peut aller ; ils ont remarqué que les vins d'un an sont préférables au vin nouveau, sans doute parce qu'ils sont dépouillés de lie, et que d'ailleurs la plus grande partie de la matière sucrée ayant passé à l'état spiritueux, l'acétification doit s'en mieux faire.

Plusieurs auteurs pensent au contraire que les vins tournant à l'aigre sont ceux qu'on doit préférer

férer. Sans doute il faut bien en tirer parti quand ils sont dans cet état de détérioration; mais il n'en résulte toujours qu'un vinaigre fort médiocre pour l'odeur, le goût et les effets : ils ont éprouvé un commencement d'altération dans leurs principes constituans; enfin, c'est une fermentation étrangère à celle du vinaigre.

Ceux qui partagent cette opinion et qui regardent les petits vins, les boissons vineuses connues sous le nom de *piquette*, comme les plus propres à faire le vinaigre, sont également dans l'erreur ; car il est prouvé que le vin le plus généreux est celui qui produit le plus de vinaigre de qualité supérieure; que le petit cidre, la petite bière et les autres liqueurs peu abondantes en esprit-de-vin (alkool), donnent constamment des vinaigres foibles et de peu de durée.

Cependant, quoique l'esprit-de-vin soit nécessaire à l'acétification, nous sommes éloignés de penser qu'il fasse une des parties constituantes du vinaigre, et que ce dernier soit composé des mêmes principes que le vin. On sait qu'en distillant le vin, la liqueur qui reste au fond de la cucurbite ne produit plus qu'un vinaigre plat, d'une garde difficile. Il est acide, mais dépourvu de ce *gratter* particulier qui le caractérise.

Si lorsque le vinaigre est parfait, on n'y retrouve plus l'eau-de-vie que le vin contenoit avant sa conversion en acide acéteux, ou qu'on y a ajoutée dans la vue d'augmenter sa force, on se tromperoit en imaginant qu'il est si intimement combiné, qu'il paroît impossible de l'en dégager : mais il a changé de nature dans l'acétification ; et l'on est bien convaincu maintenant que le fluide qu'on a pris pour de l'esprit-de-vin, et qui s'enflamme en chauffant jusqu'à l'ébullition le vinaigre radical, est le gaz inflammable, le gaz hydrogène.

D'après les expériences et les vues du citoyen *Chaptal*, qui vient de développer dans cet ouvrage, avec le génie qui lui est propre, tous les phénomènes de la vinification, il sera plus aisé encore de juger pourquoi les vins du midi, c'est-à-dire les plus riches en esprit, produisent les meilleurs vinaigres, et comment, en ajoutant de l'eau-de-vie (alkool) aux vins de bas aloi et aux autres liqueurs vineuses foibles ou passées, on parvient à obtenir un acide plus fort et d'une garde plus facile.

Mais nous en avons dit suffisamment pour montrer la différence des effets de la fermentation vineuse et de la fermentation acéteuse; il convient d'exposer les méthodes d'après lesquelles on procède à la conversion du vin en vinaigre dans diverses contrées, en nous restreignant aux procédés les plus simples et les moins dispendieux, afin que tout bon économe puisse facilement, et à peu de frais, les mettre en pratique suivant ses ressources locales.

ARTICLE III.

Des manipulations pour faire les différens Vinaigres.

Avant d'indiquer les procédés pour faire les vinaigres, avouons-le : quoiqu'il soit vrai qu'il faille de bon vin pour faire de bon vinaigre, comme ce dernier a ordinairement, dans le commerce, une moindre valeur que le vin, malgré les frais des manipulations nécessaires pour l'amener à cet état d'acide, ce sont, la plupart du tems, des vins qui ne sont pas de débit comme tels, qu'on emploie communément à l'acétification.

Une remarque qu'on doit aux vinaigriers d'Orléans, c'est que les vins qui ont été soufrés ne sont pas propres à faire du vinaigre. Il y a lieu de penser que cette circonstance dépend de ce que l'acide sulfureux, en arrêtant la fermentation vineuse, a mis obstacle à la formation de la partie spiritueuse ; et comme nous l'avons déjà dit, la force du vinaigre est toujours en raison de la quantité de cette parties spiritueuse : d'ailleurs il se peut aussi que les parties muqueuses qui n'ont pas encore pris le caractère vineux, lorsqu'on a arrêté le mouvement qui le détermine, passent subitement à l'état putride dès qu'on produit une chaleur capable d'exciter dans la liqueur une nouvelle fermentation ; cela paroît d'autant plus vraisemblable, qu'on ne peut concevoir la cessation du mouvement fermentatif dans le vin, par la présence de l'acide sulfureux, que par la combinaison qui a dû se faire des molécules de cet acide avec celles du muqueux non-fermenté. Or, de ce nouvel ordre de choses, il doit nécessairement résulter un être nouveau qui n'est plus susceptible des modifications qui ne sont propres qu'à une de ses parties constituantes.

Premier procédé.

Lorsqu'un vinaigrier s'établit à Orléans, il tâche de se procurer des tonneaux qui aient déjà servi à la fabrication du vinaigre ; au défaut de ceux-ci, il en fait construire de neufs ; ces tonneaux nommés *mère de vinaigre*, lorsqu'ils sont abreuvés de cette liqueur, contiennent deux poinçons d'Orléans, ce qui revient à quatre cent dix pintes, mesure du pays, ou à quatre cent soixante-dix litres cinq cent vingt-six millilitres.

Ces tonneaux placés les uns sur les autres forment ordinairement trois rangées ; la partie supérieure du fond est percée à deux doigts du jable, et cette ouverture a deux pouces de diamètre ; elle reste toujours ouverte, afin de laisser un libre accès à l'air, et de recevoir au besoin la douille d'un entonnoir courbe qui sert à vider le vin dans la *mère de vinaigre*. Plusieurs vinaigriers ne mettent point de robinet à cet espèce de tonneau, ils se servent de la même ouverture pour le vider, lorsqu'il est plein, par le moyen d'une pompe ou siphon de fer-blanc. Ces trois rangées de tonneaux étant établies, le vinaigrier procède à la préparation du vinaigre, il commence par imbiber les tonneaux du levain ou ferment qui doit exciter dans le vin la fermentation acéteuse. Pour cet effet, il verse dans chaque *mère* cent pintes, ou environ cent douze litres de bon vinaigre bouillant, et l'y laisse séjourner pendant huit jours. Ce tems étant écoulé, il ajoute dans chaque *mère* un broc de vin contenant dix pintes, ou environ onze litres. Il continue, ainsi de huit jours en huit jours, à en verser la même quantité, jusqu'à ce que ses vaisseaux soient pleins ; le vinaigrier laisse alors écouler un espace de quinze jours, avant de mettre le vinaigre en vente, et il a l'attention de ne jamais vider ses *mères* ; elles restent toujours à moitié pleines, afin qu'en les remplissant successivement, elles puissent déterminer le changement du nouveau vin en vinaigre.

Voici les signes auxquels les vinaigriers reconnoissent que leurs *mères* de vinaigre *travaillent bien*, c'est-à-dire que la fermentation y est plus acéteuse. Ils ont soin d'introduire par le trou supérieur une règle de deux pieds de longueur faite avec une douve de barique; ils la plongent dans le vinaigre, et la retirent aussitôt; ils examinent le sommet de la partie mouillée, et s'ils y apperçoivent une espèce de ligne blanche formée par la fleur ou écume du vinaigre en fermentation, ils jugent que la *mère* travaille. Plus la ligne est large et fortement marquée, plus la *mère* travaille bien et a besoin d'être rafraîchie; alors ils la chargent plus souvent. Ils attendent, au contraire, et n'ajoutent point de nouveau vin dans celle qui ne donne pas cet indice, ou qui le donne foible.

Un soin essentiel qu'il ne faut pas omettre est celui de n'employer qu'un vin très-clair. Pour se procurer cet avantage, le vinaigrier renferme cette liqueur dans des tonneaux où il a établi un râpé de copeaux de hêtre, afin que les surfaces étant plus multipliées, la lie fine puisse mieux y adhérer. C'est de ces tonneaux à râpé qu'il soutire le vin à mesure qu'il en a besoin. Cette pratique suffiroit seule pour détruire l'opinion où l'on est que la lie est un levain propre à exciter la fermentation acéteuse.

L'atelier du vinaigrier étant ordinairement placé dans un lieu très-aéré, la chaleur de l'atmosphère suffit, en été, pour convertir le vin en vinaigre; mais, en hiver, le vinaigrier a soin d'entretenir une température élevée de 18 degrés au moins, par le moyen d'un poêle qui est établi dans le milieu de l'atelier

Deuxième procédé.

On achète un baril de vinaigre de la meilleure qualité, et on en tire quelques litres pour l'usage domestique, qu'on remplace par une même quantité de vin bien clair; l'on bouche simplement le baril avec du papier ou du liège appliqué légèrement: on le tient dans un endroit tempéré, et tous les mois on en soutire la quantité susmentionnée de vinaigre, en la remplaçant, comme la première fois, avec du vin; le baril toujours ainsi rempli fournit pendant long-tems du vinaigre de toute perfection, sans qu'il s'y forme de mère ni de dépôt sensible. Il y a encore dans beaucoup de ménages du vinaigre dont la première fondation remonte au-delà de cinquante ans, et qui est exquis.

Troisième procédé.

Avant de mettre les raisins dans la cuve, on en égrappe une partie à proportion du vinaigre qu'on veut faire. On met les grains et le jus dans les cuves à vin, et on dépose les rafles dans un vaisseau où elles s'échauffent et s'aigrissent pendant que le vin se fait. On retourne ces rafles de tems en tems, pour empêcher qu'elles ne chancissent ou moisissent à la superficie. Quand le vin de la cuve est fait, on le tire ; et au lieu d'en rejeter d'abord une partie sur le marc, comme on le pratique dans quelques pays, on couvre le marc des rafles qui se sont aigries, et on répand sur le tout une partie du vin tiré, à proportion de ce qu'on veut avoir de vinaigre. On mêle bien les rafles et le marc avec des crochets ou autrement. Le marc ainsi remanié, l'aigreur des rafles se communique à toute la liqueur. La fermentation s'établit très-promptement, et le vinaigre est d'autant plus fort et plus excellent, que le marc se trouve plus chargé d'esprits. Plus il y a de marc par proportion à la quantité du vinaigre, et plus ce dernier a de force.

ARTICLE IV.

Des moyens de conserver le vinaigre.

Comme le vinaigre est le produit d'une fermentation, la manière de gouverner cette fermentation contribue infiniment à la qualité et à la conservation du résultat. Mais malgré le choix du vin et la bonté du procédé employé pour sa transformation en vinaigre, ce dernier peut facilement s'altérer, si on néglige l'emploi de quelques moyens dont nous devons faire connoître les principaux.

Premier moyen. Il consiste à tenir le vinaigre à l'abri de toute l'influence de l'air extérieur, dans des vases propres, bien bouchés, dans un lieu frais, et sur-tout à ne jamais le laisser en vidange; le plus léger dépôt suffit pour l'altérer, même dans des vases parfaitement clos. Il y produit à-peu-près le même effet que dans les vins sur lesquels ces dépôts ont une action insensible, et concourent à faire passer ceux-ci à l'état d'un véritable vinaigre. Pour le conserver dans toutes ses qualités, il faut donc que les vases destinés à le contenir soient fort propres.

Deuxième moyen. C'est le plus simple qu'on puisse employer; il suffit de jeter le vinaigre dans une marmite bien étamée, de le faire bouillir un moment sur un feu vif, et d'en remplir ensuite des bouteilles avec précaution, pour conserver clair et sain cet acide pendant plusieurs années. Mais le vase dans lequel ce procédé a lieu pourroit exposer à quelques inconvéniens pour la santé, il vaut mieux recourir à celui que *Scheele* nous a fait connoître. Il consiste à remplir de vinaigre des bouteilles de verre, et à placer ces bouteilles dans une chaudière pleine d'eau sur le feu. Quand l'eau a bouilli un quart-d'heure, on les retire. Le vinaigre ainsi chauffé se conserve plusieurs années, aussi bien à l'air libre que dans des bouteilles à demi-pleines.

Troisième moyen. Pour conserver le vinaigre des tems infinis, et le mettre à l'abri des variations de l'air et de la température, il faut en séparer la partie muqueuse extractive par la distillation; mais comme cette préparation devient coûteuse, et que d'ailleurs le vinaigre perd nécessairement de son premier goût agréable qu'on aime à trouver dans l'assaisonnement et les autres usages du vinaigre, il y a grande apparence qu'on ne se décidera point à adopter un moyen coûteux et destructeur de l'odeur.

Quatrième moyen. Le vinaigre employé aux usages économiques est assez ordinairement foible, comparativement à celui qui provient des vins méridionaux. Ce défaut devient infiniment plus sensible, quand on l'a encore affoibli par des plantes aromatiques. L'hiver est la saison qui offre le moyen de convertir en un vinaigre très-fort du vinaigre ordinaire; c'est de l'exposer, suivant le procédé simple donné par *Sthal*, à une ou plusieurs gelées, dans des terrines de grès; on enlève successivement les glaçons qui s'y forment, et qui ne contiennent que les parties les plus aqueuses qu'on rejette. Mais ce procédé élève très-haut le prix du vinaigre, et les personnes peu aisées n'en feront aucun usage : cependant on pourroit appliquer avec avantage l'action de la gelée à des vinaigres foibles, qui ne sont pas susceptibles de se garder.

Cinquième moyen. L'eau-de-vie, *alkool*, est l'un des puissans moyens pour conserver les vinaigres aromatiques. Le citoyen *Demachy*, dans son *Art du Vinaigrier*, conseille à ceux qui forment des provisions de ces vinaigres d'ajouter sur chaque livre de liqueur une demi-once au plus d'eau-de-vie : cet esprit ardent rend l'union plus intime entre l'arome et le vinaigre, et garantit celui-ci de l'accident de se décomposer, si, par hasard, les plantes qu'on y a mises fournissent trop de phlegme, malgré leur dessiccation préalable. Mais un autre effet de l'alkool sur le vinaigre, c'est de fournir des élémens nécessaires à l'acétification qui continue dans le vinaigre, à-peu-près comme quand on ajoute de tems en tems du vin au vinaigre perpétuel.

Sixième moyen. Le sel marin (*muriate de soude*) qu'on conseille encore d'ajouter au vinaigre, et sur-tout aux vinaigres composés, pour prévenir leur détérioration, n'opère cet effet qu'en s'emparant de l'eau qu'il contient, et en la mettant dans l'impuissance d'agir sur les différentes substances mélées avec l'acide acétique, comme elle agiroit nécessairement, si elle étoit libre ; cependant il ne faut pas croire que cet effet puisse être durable, puisqu'il est prouvé qu'à la longue le vinaigre auquel on a ajouté du sel, finit aussi par s'altérer, en présentant cependant, dans sa décomposition, des phénomènes différens de ceux qui ont toujours lieu quand le vinaigre n'a point été salé. Au reste, il seroit peut-être utile de s'assurer, par des expériences exactes, de la quantité de sel qu'il conviendroit d'ajouter à chaque espèce de vinaigre, en supposant que cette addition pût en prolonger la durée; car toutes ne contenant pas une quantité égale d'eau, il seroit superflu d'en employer toujours dans la même proportion.

ARTICLE V.

Des signes auxquels on reconnoît que le vinaigre est bon, falsifié ou gâté.

Le meilleur vinaigre doit être d'une saveur acide, mais supportable; d'une transparence égale à celle du vin, moins coloré que lui, conservant au reste une sorte de parfum, un montant, un spiritueux, en un mot, un *gratter* qui affecte agréablement les organes. C'est sur-tout en le frottant dans les mains, que ce parfum se développe.

La cupidité de certains fabricans de vinaigre les porte souvent à employer des vins foibles, ou qu'ils savent extraire des lies. Le procédé par lequel ils obtiennent ces derniers dissipe les parties essentielles à la confection du bon vinaigre. Ces lies épaisses et visqueuses sont versées dans un chaudron placé sur le feu; la chaleur détruit leur viscosité; alors elles sont enfermées dans un sac, et à l'aide d'une presse, on en exprime facilement tout le liquide. Cette espèce de vin est versée sur un rapé de copeaux pour l'éclaircir. Il est aisé de voir que l'action de la chaleur ayant dissipé le peu d'esprit que ce vin contenoit, il ne peut fournir qu'un vinaigre médiocre et très-foible.

Le fabricant qui emploie ces moyens, sait très-bien que le vinaigre qu'il prépare est inférieur en qualité ; mais aussi il sait en relever la saveur par le moyen de substances âcres, telles que la *pyrèthre*, le *galéga*, et sur-tout le *piment*, ou poivre d'inde, *capsicum annuum*. L'acheteur qui goûte ce vinaigre se sent la bouche en feu, et attribue à l'acidité, ce qui n'est que l'irritation violente, que ces substances excitent sur l'organe du goût. Aussi, lorsqu'on n'est pas parfaitement connoisseur, il ne faut jamais s'attacher à la saveur quand on achette du vinaigre, parce que les indications qu'elle fournit sont souvent illusoires. La saturation d'une certaine quantité de vinaigre par la potasse est le moyen le plus sûr que l'on puisse employer pour comparer la qualité des vinaigres. Une once, ou 30 grammes 572 milligrammes de cette liqueur, exige ordinairement 60 grains ou 9 grammes 184 milligrammes de cet alkali ; tandis que la même quantité de ces vinaigres sophistiqués, qui, par leur saveur brûlante, paroissent si forts, est saturée avec 24 grains ou 1 gramme 272 milligrammes de ce sel.

Lorsque, pour augmenter l'acidité de leur vinaigre, les ouvriers auront employé l'acide sulfurique, il sera facile de démasquer cette fraude, en goûtant le vinaigre : il agacera les dents, et exhalera, en le brûlant sur du charbon de terre, l'odeur de l'acide sulfureux. Si on le sature avec la potasse, on en obtiendra, par la cristallisation; au lieu d'une acétite de potasse, un sulphate de potasse.

On falsifie aussi le vinaigre avec l'acide muriatique (esprit de sel). Cette falsification est assez difficile à reconnoître au goût. On peut s'en assurer par la dissolution d'argent, que l'acide muriatique précipite en blanc. Mais il est une falsification presque impossible à reconnoître, plus tolérable, sans doute, puisqu'elle a l'acide propre du vin pour base. Elle consiste à faire bouillir, dans un vaisseau de terre, du tartre avec l'acide sulfurique. Cet acide s'unit avec l'alkali, et en sépare l'acide. On obtient par ce moyen une liqueur très-acide, contenant l'acide du tartre à nu, dont quelques gouttes suffisent pour bonifier une certaine quantité de mauvais vinaigre. C'est avec cette liqueur mêlée à l'eau que l'on fortifie le verjus, le jus de citron, etc.

Il y a une foule d'autres sophistications employées pour procurer au vinaigre une saveur âcre et brûlante que l'on confond souvent avec la saveur fraîche, acide, forte et pénétrante que doi avoir cet acide, quand il a les qualités requises mais il convient peut-être de n'en point parler, dans la crainte de les apprendre à quiconque les ignoreroit ; d'autant mieux qu'il n'est pas facile d'offrir des pierres de touche pour déceler ces fraudes, sans des examens auxquels chacun ne peut se livrer. On reconnoît plus aisément la pureté du vinaigre, en l'exposant simplement à l'air libre. S'il s'y amasse beaucoup de moucherons, connus sous le nom de *mouches à vinaigre*, c'est une preuve que le vinaigre est pur ; et la quantité de ces moucherons décèle sa force.

Mais, comme nous l'avons déjà dit, le vinaigre, sur-tout celui provenant des vins foibles, ne peut se conserver long-tems en bon état : il s'altère, sa transparence se trouble, et bientôt il se recouvre d'une pellicule épaisse, visqueuse, qui détruit insensiblement sa force, au point qu'on est obligé de le jeter.

Cette espèce de couenne formée à la surface du vinaigre qui s'altère ne se fait remarquer principalement que dans ceux qui ont été faits avec le suc de raisin, ou dans lesquels on a déterminé la fermentation, au moyen des lies de vin ou du tartre ; il paroît vraisemblable, d'après cette observation, que c'est ce dernier sel qui contribue à sa formation. Voici une expérience qui semble le prouver.

En mettant en digestion dans une certaine quantité d'eau, à une douce chaleur, du tartre en poudre, on voit quelquefois se former à la surface du liquide surnageant, une couenne ou pellicule semblable à celle qui recouvre le vinaigre qui s'altère; mais on remarque en même-tems, qu'à mesure que la pellicule se forme, le tartre se décompose, de manière qu'il est possible d'opérer complètement sa décomposition, en favorisant la reproduction de cette pellicule, et l'enlevant à mesure qu'elle a acquis une sorte d'épaisseur. En général, on remarque que les vinaigres à la surface desquels ces pellicules sont voisines de leur formation, deviennent, en effet, troubles, foibles, et ne peuvent plus servir aux usages ordinaires.

ARTICLE VI.

Application du vinaigre à la conservation des viandes.

On sait que toutes les substances animales ont une grande tendance vers la fermentation putride, et dès qu'elles ont commencé à la subir, elles sont déjà en partie décomposées; par conséquent tellement différentes de ce qu'elles étoient auparavant, qu'on ne reconnoît plus ni leur saveur, ni leur odeur, ni leur consistance naturelle.

Dans le nombre des moyens imaginés pour arrêter ou prévenir ces altérations, le vinaigre tient le premier rang; aussi les cuisinières qui veulent
conserver

conserver ou améliorer les viandes ont grand soin de les laisser macérer pendant deux fois vingt-quatre heures dans cet acide, pour les rendre plus tendres et corriger ces saveurs rudes et ammoniacales qu'on trouve souvent au gibier, et même à la chair des bestiaux de boucherie, sur tout au tems du rut : mais il faut convenir qu'en sortant de cette espèce de saumure ou marinade, ces viandes n'ont plus la saveur qui leur appartient; car, quel que soit le moyen qu'on emploie, le vinaigre se fait toujours remarquer ; et si quelquefois on en aime le goût, on désireroit le plus souvent qu'il ne fût pas aussi sensible.

Voici un procédé qui conserve fort bien, pendant quelques jours, les substances animales au milieu des chaleurs excessives de l'été, et les préserve de leur tendance naturelle à la corruption; il nous a paru mériter d'autant mieux de trouver place dans cet ouvrage, qu'il n'est pas aussi connu qu'il devroit l'être. On laisse macérer dans le lait caillé des viandes de toute espèce; non seulement elles conservent tout leur caractère, mais on remarque qu'elles acquièrent plus de disposition à se cuire, qu'elles deviennent plus délicates et plus faciles à digérer. Cette pratique, adoptée dans les départemens du Haut et du Bas-Rhin, offre aux habitans des petites communes rurales, où les bouchers ne tuent qu'une fois ou deux fois par décade, l'avantage de manger les viandes dans un état frais.

Article VII.

Application du vinaigre à la conservation des fruits et légumes.

Le besoin des acides pour l'homme est si impérieux, qu'il va les chercher avec une espèce d'avidité dans toutes les parties des végétaux ; souvent même en détruisant, par la fermentation, le corps muqueux qui constitue certaines plantes, il parvient à leur donner un caractère aigrelet en les rendant d'un usage plus agréable et plus salutaire.

Il paroît que les premiers fruits qu'on a essayé de confire au vinaigre sont les boutons de fleurs du caprier, avant leur épanouissement, et les jeunes fruits d'une variété de concombre appelée *cornichons*. La manière dont on procède à leur préparation a été décrite aux articles qui traitent de ces deux végétaux ; et il y a apparence que c'est à leur imitation qu'on a imaginé ensuite de traiter de la même manière les boutons de capucine, les épis encore tendres du maïs, les haricots verts, les oignons, les culs d'artichauts, les champignons, les cerises, et beaucoup d'autres substances végétales également muqueuses, en observant toujours de les faire blanchir dans l'eau bouillante, pour, d'une part, combiner leurs principes et les mettre en état de conserver leur forme, et de l'autre, pour mieux prendre le vinaigre. C'est ainsi qu'on parvient à confire ensemble tous les fruits charnus, avant l'époque de leur parfaite maturité, et à les présenter sur nos tables, sous le nom de *macédoine*.

On ne peut se dispenser de convenir que les mets aigrelets, loin de les regarder comme des alimens de luxe, ne soient très-salutaires dans certaines circonstances, et que leur usage ne prévienne les maladies inflammatoires ou scorbutiques. Pourquoi les fermiers dédaigneroient-ils de former des provisions de ce genre, et d'en distribuer de tems en tems à leurs ouvriers pour assaisonner agréablement leurs mets?

Dans cette vue les Allemands font confire les choux et betteraves: ils sont un des mets les plus recherchés de la classe laborieuse du peuple, qui y trouve des préservatifs assurés contre les accidens auxquels les expose un travail violent et pénible.

Nous ferons ici cette question: Pourquoi les fruits et les légumes qu'on met confire dans du vinaigre absorbent-ils la partie la plus acide de ce fluide, comme ils absorbent l'alkool quand c'est l'eau-de-vie qui leur sert de véhicule, et donnent-ils, en échange de cette acquisition, l'eau qui les constitue?

Pour rendre raison de ce phénomène, il suffit de connoître la propriété qu'a l'acide acétique, et généralement tous les acides, de se porter sur la gélatine, de se combiner avec elle, et souvent même de lui faire prendre la forme concrète. Or, comme tous les fruits qu'on met confire dans le vinaigre contiennent une certaine quantité de gélatine, il ne doit plus paroître surprenant de voir l'acide acétique quitter l'eau avec laquelle il se trouve mêlé dans le vinaigre, pour venir se réunir avec cette gélatine.

Une chose essentielle à remarquer, c'est que, dans cette espèce de combinaison, l'acide se trouve toujours en excès, à-peu-près comme dans certains sels que nous retirons de quelques végétaux. De même que l'excès d'acide de ces sels ne peut être séparé de la base à laquelle il est uni, sans opérer la décomposition des sels; de même aussi la séparation de l'excès d'acide dont se surcharge la gélatine ne peut pas avoir lieu sans décomposer la combinaison dont il s'agit.

Cette propriété qu'a la gélatine de former avec certains acides des combinaisons dans lesquelles l'acide se trouve en excès n'est pas une hypothèse; on peut la prouver par des expériences directes et positives; il nous suffira de citer l'exemple suivant:

Si on mêle une très-petite quantité d'acide sulfurique avec de l'huile de lin, aussitôt cet acide se porte sur la gélatine ou mucilage que contient cette huile; il s'y unit fortement, et forme avec lui un corps qui peu-à-peu se sépare. Examine-t-on ensuite ce corps? on trouve qu'il est acide, qu'il a absorbé seul tout l'acide qu'on a employé, que l'huile reste douce, et qu'enfin l'adhérence de cet acide avec la gélatine qui lui sert de base est si forte, qu'il est impossible de la rompre sans opérer la décomposition de la combinaison qui s'est faite.

Il ne faut pas douter que les fruits confits dans le vinaigre n'offrent le même phénomène. Tout l'acide acétique, en s'unissant avec le corps gélatineux, doit donc nécessairement donner à ces fruits une saveur décidément aigre, tandis que le vinaigre qui les surnage reste à peine acide. C'est peut-être aussi à l'action qui exerce à son tour cette espèce de combinaison, avec excès d'acide, sur toutes les parties des fruits dont elle est environnée, qu'est due la consistance ferme qu'acquièrent assez généralement ces mêmes fruits, lorsqu'on les laisse macérer pendant quelque tems dans le vinaigre.

Au reste, la propriété qu'a la gélatine des fruits d'absorber l'acide acétique ne lui appartient pas exclusivement, puisqu'on remarque qu'elle a aussi lieu pour la viande.

En effet, et nous l'avons déjà fait observer, on sait qu'en mettant macérer de la viande dans du vinaigre, elle prend assez promptement une saveur acide qu'il est difficile de lui faire perdre en la lavant, même à plusieurs reprises, dans de l'eau chaude.

Nous concluons de ce qui précède, que la propriété qu'ont certains fruits de séparer la plus grande partie de l'acide acétique que contient le vinaigre dans lequel on les fait macérer, ne peut être expliquée autrement qu'en admettant la grande affinité qu'a cet acide avec la gélatine ; affinité qui permet que l'acide s'unisse en excès avec cette gélatine, et forme avec elle une espèce de combinaison analogue, sous certains rapports, à celle que nous extrayons de quelques végétaux, et que nous connoissons sous le nom de sels avec excès d'acide.

Article VIII.

Des vinaigres aromatiques.

Après avoir parlé de la conservation des viandes et des fruits dans le vinaigre, nous allons indiquer le moyen de charger ce fluide de la partie odorante et sapide des différentes parties de végétaux qu'on emploie souvent en entier, dans leur saison, comme assaisonnement. Les attentions générales que méritent les plantes, avant d'être mises à infuser dans le vinaigre, sont d'abord de ne les cueillir que dans le tems de leur vigueur;

de les éplucher, de les monder, de les diviser, de les priver de leur humidité surabondante par une dessiccation toujours prompte. Si on les employoit fraîches, leur eau de végétation passeroit bientôt dans le vinaigre en échange de l'acide que celui-ci leur fourniroit, ce qui diminueroit son action et le mettroit bientôt dans le cas de s'altérer. Une autre considération, c'est que le vinaigre blanc doit être employé de préférence pour les vinaigres aromatiques; que les plantes n'y séjournent que le moins de tems possible; et que quand une fois l'acide est chargé suffisamment de tout ce qu'il peut en extraire, il faut se hâter de l'en séparer. Voici quelques exemples de ces vinaigres, dont on connoît des recettes sans nombre; mais l'estragon, le sureau et les roses ayant été les premiers végétaux dont on ait fait passer l'odeur dans le vinaigre, il convient de les indiquer d'abord. Nous passerons ensuite à des vinaigres plus composés, d'un usage également général.

Vinaigre d'estragon.

Après avoir épluché l'estragon, on l'expose quelques jours au soleil; on le met dans une cruche que l'on remplit de vinaigre; on laisse le tout en infusion pendant quinze jours. Au bout de ce tems on décante la liqueur, on exprime le marc, et on filtre, soit au coton, soit au papier gris, pour être mis ensuite en bouteilles, qu'on tient bien bouchées et dans un endroit frais.

Vinaigre surare.

On choisit des fleurs de sureau au moment de leur épanouissement; on les épluche en ne laissant aucune partie de la tige, qui donneroit de l'âcreté. On met ces fleurs à demi-séchées dans le vinaigre, et on expose la cruche bien bouchée à l'ardeur du soleil, pendant deux décades; on décante ensuite; on exprime, et on filtre comme ci-dessus.

Si, comme on le recommande dans tous les livres, on laissoit le vinaigre surare sur son marc sans le passer, pour s'en servir au besoin, loin d'avoir plus de qualité, il se détérioreroit bientôt : il convient donc d'en séparer le marc, et de distribuer la liqueur dans des bouteilles.

Vinaigre rosat.

On obtient un vinaigre agréable pour le goût et pour la couleur, avec du vinaigre blanc, dans lequel on a mis infuser au soleil, pendant une décade, des roses effeuillées : mais il faut avoir soin d'exprimer fortement le marc, de filtrer la liqueur, et de la distribuer dans des vases bien bouchés. C'est en suivant ce procédé qu'on prépare un vinaigre d'un goût très-agréable avec des fleurs de vigne sauvage, en l'exposant de la même manière au soleil.

Vinaigre composé pour la salade.

Il arrive souvent que l'on mêle ensemble les trois vinaigres dont il vient d'être question, ou bien que les fleurs dont ils portent le nom sont mises à infuser dans le même vinaigre : mais voici une composition qui paroît suppléer à ce qu'on appelle vulgairement la fourniture des salades.

Prenez de l'estragon, de la sarriette, de la civette, de l'échalotte et de l'ail, de chacun trois onces (environ un hectogramme); une poignée de sommités de menthe, de baume ; le tout séché, divisé, se met dans une cruche, avec huit pintes (7 litres 44 centilitres) de vinaigre blanc. On fait infuser pendant quinze jours au soleil ; au bout de ce tems, on verse le vinaigre, on exprime, on filtre ensuite, et on garde le vinaigre dans des bouteilles parfaitement bouchées.

Vinaigre de lavande.

Dans le très-grand nombre des vinaigres dont la parfumerie fait commerce, nous n'en citerons qu'un seul ; il servira d'exemple pour ceux de ce genre qu'on peut employer à la toilette.

Prenez des fleurs de lavande promptement séchées au four ou à l'étuve; mettez-en demi-livre (244 grammes 573 milligrammes) dans une cruche, et versez par-dessus quatre pintes de vinaigre blanc (3 litres 72 centilitres). Laissez le tout infuser au soleil; et après huit jours d'infusion, passez, exprimez le marc fortement, et filtrez à travers le papier. Ce vinaigre de lavande préparé ainsi par infusion est infiniment plus agréable et moins cher que celui obtenu par distillation. On peut opérer de la même manière pour la préparation du vinaigre de sauge, de romarin, etc.

Vinaigre des Quatre-Voleurs.

La pharmacie a aussi ses vinaigres aromatiques, dont nous nous abstiendrons de présenter la nomenclature. Nous nous arrêterons à celui dit des quatre-voleurs, à cause du métier que faisoient ceux qui en donnèrent la recette pour avoir leur grace.

Pour quatre pintes (3 litres 72 centilitres) de vinaigre blanc, l'on prend grande et petite absinthe, romarin, sauge, menthe, rue, de chatcun à demi-séché une once et demie (46 grammes); deux onces (61 gramm.) de fleurs de lavande sèche; ail, acorus, canelle, girofle et muscade, de chacun deux gros (7 gramm.); on coupe les plantes, on concasse les drogues sèches, et on les fait infuser au soleil durant un mois, dans un vaisseau bien bouché; on coule la liqueur, on l'exprime fortement, et on la filtre, pour y ajouter ensuite demi-once (15 grammes) de camphre dissous dans un peu d'esprit-de-vin.

Propriétés médicales et économiques du vinaigre.

Le vinaigre est d'un grand usage dans la vie ordinaire, comme l'assaisonnement piquant et agréable de beaucoup d'espèces d'alimens. Les arts l'emploient utilement et d'une manière variée. Combien ne doit-on pas à cet acide de couleurs vives et de nuances brillantes! Mais c'est sur-tout en médecine qu'il est recommandable. Les praticiens les plus expérimentés l'ont placé au rang des remèdes les plus salutaires, administré intérieurement : on l'applique aussi à l'extérieur, seul ou combiné avec d'autres substances.

Les ordonnances de marine qui prescrivent aux capitaines de vaisseaux de ne se mettre en mer qu'avec une provision considérable de vinaigre, pour laver les ponts, entre-ponts et chambres, au moins deux fois par décade, de tremper dans cet acide les lettres écrites des pays suspectés de maladies contagieuses, prouvent assez que de tous les tems on a regardé le vinaigre comme le plus puissant prophylactique, l'aipntutride le plus assuré. On sait que, dans les hôpitaux, il a obtenu, pour les purifier, la préférence sur les substances aromatiques; mais c'est sur-tout en expansion, comme tous les acides dans l'état de gaz, qu'il forme des combinaisons avec les miasmes, qu'il les détruit, et rend à l'air dans lequel ils étoient comme dissous, sa pureté et son élasticité.

L'efficacité du vinaigre est sur-tout démontrée, lorsque, pour corriger l'air corrompu des chambres où l'on tient les vers à soie, et les préserver des maladies, on en arrose le plancher à diverses reprises. Nous disons arroser, et non jeter sur une pelle rouge, comme cela se pratique journellement, pour chasser les mauvaises odeurs; car c'est une erreur de croire que, décomposé et réduit ainsi en vapeurs, le vinaigre possède une pareille propriété; il ne fait, comme les parfums, que surcharger l'air, diminuer son ressort, et rendre encore plus sensible l'odeur infecte qu'on avoit voulu enchaîner. Il faut donc éparpiller le vinaigre sur le sol des endroits qu'on a intention de désinfecter, ou l'exposer dans des vaisseaux à large orifice, et non le vaporiser par le feu.

Quand il règne des chaleurs excessives, les fermiers qui comptent pour quelque chose la santé des moissonneurs, ajoutent du vinaigre à l'eau pour aciduler leur boisson. On fait avaler un peu de cet acide aux poissons d'eau douce, dès que l'on craint qu'ils n'aient cette saveur de boue si désagréable. Enfin, uni au sucre et au miel, il forme des sirops dont voici le plus recherché.

Sirop de Vinaigre.

Ce sirop est comme celui de groseille, qui, étendu dans une certaine quantité d'eau, offre une boisson rafraîchissante et d'un goût très-agréable. On le prend avec plaisir dans les chaleurs de l'été ; il désaltère promptement, délicieusement, et à peu de frais. La préparation en est simple, d'une exécution facile; et il n'y a personne qui ne soit capable de l'exécuter, en suivant exactement ce que nous allons indiquer.

Il faut se servir d'une cruche de grès ; l'on fait infuser dans une pinte et demie ou deux pintes (environ deux litres) de bon vinaigre, autant de framboises bien mûres et bien épluchées qu'il pourra y en entrer, sans que le vinaigre surnage. Après huit jours d'infusion, l'on verse tout-à-la-fois et le vinaigre et les framboises sur un tamis de soie; on laissera librement passer la liqueur sans presser le fruit. Le vinaigre étant bien clair et bien imprégné de l'odeur de la framboise, l'on en prend seize onces (489 grammes); et pour ces seize onces on prend trente onces (917 gramm.) de sucre que l'on concasse grossièrement : on le mettra dans un matras ; on versera le vinaigre aromatique par-dessus; on bouchera bien le matras et on le placera au bain-marie, à un feu très-modéré. Aussitôt que le sucre est fondu, on laisse éteindre le feu, et le sirop étant presque refroidi, on le met en bouteilles, qu'il faut avoir soin de bien boucher, et de placer dans un lieu frais.

Nous répèterons, en terminant cet article, ce que nous avons dit en le commençant : le vinaigre est agréable au goût et à l'odorat. Il devient indispensable dans une foule de maladies, en état de santé, et dans les arts. On doit donc le considérer comme un des produits les plus dignes de fixer l'attention de l'économie rurale et domestique.

Il ne reste plus qu'à décrire les méthodes employées pour faire le *râpé* et la *piquette*. Ces liqueurs, peu coûteuses, sont tirées du marc des raisins, à l'aide d'une seconde fermentation, et servent de boissons aux laboureurs, vignerons, et à un grand nombre d'habitans des campagnes.

DU RAPÉ

DE GRAPPES ET DE GRAINS.

On doit choisir les raisins les mieux conservés, les plus mûrs, et ceux qui sont reconnus pour être les plus doux, c'est-à-dire pour contenir la plus grande quantité de parties sucrées, et par conséquent susceptibles de produire plus d'esprit ardent par la *fermentation vineuse*. Je ne conçois pas pourquoi on a l'habitude d'y ajouter les grappes, tandis que le grain seul suffit, et que les grappes donnent à la liqueur un goût âpre et acerbe, si elles ne sont pas mûres; à moins qu'on ne suppose mal-à-propos, comme quelques auteurs, que l'âpreté et l'acerbe sont les conservateurs du vin. En ce cas, du bois de chêne vaudroit bien mieux, puisque, de tous les bois indigènes à la France, c'est celui qui possède ces qualités au plus haut degré. Il suffit donc de remplir la futaille avec les grains seuls, et de la remplir ensuite avec du vin nouveau, le meilleur et le plus sucré que l'on peut avoir. S'il ne l'est pas, et si le total est de qualité médiocre, l'art doit venir au secours de la nature, et fournir à la totalité les principes qui lui manquent: le sucre, ou la cassonnade, ou le miel, produiront cet effet, puisque la seule substance sucrée est susceptible de la fermentation vineuse, et de donner de l'esprit ardent. On doit se ressouvenir que l'esprit ardent et le gaz acide carbonique sont les grands conservateurs du vin. Les substances sucrées produisent l'un et l'autre; et de leur combinaison intime dans la liqueur dépend sa durée. Il est donc clair, d'après cette démonstration rigoureuse, que la futaille remplie de grain et de moût doit rester le moins long-tems possible débouchée, afin de perdre le moins de ce gaz qui se dégage pendant la fermentation tumultueuse; car, ici, la futaille tient lieu de cuve. Dans les provinces du midi de la France, on craindra peu de voir cette futaille éclater, parce que les vins y contiennent peu de gaz acide carbonique; dans celles du centre, l'inconvénient est plus à redouter; et il l'est beaucoup plus dans celles du nord où ce gaz trouve moins de lien d'adhésion, par le peu de parties sucrées que la liqueur contient. C'est donc à chaque propriétaire à étudier l'effet de son climat, et les principes constituans de ses vins; enfin, d'après cette étude, il se hâtera de boucher tout de suite ou plus tard sa futaille. Ce râpé vaudra beaucoup mieux, si on le traite comme le *vin enragé*, c'est-à-dire qui ne fermente pas dans la cuve, mais dont la fermentation s'exécute en totalité dans des vaisseaux fermés. Si, malgré cette étude, on craint encore l'explosion des fonds.

fonds de la futaille, on peut laisser en dedans un vide de quelques pouces, afin que le gaz trouve un espace pour se débander, et sur-tout pour prévenir l'effet de la dilatation des grains de raisin qui se durcissent, se ballonnent, et occupent plus de place après la fermentation qu'auparavant. Ces grains deviennent alors autant de dépôts particuliers de gaz acide carbonique et de principes mucilagineux et sucrés ; parce que n'étant pas écrasés, ils n'ont presque pas mêlé leurs parties constituantes avec celles de la liqueur ; c'est en cela qu'ils deviennent très-utiles pour le but qu'on se propose.

Tous les marchands de vins et les grands propriétaires de vignobles ont un certain nombre de futailles remplies de ce râpé ; ils commencent par en tirer au besoin tout le fluide qu'elles contiennent, et ils s'en servent pour soutenir des vins qui commencent à foiblir. Sur le résidu, sur les grains, ils remettent du vin foible, ou qui tend à se décomposer, et ce vin s'enrichit des principes laissés en dépôt dans les grains. Enfin, ils procèdent ainsi, jusqu'à ce que les principes de ces grains soient épuisés.

Les propriétaires qui ont beaucoup de valets à nourrir, trouvent une ressource précieuse et très-économique dans ces râpés, et bien supérieure à celle des *petits vins* ou *vins de rafle*.

Après avoir retiré un tiers de la liqueur contenue dans la futaille, ils y ajoutent de l'eau pure en égale quantité, et ce premier vin leur sert, soit pour en soutenir d'autres, ainsi qu'il a été dit, soit pour être coupé d'eau en proportion convenable, avant de le donner comme boisson à leurs gens. A mesure qu'on tire de ce vin, on ajoute de l'eau dans la futaille, et on a grand soin de la tenir pleine, sur-tout lorsque le goût indique qu'il ne reste de la première liqueur que celle contenue dans l'intérieur des grains des raisins. Si on néglige de tenir la barique pleine, à mesure que l'on en retire de la liqueur, l'expérience prouve qu'elle ne tarde pas à moisir, pourir et se décomposer. Un rapé bien conduit se conserve jusqu'aux chaleurs ; mais tout dépend de la quantité qu'on en retire chaque jour. On sent bien que la perpétuelle addition d'eau doit soutirer petit à petit tous les principes conservés comme en dépôt dans chaque grain de raisin ; sur-tout le gaz acide carbonique qui donne une saveur piquante à la liqueur, et la fait rapprocher, *de ce côté-là seulement*, de celle des vins de Champagne. Dans l'eau seule imprégnée de gaz acide carbonique, on distingue sans peine cette saveur, qui la fait nommer *eau vineuse ;* telles sont les eaux de Saint-Galmier, de Seltz, de Spa, etc. Je suis convaincu que, si on ajoutoit aux rapés destinés à la boisson habituelle des gens un peu de sel de tartre non purifié, on les conserveroit plus long-tems, et qu'ils auroient plus de force; car il est bien prouvé que ce sel du vin contribue beaucoup à la plus abondante formation de l'esprit ardent.

De la Piquette.

La piquette connue dans plusieurs provinces, sous le nom de *petit-vin*, *revin* ou *buvande*, est une espèce de boisson faite avec de l'eau jetée sur le marc du raisin, et qui fermente avec lui pendant quelque tems.

Après que la vendange fermentée a rendu sur le pressoir la quantité de vin qu'elle contient, les valets prennent le marc, l'émiettent, le jettent dans la cuve, et y ajoutent une quantité d'eau proportionnée à celle du marc; c'est-à-dire que si le vin d'une cuvée a rempli quinze ou vingt bariques, le marc peut en fournir deux ou trois de *petit-vin*. Lorsque le marc est placé dans la cuve et bien émietté, on l'arrose le premier jour avec environ cent pintes d'eau; il s'établit une petite fermentation. Le lendemain, on ajoute la même quantité d'eau, et ainsi pendant plusieurs jours de suite, jusqu'à ce que l'on ait à-peu-près la quantité de petit-vin que l'on désire. Si, dès le premier jour, on mettoit toute la quantité d'eau, il n'y auroit point de fermentation vineuse; elle passeroit tout de suite à la putride, attendu que le principe spiritueux et mucilagineux se trouveroit noyé dans une trop grande masse de véhicule aqueux. Il est donc nécessaire que l'eau s'imprègne peu-à-peu des principes susceptibles de la fermentation vineuse.

Après huit ou douze jours au plus de cuvage, on tire la piquette de la cuve, et on la vide dans des bariques. Elle y bouillonne, elle y écume pendant quelques jours, comme le vin, plus ou moins suivant le climat, l'année, la qualité du vin. L'écume n'est pas autant colorée que celle du vin; elle n'est presque pas visqueuse ni chargée de couleur. Dès qu'elle diminue et s'arrête, on bouche vigoureusement la futaille, et on la roule à la cave. Si la cave est bonne, cette boisson est susceptible de se conserver jusqu'à la récolte suivante ; mais pour peu qu'elle éprouve les vicissitudes de l'atmosphère, les effets de la chaleur, c'est une boisson perdue. Si on craint de tels effets, on peut muter cette boisson.

La piquette contient beaucoup moins de principes spiritueux lorsque la grappe a été séparée des grains avant que la vendange fût mise dans la cuve ; mais la boisson est moins acerbe, et il faut une plus grande quantité de marc pour faire une quantité égale de boisson. On a dit que la piquette préparée avec la grappe, se conservoit plus longtems que l'autre, à cause de son principe acerbe;

et de-là on conclut qu'elle étoit nécessaire pour le même objet, dans la première fermentation vineuse. L'assertion et la conséquence sont fausses. Si la grappe contribue à la conservation de la piquette, c'est que, pendant la première fermentation elle s'est appropriée une quantité assez considérable du principe mucilagineux et sucré, et du spiritueux qui a été le résultat de la fermentation. Si la piquette tourne, pousse ou se pourit (mots synonymes), c'est qu'elle ne contient pas assez de principes sucrés qui créent le principe spiritueux; c'est qu'elle n'est pas un corps homogène, si je puis m'exprimer ainsi, mais une simple extension d'un peu de mucilage, de spiritueux et de tartre, noyés dans une grande masse d'eau; enfin, c'est qu'il lui manque une portion convenable de l'être qui sert de lien aux corps, du gaz acide carbonique.

Le moyen le plus simple, le plus assuré, de donner du corps à la piquette, c'est de lui ajouter le principe qui lui manque et qui la constitue vin; c'est le corps sucré. Avec du sucre ou du miel, de la gomme ou mucilage quelconque étendus dans une certaine quantité d'eau, et mis à fermenter, on obtient une liqueur vraiment vineuse, à laquelle il ne manque que l'arome du vin. Il faut donc faire pour la piquette, ce que l'on pratique pour les vins de petite qualité; c'est-à-dire lui ajouter un corps mucilagineux, sucré. Le miel est ce corps par excellence, puisqu'il renferme et le principe mucilagineux et le principe sucré, seuls créateurs du vin. Il n'est pas possible d'en fixer exactement la quantité, puisqu'elle dépend du plus ou moins de principes que l'eau qui constitue la piquette s'est appropriés pendant la seconde fermentation dans la cuve. Deux à trois livres par cent pintes d'eau sont à-peu-près suffisantes; mais si le miel est à bon marché dans le canton, on fera mieux de doubler et de tripler la dose. Il faut encore ajouter du tartre et de la crême de tartre, parce que cette dernière substance aide singulièrement la fermentation, et facilite la formation du spiritueux: une ou deux onces de crême de tartre suffisent pour cent pintes; mais il faut auparavant faire dissoudre le tartre dans l'eau chaude, mêler le tout avec le miel, et l'ajouter à la piquette lorsqu'on la retire de la cuve.

Si cette addition étoit faite pendant la fermentation de l'eau et du marc dans la cuve, cette fermentation seroit plus complète, et les principes mieux combinés; mais ce marc retiendroit un peu trop des principes qu'on a ajoutés: cependant on peut essayer l'une et l'autre méthode, on s'en trouvera très-bien.

Qu'on ne dise pas que c'est mixtionner une boisson, qu'elle sera mal-saine: le tartre est le sel naturel du vin; les qualités douces et salutaires du miel sont connues de tout le monde; ainsi nul danger, nul inconvénient à craindre; j'en réponds d'après une expérience suivie pendant un grand nombre d'années.

Propriétaires, souvenez-vous que vos valets sont des hommes, qu'ils supportent pour vous le poids du jour; ils sont déjà assez malheureux d'être forcés de travailler pour vivre, avec un salaire qui n'est jamais proportionné à leurs peines; souvenez-vous que la piquette sera leur unique boisson pendant toute l'année, et que l'homme qui n'est pas substanté travaille mal. Ne pressez donc pas si rigoureusement votre vendange; abandonnez-lui au moins le produit de la dernière taille, ou bien, recourez à la méthode que j'ai indiquée : la dépense est si modique, qu'il faut n'avoir point d'ame pour s'y refuser.

F I N.

TABLE DES MATIÈRES.

Le chiffre romain indique le volume ; l'arabe, la page.

A.

Acide malique ou vineux, tome II, page 170.

Aisne (l'), département. Avances annuelles pour la culture de la vigne. I, 124.

Alambics. II, 174 et 381. Ordinaires, chauffés avec du bois, 382. Avec du charbon de terre, 389. De quelques alambics nouveaux, 394. Alambic de *Baumé*, 395 *et suiv*. De *Moline*, 413 *et suiv*. Pour la distillation des esprits, 426. Pour la distillation des marcs de raisins, 432. Pour les lies 436.

Alicante, espèce de raisin ou Teinturier. I, 176.

Alkool, sa formation. II, 86. Il ne se produit pas d'alkool où il n'y a point de sucre, 91. Fait le caractère du vin, 170. Est le produit de la décomposition du sucre, 170. Plus un vin contient d'alkool, moins il contient d'acide malique, 173. On l'obtient du vin par la distillation, 173.

Amphore des anciens, sa forme et sa capacité. II, 144.

Analyse du vin. II, 165 *et suiv*.

Ancienneté de certains vins. II, 6.

Angleterre, la vigne n'y prospère point. I, 11.

Arcadie, les vins de ce pays se desséchoient dans les outres, selon Aristote. II, 5.

Aréomètre, description de celui de *Baumé* II, 389. Corrigé par *Périca*. II. 493. Description de celui de *Bories*. II. 496.

Ardounet, espèce de raisin ou Murleau. I, 182.

Argands (les frères) ont contribué à perfectionner les alambics dans le Languedoc. II, 182.

Argentan, bourg en Normandie, réputé à cause de ses bons vins. I, 38.

Arnould, son tableau d'exportation des vins. I, 133 *et suiv*.

Arome du vin. II, 191.

Arrachage de la vigne. I, 251.

Arrêt du Parlement sous le règne de *Henri III*, en faveur du commerce du vin. I, 55.

Arrêter la vigne. I, 317.

O

Arthur Young, lignes qu'il a tracées sur sa carte agronomique de la France, relativement à la culture de la vigne en France. I, 250.

Auvergnat, espèce de raisin. *Voy.* Maurillon.

Auvergnat, espèce de raisin. *Voy.* Griset-Blanc.

Avances annuelles des cultivateurs de la vigne. I, 90. Tableau de ces avances dans chaque département, 94 *et suiv.*.

B.

Baissière ou vinasse, t. II, p. 422.

Balzac, espèce de raisin. *V.* Murleau.

Banne et banneaux. II, 196.

Barlantine, espèce de raisin. *V.* Raisin-Perle.

Barbarou, espèce de raisin. *V.* Raisin de Maroc.

Bassiot. *V.* Alambic.

Baumé, a perfectionné les alambics. II, 396.

Beaune, vin de Beaune, bon mot de Pétrarque sur le vin de Beaune. I, 48. Prix du vin de Beaune, du tems de *Philippe de Valois*, en 1328, p. 49. Prééminence du vin de Beaune disputée, 81.

Bêche, instrument pour les labours de la vigne. I, 324.

Becmore. *V.* Insectes nuisibles à la vigne.

Béton ou bléton, espèce de maçonnerie servant à la construction des cuves et foudres. II, 217.

Binage, premier binage. I, 327.

Blanc-Bordet, espèce de raisin. *V.* Rochelle verte.

Blanc-de-Bonnelle, espèce de raisin. *V.* Meslier.

Blanquette ou la donne. I, 183.

Blayois, vignobles du. . . I, 77.

Boileau, qui vivoit sous *Philipe le Bel*, fit présent aux Chartreux de Paris d'une vigne située dans le même canton. I, 57.

Bondon. II, 316.

Bon-Plant, espèce de raisin. *Voy.* Franc-Pineau.

Boucarès, espèce de raisin. *Voy.* Bourguignon-Noir.

Bouches-du-Rhône, avances des cultivateurs de la vigne dans ce département. I, 94.

Bureau, espèce de raisin. *Voy.* Griset blanc.

Bouchon. II, 337.

Bourg, renommé à cause de ses vins. I, 78.

Bourguignon, espèce de raisin. *Voy.* Maurillon.

Bourguignon blanc, espèce de raisin. *Voy.* Gouais.

Bourguignon noir, espèce de raisin. I, 173.

Bouteilles. II, 329.

Bouture, moyens de perpétuer la vigne par bouture. I, 252.
Broc. II, 338.
Broqueleur, soupirail à côté du bondon, II, 130.
Brouillards, nuisent à la vigne. II, 28.
Brûlerie d'eau-de-vie, de la meilleure construction des brûleries. II, 444.

C

Cade, vaisseau des anciens pour contenir le vin, tome II, pag. 144.
Cahors, espèce de raisin. *Voy*. Murleau.
Capitulaires de Charlemagne, parlent de vignobles, pressoirs, etc. I, 50.
Carbonate de potasse, (sel de tartre) sert à éprouver l'eau-de-vie, II, 186.
Carbone, provient de la décomposition des parties animales et végétales. I, 196.
Caves. II, 360.
Cellier. II, 355.
Cendres gravelées. II, 487.
Cendres de Varec, bon engrais pour la vigne. II, 31.
Cep de vignes. I, 203. Hauteur la plus convenable. I, 287.
Cerceaux. II, 315.
Chambonat, espèce de raisin. *Voy*. Gamet noir.
Chauché noir, espèce de raisin. *Voy*. Franc-pineau.
Chapeau de la vendange, ce que c'est. II, 73.
Chapiteau d'alambic. *Voy*. Alambic.
Charente Inférieure. (Dépt.) Avances annuelles pour la culture de la vigne. I, 98.
Charles IX, donne une ordonnance en 1566, par laquelle il limite le nombre de terres qui doivent être occupées par des vignobles. I, 54.
Charniers. I, 306.
Chasselas doré, Bar-sur-Aube. I, 182. Chasselas rouge. 183. Chasselas musqué. *Ibid*. Le chasselas murit, très-bien sur les vignes en treille. I, 389.
Chaudière. *Voy*. Alambic.
Cher. (Dépt.) Avances annuelles pour la culture de la vigne. I, 105.
Ciotat ou la Persillade. I, 184. ou raisin d'Autriche, *Ibid*.
Clarification des vins. II, 136.
Climat et sol pour la culture de la vigne. I, 213.
Cluny, le monastère de Cluny, fournit les vins au pape et aux

cardinaux, lorsqu'ils vinrent établir le siége pontifical en France. I, 48.

Collage des vins. *Voy*. clarification.

Collection de raisins qu'on se proposoit de faire à Bordeaux, I, 160.

Collines à pente douce, favorables à la vigne. I, 241.

Comporte. II, 342.

Conservation des raisins. I, 385.

Consommation de vin par chaque individu en France. I, 130.

Coq (le), espèce de raisin. *Voy*. Murleau.

Corinthe blanc. I 188. Culture du raisin de Corinthe dans l'île de Zante. I, 188.

Cornichon. I, 187.

Corrèze. (Dépt.) Avances annuelles pour la culture de la vigne. I, 99.

Côte d'Or. (Dépt.) Avances annuelles pour la culture de la vigne. I, 107. Côte-d'Or et l'Yonne. I, 108.

Côte rouge, espèce de raisin. *Voy*. Bourguignon noir.

Crénet, fameux cabaretier de Paris à l'enseigne de la Pomme de Pin. I, 64.

Crochet, instrument destiné au labour de la vigne. I, 325.

Crossette, ou chapon, ce que c'est. I, 252. Manière de propager les vignes par les crossettes. I, 253. Meilleure espèce de crossettes. I, 258. Le propriétaire d'une vigne doit les choisir lui-même dans sa vigne et ne pas les acheter. I, 259.

Cuves. II, 208. Leur forme. *Ibid*. Leur proportion. 211. Des cuves carrées. 212. Des cuves rondes. 215. Des cuves en maçonnerie. 217. En béton. 217. En Pouzzolane. 220. Du couvercle des cuves. 222. Préparation des bois destinés à faire des cuves. 226.

D.

Damas, espèce de raisin. *Voy*. Bourguignon noir.

Damour, espèce de raisin. *Voy*. le Mansard.

Décuvage, décuver, du tems et des moyens de décuver. II, 117.

Deschamps (Eustache), mort en 1420, a laissé des poësies manuscrites, dans lesquelles il est parlé des vins et des vignobles de France. I, 51 et 53.

Dessécher le vin, un des moyens que les anciens employoient pour conserver leurs vins. II, 5.

Deuterion, espèce de vin chez les Grecs. II, 4.

Distillation des eaux-de-vie, méthode pratiquée. II, 465. Distillation des eaux-de-vie pour le commerce, *ibid*. De l'esprit-de-vin, 479. Des marcs de raisin, 482. Des lies, 48.

Domitten fait arracher les vignes dans les Gaules. I, 32.
Duchesne, son opinion sur le projet de *Rozier*. I, 158.
Ducs de Bourgogne, désignés sous le nom des *princes du bon vin*. I, 48. Les premiers ducs firent faire beaucoup de plantations de vignes, *ibid*.

E.

Eau-de-vie. Tous les vins ne donnent pas la même quantité. II, 168. Les vins très-généreux en fournissent jusqu'à un tiers de leur poids, 184. Les vins vieux donnent une meilleure eau-de-vie que les nouveaux, 184. Comment les brûleurs d'eau-de-vie jugent la spirituosité de l'eau-de-vie, 185. Distillation des eaux-de-vie *Voy*. Distillation. Moyens pour connoître la spirituosité de l'eau-de-vie, 489.

Échalas. Différentes manières d'échalasser. I, 307. Echalassage des vignes naines de Champagne. I, 312.

Écorce de la vigne. I, 204.

Effeuiller la vigne. I, 319. Précaution à prendre en effeuillant, 320.

Égrappage. Il nuit souvent à la qualité du vin. II, 48.

Égrapper les raisins. II, 48. Différentes opinions à ce sujet, 50 et suivantes.

Égrappoir. II, 203.

Égrenoir. II, 203.

Engrais pour la vigne, le plus convenable. I, 336.

Enrageat, espèce de raisin. *Voy*. Rochelle verte.

Enterrer la vigne, pour la mettre à l'abri de la gelée. I, 225. Est en usage dans quelques cantons du département du Bas-Rhin, *ibid*.

Entonnoir. II, 340

Épaissir le vin, moyens que les anciens employoient pour la conservation de leur vin. II, 5.

Épamprement et ébourgeonnement de la vigne. I, 287.

Éprouvette, ou preuve pour les eaux-de-vie. II, 443.

Espacement de la vigne; opinion de *Maupin* sur ce sujet. I, 269 et suiv. Ses principes ne conviennent pas partout. I, 271. Expériences faites par M. de *Fourqueux*, sur le grand espacement des ceps. I, 273. Questions de M. *Abeille*, adressées à M. de *Fourqueux*, sur cette matière, avec les réponses de ce dernier. I, 276 et suivantes.

Étrange-Gourdoux, espèce de raisin. *Voy*. Bourguignon noir.

Extractif du vin (*l'*). II, 190.

F

Fabliau du treizième siècle publié par Legrand-d'Aussy, intitulé la Bataille des vins, renferme une liste très-étendue des vins de France. I, 51.

Falerne, fameux par ses vins. II, 3.

Farineux noir, espèce de raisin. *Voy*. Meunier.

Fermentation du vin. II, 56. Causes qui influent sur la fermentation, 58. Influence de la température de l'atmosphère sur la fermentation, *ibid*. Le dixième degré du thermomètre de *Réaumur* est le plus favorable à la fermentation spiritueuse, 59. La fermentation est d'autant plus lente, que la température est plus froide au moment où se font les vendanges, *ibid*. Influence de l'air sur la fermentation, 60. Influence de la masse fermentante sur la fermentation, 64. Influence des principes constituans du moût sur la fermentation, 66. Il n'y a que les substances qui contiennent un principe doux et sucré, qui sont susceptibles de fermentation, 67. Phénomènes et produits de la fermentation, 72. Production de la chaleur, 74. Dégagement de gaz, 76. Formation de l'alkool, 80. Coloration de la liqueur vineuse, 83. Préceptes généraux sur l'art de gouverner la fermentation, 84. La fermentation doit toujours être gouvernée d'après la nature du raisin et la qualité de vin que l'on désire obtenir, 93. Ethiologie de la fermentation, 98.

Feuille ronde, espèce de raisin. I, 180.

Fié, espèce de raisin. *Voy*. Sauvignon.

Fleurs de vin, maladie. II. 158.

Folle blanche, espèce de raisin. *Voy*. Rochelle verte.

Foudres. II, 318; en pierre de taille, 320; en briques, 321; en béton, 323.

Foulage de raisins. Manière de fouler. II, 52 *et suiv*.

Fouloire (la). II, 207. Fourche exécute mal. 1. 325.

Fourneaux pour la distillation des eaux-de-vie. II, 381.

Fourneau au charbon de terre, de M. *Ricard*. II, 390.

Fours à chaux; on ne doit pas les tolérer dans le voisinage des vignes. I, 341.

Franc-Pineau. I, 172.

Fromenteau, espèce de raisin. *Voy*. Meunier.

Fumée, communique un mauvais goût à la grappe. I, 341. Fumée de paille allumée est recommandée par *Olivier de Serres*, pour garantir la vigne des gelées. I, 346.

Fumier. Il communique à la vigne une nourriture trop abondante. 333. Le fumier nuit à la qualité du vin, *ibid*. Le fumier composé de litière nouvellement tirée des écuries, doit être proscrit des vignes, ainsi que le dépôt des voieries et les gadoues, 334.

G

Gamé noir. I, 181. Le petit Gamé, *ibid.*
Gasq (de), président du parlement de Bordeaux, propriétaire de vignobles aux environs de cette ville. I, 44.
Gautier (Pierre) de Roanne, parle de différentes qualités de vins de France dans son livre intitulé : *Exercitationes hygiasticæ*. I, 65.
Gaz se dégage pendant la fermentation. II, 76.
Gelées du printems, moyens pour en garantir les Vignes, I, 347.
Gelées d'automne sont plus nuisibles à la vigne que celles du printems. I, 328 *et suiv.*
Gentil (Dom). Ses expériences sur la fermentation. II, 95.
Gennetin-Fromenteau, espèce de raisin. *Voy.* Griset blanc.
Gers (Département du). Avances pour la culture de la vigne. I, 95.
Gouais blanc. I, 180.
Gouas, espèce de raisin. *Voy.* Gouet.
Goût de certains vins sont inhérens au sol ; I, 340 ; de terroir, 320. Goût de fût. II, 157. Observations de Willermoz sur ce sujet. II, 308.
Graisse, maladie du vin. II, 151.
Grand-noir, espèce de raisin. *Voy.* le Mansard.
Grave (vin de). I, 71.
Greffer la vigne. I, 369. Plusieurs méthodes pour greffer la vigne, *ibid*; connue depuis long-tems, *ibid.*
Grès et sable granitique ; un pareil sol convient à la vigne dans le climat méridional de la France. I, 247.
Grey ou *Grégoire* ; noms que l'on donne dans quelques départemens au verjus. I, 193.
Gribouri. *Voy.* Insectes nuisibles à la vigne.
Griset blanc. I, 174.
Gros-noir, espèce de raisin. *V.* Teinturier.
Grosse-Serine, espèce de raisin. *V.* Griset blanc.
Gueuche blanc, espèce de raisin. *V.* Feuille ronde.

H

Hanneton. *V.* Insectes nuisibles à la vigne.
Haies-vives, ne conviennent pas pour la clôture des vignes. I, 249.
Haut-Brion, espèce de vin de Grave. I, 71.
Haut-Talence, espèce de vin de Grave. I, 72.
Herbes ou plantes qui croissent le plus communément dans les vigne

de France. I, 329. Nuisent à la vigne, 330. Manière de les enlever, 331.
Hercule-Guépin, poème plus que médiocre sur le vin. I, 62.
Hottes. Elles servent pour répartir les engrais dans la vigne. I, 138. Hottes pour les vendanges. *V.* Vaisseaux et machines relatifs à la vendange.
Houe, instrument pour labourer la vigne. I, 325.
Huet, fait mention des vignes dans les environs de Caen. I, 39.

J.

Jardinière ou catherinette, insecte coléoptère, qui détruit les insectes nuisibles à la vigne. I, 368.
Jauge, ce que c'est. II, 444.
Indre et Loire (département d'), avances annuelles pour la culture de la vigne. I, 110.
Insectes qui nuisent à la vigne. I, 355 et suiv.
Instrumens pour les labours de la vigne, doivent varier selon la nature du terrain. I, 324. Propres à perfectionner le vin. II, 344.
Isère. (Dép. de l') Avances annuelles pour la culture de la vigne. I, 98.
Jumièges, abbaye dans le pays de Caux, renommée à cause de ses vignes. I, 104.
Jumilhac emploie la fumée de paille pour préserver sa vigne de la gelée. I, 347.
Jura (département du), avances annuelles pour la culture de la vigne. I, 98.
Ispahan, en Perse, on y entretient l'humidité aux pieds des vignes par le moyen de l'irrigation. I, 219.

L.

Labours qu'exige la vigne. I, 321 et suiv.
Lafite, espèce de vin de Bordeaux. I, 71.
Languedoc (le), espèce de raisin. *Voy.* Murleau.
Latour, espèce de vin de Bordeaux. I, 71.
Lavoisier, ses expériences sur la fermentation. II, 100 et suiv.
Liébaut parle avec éloge des vins de Sèvres et de Meudon. I, 58.
Limaçon ou escargot est nuisible à la vigne. I, 361.
Liste des espèces et variétés de la vigne, généralement cultivées en en France. I, 168.
Loi salique (la) et celle des Visigoths, faisoient payer une amende à ceux qui arrachoient une vigne. I, 36.
Loir et Cher (département), avances annuelles pour la culture de la vigne. I, 113.

Loiret (département du), avances annuelles pour la culture de vigne. I, 116. Territoire d'Orléans, *ibid.* De Gien, *ibid.* De Romorantin, 117. De Pithiviers, 118.

Lot et Garonne (département de), avances annuelles pour la culture des vignes. I, 96.

Louvre. L'enclos du Louvre, ainsi que les autres maisons royales, renfermoient des vignes. I, 50.

Luzerne, terres précédemment cultivées en luzerne ou sainfoin conviennent à la culture de la vigne. I, 251.

M.

Macquer, ses expériences sur le vin. II, 86.

Maladies du vin. V. Vin.

Malaga, espèce de raisin. *V.* Muscat d'Alexandrie.

Malvoisie, espèce de raisin. *V.* Griset blanc.

Manosque, espèce de raisin. *V.* Maurillon.

Mansard, espèce de raisin. I, 182.

Marc de raisin. II, 127 Sa distillation, *V.* Brûleries.

Marcotte, ce que c'est. I. 254. Manière de faire des marcottes. Ibid.

Margaux, espèce de vin de Bordeaux. I, 71.

Marne. (Dépt. de la) Avances annuelles pour la culture de la vigne. I, 123.

Marolles, (l'abbé de) fait l'éloge des vins de Surenne, de Triel et de St.-Cloud. I. 58. Dans sa traduction de Martial, il rapporte les noms des principaux vignobles de la France. I, 62.

Maroquin, espèce de raisin. *V.* raisin de Maroc.

Maurillon hâtif. I 169. Maurillon ou Pineau en Bourgogne. I, 178. Maurillon blanc. I, 172.

Maupin, œnologiste français, sa méthode de cultiver la vigne. I. 269.

Massoutel, espèce de raisin. *V.* Maurillon.

Matières fécales communiquent un mauvais goût au vin avant d'être converties en Poudrette. I, 340.

Matinie, espèce de raisin, *V.* Savagnien blanc.

Maturité, il y a deux sortes de maturité, la maturité botanique, et la maturité vinaire. I, 213. A quels signes on reconnoit la maturité vinaire. I, 401. II, 37.

Mayenne. (Dépt.) Avances annuelles pour la culture de la vigne. I, 112.

Médoc. V. vignobles bordelais.

Melé, espèce de raisin. *V.* Feuille ronde.
Menu, espèce de raisin. *V.* Feuille ronde.
Mérille, espèce de raisin. *V.* Maurillon.
Mérignac, espèce de vin de Grave. I, 72.
Meslier ou Mornain blanc, espèce de raisin. I, 177.
Meunie espèce de raisin. I, 169.
Moelle de la vigne. I, 205.
Morieu, espèce de raisin. *V.* Teinturier.
Morna Chasselas. Espèce de raisin. *V.* Meslier.
Mouré, espèce de raisin. *V.* Teinturier.
Mourlot, espèce de raisin. *V.* Meslier.
Muet, vin muet, on se sert de cette sorte de vin pour soufrer les autres. II, 134.
Murleau, espèce de raisin. I, 182.
Muscadere fromenté. *V.* Gros muscadet.
Muscadet, espèce de raisin. Le gros. I, 179.
Muscat d'Alexandrie. I, 186. Muscat blanc. I, 184. Muscat fumé. *V.* Gros Muscadet. Muscat rouge., 185. Muscat violet. 185.
Muter les vins. II, 133. Instrument pour muter les vins. II, 353.

N.

Neigrier, espèce de raisin. *V.* Ramonat.
Nièvre. (Dépt.) Avances annuelles pour la culture de la vigne, I, 106.
Nomenclature des espèces et variétés de la vigne, cultivées en France, I, 144.
Noir d'Espagne, espèce de raisin. *V.* Teinturier.
Noireau, espèce de raisin. *V.* Teinturier.
Noirien, espèce de raisin. *V.* Meunier.

O

Œil-de-Tourd, espèce de verjus cultivé dans les environs de Bordeaux. I, 193.
Œil-de-la-vigne ou le bourgeon. I, 206.
Onguent de Saint-Fiacre, sert à couvrir les plaies faites en taillant les vignes. I, 305.
Ouiller les vins; ce que c'est. II, 129.
Outres. II. 327.

P.

Palissage de la vigne. I, 287 ; est introduit depuis plusieurs siècles dans les provinces méridionales de la France. I, 310.

Palissy (Bernard); ce qu'il dit sur la prix de certaines vignes, I, 237.
Palus (le), canton vignoble de Bordeaux. I, 74.
Paniers. V. Vaisseaux destinés à la vendange.
Passe-longue musqué, espèce de raisin. V. Muscat d'Alexandrie.
Patin (Charles), fait l'éloge des vins de Paris. I, 58.
Paumier, médecin normand, parle avec éloge des vins de l'île de France. I, 59.
Pendoulau, espèce de raisin. V. Raisin Perle.
Pepin: la vigne élevée de pepins ne croît que lentement, selon Duhamel. I, 252. Les pepins de raisins servent à nourrir la volaille. II, 128. On en peut extraire de l'huile, *ibid.*
Perronet, petit tombereau à bascule. I, 358.
Petiole des feuilles de la vigne. I, 207.
Picarneau, espèce de raisin. V. Feuille ronde.
Pied rouge, espèce de raisin. V. Bourguignon noir.
Pignolet, espèce de raisin. V. Franc-Pineau.
Pineau, espèce de raisin. V. Franc-Pineau.
Pinet, espèce de raisin. V. Franc-Pineau.
Piquette, méthode pour en faire une boisson salutaire. II. 565 et suiv.
Plant enraciné; ce que c'est. I, 254. Les anciens préféroient le plant enraciné à la crossette. I, 254. Plant de Champagne transporté au Cap y a réussi. I, 264. Plant-madame, espèce de raisin. V. Gouais. Plant-de-roi, espèce de raisin. V. Bourguignon noir.
Plantation de la vigne; trois manières de la planter. I, 280 *et suiv.*
Poitevin, ses expériences sur la fermentation vineuse. II, 105 *et suiv.*
Pompe. V. Instrumens à perfectionner les vins.
Portugal, espèce de raisin. V. Teinturier.
Pouilli, espèce de raisin. V. Griset blanc.
Pousse, ce que c'est. II, 154.
Pouzzolane, employée pour la construction des Cuves. V. Cuves.
Préparation du terrein pour la vigne. I, 248.
Pressée, de la manière d'élever et de conduire une pressée. II, 265.
Pressoirs. II, 229. Description des pressoirs de différentes espèces, 231. Pressoir à pierre, à tesson ou à cage, 231. A étiquet, 233. A double coffre, 235. Détails nécessaires pour la construction d'un pressoir à double coffre, 238 *et suiv.* De la façon de manœuvrer en se servant des pressoirs à double ou simple coffre. II, 249.
Preuve d'Hollande, ce que c'est. II, 489.
Principe doux dans le raisin, doit être distingué du sucre qui y existe également. II, 67. Principe colorant du vin, 192.

Probus, rend aux Gaulois la liberté de replanter la vigne. I , 33.
Propriétaires de vignes, rangés sous trois classes. I , 24.
Provignage. I , 368. Vices du provignage ordinaire , 374. Meilleure manière de provigner , 375 et suiv.
Provins, époque la plus propre pour en former. I , 383.
Protopon, sorte de vin provenant d'un moût obtenu sans pression. II , 56.
Puy-de-Dôme, (département.) Avances pour la culture de la vigne. I , 101.

Q.

Queyries, vignobles des *Palus*. I , 74.

R.

Racine de la vigne. I , 201.
Raclet, premier raclet. I , 327.
Raisin, différentes espèces et cultivées en France. I , 168.
Raisin d'Alicante. *V*. Ramonat.
Raisin d'Afrique. *V*. Maroc.
Raisin de Corinthe , sa culture dans l'île de Zante. I , 188 *et suiv*.
Raisin de Bourgogne. *V*. Franc-Pineau.
Raisin de Lombardie. *V*. Ramonat.
Raisin de Maroc. I , 187.
Raisin Perle. I , 177.
Raisin de Suisse ou d'Alep. I , 194.
Raisins, moyens pour les disposer à la fermentation. II , 46.
Raisins, manière de les conserver. I , 403.
Ramonat, espèce de raisin. I , 176.
Râpé, ressource économique pour les propriétaires. II , 559.
Renouveler la vigne. I , 345.
Réfrigérant. *V*. Alambic.
Répasse. II . 461.
Resseau, espèce de raisin. *V*. Meûnier.
Rhingar, instrument pour planter la vigne. I , 281.
Rhône, département. Avances annuelles pour la culture de la vigne. I , 102.
Rinaut, espèce de raisin. *V*. Franc-Pineau.
Ringris, espèce de raisin. *V*. Griset blanc.
Rivières, leur proximité est-elle favorable ou nuisible à la culture de la vigne? I , 238.
Rochelle, espèce de raisin. Blanche. I , 175. Blonde I , 179. Verte, I , 179.
Rognon de coq, espèce de raisin. *V*. Raisin Perle.
Rognure de la vigne. I , 287.

Rouelle a obtenu du muriate de soude des vins cultivés sur la côte d'*Aunis*. I, 342.
Roumain, espèce de raisin. *V.* Rochelle verte.
Rozier, son projet pour dresser une synonymie stable des raisins. I, 152 *et suiv.*

S.

Sacs de papier huilé ou de crin, servent à garantir les raisins contre l'attaque des oiseaux. I, 400. Nuisent à la maturité, *ibid.*
Saint-Emilion, vignoble bordelais, 79.
Saison, la plus favorable pour la taille de la vigne. I, 301.
Salin (le docteur), doyen des médecins de Beaune, écrit en faveur des vins de son canton, I, 8.
Saumorille, espèce de raisin. *V.* Gamet noir.
Sarthe (département de la), avances annuelles pour la culture de la vigne. I, 119.
Savignien blanc, espèce de raisin. I, 170.
Sauvignon, espèce de raisin. I, 174.
Schiste ardoisé. Dans le centre de la France la vigne y réussit. I, 247.
Seilles. *V.* vaisseaux et machines destinés à la vendange.
Seine (département de la), avances annuelles pour la culture de la vigne. I, 122.
Seraglie, nom que l'on donne aux magasins dans lesquels on renferme les raisins de Corinthe. I, 191.
Serpentin. *V.* Alambic.
Serres (Olivier de), sa liste des vins de France. I, 63.
Servignien, espèce de raisin. *V.* Sauvignon.
Sève de la vigne. I, 198.
Soubeiran, dans le département du Gard, produit de très-bon vin, I, 250.
Soufflet. *V.* instrumens pour perfectionner le vin.
Soufrage des vins. II, 133.
Soutirage. Instrumens pour le soutirage. II, 138.
Soutirer, transvaser, déféquer le vin. *V.* Clarification des vins.
Stromboli, une des îles volcaniques, sur la côte de Sicile; on y cultive la vigne à six cent mètres au-dessus du niveau de la mer. I, 220.
Sucre, existe dans le raisin. II, 67. Sert à produire de l'alkool II, 91.
Sucrin, espèce de raisin. *V.* Sauvignon.

T.

Taille des ceps. I, 287. Objet de la taille de la vigne, 297. Différentes méthodes pour tailler, *ibid.* Saison la plus favorable pour la taille, 301. Les opinions des cultivateurs et œnologistes ne s'accordent pas là-dessus, *ibid.* Opinion d'*Olivier de Serres*, *ibid.*

Taravelle, instrument pour planter la vigne. I, 281.

Tartre, concourt avec le sucre à la formation de l'alkool. II, 71.

Tenons ou vrilles de la vigne. I, 306.

Teinteau, *Teinturin*, espèce de raisin. *V.* Teinturier.

Teinturier, espèce de raisin. I, 176.

Terre. La nature de la terre la plus propre à la culture de la vigne, varie comme le climat. I, 246. Volcanique dans le midi de la France; la vigne y prospère, 247. Terre de Labour dans le royaume de Naples; les Romains en tiroient leur meilleur vin. II, 3.

Terres qui ont porté du sainfoin, conviennent à la vigne. I, 250.

Terrein, préparation du terrein pour la culture de la vigne. I, 248.

Thèse soutenue aux écoles de médecine de Paris, en faveur des vins de Bourgogne. I, 81.

Tonneau. II, 204. Forme des tonneaux, 287. Avantages de la forme du fuseau tronqué, 289. Du bois de tonneau, 291. Observation sur la construction des tonneaux, 297. Des moyens d'affranchir les tonneaux neufs, et de la correction des tonneaux viciés, 302.

Treilles, vignes en treilles. I, 385. Le raisin des vignes en treilles n'acquiert jamais la maturité pour faire un bon vin, 387.

Troyen (le), espèce de raisin. *V.* Murleau.

Tuyaux. V. instrumens pour perfectionner le vin.

U.

Unin blanc, espèce de raisin. *V.* Savagnien blanc.

Urbec. V. Insectes nuisibles à la vigne.

V.

Vaisseaux destinés à la vendange. II 196.

Vaisseaux distillatoires. *V.* Alambic.

Vaisseaux employés pour la conservation des vins, et instrumens servant à le perfectionner. II, 28.

Vaisseaux et machines relatifs au vin. II. 195.

Vaisseaux et machines servant à la fabrication du vin. II, 203.

Varec, décomposé en terreau est un excellent engrais pour la vigne. II, 31. Les cendres de Varec valent encore mieux. *Ib.*

Vendanges du temps le plus favorable. II, 35. Terme des vendanges en Bourgogne. II, 55.

Vents, sont préjudiciables à la vigne. II, 27.

Verd-Gris., espèce de raisin. *V.* le Mansard.
Verge ou velte. II, 442.
Verjus. I, 193.
Ver de la vigne. I, 355.
Verreau, espèce de raisin. *V.* Gamé.
Vigne, notice historique sur les vignes et les vins de France. I, 29. Les Phœniciens en ont introduit la culture en France, 30. La vigne fut anciennement cultivée en Normandie et en Bretagne, 38. Epoque à laquelle les vignes se sont propagées parmi nous, 46. Les rois de France en firent cultiver dans leurs domaines, 49. Vignes que possédoit *Philippe-Auguste*, 50. Plantation de la vigne dans les environs de Paris, est de la plus haute antiquité, 57. Des frais de culture et du produit des vignes de la France, 84. Division en grande, moyenne et petite culture, 84. Nombre des arpens employés en France pour la culture de la vigne, 129. Produit en argent des vignes de la France, 131. Histoire naturelle de la vigne, 139. Durée de la vigne, d'après *Miller*, 143. Vigne sauvage, croît naturellement dans la Caroline, 144. Physiologie de la vigne, 195. Culture de la vigne, 213. Principes nutritifs pour la vigne, 218. La vigne ne prospère point aux environs de Philadelphie, 233. Vignes de Tokay, 240. Vignes hautaines ou arbustives des anciens, 287. Sont communes dans les provinces méridionales de l'Europe, 287. Ce qu'on entend sous cette dénomination, 287. Trois sortes de vignes semblent convenir à la France ; vignes moyennes, basses et naines, 295. Accidents et maladies qui surviennent à la vigne, et moyens de la renouveller, 345. Vignes en treilles, 385. Vignes en tonelle, *ibid.* Athénée prétend qu'*Oreste*, fils de *Deucalion*, planta la première vigne. II, 2. Les terres fortes et humides ne conviennent pas à la culture de la vigne. Elle croît naturellement dans la Floride et dans toutes les parties du Pérou, 29.
Vigneries en Angleterre. I, 12.
Vignobles. Vignobles d'Auxerre et de Joigny, 82. De Mantes; leur réputation, 52. De Bordeaux, 68. De Champagne. Différence dans le prix, d'après *Arthur Young*, 236. Du Rousillon, 228.
Vin. C'est probablement le hasard qui l'a fait inventer. I, 4. Il est difficile de déterminer l'époque à laquelle les hommes ont commencé à faire du vin. II, 2. Vues générales sur le vin, 1. Les plus anciens écrivains font mention du vin, 3. Les Romains connoissoient bien la fabrication du vin, 3. Les Grecs y étoient également initiés, 4. Ancienneté de certains vins dont les Romains faisoient usage. II, 6. La réputation de certains vins est due au hasard. I, 42. Vin de Bourgogne est transporté à Reims pour le sacre des rois de

France, 48. Les Etats-Généraux assemblés à Paris en 1369 accordent un droit sur l'entrée des vins à Paris, 49. Philippe-le-Bon ne voyage pas sans avoir du vin de ses domaines avec lui, 49. Vin de Bordeaux, 68 ; de Médoc, 71; de Grave, de Lafite, de Latour, de Margau, 71; de Barzac, 74; du vin de Paille, 215; de Rivesaltes, *ibid*. Le vin est un objet de commerce très-considérable pour plusieurs nations de l'Europe, II, 7. Il existe un grand nombre d'écrits sur le vin qui sont pour la plupart très-médiocres, *ib*. Du vin considéré dans ses rapports avec le climat, 10. Les climats chauds favorisent le développement du principe sucré, et produisent par conséquent des vins spiritueux, 15. Les climats froids ne peuvent donner naissance qu'à des vins foibles et aqueux, 15. Du vin considéré dans ses rapports avec le sol, 16. Du vin par rapport à l'exposition, 21. L'exposition au midi produit le meilleur raisin, 25. Du vin considéré par rapport aux saisons, *ib*. Du vin par rapport à la culture, 29. Manière de gouverner les vins dans les tonneaux, 129. Maladies du vin et moyens de les prévenir ou de les corriger, 149. Usages et vertus du vin, 159. Son analyse, 165. Choix des vins pour la distillation, 457.

Vinaigre. II, 514. De la fermentation acéteuse, en général, 514. Théorie du vinaigre, 517. Conditions pour faire de bon vinaigre, 525. Des manipulations pour faire les différens vinaigres, 531. Des moyens de conserver le vinaigre, 536. Des signes auxquels on reconnoît que le vinaigre est bon, falsifié ou gâté, 540. Application du vinaigre à la conservation des viandes, 544. Des fruits et légumes confits au vinaigre, 546. Des vinaigres aromatiques, 550. Vinaigre d'estragon, 551. Vinaigre suraré, 552. Vinaigre rosat, *ib*, Vinaigre composé pour la salade, 553. Vinaigre de lavande, *ib*. Vinaigre des quatre voleurs, 554. Propriétés médicales et économiques du vinaigre, 555. Sirop de vinaigre, 557.

Vinaigriers de Paris; leurs procédés pour retirer le vin des lies, II ; 457.

Vinasse; ce que c'est. II, 185. *V*. Baissière.

Vrilles de la vigne. I, 210.

Y

Yonne (Département de l'). Avances annuelles pour la culture des vignes. I, 109.

Fin de la Table des Matières.

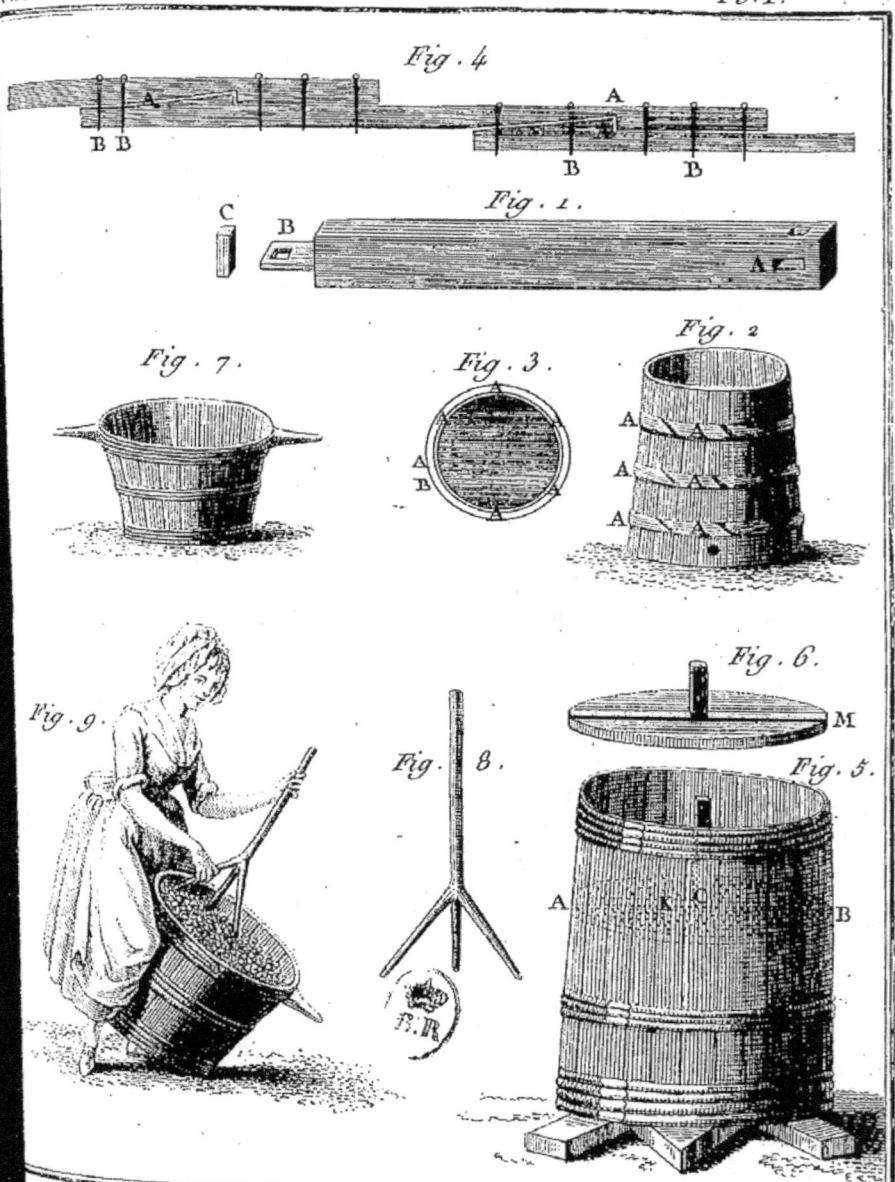

Fig. 1.
O
N
M
b
a
Z
F
G
H
f
h
d
E
Y
P
Q
m
V
D
B
A
R
W
T
Fig. 2.
A
G
8
8
E
D
B
4
3
F. 4.
Fig. 3.
X
H
S
F
R
Q
W
Z
V

Hulk Direx.

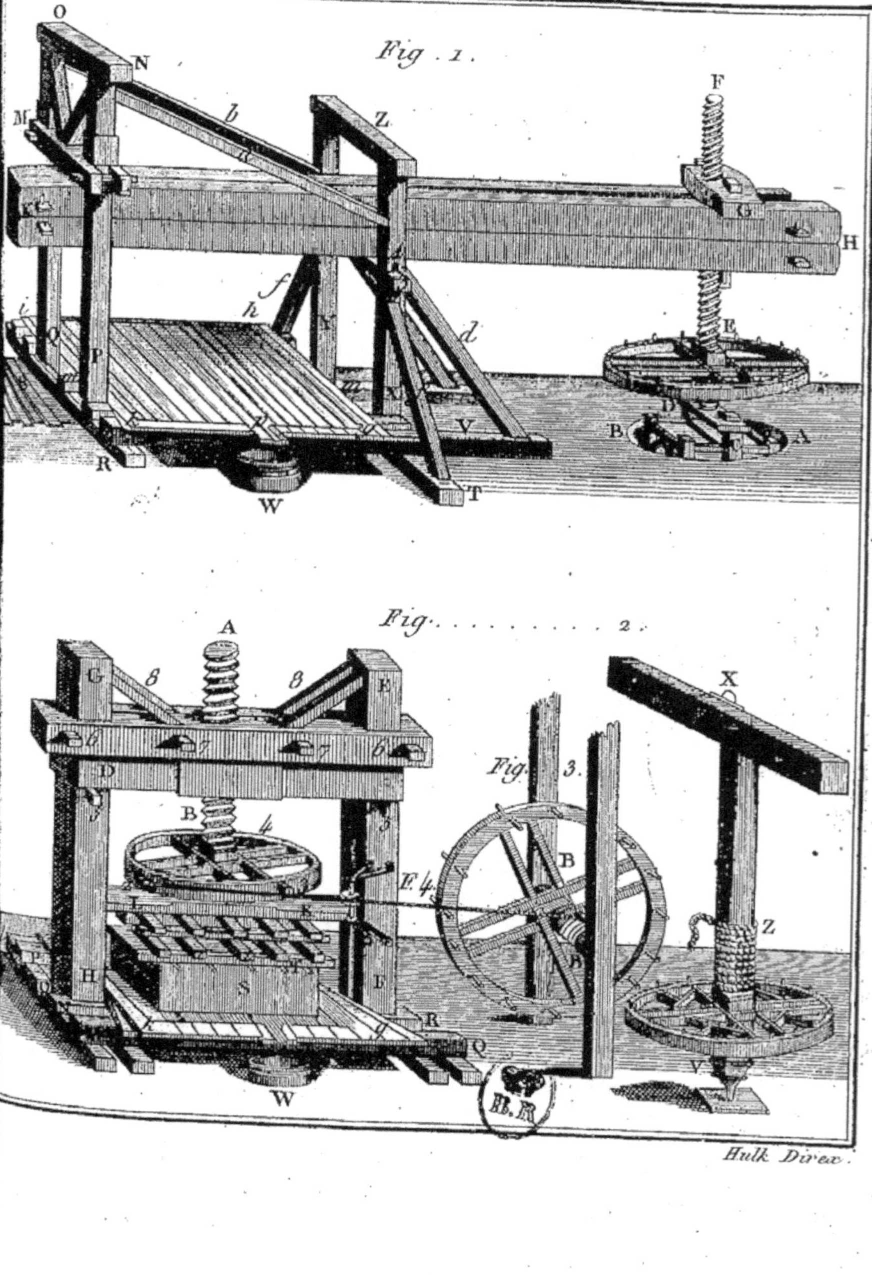

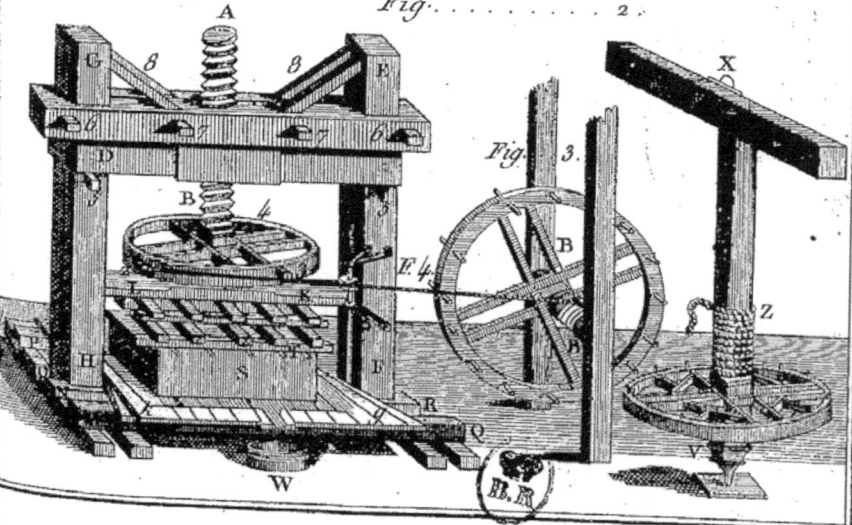

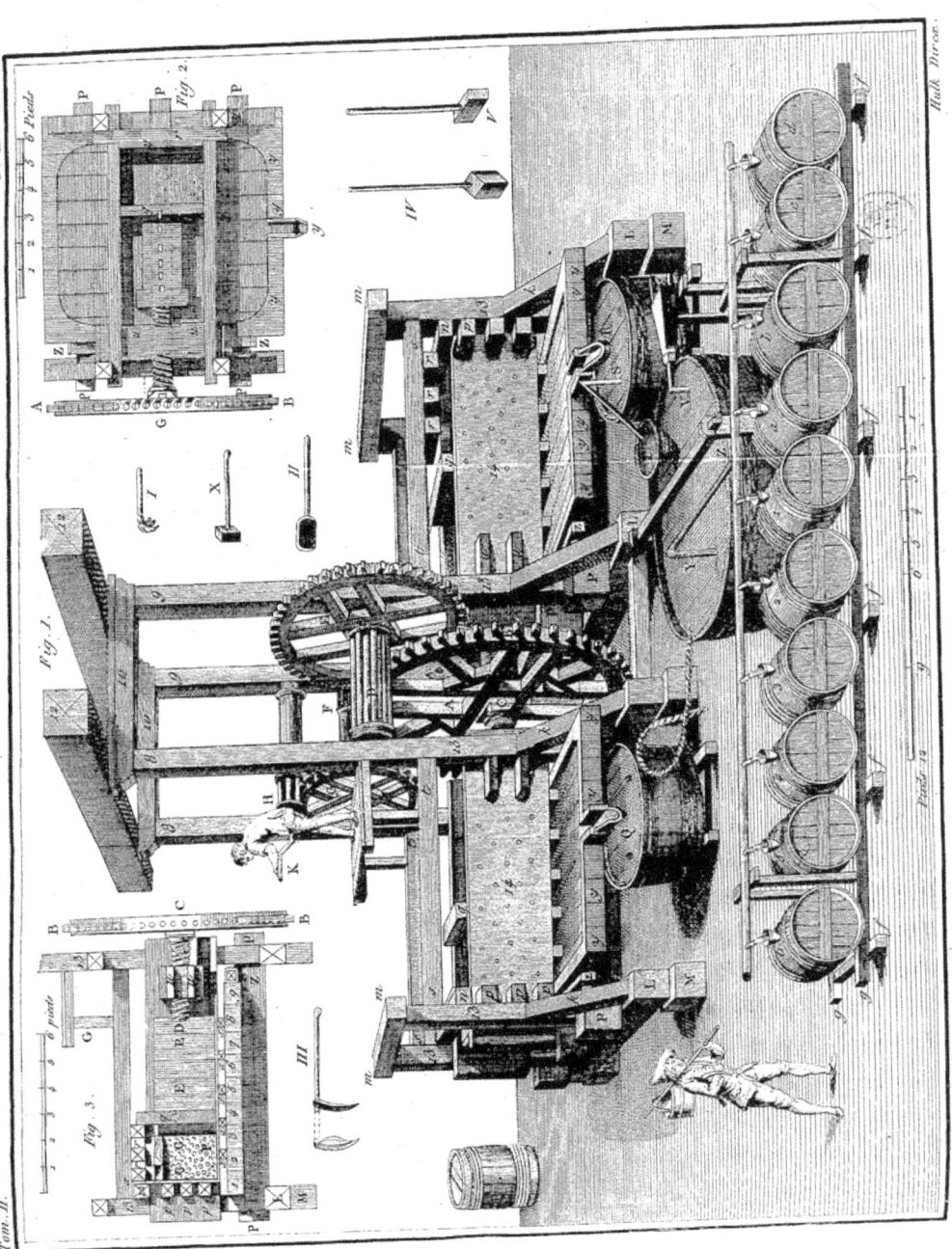

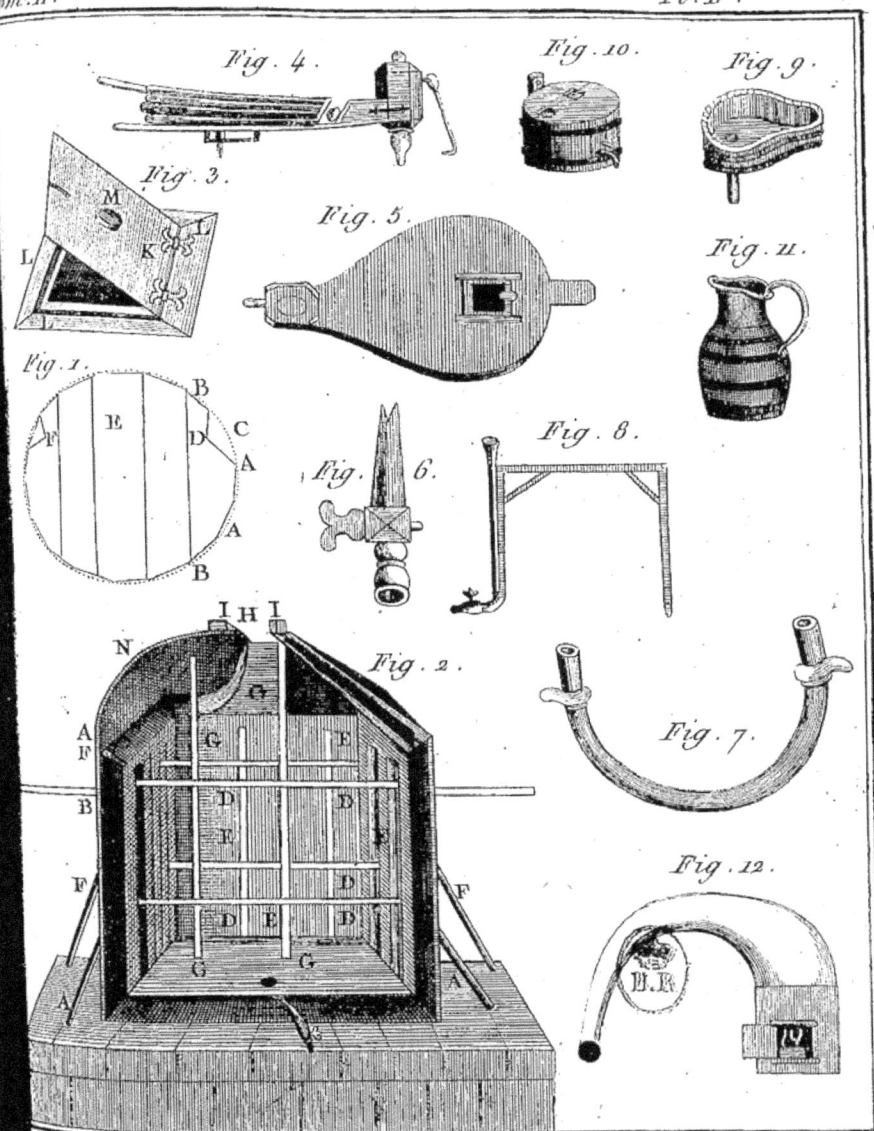

Tom. II.   Pl. V.

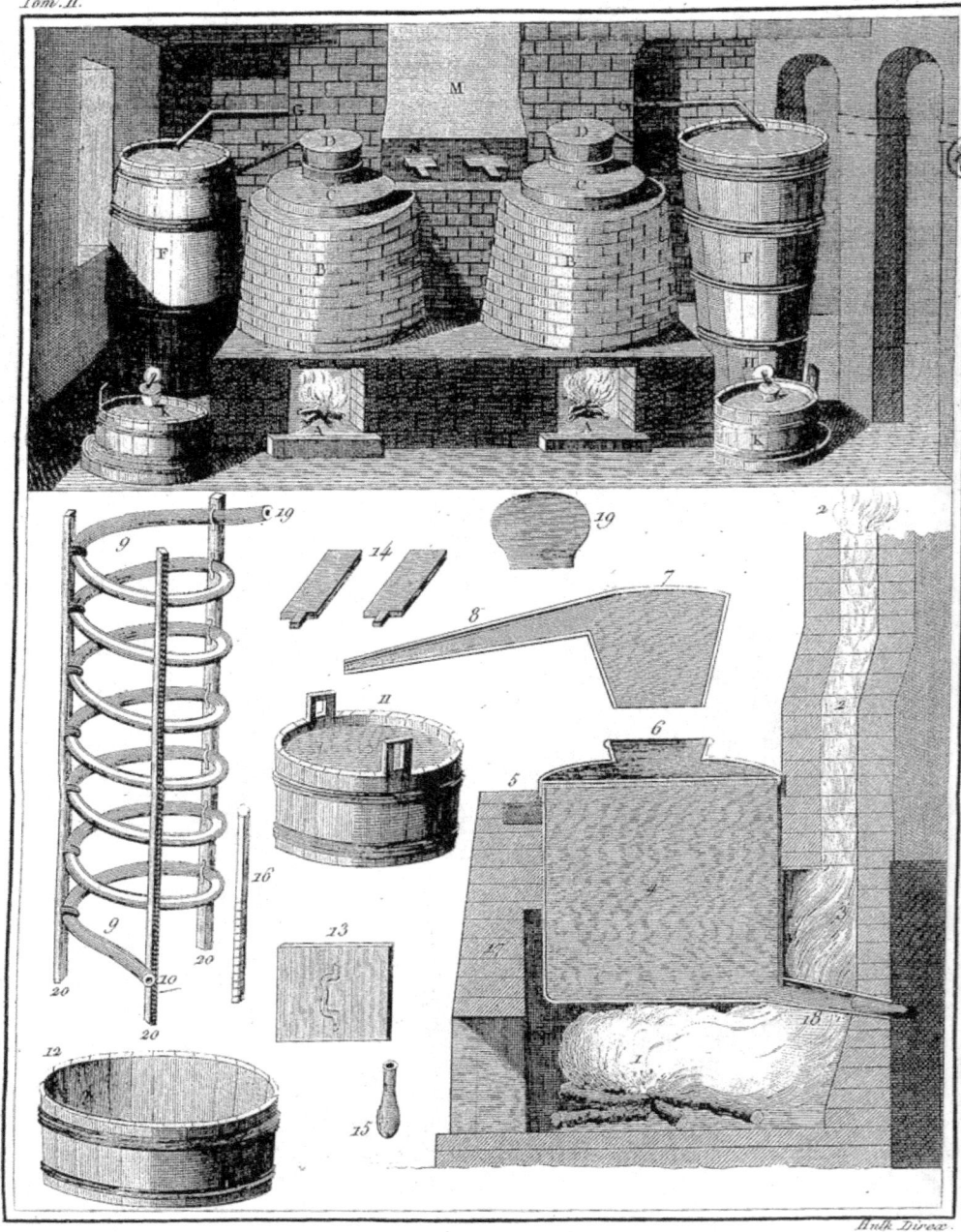

Rulk Direx.

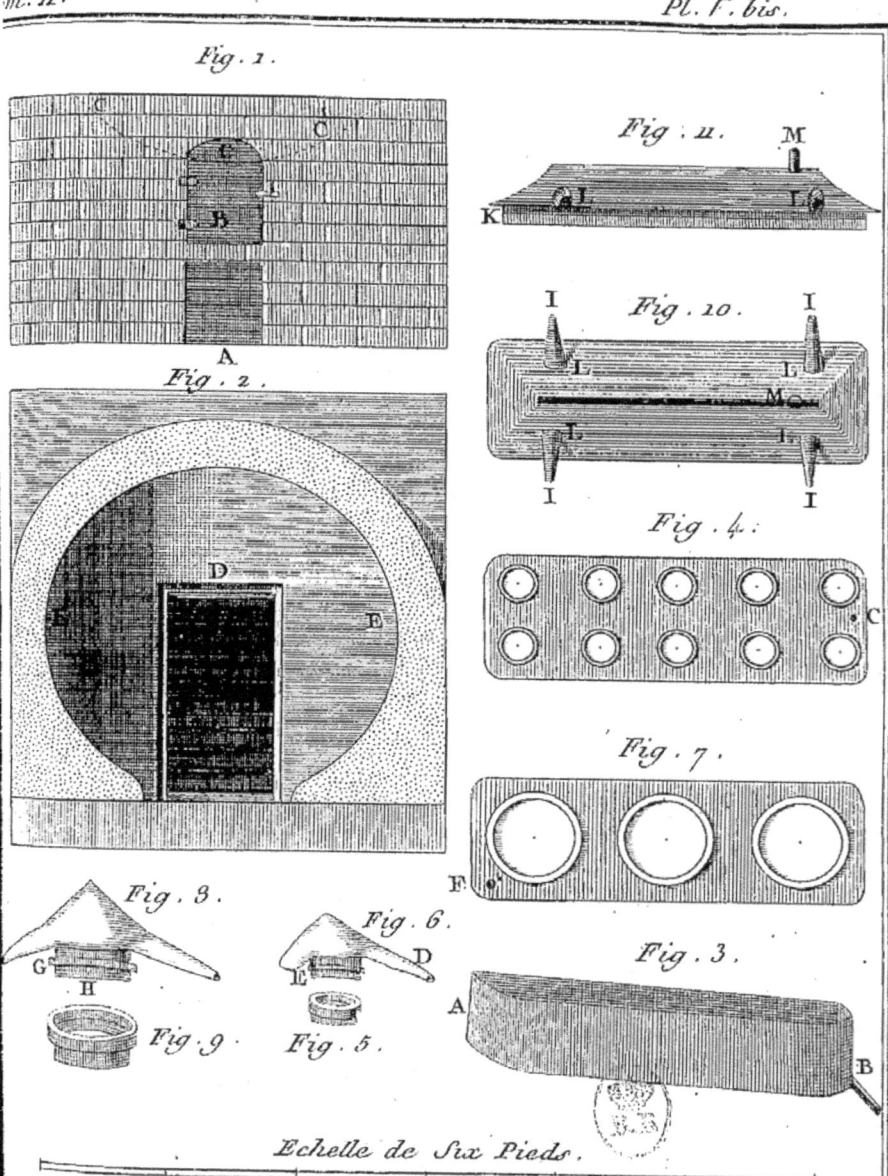

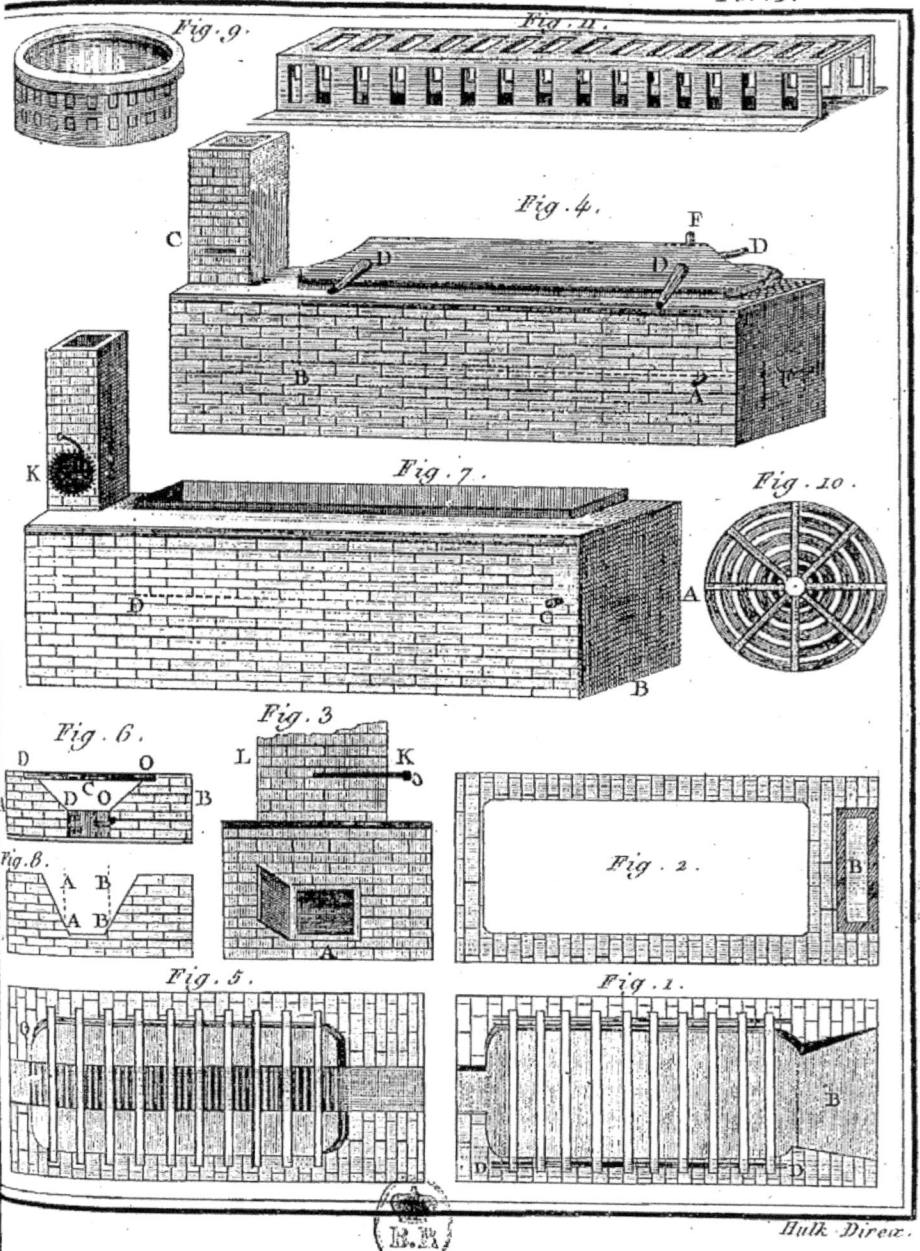

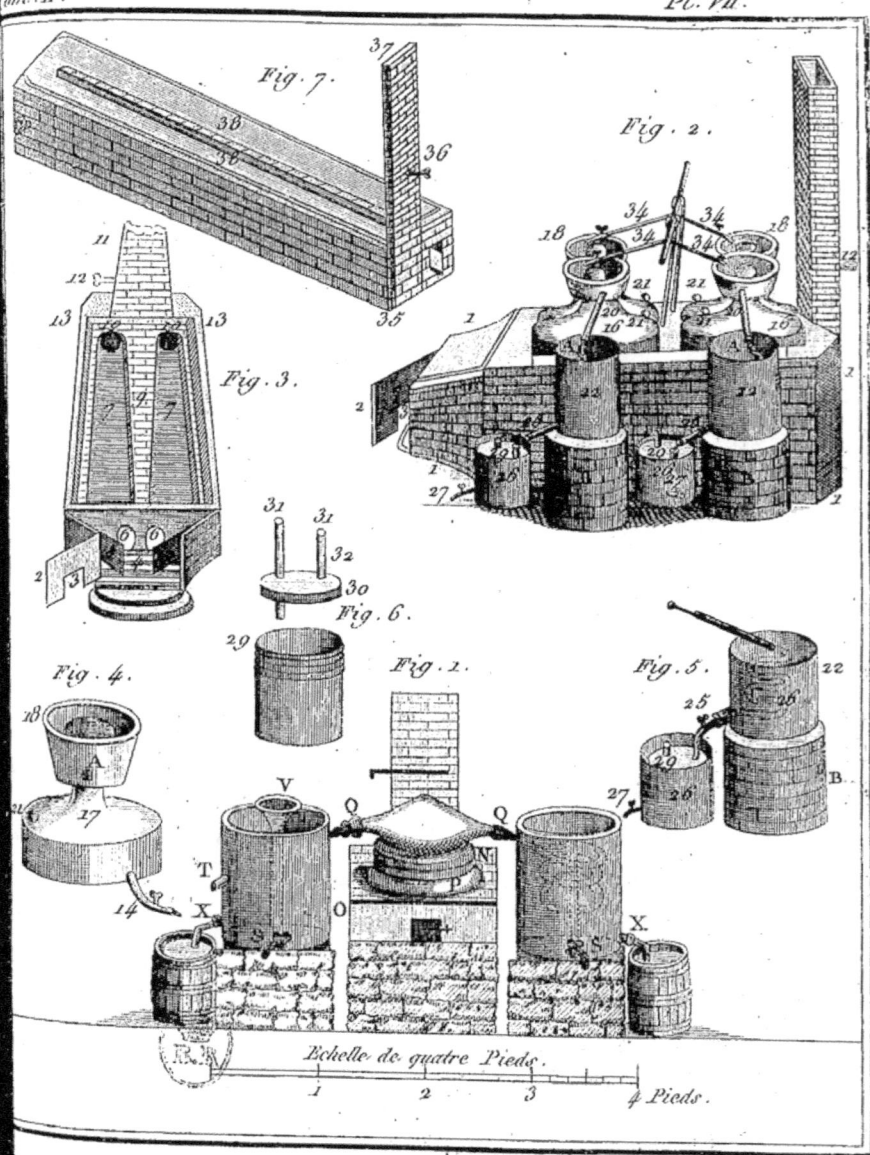

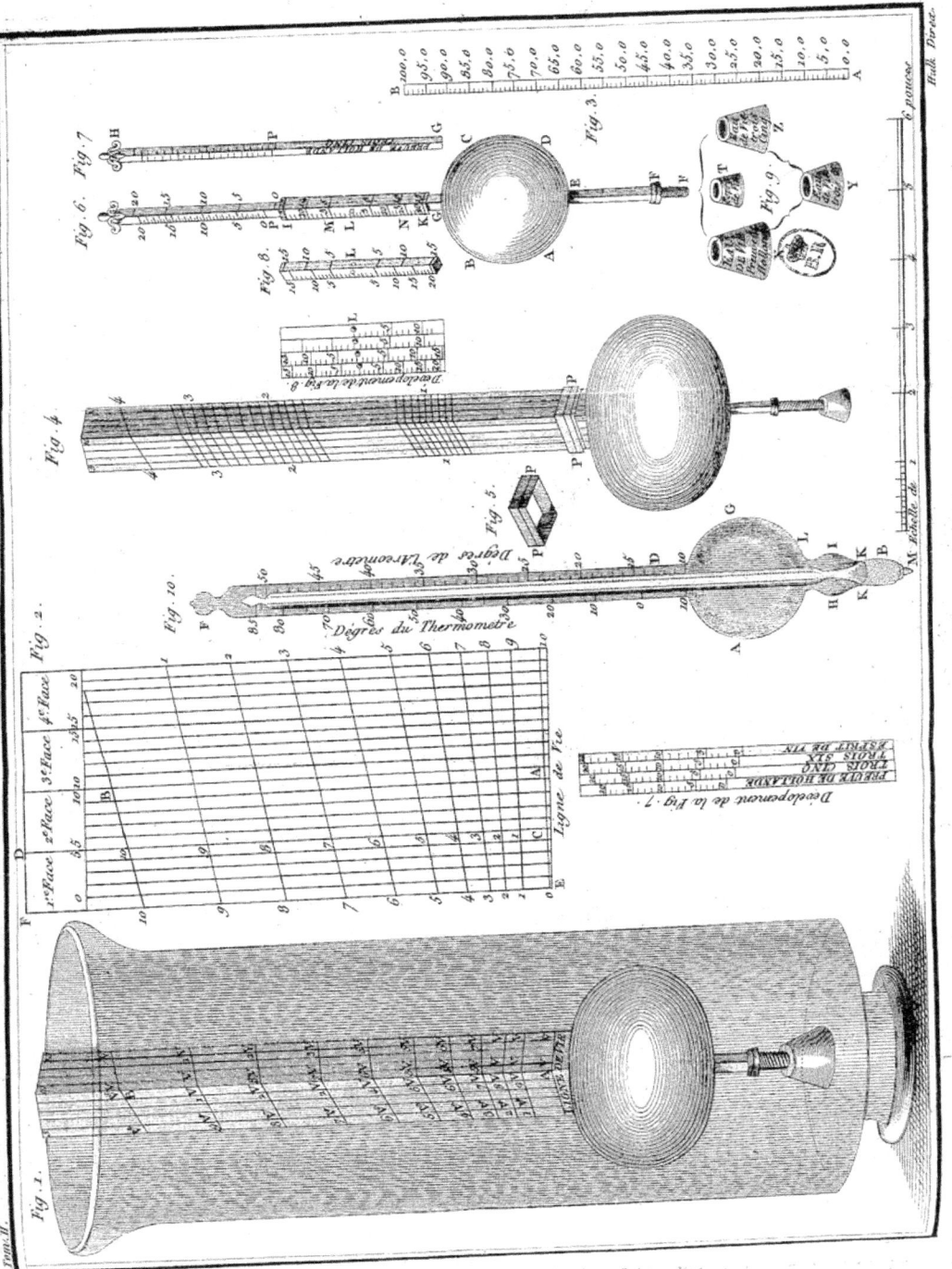